ON FOOD & COOKING:
THE SCIENCE & LORE OF THE KITCHEN

食物與廚藝 |麵食|醬料|甜點|飲料|

哈洛德・馬基 —— 著　蔡承志 —— 譯

(二版)

III

BY
HAROLD MCGEE

```
食物與廚藝 3：麵食、醬料、甜點、飲料／哈洛德‧馬基
（Harold McGee）著；蔡承志譯．
    — 二版．— 臺北縣新店市；大家出版：
遠足文化發行，2025.04
        面；公分．
譯自：On Food and Cooking: The Sience and Lore of the Kitchen
ISBN 978-626-7561-31-7（平裝）
1.CST: 烹飪 2.CST: 食物
```

食物與廚藝3：麵食、醬料、甜點、飲料（二版）
On Food and Cooking: The Sience and Lore of the Kitchen

作　　者	哈洛德‧馬基（Harold McGee）
譯　　者	蔡承志
全文審定	陳聖明
名詞審定	王靈安（酒類）
校　　對	魏秋綢、宋宜真、賴淑玲
插　　畫	李啟哲（中文版增添部分）
內頁設計	林宜賢
內頁排版	黃暐鵬
行銷企畫	洪靖宜
總 編 輯	賴淑玲
出 版 者	大家出版／遠足文化事業股份有限公司
發　　行	遠足文化事業股份有限公司（讀書共和國出版集團）
	231新北市新店區民權路108-2號9樓
	電話　(02) 2218-1417　傳真　(02) 8667-1851
	劃撥帳號 19504465　　戶名　遠足文化事業有限公司
法律顧問	華洋國際專利商標事務所　蘇文生律師
定　　價	450元
二版 1 刷	2025 年 4 月

版權所有，翻印必究
本書如有缺頁、裝訂錯誤，請寄回更換
本書僅代表作者言論，不代表本公司／出版集團之立場與意見

ON FOOD AND COOKING The Science and Lore of the Kitchen
Copyright © 1984, 2004, Harold McGee
Illustrations copyright © Patricia Dorfman
Illustrations copyright © Justin Greene
  Line drawings by Ann B. McGee
Traditional Chinese edition copyright: Common Master Press,
an imprint of Walkers Cultural Enterprises, Ltd.
All rights reserved.

chapter 1　Cereal Doughs and Batters:
　　　　　　Bread, Cakes, Pastry, Pasta

麵團和麵糊：麵包、蛋糕、酥皮和麵食

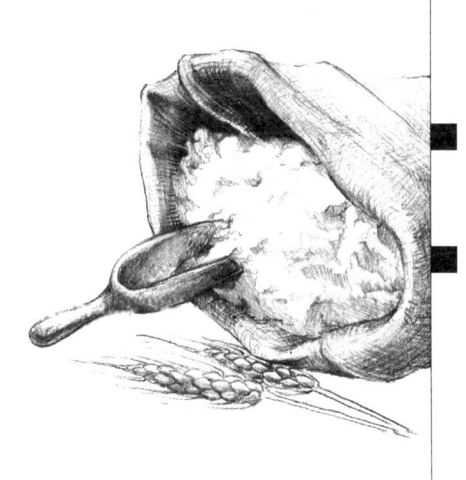

- **010　麵包演變沿革**
  - 010　史前時代
  - 011　希臘、羅馬時期
  - 012　中世紀時期
  - 012　近代早期
  - 014　傳統麵包的沒落與復甦
- **015　麵團、麵糊及其衍生製品的基本構造**
  - 016　麵筋
  - 019　澱粉
  - 020　氣泡
  - 020　脂肪：削弱麵團結構
- **021　麵團和麵糊的成分：小麥麵粉**
  - 021　小麥種類
  - 021　將小麥製成麵粉
  - 024　麵粉的次要成分
  - 025　麵粉種類
- **026　麵團和麵糊的成分：酵母和化學膨發劑**
  - 026　酵母
  - 028　發粉和其他化學膨發劑
- **030　麵包**
  - 030　成分的選擇
  - 032　製作麵團：和麵、揉麵
  - 033　發酵、膨發
  - 035　烘焙
  - 037　冷卻
  - 038　老化；麵包存放與重現新鮮風味
  - 039　麵包風味
  - 040　量產的麵包
  - 040　幾種特別的麵包：
    酸麵包、黑麥麵包、甜麵包和無筋麵包
  - 043　其他麵包：
    無酵餅、貝果、饅頭、速發麵包、甜甜圈

- **048　稀麵糊食品：**
  可麗餅、雞蛋泡泡芙、煎餅、鮮奶油起酥皮
  - 048　麵糊食品
  - 049　可麗餅
  - 049　雞蛋泡泡芙
  - 050　煎餅：薄煎餅和小圓煎餅
  - 050　煎餅：格子鬆餅和威化餅
  - 051　鮮奶油起酥皮麵團、泡芙麵團
  - 051　油炸麵糊
- **053　濃麵糊食品：麵糊麵包和蛋糕**
  - 053　麵糊製成的麵包和馬芬
  - 053　蛋糕
- **060　酥皮麵團**
  - 061　酥皮的種類
  - 062　酥皮的成分
  - 064　烘焙酥皮
  - 065　酥脆酥皮麵團：鬆脆酥皮、鋪底用脆皮酥皮
  - 065　薄片酥皮麵團：美式派皮
  - 066　千層酥皮麵團：起酥皮、法式千層酥皮
  - 068　片層酥皮麵團：薄酥皮、酥皮捲
  - 068　酥皮和麵包的混合：法式牛角麵包、丹麥奶酥
  - 070　柔軟的鹹酥皮：法式肉派
- **071　小甜餅**
  - 071　小甜餅成分和質地
  - 073　製作、保藏小甜餅
- **074　麵食、麵條和餃子**
  - 075　麵食和麵條的歷史沿革
  - 077　製作麵食、麵條
  - 079　義式麵食和麵條的煮法
  - 080　庫斯庫斯、餃子、德式麵疙瘩、義式麵疙瘩
  - 082　亞洲的小麥麵條和餃子
  - 083　亞洲的冬粉和米粉

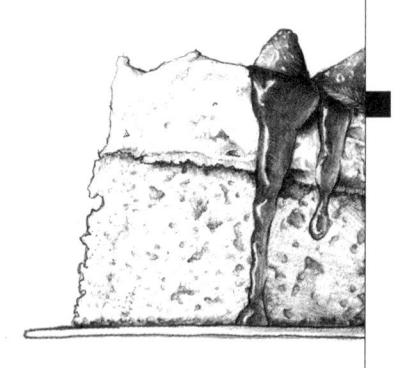

chapter 2　Sauces

調味醬料

- **087　歐洲的醬料發展史**
  - 087　歐洲古代
  - 088　中世紀：精製和濃縮
  - 089　現代早期的醬料：肉精、乳化液
  - 090　法國的經典體系：卡漢姆和艾斯科菲耶
  - 092　義式和英式醬料
  - 095　現代醬料：新式烹調和後新式烹調
- **096　醬料的科學：風味和稠度**
  - 096　醬料的風味：滋味和氣味
  - 098　醬料的稠度
  - 102　稠度對風味的影響
- **103　以明膠和其他蛋白質增稠的醬料**
  - 104　明膠的獨特性
  - 105　從肉類提煉明膠和風味
  - 105　肉汁高湯和醬料
  - 109　量產的肉類萃取液和醬料底
  - 110　魚、貝類高湯和醬料
  - 111　其他蛋白質增稠劑
- **114　固態醬料：明膠式凝凍和碳水化合物凝凍**
  - 114　凍膠的稠度
  - 116　肉凍和魚凍
  - 116　其他類型的凍膠；量產的明膠
  - 118　碳水化合物凝劑：瓊脂膠、鹿角菜膠和褐藻膠
- **119　用麵粉和澱粉提高稠度的醬料**
  - 119　澱粉的性質
  - 122　澱粉的類別和性質
  - 126　其他成分對澱粉醬料的影響
  - 126　把澱粉調入醬料
  - 128　典型法國醬料的澱粉用法
  - 129　肉汁醬
- **131　用植物粒子增稠的醬料：蔬果泥**
  - 131　植物粒子：粗糙、低效能的增稠劑

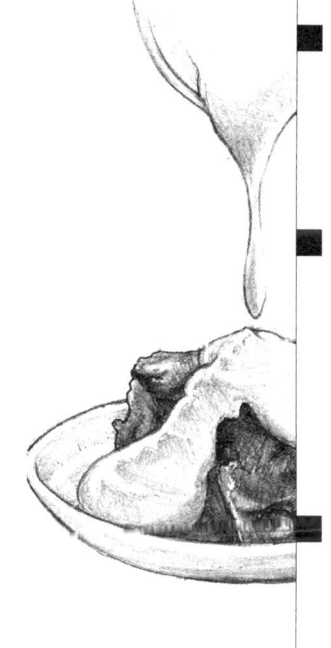

- 133　蔬果泥
- 135　用堅果和香料來提高稠度
- 138　複合型混合料：印度咖哩、墨西哥什錦醬
- **137　用油、水微滴增稠的醬料：乳化液**
  - 137　乳化液的固有性質
  - 140　乳化醬料調製訣竅
  - 142　鮮奶油醬和奶油醬
  - 146　蛋的乳化效能
  - 147　含蛋冷醬：美乃滋
  - 149　溫熱含蛋醬料：荷蘭醬和貝亞恩蛋黃醬
  - 151　油醋醬
- **153　用氣泡增稠的醬料：泡沫**
  - 153　調製、安定泡沫
- **155　鹽**
  - 156　製鹽
  - 157　鹽的種類
  - 159　鹽和人體

chapter 3　Sugars, Chocolate, and Confectionery
糖、巧克力和甜點

- **164　糖和甜點的歷史沿革**
  - 164　沒有糖的時代：蜂蜜
  - 165　糖：源於亞洲
  - 166　西南亞的早期甜點
  - 166　糖在歐洲：是香料也是藥物
  - 167　昂貴而美味的甜點
  - 168　平價而美味的甜點
  - 170　現代的糖
  - 170　糖的特性
  - 171　糖的種類
  - 173　甜味的複雜性質
  - 174　結晶
  - 174　焦糖化反應

	176	糖和健康
	177	代糖
■	181	**糖和糖漿**
	181	蜂蜜
	181	蜜蜂如何產蜜
	185	喬木的糖漿和糖類：楓樹、樺木和棕櫚
	189	食糖：甘蔗和甜菜製成的糖和糖漿
	195	玉米糖漿、葡萄糖和果糖糖漿、麥芽糖漿
■	199	**硬質糖果和甜點**
	199	確立糖分濃度：熬煮糖漿
	200	凝成糖分構造：冷卻和結晶作用
	206	糖果的類別
	212	口香糖
■	214	**巧克力**
	214	糖果儲藏法和腐壞現象
	214	巧克力的歷史沿革
	218	製造巧克力
	225	巧克力的特殊性質
	226	巧克力的種類
	229	當巧克力和可可成為食材
	232	回火巧克力的塗抹、模製用途
	236	巧克力和健康

chapter 4　葡萄酒、啤酒和蒸餾酒

Wine, Beer, and Distilled Spirits

■	241	**酒精的特性**
	241	酵母和酒精發酵
	242	酒精的性質
	244	酒精的藥物作用：酒醉
	244	身體如何代謝酒精
	246	以酒入菜
	246	酒液和木桶
■	248	**葡萄酒**
	249	葡萄酒歷史沿革

253	釀酒葡萄	
255	釀製葡萄酒	
260	特種葡萄酒	
265	葡萄酒的儲藏和飲用	
266	享用葡萄酒	

270　啤酒
270	啤酒的演變	
275	釀造原料：麥芽	
276	釀造原料：啤酒花	
277	釀造啤酒	
282	儲藏、飲用啤酒	
284	啤酒的類別和特質	

287　亞洲的米酒：中國酒和日本清酒
287	甜的發黴穀物：甜酒麴	
288	分解澱粉的黴菌	
289	用米來釀酒	

292　蒸餾酒
293	蒸餾酒的歷史	
296	製作蒸餾酒精	
299	上酒、享用烈酒	
300	烈酒的類別	

309　醋
309	古老的食材	
310	醋酸的價值	
310	醋酸發酵	
311	釀醋工法	
312	幾種常見的醋	
314	義大利黑醋	
316	西班牙雪利酒醋	

317　審定後記

319　參考資料

324　索引

麵團和麵糊：麵包、蛋糕、酥皮和麵食

chapter 1

麵包是西方最常見的日常食品，為我們帶來生命和活力，也是歷代人類賴以為生的糧食。麵包也代表一項真正驚人的發現，是早期人類的想像力和靈感向前大幅躍進時，讓人類一撐而過的竿子。對我們史前時代的祖先而言，麵包不僅僅表現出大自然令人歎服的轉變潛力，也意味著人類能夠依據自己的要求去塑造自然物質。此外，麵包和穀物一點都不相像，穀粒的質地疏鬆、堅硬又帶有粉質，滋味更是平淡無奇！然而，只需把穀子磨成粉，加水潤溼拌和成糊，再擺在高熱表面上，就可以製出外酥內軟、美味蓬鬆的團塊。而發酵過的麵包更是令人讚歎：麵團只要擺個幾天就會活起來，從內部開始膨脹，只要加以烘烤便會形成充滿細緻氣穴的麵包，那種構造是人手無法雕塑出來的。穀粒拿來乾烤或熬粥能夠提供豐富的養分，但麵包不但能讓人類生存，還能提供另一個向度的愉悅和驚奇。

於是從西亞到歐洲全境，麵包逐漸成為食物的代稱，而且不管是在宗教或世俗儀式都占有重要地位（如猶太教逾越節的無酵餅、基督宗教的聖餐餅或是世俗的婚禮蛋糕）。英國還從麵包的概念衍生出種種社會關係稱呼。Lord（主）一字源自盎格魯薩克遜的 *hlaford*（loaf ward），意思是「供應食物的主子」；lady（女士）一字源自 *hlaefdige*，指「揉捏麵包的人」，也就是指揮僕役製作食品，讓丈夫分發供應的人；companion（同伴）和 company（陪伴）源自晚期的拉丁語彙 *companio*，意思是「分享麵包的人」。這種賴以為生的食物也成了建構西方思想的重要元素。

麵包演變沿革

麵包的演變歷程受到各種製作條件的影響，包括穀物、碾磨穀粒的機具、讓麵團膨發的微生物和化學物質、烘焙麵包的烤爐，還有製作和食用麵包的人。自古以來各種作工精緻、餡料豐富的麵包，就一直是歷久不衰的題材。今日麵包的製作過程越來越偏向採用膨發度高的麵包用小麥，以這種小麥碾磨成幾乎不含麥麩或胚芽的白麵粉，添入的酵母也越發偏向滋味清淡的培育菌種，而添加的油和糖也逐漸增多。麵包在20世紀變得越來越精緻，也越來越油膩，今日工廠量產出的麵包不但淡而無味，口感也不佳，而蛋糕中糖的含量甚至高於麵粉。在這樣的情況下，這數十年來，舊式磚爐所烤出簡單、粗糙的麵包才再度獲得群眾喜愛，就連超級市場的麵包也越變越可口了。

史前時代

史前時代有兩項發現，從此我們才懂得把穀粒轉變為麵包、麵條、蛋糕、酥皮等等食品。第一項是，穀子除了可以煮成粥，還可以碾碎、摻水調成麵團，擺在高溫餘燼或石頭上方就會轉變成很有趣的固體無酵餅。第二項是，麵團靜置幾天之後，就會發酵並充氣膨脹，製出比較柔軟、輕柔，別具滋味的麵包；若是擺進密閉式烤爐，從四面八方同時受熱烘焙，風味會更佳。

石器時代晚期那些以穀物為主食的地區，有一共同的特色就是無酵餅。無酵餅的歷史比其他種類的麵包還悠久，像是中東的「鹹脆餅」、希臘的「袋餅」、印度的「麵包餅」(roti)和「全麥麵包餅」(chapati)，都是未經發酵的全小麥麵餅，不過有時也會用其他穀物；另外還有以玉米做的拉丁美洲墨西哥薄圓餅和北美洲的玉米烤餅。這種「麵包」最早大概是擺在火邊直接烘烤，後來才擺在石頭盤面煎烤。更晚之後，有些麵包便採用蜂巢狀烤爐烘製，這種爐子開口朝上，煤炭和麵包擺在同一個爐穴，麵團一塊塊貼覆在爐牆內壁烘焙成形。

說文解字：麵團、麵包

Dough（麵團）源自一個印歐字根，意思是「形成、建造」，這個字根還衍生出figure（形體）、fiction（小說、虛構）和paradise（天堂，有牆的花園）。從這些衍生語彙可以得知，麵團這種可塑性對前人的重要，麵團質地類似黏土，可讓人類捏製出各種造型。（長久以來，廚師都以黏土和麵團為容器，用來烹調其他食品，特別是禽鳥、肉品和魚類。）

Bread（麵包）源自一個日爾曼字根，原意是指一小塊或一丁點的「膨發烘焙物」(loaf)。後來「loaf」的意思逐漸演變成「整塊烘焙物」，而「bread」（麵包）則取代了「loaf」的原始意義。否則今日我們就不會說「a piece of loaf」（一塊麵包），而是「a bread of loaf」了！

麵包用小麥是很特別的麥種，約在公元前8000年演化出現（見第二冊294頁），可用來製成一條條又大又輕的麵包（不過發酵麵包最早的考古證據，則要到公元前4000年前的埃及遺跡才出現）。最早的發酵麵團也在演化出此麥種時就出現，因為酵母芽孢遍布空氣中以及穀粒表面，很容易就會讓營養豐富的潮溼麵團發酵。歷來烘焙師傅便能駕馭這種自然歷程，懂得把已經長有酵母的剩餘麵團和入新揉成的麵團；不過，他們也很看重酸味較淡的麵種，特別是啤酒釀製過程殘留的泡沫。到了公元前300年，酵母製造在埃及已經發展成專門行業。同時，碾磨設備也持續發展，從臼杵演變成兩塊平坦的石塊；到了公元前800年左右，美索不達米亞一帶開發出能不斷旋轉的石臼。由於這種石臼的出現，人類最後才得以運用獸力、水力和風力，無需動用龐大人力就能把穀粒碾磨成非常細緻的麵粉。

■ 希臘、羅馬時期

整條的發酵麵包到相當晚近才出現在地中海北部一帶。在希臘，公元前400年左右才開始種植麵包用小麥，而大麥無酵餅可能是在這之後很久才成為常見食品。我們知道希臘人喜歡吃添加了蜂蜜、茴香籽、芝麻和果實的麵包和蛋糕，他們也會製作全穀和非全穀的麵包。最晚從希臘時代開始，麵包的淡白色澤便是純潔和優異的表徵。與亞里斯多德同時代的作家阿切斯特拉圖（Archestratus）寫了一部《美食法》（Gastronomia，「美食法、烹飪法」的英文gastronomy便由此而來），書中概述古代地中海一帶的美食餐飲，文中便對希臘萊斯博斯島（Lesbos）的大麥麵包讚不絕口，稱許這種麵包「比輕柔的飄雪更顯得純潔。倘若天神也吃大麥麵包，天神信使赫密斯一定得要到島上幫祂們買麵包。」

到了羅馬時代晚期，小麥麵包已經是日常生活必須品，同時他們還從北非和羅馬帝國其他地區大量進口硬粒小麥和麵包用小麥，滿足一般民眾的需求。羅馬歷史學家普林尼有一段動人敘述，提醒我們在動盪不安的年代，

營養豐富的麵包（早期的蛋糕和酥皮）是多麼奢侈的享受：

> 在承平的日子裡，人們可以把心思放在各式各樣的烘焙食品上，有些人以雞蛋或牛乳製作麵團，有些人甚至還加入奶油。

中世紀時期

在中世紀的歐洲，烘焙師傅是專業人員，專事製作普通的褐色麵包或是奢侈的白麵包。到了17世紀，碾磨技術改進，人均收入也提高了，白麵包（或差不多是白的麵包）開始普及，褐色麵包的行會也因此解散，不再是個獨立組織。在歐洲北方，當時黑麥、大麥和燕麥比小麥常見，都是用來烘製厚重的粗麵包。無酵餅在當時的用途之一就是當作「食盤」：中世紀歐洲人進餐時，會以厚實的乾麵包片裝盛食物，之後再吃掉或是送給窮人。他們常把酥皮製成用來烹調與儲存食物（尤其是肉類料理）的多用途容器，不但能保護、盛裝食材，還可以吃下肚。

近代早期

含油麵包的製作技術在中世紀晚期和文藝復興時期有顯著進展；起酥皮和泡芙都在此時出現。家庭麵包食譜開始出現在給新興中產階級看的烹飪書籍中，而且和現代食譜已經相去不遠。自18世紀開始，英、美兩國的烹飪書籍已包含了數十種麵包、蛋糕和餅乾的食譜。19世紀初的英國，麵包多半出自自家或村裡共用的烤爐，然而在工業革命的浪潮下，擁擠的都市持續湧入越來越多人口，於是麵包糕餅鋪便取而代之，產出比例不斷增加，

有些店鋪還會在麵粉中摻雜一些漂白劑（明礬）和填充物（白堊、動物骨粉）。家庭烘焙的沒落招致了經濟、營養甚至道德上的批評。英國政治記者威廉‧科貝特（William Cobbett）在寫給勞工階級的《農舍經濟》（Cottage Economy, 1821）小冊子中提到，只有在空間窘迫與燃料短缺的都市，才有正當理由去買麵包，否則，

> 勞工的妻子跑去麵包店……這是多麼奢侈、多麼可恥的事情啊！
> 給我一幅美麗的畫面吧，一位整潔又聰慧的婦女，在自家熱騰騰的烤爐中，放進自己做的麵包！如果她的眉頭因這番忙亂而閃爍著勞動的記號，有哪個男人會拒絕親吻她、卸除她的勞頓，反而去舔舐公爵夫人腮上的厚粉？

任憑科貝特等人斥責，依然扭轉不了這個趨勢。製作麵包是最費時、費力的家事，額頭出汗有人親吻畢竟無濟於事，越來越多工作逐漸託付給麵包師傅了。

發酵技術創新

1796年，新的發酵方法首度出現在美國的第一本烹飪書《美國烹調法》（American Cookery），作者是亞美莉亞‧西蒙斯（Amelia Simmons）。書中有四道食譜都要用「珍珠灰」，其中兩道是做餅乾，另兩道則是薑餅。珍珠灰是精煉的碳酸鉀，把植物燃燒成灰後泡水，瀝除液體，再燒乾水分，把溶解在水中的物質濃縮出來。珍珠灰成分大半是鹼性的碳酸鉀，能夠和麵團的酸類成分起反應，產生二氧化碳。這是小蘇打和發粉的前身，兩者都在1830-1850年間問世。某些材料和成的麵團（例如做蛋糕的液態麵糊和做小甜餅的麵團），若是採用生長緩慢的活體酵母菌，發酵效果並不理想，但若是使用碳酸鉀等化學成分就能瞬間發酵。20世紀初，專業製造廠已供應純化的商用培育種酵母，用來製作整條麵包。這種酵母的品質比釀酒用酵母菌更穩定，酸度也較低。

穀物研磨器的四個演變階段（左頁）
左上依順時鐘方向：鞍形石磨和槓桿石磨都只能來回往返，用途有限。沙漏形石磨可以靠人力或獸力循同方向連續轉動，在羅馬時代廣為使用。平轉石問世後，終於能夠駕馭更基本的自然力，水力、風力磨粉廠也開始使用這種研磨工具。現代工業社會，穀物多半以帶溝槽的金屬滾輪來研磨，不過有些仍以石磨處理。

傳統麵包的沒落與復甦

20世紀的工業化發展

　　20世紀的歐洲和北美洲出現兩大趨勢。首先是純麵包的人均消耗量遞減。隨著收入提高，民眾也更吃得起肉類以及含糖、含脂量較高的糕點，所以已不像過去那樣仰賴麵包為主食。另一項趨勢就是麵包製作的工業化。時至今日，家庭生產的麵包數量只占極低比例，各國麵包也多半不是在地方店鋪烘製，而是集中於大型麵包廠生產，唯一的例外是像法國、德國和義大利這些國家，他們有每天一定要購買新鮮麵包的傳統。製作麵包的輔助機具以及動力攪拌器等設備，都是從1900年左右開始出現在大型自動化工廠，並在1960年代達到顛峰，因而大幅縮短了製作麵包的時間。這套製造系統取代了麵團中的生物作用，原本必須藉由酵母長時間逐漸發酵並強化麩質的麵團，改採以機械揉製並幾乎瞬間發酵的化學性麵團。這種方式製出的麵包，內部柔軟如蛋糕，外表卻不硬實，風味則毫無特色。這類麵包目的就是為了保持柔軟，裝進塑膠袋擺放一週以上還能食用。工業生產的麵包和傳統麵包可說是天差地別。

風味與質感之再現

　　到了1980年代，歐洲和北美洲消耗的麵包開始大幅超過前10年的消耗量。其中一項原因在於傳統麵包製作技法的捲土重來。小型麵包鋪開始用精煉度較低的穀子和穀物混料來製作麵包，他們採長時間緩慢發酵，分批送進磚爐烘焙，烤出一塊塊色深皮硬的麵包。另外一個原因是家庭廚師重新發現了烘焙的妙趣，重溫食用新鮮溫熱麵包之樂。日本人發明了麵包機，於是忙碌的家庭廚師可以把所有食材統統擺進一個容器，蓋上蓋子，接下來整間屋子就會瀰漫著那早已被遺忘的新鮮烤麵包香。

　　在英國和北美洲，相對於總產量，自家烘焙以及糕點師父製作出的麵包可說是微不足道。不過，自家麵包的東山再起，顯示民眾依然喜愛新鮮傳統麵包的風味和質感，這也引起麵包業者的注意。近來他們開發出一種「半

說文解字：麵粉

Farine 和 farina（穀粉的法文、義大利文和西班牙文）源自 far（拉丁文中的一種穀物），至於 flour（穀粉的英文）則源自中世紀的 flower，指穀粉的精華部分（也就是去除胚芽粗粒和糠麩之後的部分）。所以，中世紀的英國人要是看到了 whole wheat flour（全麥麵粉）這種用法，一定會覺得自相矛盾！

「烘焙」成品，先把麵包烘焙到半熟，冷凍後運往超級市場，到了現場再次烘焙，烤出硬脆外皮和濃郁風味後趁鮮販售。

工廠產製的麵包一開始都先經過「優化處理」，用最低成本做出貨架壽命最長的麵包類產品。現在滋味和質感終於也被納入了考量，最起碼有些產品的確在改進中。

麵團、麵糊及其衍生製品的基本構造

小麥麵粉是種古怪而美妙的東西！任何其他種類的粉末若與水和在一起，得到的會是單純、安定的麵糊。不過，若是拿一份麵粉和半份的水調和，混合後的成品卻好像會活起來。一開始形成的麵團黏著性十足，也不易改變形狀。但揉捏一段時間後，麵團變得大有活力，原本抗拒變形的特性也消失了，施壓後還能彈回，即使停止揉捏之後依舊保持彈性。就是這種黏稠又有活力的特質，讓小麥麵團有別於其他穀類麵團，能製作出輕柔細緻的麵包、薄片般的酥皮，以及柔滑的麵食。

麵團和麵糊的構造決定烘焙食品和麵食的質地，這些構造由三種元素組成：水、麵粉中的麩蛋白，以及澱粉粒。這三種元素共同塑造出黏著性十足的麵團，進而賦予麵食密實、柔滑的質地。也因為這項特色，麵包、酥皮和蛋糕的麵團或麵糊才能分隔出極薄、極小卻又十分完整的薄層。麵包和蛋糕的質地輕柔，是因為麵團蛋白–澱粉團之間含有無數纖細的氣泡；酥皮之所以能片片分層又很柔嫩，是因為麵團的蛋白–澱粉團之間夾雜著好幾百片細薄的脂肪層。

麵粉和水可調出麵團或麵糊，至於是哪種，要視兩種主要成分比例而定。一般而言，麵團的麵粉含量高於水分，而且硬度較高，能用手直接揉捏。麵團的水分會完全和麵筋蛋白與澱粉粒表面結合，而澱粉粒則鑲嵌在麵筋和水構成的半固體網絡中。至於麵糊的含水量則超過麵粉，結構鬆軟，可以傾倒流出。麵糊的水分大半是可自由流動的液體，麵筋蛋白和澱粉粒則散布在水中。

麵團或麵糊的構造只是暫時的。加熱之後澱粉粒便會吸水、鼓脹，從原

化學發酵和美國最早的小甜餅食譜
小甜餅
一磅糖加半品脫水慢煮，浮沫撇淨後冷卻，取溶於牛乳中的珍珠灰2茶匙，接著取2磅半麵粉，揉進4盎司奶油，再取2人匙芫荽籽細粉，將上述食材摻水，捲成半英寸厚麵團，隨性切出喜愛的形狀；擺進烤爐內慢火烘烤15或20分鐘可擺放3週。

—亞美莉亞·西蒙斯，《美國烹調法》，1796年

本半固態或液態原料轉變成永久性的固態構造。以麵包和蛋糕為例，那種固態構造是由澱粉和蛋白質形成的海綿狀網絡，裡面充滿無數纖細的氣穴。烘焙師傅用「麵包心」（crumb）一詞來指稱這種組成麵包和蛋糕的主要網絡。至於較乾、質地較密實的外層表皮，則稱為「麵包皮」或「派皮」（crust）。

概括了解之後，就讓我們仔細來看看麵團和麵糊的構造。

麵筋

拿一小塊麵團嚼嚼看，會發現不僅越嚼越緊，還會像一團有彈性的口香糖，咀嚼到最後剩下的就是「麵筋」（中式名稱）或「麩質」（西方名稱）。麵筋主要由蛋白質構成，可能是自然界最大的蛋白質分子。就是這些不平凡的分子為小麥麵團帶來活力，我們才烤得出鼓脹的麵包。

麵筋蛋白形成會彼此相黏的長鏈

麵筋是某些小麥蛋白的複雜混合體，這些小麥蛋白不溶於水，但彼此之間以及與水分子卻可以結合。蛋白質乾燥時結構固定，也不會發生反應，一旦摻水潤溼後，蛋白質結構外形會改變，彼此能相對移動、構成或打斷鍵結。

蛋白質是種鏈狀長分子，由胺基酸這種較小的分子構成（見第一冊346~347頁）。大部分的麵筋蛋白（包括穀膠蛋白和小麥穀蛋白）長度相當於1000個胺基酸。穀膠蛋白鏈本身會摺疊成密實的質團，但彼此之間以及與

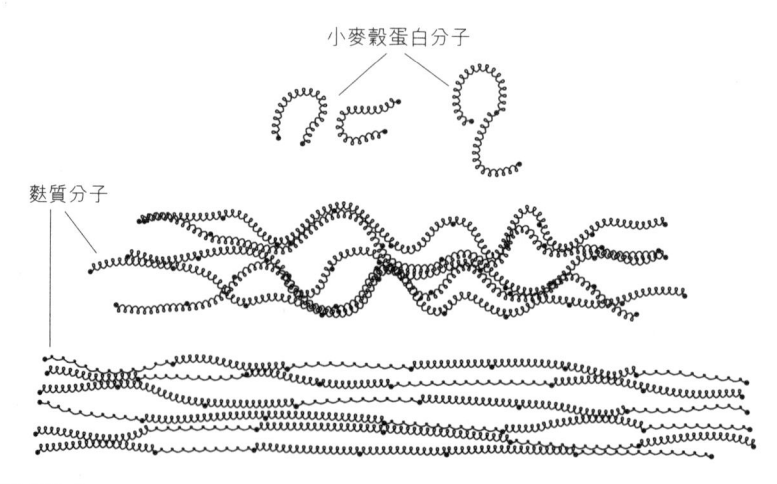

小麥穀蛋白分子

麩質分子

麵筋的組成

麵粉和水調成麵團時，小麥穀蛋白分子會首尾相連，形成長長的複合式麵筋分子鏈。由於麵筋分子會繞成螺旋狀並有許多可伸展的彎曲，因此麵團的彈性很好。當麵團伸展拉長時，彎曲部位會被拉直，螺旋部分則會伸展，於是蛋白質也拉長了（圖底）。一旦放開外力，這些彎曲、螺旋的部分都重新成形，蛋白質質團縮短，麵團就會縮回原來的形狀。

小麥穀蛋白的鍵結都很弱。至於小麥穀蛋白則以幾種方式彼此束縛，交織成綿密的牢固網絡。

　　小麥穀蛋白鏈兩端都有含硫胺基酸，能與其他小麥穀蛋白鏈末端的同種胺基酸束縛在一起，構成牢固的雙硫鍵結。這種作用需用上氧化劑：空氣中的氧氣、酵母生成的若干物質，或是麵粉廠或烘焙師傅添加的「麵團改良劑」（見23~24頁）。小麥穀蛋白分子是長鏈螺旋的胺基酸聚合物，中段彎曲使整個分子成為馬蹄形，相似胺基酸會形成較弱的臨時鍵結（氫鍵和疏水性鍵結）。於是小麥穀蛋白鏈彼此會首尾相連，結合成好幾百個小麥穀蛋白長的超長鏈，彎曲的螺旋狀長鏈很容易就能跟相鄰麵筋蛋白的彎曲處相接觸而形成許多臨時鍵結。這些螺旋狀蛋白質最後便交織成一片綿延的網絡，也就是麵筋。

麵筋的可塑性和彈性

　　麵包用小麥所含麵筋具可塑性又富彈性；也就是說小麥麵筋受壓會改變形狀，但壓力消除後便會回復原有外形。因為有這些特質，小麥麵團才能鼓脹起來容納酵母菌生成的二氧化碳氣體，同時又能抗壓，讓氣泡壁不會變得太薄而爆裂。

　　麵筋的可塑性源自於小麥穀蛋白中的穀膠蛋白；穀膠蛋白構造密實，作用有點像是球珠軸承，讓小麥穀蛋白得以任意交錯滑動。麵筋的彈性則得自相連的麵筋蛋白結構上的螺旋和彎曲。和麵揉捏的動作會讓蛋白質分子展開、並排，但仍會保留住分子上的螺旋和彎曲。麵團拉長時，會把這些螺旋和彎曲拉直，可是拉力一解除，這些分子又會回復到原來的彎曲狀態。此外，個別蛋白質的彈簧狀螺旋構造也都可以伸展，並且把伸展的能量儲存起來，因此只要一鬆開，分子便會彈回密實的螺旋形狀。這些變化極其微小，效果卻是看得見的：已展延的麵團會慢慢回復原來的形狀。

麵筋的鬆弛現象

　　小麥麵團還有個重要特性，就是彈性會隨時間而減弱。倘若麵團的彈性

說文解字：麵筋

雖然最早發現麵筋各種有用特性的是中國廚師（見第二冊297頁），但是麵筋能在歐洲受到矚目，卻是兩位義大利科學家的功勞。耶穌會學者法蘭西斯可·格利馬迪（Francesco Maria Grimaldi）所寫的一本光學手冊，在1665年於他死後出版。手冊中指出，硬粒小麥粗粉和成的麵團含有一種黏稠物質，乾了後會變硬、變脆。他稱這種物質為 *gluten*，也就是拉丁文的「黏膠」。*Gluten* 一字其實源自印歐字根 *gel-*，這個字根衍生出的字彙有 cloud（雲）、globe（球）、gluteus（臀肌）、clam（蛤蜊、鉗夾）、cling（黏著）和 clay（黏土）等，意思不外乎「結成球」、「凝結成塊」和「變得黏黏的」。到了1745年，奇安巴蒂斯塔·貝卡利（Giambattista Beccari）對這種黏膠物質進行更深入的研究，並指出這種物質和動物特有物質的雷同之處：也就是說，他認出的這種麵筋就是我們今日所稱的蛋白質。

永遠不變，我們就做不出各種形狀的膨發麵團和麵食了！麵團如果發得好，蛋白質分子會排列得有條不紊，分子間也會形成許多弱鍵。由於弱鍵數量多，所以能把蛋白質牢牢束縛在固定位置，還能抗拒拉扯，讓麵團堅韌而緊實。然而，由於這些鍵結微弱，維持堅韌球體的物理張力會慢慢瓦解部分鍵結，麵團構造也就逐漸鬆弛，變成較為平坦且更容易延展的團塊。

控制麵筋強度

高強度的彈性麵筋不見得適合所有烘焙食品。酵母麵包、貝果和起酥皮麵團用高強度麵筋確有好處；然而對於其他種類的糕點如酥皮、膨發蛋糕、煎餅和小甜餅來說，這種麵筋則太過強韌了。為了調出比較柔軟的麵團，烘焙師傅會刻意限制麵筋的發展。

烘焙師傅以特定的成分與技巧控制麵筋強度以及麵團和麵糊的彈性：

- 麵粉種類。高蛋白質麵包用麵粉可以調出高強度麵筋，又稱高筋麵粉。低蛋白質的酥皮用麵粉則調出強度較低的麵筋，又稱低筋麵粉。硬粒小麥粉（用來製作義大利麵）能調出彈性強又具相當可塑性的麵筋。
- 麵粉所含氧化物質（熟成劑和改良劑）。這能促使小麥穀蛋白分子鏈首尾相連，並提高麵團筋度（見23~24頁）。
- 麵團含水量。這能決定麵筋蛋白濃度高低，還有分子彼此鍵結程度。若

影響麵團、麵糊和其他製品構造的成分

成分	材料類別	行為	對構造的主要影響
麵粉			
小麥穀蛋白	蛋白質	構成相連的麵筋網絡	使麵團富彈性
穀膠蛋白	蛋白質	和小麥穀蛋白網絡結成弱鍵	使麵團富可塑性
澱粉	碳水化合物	填補麵筋網絡間隙，加熱時吸水	軟化麵團，烘焙時固定麵團結構
水		促使麵筋網絡成形；稀釋	使麵團具柔軟度
酵母、膨發劑	活細胞、純化的化學物質	在麵團和麵糊裡產生二氧化碳氣體	讓製品變得鬆軟
鹽	純化的礦物質	強化麵筋網絡	含水量較低或較高都能使麵團更有彈性
脂肪、油品、酥油	脂質	弱化麵筋網絡	讓成品變得柔軟
糖	碳水化合物	弱化麵筋網絡、吸收水分	讓成品變得柔軟、保住水分
蛋	蛋白質；脂肪和乳化劑（只有蛋黃）	蛋白質受熱凝固；脂肪和乳化劑弱化麵筋網絡；乳化劑安定氣泡和澱粉	以蛋白質凝塊補強麵筋結構；讓成品變得柔軟、延緩麵團老化
乳；白脫乳	蛋白、脂肪；乳化劑；酸	蛋白質、脂肪、乳化劑和酸，都能弱化麵筋網絡；乳化劑能安定氣泡和澱粉	讓成品變得柔軟；延緩麵團老化

麵筋只含少許水分，麵筋會成長得不完全，質地也變得易碎；若含水量高，則麵筋濃度較低，製成的麵團和麵包都會比較柔軟、溼潤。
- 麵粉摻水後攪拌、揉捏的動作。這些動作能延展、組織麵筋蛋白，構成富彈性的網絡。
- 鹽。鹽分能大幅強化麵筋網絡：鈉離子帶正電，氯離子帶負電，兩種離子在小麥穀蛋白帶電部位附近聚集，因此穀蛋白的帶電部位就不會互斥，讓它們彼此聚攏而更全面地構成鍵結。
- 糖。在膨發甜化麵包的標準濃度（麵粉重量的10%）以上，便能稀釋麵粉蛋白，從而抑制麵筋生成。
- 油脂。油脂能和蛋白鏈上的疏水性胺基酸束縛在一起，使這類胺基酸無法彼此鍵結，從而弱化麵筋強度。
- 麵團中的酸（例如酸麵團所培養生成的酸）。能增加蛋白質鏈帶正電的胺基酸數量，強化蛋白鏈之間的互斥力，從而弱化麵筋網絡。

澱粉

　　具彈性的麵筋蛋白是製作膨發麵包不可或缺的要素。然而，蛋白質只占麵粉重量的10%，其中70%左右是澱粉。麵團和麵糊所含澱粉粒具有好幾種作用。麵團中有一半以上的體積是由澱粉粒及其表面吸附的水分所構成，這兩種成分一旦滲入麵筋網絡，便會瓦解其構造，讓麵筋變得柔軟。就蛋糕而言，澱粉是最主要的構造材料，而麵筋就分散在大量的水分和糖分之間，因此蛋糕才不會太硬。麵包和蛋糕受高溫烘焙時，澱粉粒便會吸水、鼓脹，形成堅硬的外壁，包圍住二氧化碳氣泡。此時，鼓脹硬化的澱粉粒會讓氣泡無法繼續膨脹，裡面的水蒸氣便會脹破氣泡逸出，讓原來不相連的氣泡轉變成氣穴相連的連續海綿狀網絡。若沒有產生這種作用，那麼到了烘焙的最後階段，水蒸氣便會冷卻、收縮，造成麵包、蛋糕塌陷。

說文解字：澱粉

遠自羅馬時代，純化澱粉就被拿來造紙，使紙張能夠成形，並讓紙面平滑。14世紀時，荷蘭和北歐各國開始使用小麥澱粉給亞麻布上漿。Starch（澱粉） 字可上溯至15世紀，其日爾曼字根的意思是「變硬、堅固」，而澱粉也就是這樣讓麵團轉變成麵包的。至於這個日爾曼字根則源自一個印歐字根，意思是「硬挺」；相關的字詞還有stare（凝視、注目）、stark（僵硬、僵直）、stern（堅定、嚴苛）和starve（挨餓，因為餓死後就變僵硬）。

氣泡

發酵麵團、麵糊必須靠氣泡才能變得鬆軟。麵包和蛋糕充滿了空氣，其體積占比高達80%！氣泡夾雜在麵筋和澱粉粒當中，削弱網絡結構，進而區隔出極細薄脆弱之片層，形成數百萬個氣穴。

烘焙師傅使用酵母菌或化學發酵劑讓成品充滿空氣（見26頁）。然而，這些菌種或發酵劑並沒有創造出新的氣泡；其生成的二氧化碳釋入麵團、麵糊的水相後，會進入既有的細小氣穴，然後撐大氣穴體積。這些既有的氣穴是空氣泡，都是在烘焙師傅揉捏麵團、攪打奶油和糖，或打蛋時產生的。因此，一開始麵團、麵糊打入了多少空氣，會顯著影響最後烘焙出的食品質感。製作麵團、麵糊時打出的氣泡數越多，最後結果就越細緻、柔軟。

脂肪：削弱麵團結構

19世紀早期開始，就已經用shortening來指稱能「縮短」麵團的油脂，這些油脂也能削弱麵團結構，從而使最後成品變得柔軟或成片。這種作用最明顯的實例就是派皮和起酥皮的麵團（見61頁），層層固態脂肪把麵團區隔出一片片細薄的層理，這樣酥皮在烘焙後才能呈現層片狀。就蛋糕和含油麵包來說，這種作用並沒有那麼明顯，卻也同等重要，因為油脂分子會跟部分麵筋蛋白螺旋分子束縛在一起，防止蛋白質形成高強度麵筋。若想烘製出帶強韌麵筋的香濃麵包（例如義大利大麵包，見42~43頁），烘焙師傅會先加水調和麵粉，揉捏出麵筋後才加入油脂。

在形成麵包和蛋糕結構的過程中，脂肪等相關物質也扮演了一個重要但間接的角色，只要添加少量油脂，就能大幅提高體積與質地的輕柔度（24頁）。

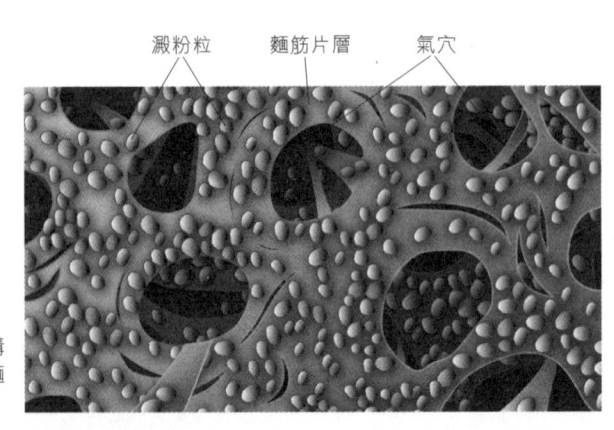

麵包用麵團的特寫
氣泡夾雜在麵筋和澱粉構成的密實團塊中，能讓麵團質地變得柔軟。

澱粉粒　麵筋片層　氣穴

麵團和麵糊的成分：小麥麵粉

儘管其他種類的穀物和種子也可以當成烘焙原料，不過常見的烘焙食品和麵食多半仍屬小麥製品。

■ 小麥種類

目前人工栽植的小麥有好幾種，各有其特色和用途（見22頁），大部分都屬用來做麵包的一般小麥（*Triticum aestivum*）。這些小麥的特別之處，在於麵筋蛋白的成分與質地：蛋白質含量很高，麵筋又很強韌，因此穀粒內部也很堅硬、光滑而透亮。美國作物有75%都是硬小麥穀粒；20%是軟小麥，麵筋蛋白含量較低，所以麵筋強度稍弱。另外有個很不一樣的種類「密穗小麥」（*Triticum compactum*），其蛋白質構成一種特別軟的麵筋。硬粒小麥也是個獨特的種類（*Triticum turgidum durum*，又叫做「杜蘭小麥」，第二冊295頁），主要用來製作義大利麵（見74~75頁）。

除了依蛋白質含量分類，北美小麥還根據成長習性和穀粒顏色來命名。春小麥（包括硬粒小麥）在春季播種，秋季收成，冬小麥則是在晚秋播種，發芽過冬，來年夏季收成。最常見的小麥品種是紅小麥，種皮含酚類化合物，帶紅褐色。白小麥的含酚量低很多，種皮呈淡棕色，而且越來越受歡迎，這是因為全麥麵粉以及含有完整或部分麥麩的產品，其顏色與澀味都較淡而且又帶甜味。

■ 將小麥製成麵粉

麵粉的烘焙特性取決於原料小麥的類別，也視小麥如何製成麵粉而定。

■ 碾磨：傳統與石磨加工法

碾磨是小麥的一種加工步驟，穀粒先碾成細小微粒，再將微粒篩濾以製造想要的麵粉品質。大部分的麵粉都是精製的，也就是說，這些麵粉都經過篩濾，去除胚芽和麥麩層，留下蛋白質微粒以及富含澱粉的胚乳。麥麩

麵團和麵糊：代表性成分

表列數字代表各種成分在麵團、麵糊中的相對重量，麵粉重量固定在100單位。本表只顯示常見烘焙食品的一般原料比例；不同食譜出入頗大。

	麵粉	總水量	油脂	乳類固形物	蛋	糖	鹽
麵團							
麵包	100	65	3	3	0	5	2
比司吉	100	70	15	6	0	1	2
酥皮	100	30	65	0	0	1	1
小甜餅	100	20	40	3	6	45	1
麵食	100	25	0	0	5	0	1
法式奶油麵包	100	60	45	2	70	3	1
義大利大麵包	100	40	27	1	15*	28	1
麵糊							
薄煎餅、鬆餅	100	150~200	20	10	60	10	2
可麗餅、雞蛋泡泡芙	100	230	0	15	60	0	2
泡芙	100	200	100	—	130	—	2
海綿蛋糕	100	75	0	0	100	100	1
磅蛋糕	100	80	50	4	50	100	2
千層蛋糕	100	130	40	7	50	130	3
戚風蛋糕	100	150	40	0	140	130	2
天使蛋糕	100	220	0	0	250**	45	3

＊只用蛋黃　＊＊只用蛋白

重要小麥類別

	蛋白質含量（重量百分比）	用途
硬紅春小麥	13~16.5	麵包麵粉
硬紅冬小麥	10~13.5	通用麵粉（中筋麵粉）
軟紅小麥	9~11	通用麵粉、酥皮麵粉
硬白小麥	10~12	特製全穀麵粉
軟白小麥	10~11	特製全穀麵粉
密穗小麥	8~9	蛋糕麵粉
硬粒小麥	12~16	製作義大利麵的粗粒麥粉

和胚芽營養豐富，風味濃郁，但是經過幾星期就會腐敗，還會產生物理、化學作用，干擾高強度連續麵筋的形成；因此，全穀麵粉製成的麵包或酥皮都比較密實，顏色也較深。傳統碾磨加工以帶槽紋的金屬滾輪斬開穀粒，擠出胚芽，並且把胚乳刮除，接著進行研磨、篩濾，然後再次研磨，直到顆粒達到所需大小。石磨研磨法則更罕見，是先把全穀徹底碾碎後再篩濾，如此一來，部分胚芽和麥麩仍保留在麵粉當中，就算精製加工都無法完全篩除。所以，石磨麵粉比傳統作法磨出的麵粉更有風味，不過貨架壽命就比較短。

改良與漂白加工

烘焙師傅很早以前就知道，剛磨好的麵粉所製出的麵筋筋性很弱、麵團鬆軟，做出的麵包條則相當密實。麵粉擺放和空氣接觸熟化數週後，麵筋和烘焙特質都會改進。如今我們明白，空氣中的氧氣會讓小麥穀蛋白鏈末端的含硫物質逐漸釋出，這些硫質會彼此反應，形成更長的麵筋分子鏈，從而使麵團更富彈性。約自1900年起，磨粉業者為了節省時間、空間與金

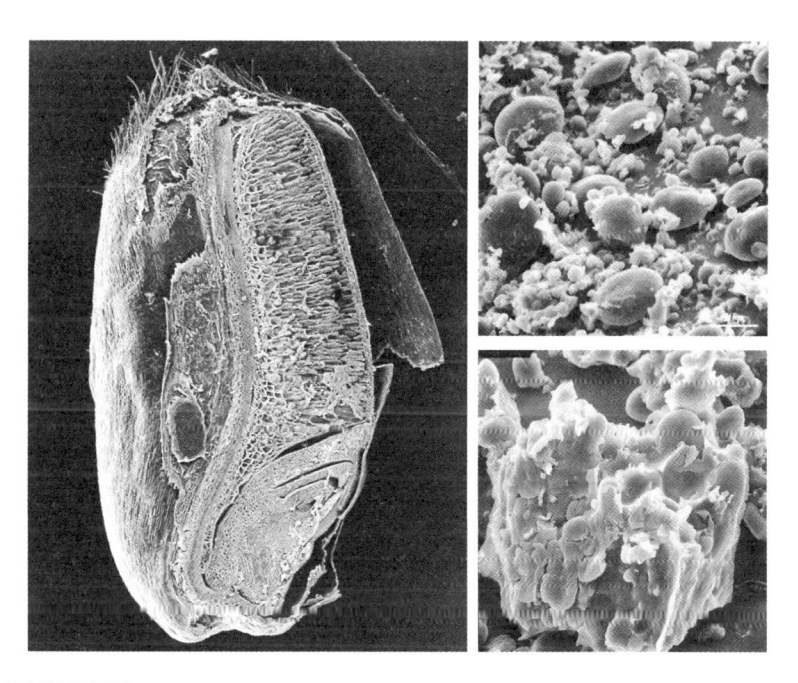

小麥穀粒和麵粉

左：尚未碾磨的麥粒。實際長度約6毫米。右上：軟小麥麵粉。這種小麥的蛋白質裡面夾雜澱粉粒和氣穴，區隔成脆弱的細薄片段，碾磨時會產生微小細粉。軟小麥可以磨出低筋麵粉，適合製作柔軟的酥皮和蛋糕。右下：硬穀粒小麥麵粉。硬穀粒小麥的胚乳蛋白基質相當強韌，經碾磨便裂成小塊。硬小麥可以磨出高筋麵粉，適合製作各式麵包。

錢，開始在剛磨好的麵粉中添加氯氣來促進氧化，後來則使用溴酸鉀。然而，溴酸鹽殘餘物有引發中毒之虞，1980年代晚期，磨粉業者多半已不再使用溴酸鹽，改採抗壞血酸（維生素C）或偶氮雙甲醯胺。（抗壞血酸本身是種抗氧化劑，不過一經氧化便形成去氫抗壞血酸，反而就能氧化麵筋蛋白。）歐洲地區一向使用蠶豆粉和黃豆粉作為麵粉改良劑；兩種豆粉都含活性脂肪氧化酶，因此會醞釀出典型豆類風味，也能間接促成氧化，延展麵筋蛋白長度。

以往傳統的麵粉空氣熟成法會產生一種明顯的副作用：葉黃素氧化後會產生無色物質，讓淡黃色麵粉逐漸脫色。磨粉業者明白這種變色反應的化學作用之後，便開始使用漂白劑（偶氮雙甲醯胺、過氧化物）來漂白麵粉。許多烘焙師傅都偏愛未經漂白的麵粉，因其產生的化學變化較小。漂白加工在歐洲是被禁止的。

麵粉的次要成分

麵筋蛋白和麵粉所含澱粉粒約占麵粉總重的90%，也決定了麵團和麵糊絕大部分的反應作用。不過，麵粉中有些次要成分也具有重要影響力。

脂肪和相關分子

儘管白麵粉中的脂肪、脂肪碎片和磷脂只占重量的1%左右，這類成分卻是麵包完全膨發不可或缺的要件。證據顯示，有些脂質原料有助於麵團空泡壁之穩定，氣穴膨脹時才不至於過早爆裂和塌陷。另有些脂肪則附著於澱粉粒上，軟化麵包構造，延緩老化。廚師或廠商還添加其他類似原料，可以強化這些有益作用（見18頁下方）。

酵素

由於麵粉的一般含糖量僅夠酵母菌細胞短期維生所需，因此麵粉廠商都會在小麥粉中添加小麥麥芽或大麥麥芽：這些穀類都已經發芽，並且生成

製粉率

「製粉率」代表麵粉精製的程度，也就是磨好的麵粉中所保留的全穀比例。全麥麵粉的製粉率為90%。商用白麵粉所含全穀比例多半介於70~72%；法式麵包麵粉則是72~78%，因此帶有更濃郁的全穀風味。家庭烘焙師可以自行調配出較高製粉率的精製麵粉，作法是在商用白麵粉裡，添加已濾除麥麩和胚芽顆粒後的全麥麵粉。

酵素，可以把澱粉分解為醣類。由於含麥芽麵粉會讓麵粉、麵團的顏色變深，活性又有點難控制，所以越來越多廠商改用精鍊自微小黴菌的純化酵素（真菌澱粉酵素）。

麵粉種類

儘管廠商和專業烘焙師傅都能取得特定小麥磨成的麵粉，但是超級市場販售的麵粉大部分都是根據指定用途來標示，不會直接說明內含哪些種類的小麥（通常都是混合調配），也不註明蛋白質的含量或品質。地區不同，麵粉的原料成分有可能就大不相同；美、加兩國大半地區的「通用」麵粉，蛋白質含量都高於美國南方各州或太平洋岸西北區的「通用」麵粉。這也就就難怪根據某一種麵粉所寫的食譜，若採用另一種麵粉來調理，結果往往大不同，除非細心去找到和原有麵粉非常近似的代用品。本頁下方便羅列了常見小麥麵粉的成分。

全麥麵粉含有大量蛋白質，不過，這些蛋白質有很大部分是來自胚芽和糊粉層，是不會生成麵筋的；胚芽和麥麩顆粒會干擾麵筋的生成。因此，全麥麵粉往往能製作出密實又風味絕佳的麵包。麵包麵粉富含高筋麵筋蛋

常見小麥麵粉的蛋白質含量

表列數字為近似值，假設麵粉水分含量為12%。麵粉總重的70~80%為澱粉和其他穀類的碳水化合物。高蛋白質麵粉的吸水量遠高於低蛋白質麵粉，因此同樣比例的水分，製成的麵團質地也比較硬挺。

麵粉	蛋白質含量
全麥、全穀	11~15
硬粒小麥粗粉	13
麵包	12~13
通用（美國全國性品牌）	11~12
通用（美國地區性品牌，美國南方和西北太平洋沿岸）	7.5~9.5
酥皮	8~9
蛋糕	7~8
0或00號麵粉（義大利軟小麥麵粉）	11~12
55號麵粉（法國軟、硬小麥混合麵粉）	9~10
英國白麵粉	7~10
活性麵筋	70~85

不同的麵粉不單是蛋白質含量不等，連蛋白質特質也不相同，因此，要想把通用麵粉轉變成酥皮麵粉是不太可能的，反之亦然。不過，是有可能稀釋某種麵粉的麵筋蛋白，只要在該類麵粉中加入玉米澱粉或另一種純澱粉，或是添入活性麵筋就可以。若想以通用麵粉調出近似酥皮麵粉，可以在2份通用麵粉中添加1份澱粉（依重量計算）；而若想把酥皮麵粉調成近似通用麵粉，可以在2份酥皮麵粉中添入1/4份麵筋。（純化麵筋經過乾燥處理，強度便會減弱低於近半。）蛋糕麵粉的澱粉和脂肪都受了氯的影響，成分改變了，故模仿不來。

白,製成的麵包最輕柔、最蓬鬆,也最耐嚼。酥皮與蛋糕用麵粉的麵筋蛋白含量都很低,屬低筋類型,可用來製作質地柔軟的烘焙食品。蛋糕麵粉又較為獨特,因為經過二氧化氯(氯氣)處理,這對澱粉粒有好幾種作用,不但利於蛋糕製作(見55頁),同時會在麵粉中留下微量的去氧抗壞血酸,讓麵糊和麵團呈酸性,嚐起來略帶酸味。

「自發」麵粉本身含有發粉(每杯麵粉含1.5茶匙發粉,或每100公克含5~7公克),不需添加膨發劑就能製成速發麵包、薄煎餅和其他化學膨發食品。「即發」(instant)麵粉是低蛋白麵粉,澱粉粒預先煮到糊化,隨後再乾燥處理。預煮與乾燥處理可在往後加熱時,讓水分比較容易再滲入。即發式麵粉很適合製作質地柔軟的酥皮,或是調製醬料和肉汁醬時,於起鍋前加入增稠。

麵團和麵糊的成分:酵母和化學膨發劑

膨發劑能使麵團和麵糊充滿氣泡,減少單位體積內所含固形材料,讓麵包或蛋糕不那麼密實,變得比較鬆軟。

酵母

人類食用發酵麵包已有6000年之久,但一直到150年前,有了路易·巴斯德(Louis Pasteur)的研究後,我們才開始明白發酵的根本原理,關鍵就在於特定真菌群的產氣代謝作用,這類真菌就是酵母(yeast)。不過,yeast這個字不是當時才出現的,它和英語這個語言一樣古老,最早是指一種發酵液的泡沫或沉澱物,可以用來發酵麵包。

酵母是一群微小的單細胞真菌,和蕈類有親緣關係,已知種類超過100種。這些酵母有些會造成人類感染,有些則導致食物腐敗,不過,其中一種釀酒酵母(*Saccharomyces cerevisiae*,意思是「釀造業者的糖真菌」),對釀造、烘焙都很有用。人類有史以來,大都只由穀物表面取得酵母,有時也取自先前製作的麵團,或者啤酒釀造桶內酒液表面。時至今日,麵包專用的特選酵

說文解字:發酵作用和酵母

Leavening(發酵)源自一個印歐字根,意思是「輕的,幾乎沒有重量的」。這個字根還衍生出幾個相關字彙,包括:levity(輕浮)、lever(槓桿)、relieve(緩解)和lung(肺)。Yeast(酵母)源自另一個字根,意思是「起沫、沸騰、冒泡滿溢」。從這些字根衍生出的各種涵義可以看出,發酵似乎是以某種形式烹煮穀類粥糜時,內部發生的一種轉化過程。

母品種都是工業發酵槽中的糖蜜培育出來的。

酵母代謝作用

酵母代謝糖分之後，會產生能量及其他副產品，也就是二氧化碳氣體和酒精。酵母細胞體內的這整套轉化作用，可以寫成如下化學式：

$$C_6H_{12}O_6 \rightarrow 2C_2H_5OH + 2CO_2$$

（1個葡萄糖分子，會生成2個酒精分子和2個二氧化碳分子）

啤酒、葡萄酒釀造過程產生的二氧化碳會從發酵液散逸，至於酒精則會累積。麵包製作過程產生的二氧化碳和酒精，則會留在麵團裡，待烘焙溫度提高，兩種成分便因高熱排出麵團。若麵團不加糖，酵母菌就仰賴單一糖分子（葡萄糖和果糖）和含兩個葡萄糖分子的麥芽糖為生，而麥芽糖是麵粉酵素分解澱粉粒之後的產物。麵團中加入一點糖就可以活化酵母，加入大量則會抑制酵母活性（見甜麵包，42頁），作用和加鹽是相同的。溫度對酵母的活性也有重大影響：酵母細胞在35°C左右生長與產氣的速度最快。

酵母除了能提供二氧化碳氣體使麵團脹大，還會釋出好幾種化學物質，從而影響麵團的硬實程度。這整體作用能夠讓麵筋更強韌、彈性更高。

烘焙用酵母的形式

市售酵母通常有三種形式，供家庭和餐廳廚師使用，每一種都是不同釀酒酵母的衍生種，各有不同特色。

- 蛋糕酵母（或稱壓縮酵母），採新鮮酵母細胞製成溼潤塊狀，直接取自發酵槽。這種酵母細胞是活的，比其他形式的酵母能製造出更多氣體。蛋糕酵母會死亡，必須冷藏保存，貨架壽命只有1~2週。
- 活性乾酵母，1920年代問世，從發酵槽取出，乾燥成細粒，外覆酵母殘骸具保護作用。酵母細胞呈休眠狀態，室溫下能存放好幾個月。廚師若要使酵母回復活性，就以41~43°C溫水浸泡再加入麵團。若浸泡水溫較低，

一種罕見的化學膨發劑：鹿角精

銨鹽（碳酸銨或胺基甲酸酯鹽）是一種不涉及酸基反應的膨發劑，早年製造銨鹽是取鹿角蒸餾而得，因此舊稱「鹿角精」（鹿角精也是明膠的常見來源）。這些化合物加熱至60°C時，便分解成二氧化碳和氨氣兩種發酵氣體，但不產生水，特別適於製作又薄又乾的甜餅和脆餅，這些食物的表面積很大，烘焙時可以排出辛辣氨氣。

酵母細胞的恢復情況會很差，釋出的物質（麩胱甘肽）還會阻礙麵筋形成。
- 即發乾酵母，1970年代的革新產品，比活性乾酵母更快的乾燥速度製成，形狀為帶細孔的小桿狀，故吸水速率超過細粒狀酵母。即發乾酵母不必預先泡水就可以和其他麵團成分混合，而且二氧化碳生成效能也超過活性乾酵母。

發粉和其他化學膨發劑

酵母細胞生成二氧化碳的速度慢，至少要一個小時，所以周圍的材料必須有充分彈性，才能在這麼長時間內保住氣體。低筋麵團和流質麵糊能支撐氣泡的時間不超過幾分鐘，所以必須使用能快速反應產氣的材料來發酵。化學膨發劑就是用來扮演這種角色。這類成分通常都是濃縮的，因此用量若稍有不同，最後成品的效果就會差異很大。用量太少，成品會扁塌、顯得密實；用量太多，則麵糊會膨脹過頭，最後塌陷成質地粗糙、風味又不佳的成品。

絕大多數化學膨發劑的原理，都是運用某些酸、鹼化學物質之間的反應以產生二氧化碳，這跟酵母產生的氣體是一樣的。最早的化學膨發劑是取木灰經乾燥、加水萃取得到的產物（稱為鉀鹽，主要成分為碳酸鉀）。鉀鹽和酸麵團的乳酸產生反應如下：

$$2(C_3H_6O_3) + K_2CO_3 \rightarrow 2(KC_3H_5O_3) + H_2O + CO_2$$

（兩個乳酸分子和一個碳酸鉀分子，生成兩個乳酸鉀分子、一個水分子，以及一個二氧化碳分子）

小蘇打

化學膨發劑的最常見鹼性成分是碳酸氫鈉（NaHCO3），俗稱小蘇打。如

發粉的酸性成分

有些酸只有廠商才能取得。超級市場販售的雙效發粉，多半是混合了鈉碳酸氫鈉（小蘇打）、磷酸一鈣和硫酸鋁鈉。至於單效發粉則不含硫酸鋁鈉，而磷酸一鈣則有外表塗覆，能延緩釋出。

膨發酸類	反應時間
酒石（即塔塔粉）、酒石酸	拌和時立即反應
磷酸一鈣（MCP）	拌和時立即反應
焦磷酸鋁鈉（SAPP）	拌和後緩慢釋出
硫酸鋁鈉（SAS）	釋出緩慢，受熱活化
磷酸鋁鈉（SALP）	受熱活化，加熱早期階段（38~40°C）
磷酸二鎂（DMP）	受熱活化，加熱早期階段（40~44°C）
二水合磷酸二鈣（DCPD）	受熱活化，加熱晚期階段（57~60°C）

果麵團或麵糊含酸，可以和小蘇打反應，那麼只需加入小蘇打就可以膨發。常見酸性成分包括酸麵團菌種、發酵乳（白脫乳、優酪乳）、紅糖和糖蜜、巧克力和可可（未經鹼化處理，見228頁），還有果汁和醋。一般概略用量是：把2公克小蘇打加入240毫升發酵乳就能完全中和，也可以加入5毫升檸檬汁或醋，或是5公克塔塔粉。

發粉

發粉是種完整的膨發系統：發粉含鹼性小蘇打以及固態晶體酸。（活性成分會與粉狀乾澱粉混合，澱粉可以吸收水氣防止發粉接觸潮溼空氣而過早發生反應，同時還能增加發粉體積，比較容易度量用量。）小蘇打一加入液體幾乎就立即溶解。倘若該酸類的溶解度非常高，混合時也就會迅速溶解，並馬上和小蘇打發生反應，膨脹生成第一批氣泡。舉例來說，塔塔粉在剛開始拌和的2分鐘內，就能把膨發潛力發揮到2/3。倘若酸的溶解度不是非常高，那麼酸就會以固態維持一段時間，或者必須加溫到酸性晶體溶解溫度，酸才會開始和小蘇打反應，並在瞬間生成遲來的大批氣體。發粉使用的酸性物質有好幾類，各有不同的產氣模式（見28頁下方）。

大部分超級市場供應的發粉都屬於「雙效」；也就是說，這類發粉剛開始和麵粉混合、調成麵糊的時候，就會產出第一批氣體，接著在烘焙階段還能二次膨發。餐廳用和工業製造用發粉的酸能緩慢釋出，因此當麵糊備妥靜待加熱時，發粉也不會耗光。

化學膨發劑有可能影響食品的風味和色澤。有些發酵酸類帶有明顯澀味（磷酸鹽、焦磷酸鹽）。若酸鹼搭配合宜，最後就不會殘留過量。然而，若是添加過多小蘇打，或者麵糊拌和不夠均勻，發粉沒有完全溶解，最後就會生成一股類似肥皂的苦澀化學味。只要有一點點鹼，就會使顏色受到影響：會導致褐變反應增強，讓巧克力變紅色，而藍莓變綠色。

麵包

製作酵母麵包有四項基本步驟。我們把麵粉、水、酵母和鹽混合在一起；揉捏混合料，讓麵團產生麵筋網絡；我們給酵母留點時間來生成二氧化碳，讓麵團中布滿氣穴；接著烘焙麵團，讓構造固定下來並發展出風味。實際操作時，每個步驟都可以有不同選擇，並能影響麵包的最後質地。製作基本麵包的方法非常多，以下幾段說明其中最重要的選擇及其產生的效果。至於以特殊原料或作法所製成的麵包（酸麵團、甜麵包和無酵餅）則稍後再做介紹。

▋成分的選擇

麵包的製作從成分開始，特別是麵粉和酵母。由於成分比例相當重要，而且同體積的麵粉，有的疏鬆（經過篩濾）、有的密實，重量偏差可達50%，因此度量用量最好以秤重，不要用量杯。

▋麵粉

不同種類的麵粉，會製作出不同質地和風味的麵包。「麵包用麵粉」採高蛋白小麥碾磨而成，必須長時間揉捏，生成高筋度麵筋，這樣麵包發酵情況才會良好，而且風味獨特，略帶蛋味，質地也軟韌耐嚼。低蛋白質含量的「通用麵粉」所製成的麵包，能膨發出的最大體積就比較小，風味偏中性，質地也較不耐嚼。至於麵筋蛋白筋度很低的軟小麥麵粉所製出的麵包會較密實，而且麵包心柔軟如蛋糕。麵粉中含有的麥粒外層糊粉、麥麩和胚芽越多，製成的麵包顏色就越深，質地也越密實，還帶有更濃郁的全麥風味。烘焙師傅可以混合不同麵粉，製作出具特定特質的麵包。許多麵包師傅都偏愛蛋白質含量中等的麵粉（11~12%），製粉率則偏好介於標準白小麥和全麥之間的麵粉。

▋水

用來製作麵團的水所含化學成分會影響麵團質地。高酸水會削弱麵筋網絡，略帶鹼性的水則能強化網絡。硬水含鈣和鎂，會產生交叉連結，所以能製出

▋硬粒小麥

以硬粒小麥麵粉製成的麵團，不太會膨發也不帶彈性，然而幾千年來，地中海一帶依然採用這種麵粉來製作風味獨特、質地密實的金黃色麵包。硬粒小麥麵粉的吸水效能超過麵包麵粉將近一半，這也是硬粒小麥麵包貨架壽命較長的原因之一。

比較堅實的麵團。水的比例也影響麵團的硬實程度。要揉出產氣功能良好的堅實麵團，標準比例為65份的水對100份的通用麵粉（水占總重的40%）。減少水量就會製出比較堅實、延展性較差的麵團，烤出的麵包也比較密實。若是增加水量，就能製出比較柔軟、彈性較低的麵團，而且麵包的質地也比較鬆軟。有些麵團相當潮溼，幾乎無法揉捏（例如義大利拖鞋麵包），每100份麵粉至少含水80份（占總重的45%）。高蛋白質麵粉的吸水量超過通用麵粉至少1/3，因此水分比例和對應的麵包質地，也要視麵粉的特性而定。

鹽

雖然有一些傳統麵包並不含鹽，不過含鹽麵包的種類還是占大多數，而且目的不只是為了平衡味道。鹽分占麵粉重量的比例為1.5~2%，能束緊麵筋網絡，增大麵包成品的體積。（若是採用自解的拌和法，那麼這種束緊作用還會特別明顯。見下文）粗海鹽含有鈣鎂雜質，或許還能發揮類似高礦物質硬水的功用，進一步提高麵筋的筋度。酸麵團加鹽也有助於限制酸化細菌的蛋白質消化活動，以防傷害麵筋。

酵母

烘焙師傅可以添加各種不同形式與比例的酵母。想在幾個小時內就讓簡單的麵團完全發酵、烘焙成形，蛋糕酵母的標準比例是麵粉重量的0.5~4%，也就是每500公克麵粉加入2.5~20公克酵母；若採乾燥酵母，用量則需減半。倘若麵團要隔夜慢慢發酵，那麼酵母用量只需麵粉重量的0.25%即可，也就是每500公克麵粉只需1公克左右酵母。（1公克酵母就含數百萬個酵母菌。）一般來說，揉入麵團的酵母加工程度越低、麵團所需的膨發時間就越久，最後的風味也越好。這是發酵過程本來就會產生各種令人喜愛的風味化合物質（見39頁），至於濃縮的酵母則會略帶刺鼻味。

麵種

把酵母加入麵包麵團，使有效發酵時間和風味發展程度達到最大值，常見

兩階段和麵法：自體消化

在和麵階段，除了一次把麵團所有成分都拌在一起，還有另一種作法，那就是「自解」法（autolysis），這是法國傳奇麵包權威雷蒙・卡爾維（Raymond Calvel）倡導的作法，可以補償快速工業生產的若干缺點。這種手法也受到許多烘焙師傅採用。用自解法和麵，一開始先把水調入麵粉，靜置15~30分鐘，接著再加入膨發劑與鹽。按卡爾維的說法，這個初步階段能讓澱粉和麵筋蛋白盡量吸收水分，以減少鹽分的干擾，也讓麵筋鏈縮得更短（自解的功能）。這樣和出的麵團比較容易處理，不需太多揉捏，跟氧氣接觸的程度也較低，更能保留住小麥的淡金黃色和特有滋味。

的方法就是使用「預發酵麵團」或是「麵種」,這是把已發酵的麵團或麵糊和入新捏製的麵粉和水。麵種有多種形式,可以是前一批麵團保存下來的部分,或是以少量新鮮酵母預發了好幾個小時的硬麵團或軟麵糊,也可以是取「野生」酵母和細菌培養的菌落,裡面不含絲毫商業酵母。最後這種稱為「酸麵團」麵種,因為其中含有大量產酸菌。麵種有多種名稱(在法國為 *poolish*,義大利 *biga*,比利時 *desem*,英國 *sponge*),且根據成分比例、發酵時段長短和溫度高低,還有製程細部差異,麵種品質也各不相同(酸麵團麵包請見40頁)。

製作麵團:和麵、揉麵

和麵

　　製作麵包的第一個步驟是把成分拌和在一起。麵粉和水一接觸,就會迅速展開一連串反應。澱粉粒碎裂後開始吸水,酵素則把接觸到的澱粉消化成糖分。酵母細胞藉糖分維生,生成二氧化碳和酒精。小麥穀蛋白吸收部分水分,向外延展成長條螺旋;相鄰分子的螺旋構造彼此形成許多低強度鍵結,於是就建構出第一股麵筋。我們會看見麵團隱約出現纖維狀外觀,感覺到麵團黏合成團,以湯匙攪拌,蛋白質就會聚攏,構成可見細絲,活靈活現展現出「披頭散髮」的模樣。此時麵粉中有幾種物質會打斷、阻礙麵筋分子首尾相連的鍵結,所以麵筋分子鏈會開始縮短。隨著空氣所含氧氣和酵母帶來的氧化物質進入麵團,這種打斷鍵結的現象就會停頓,麵筋分子開始首尾相連,形成長鏈。

　　和麵可以採手工或攪拌機進行,也可以使用食物處理機。處理機花不到

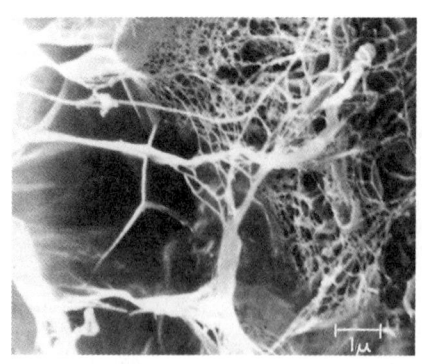

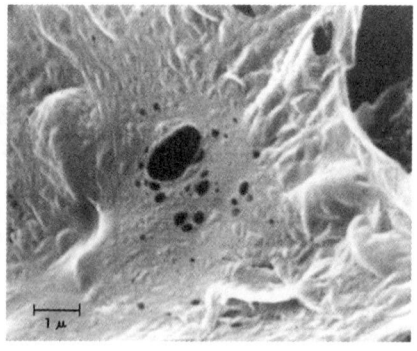

麵筋形成作用
從光學顯微鏡觀察摻水後的麵粉。左:麵粉剛加水時,麵筋蛋白沒有定向,在濃稠液體中凌亂散置。右:液體經攪拌後,隨著麥穀蛋白構成一股股長束分子,麵筋蛋白也很快發展出糾結的纖維。

一分鐘就能和好，相較於手工或攪拌機和麵的時間快了許多，因此能把麵團和空氣、氧氣的接觸程度降至最低，使存留的小麥色素較不易脫色，也較能保留風味。由於輸入能量高，會使麵團受熱，發酵前最好先冷卻。

麵團的成長：揉捏

一旦所有材料都混合調勻，麵團便開始發展。無論是手工或電動攪拌機來調和，麵團都會經歷相同的物理過程：延展、摺疊、擠壓、延展、摺疊、再次擠壓，如此反覆多次。這種操作處理能強化麵筋網絡，蛋白質也進一步展開，調節方向彼此併排，還能促使相鄰分子生成眾多低強度鍵結。小麥穀蛋白分子也會首尾相連，形成穩固鍵結，大批麵筋鏈就這樣形成黏聚的網絡。接著麵團會逐漸變硬，比較不好揉捏，外觀則顯得柔滑、細緻。（如果麵團處理過頭，許多鍵結便會開始斷裂，讓整體構造瓦解，麵團會變得黏手又沒彈性。不過這只有在機械揉捏的情況下才會發生。）

揉捏也會使麵團充氣。麵團一再摺疊、擠壓，氣穴被困住，受壓力擠迫後，形成更多更小的氣穴。揉捏階段形成的氣穴越多，最後製成的麵包質地也越細緻。當麵團的硬度達到最高，此時氣穴的數量也最多。

有些麵包食譜指定採最低度的揉捏。通常這樣生成的氣穴數量較少，氣穴體積則較大，這會產生粗糙不平的特殊質地。這種麵團剛開始發酵的時候，麵筋還沒完全長成，但隨著麵團膨發，麵筋會繼續發展（見下文），所以只經過些微揉捏的麵團最後還是可以膨發完全，形成充滿空氣的柔軟麵包心。

發酵、膨發

發酵階段是指麵團靜置一旁，讓酵母菌產生的二氧化碳擴散到氣穴中，緩慢吹脹氣泡，於是麵團就會鼓起。這種溫和的延展作用會讓麵筋發展並排列成相同方向，酵母菌其他副產品的氧化作用也會持續進行，讓小麥穀

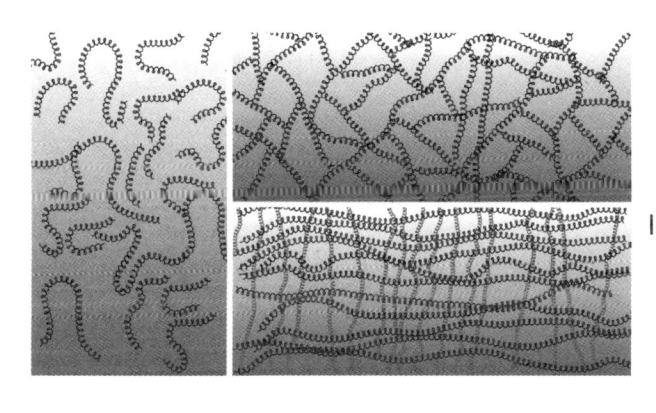

麵筋的排列方向
麵粉和水初步調勻時，小麥穀蛋白分子形成散亂的麵筋鏈網絡。揉捏動作能讓麵筋鏈調整方向，排列成序。

蛋白分子首尾相連。這樣一來，就算是剛開始很溼、幾乎不具黏性的麵團，發酵之後也會變得比較容易處理。

酵母在35°C左右產生二氧化碳的速度最快，不過也會製造出更多的酸，還會散發難聞的氣味。一般都建議發酵作業維持在27°C，這樣膨發速度也還算快，只要幾個小時。較低溫度可能會使發酵時間拉長一個小時或以上，同時也伴隨更多令人喜愛的酵母風味。

發酵階段何時停止，要看麵團體積還有麵筋基質的狀況而定。當體積約略加倍，用手指戳戳麵團，若是麵團有印痕，不會回復原狀，就表示麵筋已經延展到彈性極限，麵團已經發酵完成了。此時應輕柔處理麵團，讓麵筋重新連結、分隔氣穴，也重新分配酵母菌及其食物供給，並調勻麵團的溫、溼度（發酵會生熱，產生水和酒精）。由於水分增多，又有氣泡破壞麵筋構造，發酵後的麵團摸起來較軟，也比剛揉捏好的麵團更好處理。

高蛋白麵粉製成的麵團還可以觸發二度膨發，以完整發展出比較堅實的麵筋。不論麵團經過一次或二次膨發，完成之後就可以分割成小團再輕輕揉搓成球，靜置幾分鐘讓麵筋鬆弛一下，接著就塑模成一塊塊。這些麵團塊再次部分膨發，也就是「醒麵」（或稱「後發酵」），就可以進爐烘焙，進入最後的劇烈膨發階段。

延遲發酵

傳統製作麵包的手法要耗費好幾個小時，烘焙師傅往往得漏夜工作，隔天一早才有新鮮麵包可賣。維也納烘焙界在1920年代開始進行一項試驗，把工作分兩個階段，白天先和麵、發酵，做出一條條麵團。這些麵團會擺進冷藏櫃過夜，到清晨才烘焙。低溫能大幅減緩生物活動；酵母在冷藏室中膨發麵包的時間是暖和室溫下的10倍。所以麵團冷藏作業又稱為「延遲發酵」，低溫冷藏室則稱為「延遲室」。延遲發酵於今已是常用手法。

延遲發酵除了讓烘焙師傅工作更有彈性外，對麵團也產生有益影響。長時間緩慢發酵，讓酵母和細菌有更多時間來產生風味化合物質。冷麵團比溫麵團硬，因此較容易處理，而且不會流失膨發氣體。還有，在冷卻、回

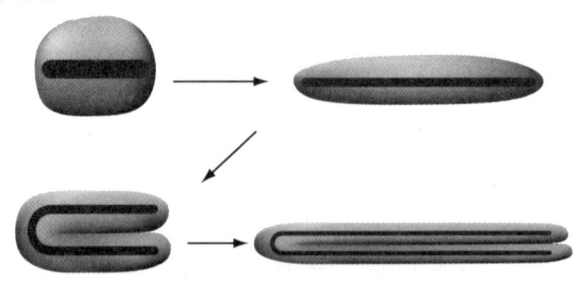

揉捏麵團
反覆的揉捏動作會延展、拉長麵筋，有助於調節長鏈方向，助長彼此首尾鍵結，提高麵筋的筋度。

溫的循環過程中，麵團氣體也重新分布（從小氣泡化為水相，接著又恢復脹成大氣泡），有助於發展出更連通、更不規則的麵包心。

烘焙

烤爐、烘焙溫度和蒸氣

烘烤麵包採用的爐具，對麵包成品的質地也有重要影響。

傳統麵包烤爐 19世紀中期之前，麵包全都以土、石、磚製窯爐烘烤，這種爐灶必須以柴火預熱，積蓄大量熱能。烘焙師傅得先點燃爐底柴火，燃燒數小時，清除灰燼之後才擺進麵團、關上爐門。爐灶表面溫度在開始階段為350~450°C，爐灶圓頂把積蓄的熱量由上往下輻射，爐底則由下往上直接朝麵團傳導熱能。麵團受熱釋出的蒸氣會充滿烤爐密閉空間，加速熱轉換，進一步對麵團加溫。爐面熱量慢慢流失，烘烤溫度逐漸下降，同時麵團轉呈褐色，吸熱效能因而提高。這就是高速初步加熱步驟，能促使麵團膨脹，溫度也高得可以讓麵包外皮夠乾，產生褐變反應的色澤和風味（見第一冊311~312頁）。

現代金屬烤爐 現代金屬烤爐自然比燃木窯爐方便烘焙，但拿來烘焙麵包卻不是那麼理想。現代烤爐的最高加熱溫度通常為250°C，爐壁又很薄，積蓄不了多少熱量，必須以瓦斯或電器元件加熱，產生火紅熱源來保持高溫。烘焙時熱源點燃，溫度一下子就會超過指定烘焙溫度，有可能把麵包烤焦。由於瓦斯烤爐設計了開口來排放燃燒氣體（二氧化碳和水分），所以烘烤初期是無法留住麵團釋出的蒸氣。電烤爐效果比較好一點。倘若還採用陶瓷烘烤石，或在烤爐四周鑲嵌陶瓷部件，那麼電爐也能具備傳統儲熱式窯爐的優點，烘烤前只要將烤爐預熱達最高溫，烘烤時就可以提供更強烈、更均勻的熱能。

蒸氣 在烘焙最初幾分鐘內，蒸氣有好幾項重大作用。蒸氣能大幅提高烤爐

說文解字：揉捏

Knead（揉捏）源自一個印歐字根，本意是「擠壓成球」；相關詞彙有 gnocchi（義式麵疙瘩）、quenelle（法式魚餃）、knoll（圓丘）和 knuckle（指趾關節）等。

傳遞到麵團的熱傳導率。在沒有蒸氣的情況下，麵團表面會在4分鐘內達到90°C；有了蒸氣則只需1分鐘。因此，蒸氣能促使麵團氣穴迅速膨脹。當蒸氣在麵團表面凝結，便形成一層水膜，可以暫時防止整條麵包的表皮乾燥成硬皮，這樣麵團就能保持彈性，讓麵團在烘焙初期得以迅速膨脹（亦即「爐內膨脹」），最後就能烤出較大、較輕柔的麵包。此外，高熱的水膜會讓麵團表面的澱粉糊化，形成薄而透明的外層，乾燥後便形成漂亮的光滑外皮。

專業烘焙師傅通常會在烘焙開始幾分鐘內，向爐內注入低壓蒸氣。若是家用烤爐，可以對高熱烤爐內灑水或丟冰塊，如此便能產生足夠的蒸氣，提高爐內膨脹效能，烤出更亮麗外皮。

烘焙初期：爐內膨脹

麵包剛送入烤爐時，熱量會從爐底或烤盤傳到麵團底部，而熱氣與熱空氣則從爐頂傳到麵團頂部。如果這時候有蒸氣，熱能就會在短時間內大量傳導，於冷麵團表面凝結成水滴。隨後熱能以兩種途徑，從表面透入麵團：從黏質麵筋澱粉網絡緩慢傳導透入，另一個則是藉由麵團內部的氣泡網絡，讓蒸氣更快速地移動。麵團發得越好，蒸氣在麵團內部穿行的速度就越快，麵團也熟得越快。

隨著溫度提高，麵團變得更具流動性，內部的氣穴會擴張，讓麵團整個鼓脹起來。麵團之所以會發生爐內膨脹，是因為酒精和水的蒸氣會脹滿氣穴，使麵團鼓起達原來體積的1.5倍。爐內膨脹通常發生於烘焙6~8分鐘內。

烘焙中期：從泡沫到海綿狀結構

一旦麵包皮硬化足以抗衡內壓，而麵團內溫也達到68~80°C，就會停止爐內膨脹，而麵筋蛋白在這個溫度範圍也會相連並構成強健的交叉連結，同時澱粉粒吸水、膨脹、糊化，所含直鏈澱粉分子也會紛紛流失。此時，隨著壓力累增，氣穴壁再也無法承受不斷上升的內壓，最後便會脹破，改變

了麵團構造，讓原本由各個獨立氣穴組成的封閉網絡，轉變成各氣穴相互連通的開放網絡。如此一來，細小氣球集結成的構造，就變成氣體可輕鬆穿行的海綿狀構造。（如果麵團沒有轉變成海綿狀構造，那麼冷卻之後，獨立的氣穴就會縮小，導致麵包塌縮。）

烘焙後期：發展風味，徹底烤熟

麵包核心溫度達到沸點之後，還要再烘焙一段時間，才能盡可能讓所有澱粉糊化，避免核心又溼又重，並延緩後繼的老化。繼續烘焙還能促使表面褐變反應，讓顏色和風味都能改進。褐變反應雖然主要發生在高熱、乾燥的外皮，但是褐變物質會向內擴散，因此整條麵包的風味都會有所改變。淡色麵包的風味明顯就不像深色麵包那麼濃郁。

判斷麵包是不是烤好，就看外皮是否烤成褐色，以及內部結構是否完全定型。後者可以輕敲麵包底部來間接確認。如果內部連續的麵筋質團還夾雜著氣泡，那麼聲音聽起來與摸起來就會厚重而密實。若是已經烘熟，烤成了連通的海綿狀結構，一敲就會覺得好像是中空的。

冷卻

麵包剛從爐中取出時，外層還非常乾燥，含水15%左右，溫度接近200°C，內部則和原始麵團同樣溼潤，含水40%左右，約為93°C。到了冷卻階段，這些差異會逐漸消失，麵包的水氣大半在此時散逸，達麵團重量的10~20%不等，散逸情況視表面積而定，小塊麵包捲的失水情況最嚴重，大條麵包則最輕微。

隨著溫度降低，澱粉變得越來越結實，此時麵包也變得更好切而不至於撕裂。在這1~2天之內，麵包還會越放越結實，而這也就是初期的「老化」。

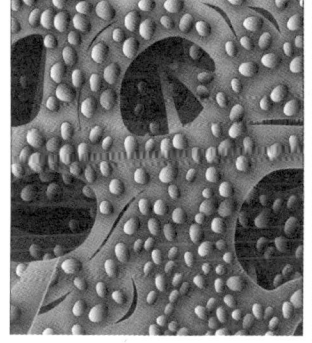

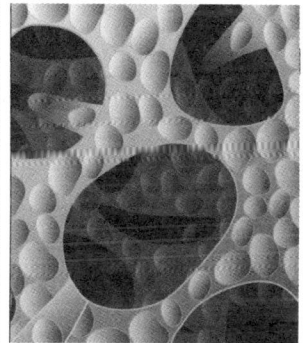

烘烤前後的麵包用麵團
麵團受熱加溫，澱粉粒會從麵筋吸收水氣、膨脹，釋放出部分澱粉分子，從而強化氣泡周圍的麵團壁面。

老化；麵包存放與重現新鮮風味

老化

　　麵包出爐之後幾天，麵包就會開始老化，這似乎和失水有關：麵包內部變得乾、硬、脆。其實就算完全不失水，麵包還是會老化。1852年，法國人瓊-巴蒂斯特·布辛戈（Jean-Baptiste Boussingault）在他意義非凡的麵包老化研究中，證實了這種現象。根據他的研究，就算嚴密封裝防止失水，麵包依然會老化。他進一步證明，麵包重新加熱到60°C就可以逆轉老化現象：今日我們知道，澱粉在這個溫度就會開始糊化。

　　現在我們明白，老化表示澱粉已經回凝，再次結成晶體，水分從澱粉粒向外移動，亦即澱粉煮熟之後冷卻引發的硬化（見第二冊286頁）。新鮮麵包經過了初期的硬化作用會更好切，硬化是因為簡單直鏈澱粉分子回凝，這種作用在烘烤之後一天內就會完成。

　　大部分澱粉分子（也就是澱粉粒所含支鏈澱粉）也會回凝。所幸，支鏈澱粉的構造並不規則，因此結晶形成的速度與排水速率緩慢很多，要好幾天才能完成。麵包變得好切之後，回凝過程還會持續進行，因此質地還會繼續變硬。基於某種因素，顏色較淺、較不密實的麵包，老化速率與程度都較低。

　　有些乳化劑可以大幅減緩老化，因此過去50年來，大量生產的麵包用麵團都有添加劑。純正白脫乳（第一冊74頁）和蛋黃富含乳化劑，因此具有同樣效果。一般認為，這類物質會和澱粉糾結在一起，或者以某種方式妨礙水分移動，因此能夠抑制再結晶作用。

再加熱能逆轉老化

　　只要澱粉粒釋出的水分大部分都留在周圍的麵筋裡（也就是說，只要麵包還不是太老，或者經包裝並冷藏），那麼，麵包加熱超過小麥澱粉的糊化溫度（60°C），就能逆轉老化現象。此時結晶區會再度受到破壞，水分子移進澱粉分子間隙，於是糊化的澱粉粒和直鏈澱粉又變得柔軟。因此，麵包切

說文解字：老化

雖然stale（老化）一詞現在是用來指超過最佳品味期、已開始變乾的食品，但過去這個字卻不見得都帶有這種負面涵義。這個字彙出自中世紀的條頓語，原意為「靜置」或「陳化」，是用在釀造、蒸餾酒類，意思是靜置、沉澱一段時間之後，酒液就會變得澄澈，風味也更強烈。麵包的澱粉分子也會變得安定且強固，但這會讓麵包變硬，至少對於應該新鮮食用的麵包來說，這是不想要的結果。不過，變硬的麵包也是有用處的（見右頁下方）。

片後若加以烘烤，就能把內部烤軟，而整條麵包擺進烤爐加熱，也能恢復新鮮滋味。

麵包的存放：不要冷藏

老化歷程在稍高於冰點的溫度下進行得最快，冰點以下就非常緩慢。根據一項實驗，麵包在7°C的冷藏室中擺放1天，其老化程度相當於在30°C擺放6天。倘若麵包要在1~2天內就會吃完，可以擺在室溫環境，裝進麵包盒或紙袋，這樣能延緩失水，也讓麵包皮保持酥脆。如果麵包得存放好幾天以上，那就用保鮮膜或鋁箔紙包好，冷凍起來。只有打算烘烤或再次加熱的麵包，才適合擺進冰箱冷藏，不過一定要先包好。

麵包的腐敗

麵包含水量比其他許多食品都少很多，往往還沒有受到腐敗微生物侵染就先乾掉了。麵包裝進塑膠袋擺放在室溫，老化澱粉粒散發的水分就會聚集在麵包表面，助長具潛在毒性黴菌的滋生，特別是麴菌屬（Aspergillus）和青黴屬（Penicillium）的藍綠色菌種、毛黴菌屬（Mucor）的灰白色菌種，還有紅色的好食念珠黴（Monilia sitophila）。

麵包風味

簡單的小麥麵包的風味無與倫比，來源有三：小麥麵粉的風味、酵母和細菌發酵的生產物，還有烘焙時烤爐加熱引發的各種反應。低製粉率白麵粉的香氣主要為香草味、香料味、金屬味和脂肪味（得自香草醛，是一種呋喃酮，還有幾種脂肪醛），而全穀麵粉的上述這些香氣則更濃郁，此外還有黃瓜味、油炸味、汗水味和蜂蜜味（得自其他脂肪醛、酒精和苯乙酸）。酵母發酵作用生成一種典型酵母味，大半得自帶果香的酯質和帶蛋味的硫化物。烘焙過程的褐變反應還會生成烘烤味產物。麵種讓整體風味更複雜，同時乙酸與其他有機酸也帶來特有酸味。

老化麵包的好處

廚師早就知道，老化麵包本身是非常有用的食材。老化麵包比新鮮麵包更耐處理，擺進含水的菜餚中也能保持海綿狀構造（若放新鮮麵包就會解體），這類菜餚包括麵包沙拉、麵包布丁和法國土司。相同道理，老化麵包心摻水潤溼仍能保持原樣，可當成一種柔軟的黏著劑，用來調製食品填料和無糖卡士達奶油餡，若碾成麵包粉還可以用來裹油炸物。乾燥麵包能保持構造完整得歸功於澱粉，澱粉回凝時會形成非常整齊、穩定的構造，進而把其他澱粉網絡牢牢束縛在一起。（第二冊285~286頁）。

量產的麵包

商業麵包製程和上述過程則大不相同。在一般做法中，單是拌和、揉捏和發酵就要花好幾個小時，最後才能製成麵包。而麵包工廠則是使用高動力機械式麵團加工發酵機，以化學熟成劑（氧化劑），4分鐘內就能製出含氣穴與麵筋構造的「熟」麵團。這種麵團添加酵母主要是為了調味。麵團形成後短暫醒麵，接著就移至隧道形的金屬烤爐。這種麵包的質地往往非常細緻就像蛋糕，這是由於機械產氣鼓脹麵團的效能遠高於手工或立式攪拌機。工廠製出的麵包有時會帶有不舒服的酸性化合物，像是帶汗味的異戊酸和異丁酸，這都是因為在強力攪拌和高溫「醒麵」期間，麵粉和酵母酵素用量比例不均衡所致。

幾種特別的麵包：酸麵包、黑麥麵包、甜麵包和無筋麵包

烘焙師傅能以各種穀物和其他成分，製作出各式各樣的基本麵包。這裡簡單介紹其中幾種。

酸麵包

酸麵包的麵團和麵包都是酸的，因此得名。其酸度和其他獨有風味成分，都是由麵團中與各種酵母共同生長的細菌所生成。這些細菌往往包括乳酸菌，也就是讓牛乳變成優酪乳和白脫乳的細菌（第一冊68~69頁）。這類麵包的膨發劑來自一種「野生」麵種，裡面混雜多種當時剛好在穀粒或空氣中的微生物，以及麵粉摻水拌和時的其他成分。這樣發酵出的麵團會有部分保留下來，用來發酵下一批麵包，於是這種酵母、細菌混雜的麵種就這樣永遠存留了下來。

最早的麵包可能就像現代的酸麵團，時至今日，世界大半地區的麵包依然藉酸麵團麵種發酵製成，也發展出地方風味。細菌能延緩澱粉回凝和老

麵包品質的科學定義

雷蒙・卡爾維（Raymond Calvel）是烘焙界的風雲人物，戰後在法國從事研究、教學，對麵包品質的認識和改良做出偌大貢獻。他對高品質法國麵包的定義，細節方面不見得適用於其他麵包，不過卻也表現出要製作出一條好麵包，裡面有多少苦心值得激賞。

好麵包（亦即品質優良的麵包）……的麵包心應呈乳白色。有正確乳白色的麵包心，表示拌和時麵團沒有氧化過頭，而且會散發出小麥麵粉經過微妙混合後，會產生的獨特香氣和滋味（小麥胚芽油的氣味，加上胚芽的淡雅榛果香氣）。所有這些成分，加上麵團發酵後生成酒精所帶來的迷人香氣，以及焦糖化作用和麵包皮烘焙發出的幾種素珠香氣……法國麵包的內在結構須相互連通，四處散見大型氣穴。氣穴壁面應該很薄，看起來略帶珍珠光澤。這種獨特構造（受到麵團熟成度、塑成整條麵包的作法等因素的影響），都是造就法國麵包質地、風味、口感的根本要素。　　　——《麵包的滋味》(The Taste of Bread)。

化，生成的酸還能幫助麵包抵抗腐敗微生物，所以酸麵團和麵包的風味特別濃郁，又很好保存。由於褐變反應在酸性環境下會變慢，酸麵包的色澤往往比直接以酵母發酵的麵包更淺，烘烤風味也比較淡。

要用酸麵團菌群製出好麵包並不容易。這有兩項原因。首先是細菌滋長比酵母快，繁殖數量幾乎都會達到百倍和千倍之多，這會抑制酵母的產氣功能，因此酸麵團經常發不好。另一項原因是，酸性環境和細菌的蛋白消化酶削弱了麵團的麵筋強度，結果麵團的彈性就比較差，製出的麵包也更密實。

酸麵團處理訣竅　要以酸麵團麵種烘焙出好麵包，關鍵在於控制菌群滋長和酸化作用的程度，並且促進酵母繁衍出健全的菌群。一般來說，這表示酸麵團麵種必須保持較低溫度，時時增添麵粉、水分來「重現生機」，還要大量補充氣體。以下要訣可謹記在心。

酵母和細菌在液態麵種中都長得最快，因為微生物在液體中比較容易取得養分；在半固態的麵團中，成長就比較緩慢，也不必那麼頻繁照料。由於微生物滋長會迅速消耗養分，還會生成酸和其他抑制成長的物質，所以麵種必須經常分割並添加原料，每天至少兩次。添加水和麵粉可以稀釋累積的酸，沖淡會抑制生長的其他成分，還能供應新的食物。為麵種注入氣體（液態麵種以攪拌、麵團麵種以揉捏來注入氣體）可以增補氧氣，供酵母菌製造新細胞的細胞膜。麵種分割和添加新原料的次數越頻繁，酵母就生長得越好，麵種的發酵效能也就越強。麵種應該在活潑成長、產氣能力最強的階段加入麵團。雖然細菌在33~35℃的溫暖條件下長得很好，酵母則要在20-25℃較低溫的酸性環境下才會長得好；所以麵種和發酵麵團都應該保存在較低溫環境。

最後，酸麵團必須加入大量鹽分。鹽能抑制細菌的蛋白質消化酶，讓脆弱的麵筋繃得更緊。

黑麥麵包

儘管和小麥相比，黑麥只算次要穀類，德國和北歐各國以及斯堪地那維亞一帶，卻依然看得到許多用黑麥製成的麵包。今日大部分黑麥麵包採用黑麥、

冷凍與部分烘焙的麵團和麵包

麵團經過冷凍、解凍，還是可以烤出麵包，然而冷凍會把酵母殺死大半，減弱發酵性能和膨發效果，而那些會削弱麵筋強度的酵母化學物質也會跟著擴散。事實證明，冷凍效果最好的是油滋滋的甜麵團。

麵團最適合冷凍的階段是麵團已膨發，而且入爐烘焙達正常烘焙時間70-80%之時。這種「部分烘焙」的冷凍麵包解凍後進入高溫烤爐烤個幾分鐘就可以出爐。由於酵母細胞已經完成發酵使命，也在初步烘焙階段死亡，所以此時酵母殘存與否已不重要。

小麥麵粉混合烘焙而成，其中黑麥能帶來獨特的濃郁風味，而小麥則提供麵筋，帶來膨發效能。黑麥蛋白完全沒辦法形成像麵筋那樣的彈性網絡，顯然是由於黑麥穀蛋白分子彼此無法頭尾相連構成長鏈。黑麥還有一項不利於製作麵包的重大缺陷，它往往在收成前就已經發芽，於是澱粉消化酶在烘焙過程便很活躍，使得麵團的主要構造之一（澱粉）也遭破壞。不過，北歐的烘焙師傅依然想出辦法，以純黑麥麵粉製成一種獨特的發酵麵包。

裸麥酸麵包 純正的裸麥酸麵包顯然是在16世紀德國西法利亞邦一次饑荒期間出現的。原料是黑麥全穀磨成的粗粉，加上好幾個階段的酸麵團發酵；所得酸度可以控制澱粉的分解，還可以讓麵團更有彈性。麵團富含一種黏性細胞壁原料「聚戊醣」（見第二冊300~301頁），故得以保留若干二氧化碳氣泡。黑麥麵團發酵之後，擺在烤盤以低溫烘焙，有時也用蒸的，加熱時間很長，費時16~24個小時。烤好的麵包皮很薄，顏色轉呈深棕色，發出濃郁風味。這得歸功於加熱時間長，還有游離的糖分和胺基酸含量都很高，得以發生褐變反應使然。由於大量的澱粉消化酶在低溫烘焙階段作用的時間很長，因此烤成的裸麥酸麵包甜味很重，糖分含量達20%。

黑麥麵包獨特的複雜風味大半得自穀粒本身，帶有蘑菇味、馬鈴薯味和青草味（得自辛烯酮、甲硫丙醛和壬烯醛）。傳統的酸麵包發酵法則添加了麥芽味、香草味、油炸味、奶油味、汗味和醋味等。

香濃的甜麵包：法式奶油麵包、義大利大麵包和義大利黃金麵包

含有大量油脂和（或）糖分的麵團，對烘焙師傅而言是特別的挑戰。油脂和糖分都會延緩麵筋的發展，削弱筋度：糖分是因為會和水分子結合而破壞麵筋–水的網絡，油脂則是因為會與麵筋鏈的親油端結合，導致麵筋鏈無法彼此鍵結。因此，含油的麵團比較柔軟、脆弱。烘焙師傅通常不先添加油脂和糖，而是等麵筋網絡成形、分子鏈建構完成，再把這些成分揉進麵團，然後用容器盛裝麵團，送入爐中烘烤（容器可以撐住重量，麵團才不會軟塌下陷）。大量糖分會讓酵母細胞脫水，減緩生長速度，所以甜麵團使用

說文解字：
裸麥酸麵包、貝果、椒鹽捲餅、法式奶油麵包、義大利大麵包、義大利黃金麵包
這幾種「麵包」的名稱中，三種源自日耳曼語，三種出自羅馬語。*Pumpernickel*（裸麥酸麵包）衍生自西法利亞方言的兩個字彙，意思分別為「惡魔」和「屁」，而這是一種高纖維麵包。*Begel*（貝果）衍生自意第緒語，本源則為日耳曼字根，意思是「環」；而 *pretzel*（椒鹽捲餅）則是直接引自日耳曼語一個單字，其拉丁字根意指「小手鐲」，因此這兩個名詞都是依形狀命名。*Brioche*（法式奶油麵包）是法文，字根顯然為 *broyer*，意思是「研磨」或「揉捏」，最早在15世紀出現，用來指加入奶油卻尚未加蛋的麵包。*Panettone*（義大利大麵包）和 *pandoro*（義大利黃金麵包）都是19世紀造出的義大利字彙，意思分別為「大麵包」和「金黃色的麵包」。

的酵母菌量通常超過普通麵包，膨發所需時間也較長。受到糖分影響，甜麵團比較容易在烘焙初期就開始出現褐變反應，因此烘烤溫度通常較低，以免裡面還沒有好，表面就已經烤成焦褐色。

製作法式奶油麵包的麵團所含奶油和蛋量特別豐富，通常要經過延遲處理（低溫冷藏，見34頁）6~18小時，讓質地堅挺，再攤開靜置片刻，這樣麵團會比較容易處理，也才能在最後膨發之前成形。義大利大麵包和黃金麵包都是很棒的節日麵包，裡面添加了大量的糖、蛋黃和奶油。不過，這兩種麵包的原料都是自然發酵的酸麵團，因此可以久藏。

不含麵筋的麵包

有些人的免疫系統不耐麵筋，必須避開小麥及其近親穀物，而一般麵包都含麵筋結構，自然也不能吃。雖然無法食用發酵麵包，卻可以用無麵筋麵粉、澱粉（例如米穀細粉）再補充三仙膠和乳化劑製成的麵包來替代。這種膠質是菌類分泌物，經工廠發酵純化加工，能使麵團彈性具有中強度麵筋的等級；乳化劑則能安定氣泡，烘焙時可以延緩二氧化碳從麵團逸出。

其他麵包：無酵餅、貝果、饅頭、速發麵包、甜甜圈

歐洲和北美洲的標準麵包款式都是輕度烘焙，不過，這種主食品還有其他許多樣式。以下簡短介紹其中幾類。

無酵餅

最早的麵包是薄薄的無酵餅，今日依然是世界許多國家的主要營養來源。無酵餅的基本特性是能很快烤熟，擺在高溫表面烘烤，最快只需2分鐘，不論使用烤盤、爐底、爐壁都可以，甚至高溫卵石也行。烘烤溫度通常都非常高（披薩烤爐可以加熱達450°C），這意味著麵團內的細小氣穴會被迅速蒸發中的水氣給鼓出，基本上無須加酵母就能使麵團膨發（不過，有許多無酵餅都是以發酵麵團製成）。由於麵餅會鼓脹，加上厚度很薄，因此無酵餅的

質地很柔軟；此外，無酵餅不必使用高筋麵粉，因此各種穀類都可以製作。儘管烘焙時間短，高溫卻能讓無酵餅整個表面都散發美味的烘烤風味。

無酵餅往往會脹得很大，縱然只維持一時，依然令人喜愛。希臘口袋餅之類的麵包製品內部都是中空的，可以當成容器，裝盛其他食物或餡料。麵餅兩側表面受熱後會定型，並且比內層更堅韌，此時餅內蒸氣也逐步累積，最後把柔軟的內部撕裂，迫使兩側表面分開，讓麵餅開始脹大。如果不希望麵餅脹大（例如餅乾，脹大的話會變得太脆），可以用尖銳器具（例如叉子或特製戳子）把層疊麵團戳住，讓它「定型」成固定樣式，就會產生抗拒脹大的緻密麵筋彎曲。

椒鹽捲餅（pretzel）　椒鹽捲餅呈打結造型，外皮深褐色，十分特殊，而風味也很特別。椒鹽捲餅和餅乾一樣，都是用軟小麥麵粉和成堅實的酵母麵團烘焙而成。製作時等麵團成形，便以高溫溶液噴灑 10~15 秒，溶液含 1% 氫氧化鈉（鹼液）或碳酸鈉。高溫加上溼氣就會使表面澱粉糊化。隨後再把鹽撒上麵團，送入非常高溫烤爐烘焙 5 分鐘左右。糊化的澱粉硬化之後，會形成閃亮外觀，再加上鹼液生成鹼性環境，於是褐變反應色素和風味化合物都會迅速積累。（鹼液和爐中二氧化碳反應，生成無害的可食碳酸成分。）最後是漫長、緩慢的烘焙步驟，把椒鹽捲餅完全烘乾。椒鹽捲餅質地酥脆而易碎，這得歸功於裡外遍布的細小氣穴和尚未糊化的澱粉粒，獨特風味則是來自鹼性焦褐表面。

軟式與自製椒鹽捲餅可以先靜置發酵，隨後再於小蘇打溶液內沸煮片刻，然後高溫烤爐烘焙 10 或 15 分鐘。

貝果（bagel）

貝果是種體積較小的環狀麵包，起源於東歐，20 世紀早期由移民帶到紐約而引進美國。

傳統貝果外皮閃亮，厚實耐嚼，內部很密實；直到 20 世紀晚期普及之後，許多烘焙師傅就開始製作較大、較軟的貝果。貝果是以高筋麵粉製成，和

世界各地的無酵餅

國家	麵包樣式	質地特色
無酵款式		
以色列	逾越節無酵餅	非常薄,像餅乾
亞美尼亞	中東鹹脆餅	薄如紙,常經乾燥脫水
義大利(薩丁尼亞島)	羊皮紙餅、樂譜餅皮	粗小麥粉、非常薄
挪威	馬鈴薯薄餅	麵粉和馬鈴薯,通常還添加奶油、鮮奶油
斯堪地那維亞	各種黑麥、燕麥和大麥製的無酵餅	大多很乾
蘇格蘭	班諾克薄麥餅	燕麥糕餅
圖博	青稞麵包	以青稞麵粉烤成,糌粑
中國	燒餅	麵粉、水、豬油,摺捲成好幾層
	包餅	熱水和麵團、擀壓得非常薄,用來包裹餡料
印度	全麥麵包餅	全麥、放烤盤烙熟
	印度全麥煎餅	全麥麵包餅烙熟後以煤火直接烘烤至蓬鬆
	印度拋餅(印度甩餅)	塗抹印度酥油摺捲數層
	普里空心餅、高爾伽粑、油炸空心餅	油炸、中空
墨西哥	墨西哥薄圓餅	小麥麵粉或玉米
發酵款式		
伊朗	小石麵餅	全麥,擺在高溫卵石上烘烤
義大利	佛卡夏麵包	厚度適中
	披薩	很薄、採非常高溫烤爐烘烤(達450°C)
埃及	原鄉麵包	空心麵包
衣索比亞	因傑拉餅	畫眉草發酵麵糊,氣泡很多、很軟
印度	饟	麵團加優酪乳,以黏土窯爐烘烤
美國	蘇打餅乾	酸麵團加入小蘇打中和
	馬芬蛋糕	直徑小、很厚
	椒鹽捲餅	細柱打結造型

麵包的牛乳成分

麵團有時候會加鮮乳和奶粉來調味並補充營養,不過這樣會削弱麵團的麵筋筋度,烤出的麵包會很密實。原因顯然是乳清蛋白。要解決這個問題,牛乳加入之前先加熱到接近沸點,就可以去除其活性。(不過牛乳加入麵粉之前須先冷卻,以免麵粉一起受熱,破壞酵母活性。)

出非常硬挺的麵團（標準的麵包麵團每100份麵粉含65份的水；貝果麵團則只含45~50份）。製作傳統貝果時，和出麵團後，稍微靜置膨發（延滯18個小時，可以產生很好的麵包心），再於水中沸煮1.5~3分鐘，讓內部膨脹，發展出厚皮，接著才進爐烘焙。現代自動化作法比較方便，費時很短，和成的麵團先蒸後烤，不必慢慢膨發，也無須浸泡沸水。蒸煮讓麵團鼓脹的程度超過發酵和沸煮，蒸出的外皮也比較薄，能做出較輕柔的貝果環。

亞洲蒸麵包

華人製作、食用饅頭和蒸包的歷史已有2000年。亞洲這類「麵包」通常很小、很圓，顏色非常白，表面平滑光亮，外皮細薄，質地則溼潤富彈性，成品有軟韌耐嚼的饅頭，還有鬆軟的蒸包。這類麵食通常是以麵筋含量中等的軟小麥磨成，麵團比較硬挺，發酵後擀壓數趟，接著切塊、捏塑成形、醒麵，隨後蒸10~20分鐘即成。

速發麵包：比司吉、義式脆餅、司康餅

速發麵包的確很快速，這可以從兩方面來看：它製作快速，僅稍微和麵讓麵筋的數量降到最低，便以作用迅速的化學製劑來發酵；另外，它也要快速吃掉，因為這類食品老化得快。若以麵糊來製作麵包會比較溼潤，營養比較豐富，也比較耐放（見53頁）。

Biscuit沒有明確的指涉對象。法文原來的意思是「煮兩次」，原本指烘烤到乾、硬的麵包和酥皮。義大利的硬餅乾biscotti（義式脆餅）迄今依然符合這項特色；義式脆餅使用低脂麵團以發粉發酵後，捏成一塊塊稍平的麵團烘烤，接著交叉斜切成薄塊，再度進爐以低溫烤到乾透。法式正宗biscuits和英式bisket（英式甜餅）都是可以長久保存的麵包狀小塊甜點，原料是打發的蛋白加糖，和入麵粉製成。時至今日，該字在英國依然用來指微甜的乾蛋糕，在美國則稱為cookie（小甜餅）。現代法文biscuit則指質地乾燥、加蛋發泡烤成的糕餅，通常搭配調味糖漿或鮮奶油來增加溼度。

美國早期的比司吉
儘管號稱「烤兩次」，美國比司吉卻只烘烤一次，而且成分濃郁又溼潤，並不乾燥。

比司吉
烤爐預熱，一磅麵粉、一盎司奶油、一枚蛋，加入牛乳潤溼後分塊，每塊大小相同。

奶油比司吉
牛乳和發酵汁（液態酵母）各一品脫，調入麵粉，製成海綿狀發酵麵團；隔天早上添加一磅融化奶油，溫度不要高，麵粉分量隨意，再和入一品脫溫熱牛乳揉捏，稠度要夠，最後才會柔軟——也有人會在牛乳中融入一些奶油。　　——亞美莉亞・西蒙斯，《美國烹調法》，1796年

Biscuit 一字在美國就變成完全不同的意義，而且在美國早期歷史中就出現了（見左頁下方）。美國 biscuit（比司吉）不含糖，通常也不加蛋，麵團原料溼潤，採用牛乳或白脫乳來調和麵粉，加入固態脂肪以及小蘇打製成，接著短暫加溫至柔軟爽口。比司吉有兩種：其中一種外皮堅韌，頂部造型不規則，內部柔軟；另一種頂部平坦，內部片片分層。第一種的製作手法要輕柔，以防止麵筋生成，第二種則要摺疊、揉捏得恰到好處，以形成麵團、脂肪層次錯落的構造。比司吉製作簡便，烘烤時間又很短，最能凸顯麵粉本身的風味。

英式鬆餅（scone，司康餅）製作簡便，成分單純，帶有麵粉滋味，這些都和美國比司吉雷同。愛爾蘭蘇打麵包是用不含脂肪的軟小麥全穀麵粉製成。

甜甜圈和油炸餡餅

甜甜圈和油炸餡餅基本上都是油炸而非烘烤的麵包或酥皮。甜甜圈內部溼潤，帶薄皮或沒有外皮，油炸餡餅則往往油炸至酥脆。

Doughnut（甜甜圈）是美國在 19 世紀造出的字彙，原本是指荷蘭人的 *olykoek*（油炸蛋糕），是一種炸過的甜麵團。甜甜圈在美國廣受喜愛，到了 1920 年代更是大為風行，因為當時出現了機器裝置：原本甜甜圈麵團富含糖分和脂肪（有時還加蛋），質地柔軟黏稠、不好處理，有了機器之後，麵團的處理加工才更為簡便。

甜甜圈主要有兩大類：添加酵母的甜甜圈輕盈蓬鬆，蛋糕甜甜圈則以發粉膨發，質地較密實。添加酵母的輕盈甜甜圈浮在油面，必須翻面，因此圓周會留下一道白色環帶（這部分麵團的表面無法被熱油炸得那麼透徹）。甜甜圈採中溫油炸，最早是用豬油，現在一般都使用植物性氫化酥油，這種油料在甜甜圈冷卻後會凝固，讓外表看起來乾而不油膩。

其他麵包：無酵餅、貝果、饅頭、速發麵包、甜甜圈

稀麵糊食品：可麗餅、雞蛋泡泡芙、煎餅、鮮奶油起酥皮

麵糊食品

　　麵團和麵糊的差別從名稱就可以看得出來。Dough（麵團）的字根意思是「形成」，batter（麵糊）的字根意思則是「拍打、敲擊」。麵團的韌度夠，可以用手直接揉製捏塑成形，麵糊則流動性太強，無法握在手中，所以要用碗裝盛，不斷往裡面搥打、攪動，才能讓麵糊拌勻，接著再置入容器加熱使其成形。

　　麵糊的含水量是麵團的2~4倍，因此呈液態。水分讓麵筋蛋白向外擴散，由於散布很廣，只能形成非常鬆散的液態網絡。當麵糊受熱，澱粉粒會吸收大半的水分，體積也開始膨脹並且糊化。這時會釋出直鏈澱粉，彼此黏合，於是液態麵糊就轉變成固態，不過結構柔軟、質地溼潤。

　　麵筋蛋白在結構上扮演輔助性的角色，它能提供根本的凝聚力，製作出的食物才不致於脆裂瓦解。不過，如果麵筋發展過度，就會變成彈性十足又耐嚼的成品。麵糊通常都會加蛋，蛋類的蛋白加熱後就會凝固，讓成品變得較硬又沒有彈性。液態的麵糊無法保住酵母慢慢產生的大部分氣體，因此通常都要以化學膨發劑來膨發，不然就要以機械攪打，把空氣打到麵糊或其材料裡。

　　多數以麵糊為材料的食品，目的就是要做出細緻、柔軟的質地。幾種作法有助於產生柔軟質地。

- 降低麵糊所含麵筋蛋白濃度，作法是使用酥皮麵粉，或採低麵筋、無麵筋穀粉（如蕎麥、米或燕麥粉），或是通用麵粉加上玉米澱粉或其他純澱粉，調成混合麵粉。
- 盡量不要攪拌原料，讓麵筋發展程度降至最低。
- 不要用牛乳或水，改採發酵乳品（特別是白脫乳和優酪乳），有助於產生特別柔軟的構造。這是因為發酵乳品的質地濃稠，因此使用較少麵粉就能調出稠度合宜的麵糊。調好之後麵糊的麵粉含量比例較少，澱粉和麵筋濃度也都較低，料理出的成品結構會比較細緻。
- 運用氣泡來膨發麵糊，如此一來，麵糊不僅僅會分隔成數不清的薄層包

▎說文解字：可麗餅

　　Crêpe（可麗餅）源自拉丁文的「捲曲、波浪狀」，可能是指餅緣於烤烙階段變乾後呈現的彎曲造型。

圍著氣泡，麵糊質地也會更為黏稠（就像醬料中的泡沫，見101頁），這也表示只需較少麵粉就可以把麵糊調得很濃。

麵糊可以分為稀薄和濃稠兩類。稀薄的麵糊稠度低，製成一個個小而薄的蛋糕再加熱處理。速發麵包和速發蛋糕則採用比較濃稠的麵糊，調製成較大、較厚的團塊於平底鍋加熱。

可麗餅

可麗餅（crêpes）及其相近的食物（東歐的薄烙餡餅和薄烙蛋捲），都是未經發酵的薄煎餅，這種食物已有1000年歷史，原料是以簡單麵糊添加牛乳和（或）水與蛋，調和後以平底鍋加熱再加上餡料，摺疊烙成。由於餅皮很薄，所以質地細緻。麵糊需小心調和，盡量不讓麵筋成形，接著靜置起碼一個小時，讓蛋白質與分解的澱粉吸飽了水，並讓氣泡浮出、散逸，再下鍋讓每面各煎烤數分鐘。在法國，尤其是布列塔尼地區，可麗餅麵糊中的牛乳有時會部分改用啤酒，小麥麵粉則改用蕎麥。

雞蛋泡泡芙

雞蛋泡泡芙（popover）是美國版的英國「約克夏布丁」，將麵糊放進烤牛肉所滴出的油脂中烹煮而成。這種麵糊和可麗餅麵糊幾乎完全相同，不過加熱方法不同，可以把麵糊轉換成外層細薄內部大大中空的造形。雞蛋泡泡芙麵糊徹底攪拌並打入空氣之後，接著馬上加熱，不讓氣泡散逸。麵糊倒入預熱烤盤，盤面大量塗油，擺進高熱烤爐，麵糊表面幾乎立刻固定。此時陷在麵糊中的氣泡，會隨著溫度提高而膨脹，匯聚成一個大氣泡，至於液態麵糊則圍著氣泡鼓起，形成一個薄皮空心麵球。若有許多烘烤杯模一起擺在烤盤上加熱，雞蛋泡泡芙的鼓脹效果就會不均勻，這是因為周圍的烘烤杯模受熱較快，擺在中間的受熱較慢。

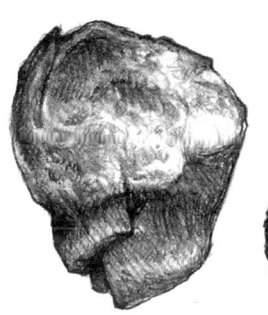

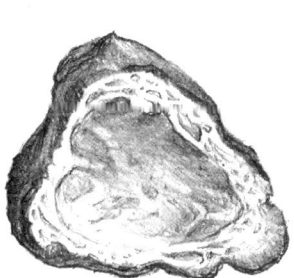

煎餅：薄煎餅和小圓煎餅

跟可麗餅、雞蛋泡泡芙和泡芙比，煎餅用的麵糊比較黏稠，麵粉含量較高，所以在煮熟所需的幾分鐘內還可以保存氣穴；因此煎餅放在高溫烤盤表面上會鼓脹，產生充滿氣體的柔軟構造。薄煎餅（pancake）可以用酵母來發酵、調味，或把打發的蛋白包入麵糊，或採化學膨發劑，也可以這幾種混合一起使用，達到膨發效果。俄羅斯薄烙煎餅（布林餅）有時還含啤酒成分，有助於起泡。麵糊倒進平底鍋，烤烙至開始起泡且上層表面裂開為止；接著，趁膨發氣體還來不及散逸，就要把薄餅翻面，烤烙另一面。

小圓煎餅（crumpet）是英國發明的，用酵母發酵，外形小而扁，頂面顏色很淺，還坑坑洞洞，非常特別。所採用的麵糊略比薄煎餅濃稠，需讓酵母活動產生氣泡，然後倒進深度2公分左右的圓形模子，很慢地烘烤到氣泡破裂，餅面凝固為止。接著從模子取出，翻面略烤帶坑洞那面。

煎餅：格子鬆餅和威化餅

格子鬆餅（waffle）和威化餅（wafer）有兩項共通特點：其名稱的字根，及其獨特的烤烙手法。麵粉和水之後的混合料都是延展成薄層，以兩片熾熱有凹凸紋理的金屬板夾住，把原料壓攤得更薄，讓熱量傳導得更快，餅面上的刻紋不但漂亮而且往往還很有用處。這種常見方形壓痕可以增加酥脆度以及褐變面積，還能讓奶油、糖漿以及其他淋在上面的配料集中起來。法式鬆餅稱為 *gaufre*，可追溯至中世紀，當時只要是宗教節慶，街頭都有攤販隨點隨做熱鬆餅販售。

今日威化餅和格子鬆餅的差別只在於質地。威化餅薄、乾而酥脆，只要糖分很高，質地就很密實（甚至堅硬）。最常見的威化餅是霜淇淋的甜筒；法國也有種叫 *gaufre* 的小甜餅，跟非常細薄、酥脆的瓦片餅（tuile）很像。格子鬆餅於18世紀從荷蘭傳進美國，這種鬆餅以酵母或發粉膨發，氣泡夾雜在構造裡面，會較輕、較厚，也更細緻。通常是在其蜂巢狀紋理間填滿奶

法式格子鬆餅早期食譜
牛乳或鮮奶油調製的格子鬆餅
碗中倒一litron（相當於375公克）麵粉，打入2~3枚蛋，混合調勻，邊加入鮮奶油或牛乳與一撮鹽。添加一塊約2枚蛋大小的新鮮鮮奶油乳酪，或改用全乳軟質乳酪，還有一quarteron（相當於125公克）的融化奶油。如果你只加半個quarteron的奶油也是夠的，但得要再加半個quarteron搗得極細的優質牛骨髓。
混合以上材料，充分拌勻之後就可以加熱烤模，開始製作格子鬆餅。格子鬆餅應趁熱食用。
　　　　　　　　　　—拉瓦杭的弗朗索瓦・皮耶，《法蘭西廚師》（*Le Cuisinier françois*），1651年

油或糖漿,趁熱食用。

現代的格子鬆餅食譜常採用低脂薄煎餅麵糊,改以格子鬆餅烤模加熱而非烤盤,但效果往往令人失望,因為烤出的鬆餅有嚼勁而不酥脆。鬆餅要烤得酥脆必須含高比例的脂肪或糖分(或兩種兼具)才行,否則麵糊根本就是蒸熟的而非煎熟的,而麵粉蛋白和澱粉也會因為吸收太多水分導致質地變軟,烤後表皮變韌不酥脆。

鮮奶油起酥皮麵團、泡芙麵團

Choux(泡芙)就是法文的「甘藍菜」,因此泡芙就是個形狀像甘藍菜的不規則小球,裡面跟雞蛋泡泡芙一樣是中空的。跟雞蛋泡泡芙不同的是,泡芙麵團烘烤之後就會變得堅硬、酥脆。一般而言,泡芙都會填塞鮮奶油餡料,製作鮮奶油泡芙以及艾克力泡芙(éclair),也會用來製作乳酪口味的乳酪泡芙(gougère)和油炸貝奈特餅(beignet)等可口小點心。由於泡芙相當輕盈,乃有「修女的屁」之稱。

泡芙麵糊顯然發明於中世紀晚期,製作方法十分特殊,混合了麵糊和麵團的特性,而且經過兩次加熱:一次在製作麵糊時,一次在把麵糊轉變成中空泡芙時。用平底鍋把大量水和若干油脂煮沸,加入麵粉攪拌,以低溫燒煮到結成黏稠的麵團為止。接下來一連打幾枚蛋,依序加入麵團內攪拌直到麵團變得非常軟,幾乎就像麵糊為止,然後揉捏成球或其他形狀,再以高溫烤爐烘焙或入鍋油炸。結果跟雞蛋泡泡芙一樣,當內部幾乎還是液體時,表面就已定型,使陷在裡面的空氣聚集膨脹成一個大氣泡。

油炸麵糊

有一些食物,特別是海鮮、家禽肉與蔬菜,有時會先裹一層麵糊再油炸(或烘烤)。好麵糊能牢牢黏附於食物,炸出的脆皮久放依然酥脆,入口即散開,也不殘留油味。有問題的麵糊在油炸時就會散開,不然就產生一層

鮮奶油泡芙的製作原理

鮮奶油泡芙的製作步驟看似繁複,卻是出色的發明。做出特別濃郁、溼潤的麵糊,讓廚師捏塑成形,加熱製成一種中空的酥脆食材,用來填裝其他餡料。麵粉加水、脂肪再加溫,可預防麵筋蛋白產生彈性,質地會比較柔軟,還能讓澱粉膨脹並糊化,結果本來呈麵糊狀的糊泥就轉變成麵團,隨後再加入牛蛋。蛋黃有豐富的營養,蛋白的蛋白質則能凝聚與形成組織構造,把麵團稀釋成近似麵糊,這樣加熱時內部氣穴就可以移動聚集。到了烘焙階段,脂肪還有助於讓表層烘烤得酥脆並生成風味。蛋和脂肪都有助於生成能抵抗溼氣的構造,裝盛鮮奶油餡料時,泡芙外皮仍可保持酥脆。

油膩、又老又硬，或是軟軟糊糊的外皮。

麵糊都含有麵粉和液體（水、牛乳或啤酒），有時採用化學膨發劑來產生氣泡以製造輕盈質感，此外還常加蛋，蛋白質能使麵糊黏附於食物，從而減少麵粉用量。這些成分中，麵粉對麵糊質地影響最大：用量太多，產生的外層就很堅韌，咬起來像麵包；用量太少，外層容易破碎。普通小麥麵粉所含麵筋蛋白具有黏著功能，有助於附著於食材上，但它同時也會形成吸收水氣和脂肪的帶彈性麵筋，所以油炸食品外層會軟黏而油膩，都是這樣來的。

基於這些因素，中筋麵粉調製出的麵糊會比高筋麵粉來得好，還有些麵糊是用其他穀類製成，或採用小麥麵粉加上其他麵粉或澱粉的混合粉料來調製。稻米蛋白質不會形成麵筋，也比較不會吸水和油脂，所以含有大量米穀細粉的麵糊炸出來的麵皮會更酥、更乾。

相同道理，玉米粉也可以提高酥脆度，這是由於粉粒較大，故吸收力較差，而其蛋白質還會稀釋小麥麵筋，降低外皮的軟黏度。添加若干純玉米澱粉也能降低小麥麵筋蛋白的用量比例與影響。根菜類磨成的粉和澱粉不宜製作麵糊，因為澱粉粒會糊化，在較低溫度就瓦解，且一下鍋就如此，炸出的外皮很快就會變得溼溼軟軟的。

潮溼食材若能預先蘸些乾粉顆粒，不管是調味麵粉或麵包粉，麵糊都會黏得比較牢靠；乾燥粉粒黏於潮溼的食材表面，而溼潤麵糊就能黏於乾粉構成的粗糙表面。下鍋前才調製麵糊，比較能炸出酥軟鬆脆的外皮，調製時用低溫液體，稍微拌和即可，以盡量減少吸水，並讓麵筋的生成量減至最少（參見「日本天婦羅」，第一冊271~272頁）。如果麵糊經過長時間靜置才用來蘸裹食物與油炸，所含空氣和氣泡就會大量散逸，殘存的化學膨發劑也有部分會過早反應；如此一來，就會產生一層密實的外皮，炸不出蓬鬆輕盈的質地。

濃麵糊食品：麵糊麵包和蛋糕

麵糊製成的麵包和馬芬

以麵糊製做出的麵包和馬芬都比較溼潤，通常是較甜的速發麵包（見46頁），採發粉或小蘇打膨發，再加入糖、適量的蛋和脂肪所製成。這兩種糕點的質地都很密實、溼潤，適合加入堅果、水果乾甚至新鮮蔬果（例如蘋果、藍莓、胡蘿蔔和節瓜等），其所含水分很能與麵包心的溼氣融為一體。馬鈴薯和香蕉則可以搗泥調成麵糊的一部分。

製作馬芬的麵糊中，糖、蛋和油脂含量通常都低於速發麵包，這些成分在混合後，剛好足夠潤溼固體成分，而且混合後的麵糊是分成小塊加熱，而非一大塊。成功的馬芬做好後內部均勻、蓬鬆又柔軟。馬芬老化得快，因為脂肪用量低、拌和動作又減至最少，因此脂肪散布不均，難以保護大部分的澱粉。如果拌和過頭，內部就不會那麼柔軟、細緻，偶爾還會出現粗糙空穴，這是由於彈性過強的麵糊把發酵氣體困在人型氣穴內所致。

綠色的藍莓和藍色的胡桃

有時候調入麵包和馬芬中的固體材料，會變成令人倉皇失措的顏色：藍莓、胡蘿蔔和葵花籽可能變綠色，胡桃則變成藍色。這種現象會發生在小蘇打含量過高，或小蘇打在麵糊中拌和不均、乃至出現含鹼集中的區塊。由於蔬菜、水果和堅果所含花青素及相關色素對酸鹼值反應敏銳，加上正常環境都屬酸性，所以鹼性麵糊就會造成食材顏色改變（見第二冊55頁）。烤好後的麵包和馬芬有時表面會出現小片褐色斑點，這也是拌和不完全的跡象；麵糊中偏鹼的部分其褐變反應進行得較快。

蛋糕

大部分蛋糕的本質就是甜跟濃（油膩）。蛋糕是麵粉、蛋、糖和奶油（或酥油）交織而成，細緻的構造入口即化，散發出慵懶舒適的情調。蛋糕中的糖分與脂肪含量往往多於麵粉！蛋糕還可以當成基底，再添加那些更甜、

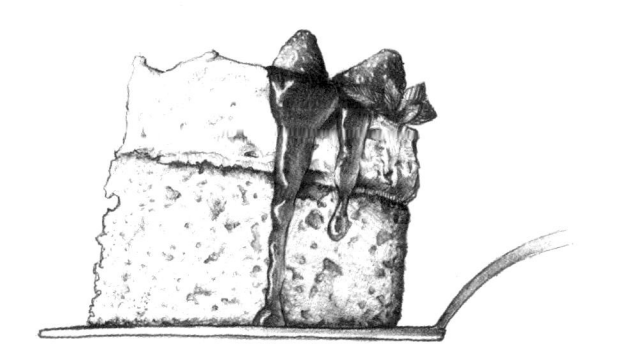

更濃的卡士達蛋奶凍、鮮奶油、糖霜、果醬、糖漿、巧克力和香甜酒（利口酒）。蛋糕往往造型多變，裝飾精美，透露出一種華貴氣質。

　　蛋糕的結構主要是麵粉澱粉和蛋類蛋白質所產生。氣泡讓質地變得柔軟且入口即化，因為氣泡可以把麵糊分為纖細的片層，而糖和脂肪的貢獻則是妨礙麵筋的形成以及蛋類蛋白質的凝結，同時也破壞澱粉的糊化網絡。不過糖和脂肪如果過度減弱蛋糕構造，導致無法支撐本身重量，那反而會崩塌，危及輕盈的質感。當然啦，密實、厚重的蛋糕也自有美味之處，例如不添加麵粉的巧克力蛋糕、堅果蛋糕和水果蛋糕都是。

傳統蛋糕：甜度有限，製作又辛苦

　　進入20世紀之後好一段時間，正宗膨發蛋糕仍以英國的磅蛋糕為代表，法國稱這種蛋糕為「四個四分之一」，因為內含四種等重的主要成分：形成結構的麵粉和蛋，還有削弱結構的奶油和糖。這幾種配料的比例，使澱粉與蛋白質能在柔嫩、輕盈結構上支撐脂肪與糖的能力發揮到極致；奶油或糖分太多會使結構崩塌，讓蛋糕變得密實而厚重。而由於蛋糕麵糊必須在沒有酵母的協助下打入許多細小氣泡（因為酵母產氣速度太慢，麵糊無法保住氣泡），因此傳統蛋糕製作過程相當辛苦。

　　1857年，萊絲莉女士（Miss Leslie）提出了一種技巧，而廚師只要運用該技巧就可以「連續打蛋一個小時都不會累」。但她也寫道：「不過，攪拌奶油和糖是蛋糕製作最辛苦的部分。這個就叫男僕來做吧。」到了1896年，樊妮・法默（Fannie Farmer）提出告誡，「蛋糕只有經過長時間攪拌才可能做出細緻的質地。」

美國現代的蛋糕：修飾脂肪與麵粉的優點

　　約自1910年開始，油品和麵粉加工出現了幾項革新，也讓美國蛋糕出現幾項重大改變。第一項創新讓蛋糕膨發遠比以前省事。用來製做固態脂肪的液體植物油經氫化作用，讓廠商可以生產理想的專用酥油，在室溫下能迅速產氣、注入食品（見57頁）。現代的蛋糕酥油也含有細小的氮氣氣泡，

英國早期磅蛋糕食譜
電動攪拌機和預先膨發酥油問世前的幾百年間，要讓密實蛋糕麵糊布滿眾多細小氣泡，可真是要花長時間的苦工！

如何製作磅蛋糕
取一磅奶油置於陶土淺鍋，用手朝一個方向拍打，打到如同濃稠鮮奶油那般細緻為止；接著準備好12枚蛋，不過半數只用蛋白，充分攪打，然後調入奶油一起打，再加入一磅麵粉攪打，再加一磅糖，少許葛縷子；全部調在一起，用手或用一把好木匙，好好打上一個小時。鍋面塗上奶油，放進材料，於快速烤爐中烘焙一個小時。　——漢娜・葛拉斯（Hannah Glasse），《淺顯易懂的烹飪術》（The Art of Cookery Made Plain and Easy），1747年

等於是預先形成氣穴，供膨發使用，而乳化劑還能在拌和、烘焙階段幫忙安定氣穴，因為乳化劑會把脂肪微滴打散，以避免脂肪微滴破壞氣穴。

第二項重大創新是開發出專用的蛋糕麵粉，這是種軟筋的低蛋白麵粉，粉質細緻，以二氧化氯或氯氣大幅漂白。結果發現，氯處理能促使澱粉粒吸水，而且就算麵糊的糖分含量很高，依然很容易膨脹，還會生成較高強度的糊化澱粉；此外，氯也使脂肪更容易與澱粉粒表面鍵結，這有助於將脂肪相的油質分散得更均勻。因為結合了新式酥油與雙效發粉，蛋糕麵粉讓美國食品製造廠得以開發出「高糖比」蛋糕的預製材料包，裡面含糖量之高，超過麵粉的40%。用這種原料包做出的蛋糕，質地不但輕盈溼潤，而且又細緻又柔滑。

由於這幾項特點，加上原料也預先調好、方便使用，蛋糕的預製材料包在美國大受歡迎：第二次世界大戰之後，量產上市不過10年，美國家庭已有半數的烘焙蛋糕採用這種產品。這種又甜、又軟、又溼潤又輕盈的蛋糕，成了美國蛋糕的標準樣式；而氫化酥油和氯化麵粉也成為製作蛋糕的必備用料。

修飾脂肪和修飾麵粉的缺點

氫化植物性酥油和氯化麵粉是很好用，但有幾個缺點，因而有些烘焙師傅不願使用。氫化酥油缺了奶油的風味，更嚴重的缺陷是含有大量的反式脂肪酸（10~35%，而奶油只有3~4%；見第一冊61頁）。氯化麵粉嚐起來有一種獨特味道，有些烘焙師傅不喜歡（有些則認為這可以讓蛋糕更香）。而且到頭來氯還會和麵粉的親油端結合，人們攝取之後便會累積在體內。沒有證據顯示這種累積成分有害健康，但是歐盟和英國都認定氯化麵粉的安全性無法證明，故禁止使用。至於美國食品及藥物管理局和世界衛生組織都認為氯化麵粉是人類可食用的安全成分。

各家廠商現正著手處理部分的這類問題與疑慮。舉例來說，麵粉氯化處理所產生的作用，也可以用加熱處理來達成，至於植物油的氫化，也找出不會生成反式脂肪酸的處理方式。所以，烹飪界想以問題較少的原料做出「高糖比」的蛋糕，依然大有可能。

蛋糕的成分

蛋糕一般都以麵粉、蛋、糖和奶油（或酥油）做成。蛋有75%是水，大約就足以提供一份食譜指定的水分；或是加入乳類製品（牛乳、白脫乳、酸奶油等）也能獲得水分，還提供濃郁的成分和風味。由於糖分是用來把空氣帶入混合配料的，因此最好採用細粒砂糖（「特細」、「超細」等級），才能盡量增加糖粒細小尖銳的邊緣以切進脂肪或蛋。糖粒在與其他材料拌和的過程中會打入氣泡，因此蛋糕食譜通常不會指定使用化學膨發劑，就算有，用量也是低於其他麵糊食譜。

麵粉、澱粉和可可　烘焙師傅使用低蛋白的酥皮用或蛋糕用麵粉來做蛋糕，讓蛋糕比較不會因為麵筋的形成而變硬。其實這兩種麵粉不能互換；蛋糕麵粉經過氯化處理，而且磨出的顆粒非常細小，能製出細緻、柔滑的質地。不想使用蛋糕麵粉的廚師，也可以在通用麵粉或酥皮麵粉中添加澱粉，調出相仿的蛋白質含量，增加顆粒的細緻度。美國市面上最常見的澱粉是玉米澱粉；馬鈴薯澱粉和竹芋粉沒有玉米澱粉那股禾穀風味，而且在較低溫度就會糊化，因此會縮短加熱時間，做出的蛋糕就溼溼的。有些蛋糕只以純澱粉或含澱粉栗子粉製成，完全沒有用上小麥麵粉。

就巧克力蛋糕來說，可可粉承擔了麵粉一些吸水和結構上的功能；可可粉約50%是碳水化合物，裡面有澱粉和20%的無麵筋蛋白。可可粉有「天然的」酸性形式，也有經「鹼化處理」的鹼性形式（見228頁），這項差別會影響膨發作用和風味的平衡；蛋糕食譜必須指定要用哪類的可可粉，烘焙師傅也不應隨意替換。若是以巧克力代替可可粉，就必須先融化巧克力，再小心加到油脂或蛋中。不同巧克力所含可可脂肪、可可固形成分和糖分含量大不相同（見227頁下方），因此得再次強調，烘焙師傅和食譜都應該清楚說明要使用哪種巧克力。

脂肪　按照磅蛋糕和夾心蛋糕的標準做法，廚師必須把脂肪和糖分混合並

蛋糕材料標準比例和質地

	麵粉	蛋	脂肪	糖	質地
磅蛋糕	100	100	100	100	溼潤、柔軟、濃郁
奶油蛋糕	100	40	45	100	溼潤、柔軟
熱那亞蛋糕	100	150~200	20~40	100	輕盈、彈性好、略乾
比司吉	100	150~220	0	100	輕盈、彈性好、乾燥
海綿蛋糕	100	225	0	155	輕盈、彈性好、甜
天使蛋糕	100	350（蛋白）	0	260	輕盈、彈性好、非常甜
戚風蛋糕	100	200	50	135	輕盈、溼潤

攪打起泡，直打到混合料變得像發泡鮮奶油那般蓬鬆黏稠為止。固態脂肪能夠保持氣泡，歸功於脂肪的半固形黏稠度：空氣被糖晶體與攪拌器帶入之後，會因在晶體和液態油脂的混合料中動彈不得。奶油是傳統蛋糕用脂肪，因此現今的烘焙師傅如果對風味的重視更甚於蛋糕的輕盈質地，依然會以奶油為上選脂肪。

不過，現代的植物酥油更能把氣泡保留在蛋糕麵糊中。動物性脂肪（奶油和豬油）往往會構成大型脂肪晶體，這會讓空氣集結成大氣穴，浮出稀薄麵糊而散逸。植物性酥油的特點是脂肪晶體小，捕捉到的氣泡也小，會留在麵糊裡面。廠商也會在酥油裡注入預先形成的氮氣氣泡（約占10%體積）以及氣泡安定乳化劑（可達酥油重量的3%）。奶油於較低溫（17°C）時攪打，會帶入最多氣體，而酥油形成乳脂的最佳溫度則是溫暖的室溫（24~27°C）。

脂肪替代品　脂肪具有溼潤、軟化的作用，有些濃縮果泥（特別是乾果李、蘋果、杏和梨子）可以模擬這些功用，不過脂肪的產氣功能則模擬不出來。果泥富含黏性植物性碳水化合物，主要是果膠和半纖維素，能束縛水分，還能阻斷麵筋和澱粉網絡。因此，這類果泥可以用來代替蛋糕食譜中部分脂肪。最後成品通常溼潤而柔軟，卻也比全脂肪蛋糕更密實。

拌和蛋糕麵糊

做蛋糕時，攪打的動作除了能把原料拌成均勻的麵糊，另外還有一個重要目的，就是要把氣泡打入麵糊，而氣泡會大幅左右最後的蛋糕質地。以不同的方式為麵糊打入氣體，做出的蛋糕類別就不同（見本頁下方）。打氣時攪打原料，把糖和（或）麵粉打進脂肪、蛋或所有液體中。那些微小固體粒子表面攜帶著小氣穴，而這些粒子和攪打用具則會把這些氣穴帶到脂肪或液體裡面。麵粉通常在發泡之後才加入，接著就不再攪打，只輕輕拌切，以免大半氣泡都被打破，也才不會生成麵筋。（拌切方法見第一冊149頁。）

為蛋糕打氣的技巧

- **脂肪–糖分打氣法**：把糖打進奶油或酥油中；接著和入其他配料
  磅蛋糕、法式「四個四分之一」蛋糕、美式奶油蛋糕和夾心蛋糕、水果蛋糕
- **蛋–糖分打氣法**：糖和全蛋一起攪打，也可單用蛋白或蛋黃；接著再和入其他原料
  全蛋：義式熱那亞蛋糕
  蛋黃和蛋白分開打氣：法式「烤兩次」甜餅，黑森林蛋糕
  只加蛋黃：海綿蛋糕
  只加蛋白：天使蛋糕；戚風蛋糕；無麵粉的蛋白霜和達克瓦滋杏仁糕
- **所有原料打氣法**：麵粉、蛋、糖、酥油全部一起攪打
  商業蛋糕混合料
- **不打氣製法**：原料混合攪拌，打入的空氣極少
  溶糖蛋糕：薑餅、香料麵包、香料蛋糕

把乾麵粉與脂肪一起拌勻,也可以避免麵筋蛋白彼此緊密束縛。

預先膨發的酥油與電動攪拌機已使製作蛋糕不再像以往那般困難,不過,攪拌步驟至少還是要花15分鐘。

烘焙師傅經常修改這類技巧,或者結合運用不同技術。「酥皮和麵法」是把麵粉(有時含糖)和脂肪打成乳霜狀,接著加入液體原料,經長時間攪拌,直到液體內充滿空氣為止。另一種方式則是結合脂肪打氣法和加蛋打氣法:拿一部分的糖來為脂肪打氣,另一部分則替蛋打氣,接著把兩種泡沫結合在一起。

烘焙蛋糕

蛋糕烘焙過程可分成三個階段:膨脹、定型和褐變。第一階段期間,麵糊膨脹到最大體積。麵糊溫度提高,氣穴所含氣體也隨之膨脹,化學膨發劑釋出二氧化碳,接著從60°C左右開始,水分開始轉換為蒸氣,使氣穴更進一步膨脹。蛋糕烘焙第二階段期間,受烤爐高熱的膨發麵糊固定成永久形狀。約從80°C開始,蛋類蛋白質凝固成形,澱粉粒吸收水分,糊化脹大。實際定型溫度受糖分比例影響很大,糖會延緩蛋白質凝固,妨礙澱粉脹大;高糖比蛋糕可能需加熱至100°C高溫,澱粉成分才會糊化。到了最後階段,麵糊固化作用完成,此時已乾燥的表面出現了能強化風味的褐變反應,蛋

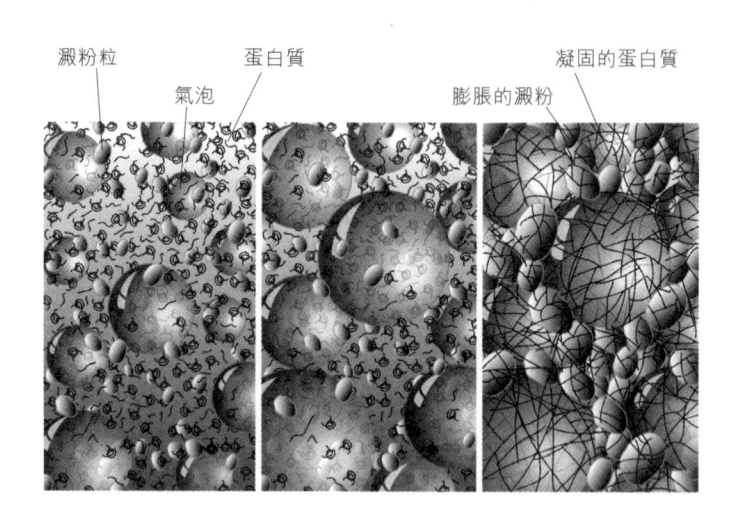

烘焙蛋糕

左圖:典型蛋糕麵糊含有麵粉的澱粉粒、蛋類蛋白質(受熱就會凝固)以及攪拌時打入的氣泡,所有成分懸浮在糖和水融合成的糖漿。(多數蛋糕的脂肪都有幾種不同形式,為力求簡明清晰,在此並未顯示。)中圖:混合料加熱時氣泡膨脹,使混合原料浮升,同時蛋白質開始伸展,澱粉粒也開始吸水、鼓脹。右圖:烘焙最後階段,液態麵糊定型為坑坑洞洞的固體,這要歸功於澱粉粒不斷鼓脹、糊化,以及蛋類蛋白質的凝固作用。

糕往往在這時略微縮小，這也表示可以出爐了。要斷定蛋糕是否烤好，還有一項作法：拿一根牙籤或蛋糕測試針插入中央，抽出來時，應該完全不沾有麵糊或麵包心顆粒。

蛋糕的烘焙溫度一般是175~190°C的中溫，低於這個溫區麵糊會很慢定型，氣穴膨脹過程中還會聚集在一起，形成較大的氣穴，產生一種粗糙、厚重的質感，上表層也會凹陷。高於這個溫區，麵糊內部還沒有膨脹完成，外部已經定型，如此一來，蛋糕外表會尖突像火山，表層也會褐變過頭。

蛋糕烤盤 烤盤樣式會影響熱量傳導速率和分布情況，因此蛋糕烤盤對裝盛的食品有重大影響。理想烤盤大小應配合蛋糕的最後體積，通常比麵糊的初始體積多出50~100%左右。甜甜圈造型的中空烤盤中央有個圓孔，表面積較大，能加速熱量透入麵糊。明亮的表面會反射輻射熱，熱量傳導效能差，裡面裝的食物受熱較慢，故減慢烘焙歷程。無光澤金屬烤盤或玻璃烤盤（輻射熱傳導效能也很好）比閃亮烤盤的蛋糕烘焙時間快20%，而表面黝黑的烤盤通常能迅速吸熱，使表面很快產生褐變反應。近年開發出幾種非金屬烘焙容器，包括軟式的矽質和紙質烘烤模具，還有供馬芬和杯形蛋糕使用的烘烤紙，這些模具樣式更大、更堅硬也更講究。

蛋糕冷卻與存放

蛋糕從烤盤取下或做其他處理前，多半必須先冷卻一段時間。蛋糕的溫度還很高的時候，結構是相當脆弱的，不過，當澱粉分子開始回凝，形成彼此緊密相連的有序形態，這時質地就會變得堅實。磅蛋糕和奶油蛋糕都相當結實，這種構造主要得自糊化定型的澱粉，只要過了10~20分鐘就可以從烤盤取下。比較甜的打蛋充氣蛋糕，結構大半都靠凝固的蛋類蛋白質支撐，蛋白質能在氣穴周圍形成一薄層，氣密效果比澱粉更佳，因此當裡面的空氣冷卻、縮小，蛋糕就跟著萎縮，結果就會烤出塌陷的蛋糕。為避免這種情況，天使蛋糕、海綿蛋糕和戚風蛋糕都使用中空烤盤加熱，出爐後

高海拔地區的蛋糕烘焙
適用於海平面高度的蛋糕食譜，一到高海拔就會出現質地過於乾燥、緻密的悽慘後果。原因在於山區氣壓低，還沒有加熱到海平面常態沸點100°C，水就會開始沸騰。壓力和沸點降低對爐中的蛋糕有幾種影響：麵糊在較低溫度就開始失水，成品也會較快乾掉；在低於定型溫度的溫度下，氣泡和膨發成分都較快膨脹，但麵糊的溫度還沒有達到那麼高，因此蛋白質和澱粉很慢才會讓結構定型並安定下來。所以，在山區烘焙的蛋糕最後成品都是乾乾的、粗粗的、癟癟的。
適用於海平面地區的蛋糕食譜必須經過修改，才能在上千公尺的高地應用。多添加液體可以補償失水情況；減少膨發劑用量則可以避免氣穴膨脹過頭；而減低糖和脂肪含量、增添蛋和（或）麵粉成分，則可以提早讓安定構造的元素凝結定型；提高烤爐溫度也能加速蛋白質凝結與澱粉糊化的過程，讓蛋糕結構及早定型。

就可以連烤盤倒扣，烤盤中央的圓洞剛好可以懸套在瓶子上冷卻。重力能讓蛋糕構造伸展到最大體積，同時氣穴壁面凝結並出現裂縫，使氣穴內外氣壓達平衡。

蛋糕在室溫下可以擺放好幾天，也可以冷藏或冷凍保存。蛋糕的老化速度比麵包慢，這要歸功於蛋糕含乳化劑，還有高比例的水分、脂肪以及能保存溼氣的糖分。

酥皮麵團

酥皮（pastry）麵團和同類的蛋糕、麵包或麵食幾無相似之處。這類麵團可以用另一種方式表現出小麥穀物的特色。我們在製作其他麵團、麵糊食品時，都用水分把小麥麵粉顆粒溶成一團團麵筋和澱粉粒，隨後生火加熱讓團塊進一步交織在一起。相較之下，酥皮麵團展現的是小麥麵粉那種碎裂、不連續、微粒般的屬性。我們使用適量的水，以麵粉調出黏稠的麵團，接著加入大量油脂來塗敷表面，讓麵粉微粒和麵團其他部分區隔開來。加熱烘烤後，一半以下的脫水澱粉便會糊化，製出一塊塊乾燥團塊，入口隨即崩解或散開，釋放出脂肪所提供的潤滑與濃郁口感。

許多酥皮製品都不是單獨食用，這點和其他麵團、麵糊食品並不相同。酥皮通常是拿來裝填含水的餡料，不論是鹹的（法式鹹派、法式肉派、肉餡派、蔬菜塔）或甜的（水果派和水果塔、鮮奶油酥皮、卡士達），都會與餡料形成鮮明的對比。這種餡料容器可以是開口的（例如塔以及不封口的派）、封口的雙層派皮，或者是完全密合的「盒子」（如印度咖哩角、西班牙酥皮餃、康瓦爾肉餡餅、斯拉夫餃子和俄羅斯炸肉包）。酥皮還可以指有層層脂肪來區隔結構的甜麵包。法式牛角麵包和丹麥奶酥其實就是麵包與酥皮的合體。

到了中世紀晚期和文藝復興早期，酥皮製作手藝在地中海一帶蓬勃發展，泡芙和鮮奶油起酥皮也首次出現。到了17世紀，也就是拉瓦杭的弗朗索瓦・皮耶（François Pierre de La Varenne）那個時代，起酥皮和泡芙酥皮都已成為標準的酥皮。麵包和酥皮的合體則是更晚近19世紀晚期和20世紀的發明。

伊麗莎白時代的酥皮

自中世紀開始，酥皮的主要目的之一就是用來裝盛、保存肉類，以作進一步的烹調。肉類裝進厚實、耐久的派皮，文火慢煮，這樣做是為肉品加熱殺菌，保護肉品不受空氣中微生物污染，因此在冷卻後可放好幾天。打算烘焙後馬上食用的料理，可以用比較細緻的酥皮來製作。就如哲維斯・馬爾坎（Gervase Markham）於1615年的著作《英國主婦》（The English Housewife）中所寫：

> 我們英國的主婦必須熟習酥皮的製作技巧，知道該以哪種手法，烘烤出各式各樣的肉食，還要明白哪種麵糊適合用來製作哪種肉類，以及如何處理並調出這樣的麵糊。

麵團和麵糊：麵包、蛋糕、酥皮和麵食 | chapter 1

▍酥皮的種類

酥皮有許多不同種類，質地也大不相同，由各種形式的顆粒組成，入口咀嚼時就會碎裂散回顆粒狀。

- 酥脆酥皮（crumbly pastry）會裂解成不規則的細小顆粒。種類有鬆脆酥皮（short pastry）、鋪底用脆皮酥皮（pâte brisée）。
- 薄片酥皮（flaky pastry）會裂解成不規則的細小薄片。種類有美式派皮（American pie crust）。
- 千層酥皮（laminated pastry）是由大片而分散、十分細薄的酥皮層層構成，入口就粉碎成脆弱的細小碎片。種類有起酥皮（puff pastry）、薄酥皮（phyllo）、酥皮捲（strudel）。
- 千層麵包（laminated bread）結合千層酥皮的層理結構和麵包的軟韌嚼勁。種類有法式牛角麵包（croissant）、丹麥奶酥（Danish pastry）。

這麼多酥皮種類的構造、質地都取決於兩個關鍵要素：脂肪如何拌入麵團，以及麵粉麵筋的發展情況。酥皮業者把脂肪揉入麵團，目的是以脂肪區隔出細小的麵團區塊，要不然就是區隔出大團的甚至整片的麵團（也可能同時區隔出這兩種團塊）。酥皮師傅都會小心控制麵筋的形成情況，免得做出的麵團很難塑形，而烘烤出的酥皮又太耐嚼，不夠酥軟細緻。

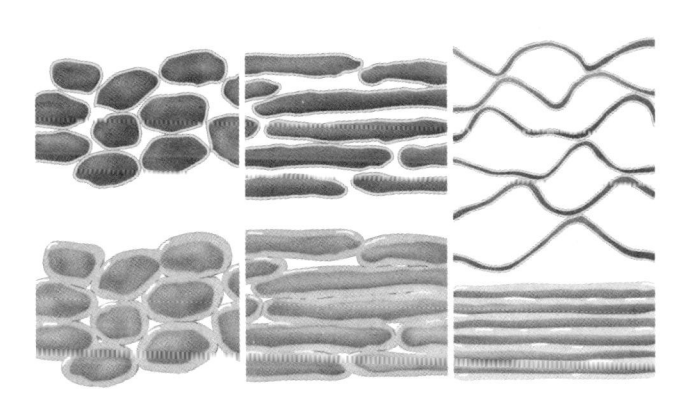

▍酥皮的結構
酥皮結構的關鍵在於脂肪分布情況，圖中深色部分為麵團，淺色外層為脂肪（下方為生麵團，上方為烘烤完成的酥皮）。左圖：酥脆酥皮，脂肪包覆細小的麵團顆粒，把顆粒隔開。中圖：薄片酥皮，脂肪包覆扁平的麵團薄片，把薄片隔開。右圖：千層酥皮，脂肪包覆伸展的麵團薄層，把薄層隔開。千層酥皮的薄層如此輕盈，一受蒸氣加熱便分開，形成透氣的輕巧構造。

酥皮的成分

麵粉

製作酥皮的麵粉有幾種。質地酥脆的酥皮，麵筋含量越少越好，最好以蛋白質含量稍低的酥皮麵粉來製作；還是要加入一些蛋白質，這樣才能讓麵團顆粒連結在一起，否則製作出的酥皮會粉粉的，而非酥酥的。起酥皮麵團的薄片、千層構造取決於麵筋是如何發展出來的，採用的是酥皮麵粉或蛋白質含量較高的麵粉（相當於美國的全國性通用麵粉，蛋白質含量11~12%），都可以產生這種效果。麵包麵粉中的高蛋白質含量及其形成的高筋度麵筋，有益於伸展度極大的酥皮捲和薄酥皮。

脂肪

酥皮大半風味（還有滿足感）都得自脂肪，其含量可達重量的1/3或更多。可是酥皮業者通常選用風味很淡或無味的脂肪，這是因為脂肪必須具有能產出理想質地的必要濃稠度。整體而言，任何油脂都可以恰如其分地調入麵粉，製出酥脆的酥皮，但薄片和千層酥皮則必須用固態而且在涼爽室溫下仍能延展的脂肪才行，也就是奶油、豬油或植物酥油。其中以酥油最好處理，能生成最理想的質地。

脂肪的黏稠度：使用奶油和豬油的要求較高　固態脂肪在不同溫度下，黏稠程度也不同，這取決於脂肪分子有多少比例處於固態晶狀，又有多少比例呈液態。若25%以上是固態，脂肪就太硬、太脆，無法均勻拌進麵皮裡。若固體占不到15%，脂肪就太軟，同樣不好用，因為這樣的脂肪會黏在麵團上，無法保持形狀，還會釋出液態油脂。因此，最適合製作薄片和千層酥皮的脂肪，所含固體比例應該介於15~25%（溫度條件為一般廚房室溫，還有酥皮麵團經攪拌、成形後達到的溫度）。事實證明，奶油的黏稠度正好用來製作酥皮，溫度範圍較小，介於15~20°C之間。豬油只有在稍高溫條件下才好處理，最高達25°C。風味十足的天然脂肪在廚房室溫很容易變得太軟，

> **說文解字：酥皮、麵食、法式肉派和餡餅派**
> 英文pastry（酥皮）、義大利文pasta（麵食）、法文pâte（麵團）和pâté（法式肉派），這些字全都可以追溯自一組引發聯想的古希臘字彙，其本意與小顆粒及細膩質感皆有關聯。這群字彙有各種各樣的意思，粉、鹽、大麥粥、蛋糕和一種繡花紗網。拉丁衍生出的pasta較後來才出現，指的是先加水調成漿，隨後乾燥的麵粉；後來這個詞進入義大利文，代表「義式麵食」，還演變出法文的pâte，指「麵團」。pâté是中世紀法文，原本是指把肉品剁碎、用麵團包裹製成的食材，不過最後意思有所改變，代表肉食製品本身，至於是否有用麵團裹起來，那就沒有關係了。Pie（派）是中世紀英文，意思和pâté原意非常相近，指的是裹進麵團所製成的一切料理形式（肉類、魚類、蔬菜類和水果類都算）。這個字跟麵團較少有連帶關係，而較用來指稱零星物品：pie源自magpie（喜鵲），這種鳥的羽色斑駁，愛蒐集雜物築巢。

做不出好酥皮。因此酥皮業者往往會先把原料、用具冷卻降溫，擺在低溫大理石表面加工，之後在攪拌、擀揉階段就可以讓原料保持低溫，也因此雙手溫度較冷的廚房助手才適合製作酥皮。

脂肪的黏稠度：使用酥油要求較低　植物酥油製造商透過控制基油的不飽和脂肪經過氫化的程度，進而控制產品的黏稠度（第一冊337~338頁）。標準蛋糕酥油的固體含量比例是15~25%，而適用溫度範圍則是奶油的3倍，從12~30°C。因此，酥油遠比奶油更容易製作薄片酥皮。由於千層酥皮和千層麵包製作時特別需要拿捏，專業師傅和製造廠通常使用自家特製的特種酥油。丹麥人造奶油在35°C高溫依然成固態，至於起酥皮人造奶油則可高達46°C；這類人造奶油要放置在爐內烘焙許久後才會融解！然而高熔點有一項重大缺點，這意味著脂肪在口中溫度仍會保持固態。奶油和豬油入口即化，釋出芳香風味，工廠製造的酥皮酥油卻會在口中留下黏糊、蠟質的殘餘口感，而且本身也沒什麼風味（通常會添加牛乳固形物來調味）。

酥皮脂肪所含水分　和豬油、酥油相比，奶油有個重大差別，就是水分約占奶油重量的15%，因此無法像純脂肪那樣徹底把麵團分層；脂肪中的小水滴能把相鄰片層黏合在一起。酥皮製造業者通常偏愛歐洲奶油，含水比例低於標準美國奶油（見第一冊57頁）。不過，稍有一點水分還是有用的，水分可以生成蒸氣，讓千層酥皮的層層麵團可以互相推開。酥皮製造商配製的起酥皮人造奶油含水比例為10%左右。

其他成分

水分是束縛麵粉顆粒、和出麵團的要素。就酥皮來講，水的功用特別重要，因為酥皮只含極少水分。酥皮師傅表示，一杯（120公克）麵粉中的水量，只要相差半匙（3毫升），質地就有酥脆或堅韌之別。通常加蛋可以提供濃郁風味，並增加黏度，當然也會帶來水分。各種乳類製品，包括牛乳、鮮奶油、酸奶油、法式酸奶油和鮮奶油乳酪，都可以用來替代部分或所有水分，

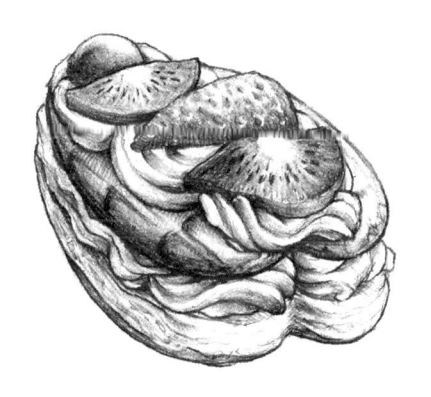

同時還能帶來風味和脂肪，以及褐變反應所需的糖分和蛋白質。加鹽主要是為了調味，不過鹽分也會影響麵筋，提高筋度。

烘焙酥皮

烤盤

把酥皮麵團分成兩塊，擺在不同的烤盤送進同一烤爐，出來結果會不一樣。閃亮烤盤會反射大半的輻射熱（見第一冊314~315頁）而無法抵達酥皮外皮，減緩加熱速度。黑色烤盤則會吸收大半輻射熱，把熱量傳導到外皮，至於透明玻璃則會讓熱量逕自穿透，直接為表皮加熱。薄片金屬烤盤本身無法儲存多少熱量，通常加熱很慢，並產生不均勻的褐變效果。較厚重的標準金屬烤盤以及陶瓷托盤、模具，能夠累積烤爐熱量，溫度比薄片烤盤高，對酥皮的傳熱也比較均勻。

烘焙

除了法式牛角麵包和丹麥奶酥一類比較像麵包的酥皮之外，多數酥皮麵團都含極少水分，根本不夠讓澱粉粒全部糊化。因此，加熱可以讓部分澱粉糊化，還把麵筋網絡烘得很乾，產生一種鬆脆或酥脆的結實質地，外表則呈現金褐色澤。酥皮外皮尤其必須採較高爐溫烘烤，這樣麵團才能徹底受熱，迅速定型。慢慢加熱的話只會讓酥皮麵團的脂肪融化，而且澱粉溫度尚未高到足以吸收麵筋水分並定型之前，蛋白質-澱粉網絡就陷落了。

不封口的派和塔進爐烘烤時，熱量受餡料阻擋，傳不到酥皮表面，無法直接加熱，外皮就有可能加熱得不夠徹底，結果變得色彩黯淡、質地溼黏，烤不出乾燥的褐色硬皮。「盲烤」可以防止這個問題，也就是不加餡料，只讓酥皮單獨進爐預烤；此時通常會在酥皮內部擺放乾豆或陶瓷粒來支撐麵團，以免塌陷。採較高爐溫，把容器放置較低爐架，或直接擺在爐底，都能烤出酥脆底皮。要讓外皮一直保持酥脆質地，就算填充溼潤餡料也不受影響，有一個方法：外皮預烤之前，先在表面塗敷蛋黃或蛋白，可以形成

早期美式酥派

美式酥派麵團的特點在於，會把脂肪揉捏到麵粉中使派皮變柔軟，有些脂肪則以**擀壓**和入，目的在形成層層薄片。美國最早的食譜是西蒙斯寫的〈塔餅酥皮麵糊〉，內容以簡潔、多樣化著稱。她提出好幾種麵糊，以下是其中三種：

第一種。一磅奶油揉進一磅麵粉，攪打2個蛋白，加入冷水和一枚蛋黃；和成漿狀，添一磅奶油，擀壓6~7次，每次都撒點麵粉。很適合製作各種小點心。

抗溼表層，或者在預烤後塗上熬煮濃稠的果醬或果凍，也可以塗巧克力，或者裹上一層能吸水、味道又很搭配的麵包碎屑。

酥脆酥皮麵團：鬆脆酥皮、鋪底用脆皮酥皮

質地鬆脆卻又堅實的酥皮，在法國廚藝界扮演特別重要的角色，這類酥皮以細薄而結實的外皮支撐法式鹹派、各式美味派餅，還有水果塔。美式派皮太脆弱，撐不住自身重量，必須擺在托盤上桌。法式塔餅幾乎完全不用托盤，自己就能立起。

製作標準的法式酥脆酥皮與鋪底用脆皮酥皮時，會在適量的麵粉裡放入粗粒奶油和蛋黃，接著以手指輕輕揉捏，把液體和固體和在一起，形成一團粗粒麵團。隨後用掌根按壓，把麵團朝工作平臺垂直或斜向揉捏，這動作能把奶油好好地揉進麵團。奶油讓小團麵粉彼此隔開，以免麵粉團集結成堅韌團塊，同時，蛋黃能帶進水分、脂肪和蛋白質，受熱時就會凝結，也讓麵粉拌料能連結在一起。有時也可以根據餡料特性，以植物油、家禽（雞、鴨和鵝）脂肪、豬油和牛油來代替奶油。麵團可以擺進冰箱靜置發麵，變得更黏稠堅韌，供後續揉捏擀壓成形。

甜酥皮（pâte sucrée）和粒狀酥皮（pâte sablée）都是加糖製成的酥脆麵團。粒狀酥皮含糖比例很高，烤出的酥皮帶有獨特粒狀紋路。

有一種簡便方法可以做出酥脆的酥皮外衣，首先把麵包或小甜餅搗碎，再用油脂潤溼，然後壓貼在烤盤上，烘焙片刻即成。

薄片酥皮麵團：美式派皮

要製作美式派皮的麵團，以烤出又細嫩又鬆脆的酥皮，麵團有特定作法。把部分脂肪均勻分布到麵團裡，讓小顆粒相互隔開，另一部分脂肪則把麵團層層區隔開來。有幾種作法都可以辦到這點，其中一種是分兩階段把脂肪慢慢和進乾麵粉，第一階段用細粒脂肪，第二階段則改用豌豆大小般的脂肪顆

第三種。酌量使用麵粉，揉其中 3/4 重量的麵粉到奶油（每「配克」〔peck，譯注：為穀物的英美乾量單位，約相當於 9 公升〕加 12 枚蛋），揉進剩下麵粉中的 1/3 或 1/2，其餘用擀麵和入。第八種。取一磅半牛羊板油，揉進 6 磅麵粉，加入滿滿 1 匙鹽，用鮮奶油溼潤，加 2.5 磅奶油，擀壓 6~8 次和入。做成雞肉派或肉派都很好。

——《美國烹調法》，1796 年

粒。另一種作法是把所有脂肪一次加入，用手指捏碎，輕輕地把脂肪團塊揉成豌豆大小；揉的動作就能達到很好的分散效果。（採用這種作法時，用酥油效果比奶油好，因為手指的溫度會使脂肪融得太軟。）接著每100公克麵粉添加2~4匙少量冷水，稍微拌和到水分被麵粉吸收、麵團成形即可。

　　麵團擺進冰箱靜置，讓脂肪重新冷卻，也讓水分分散得更為均勻，接著就擀壓。麵團一擀開，結構也會延展開來，形成若干麵筋，並把脂肪塊壓成薄片。重複進行這些步驟便形成層次構造。麵團經擀壓之後就靜置讓薄片麵筋鬆弛，也讓外形在最低伸展狀況下固定，否則麵筋會在烘焙階段回彈，導致派皮皺縮。進爐之後，薄片脂肪、陷在裡面的空氣，還有麵團水分（或是奶油中的水分）所產生的蒸氣，都有助於麵團分層，產生一種細薄片層的質地。

　　以酥油和豬油製成的派皮，質地通常比添加奶油的派皮更鬆脆、細薄，因為奶油在較低溫度就能融入麵團，而所含的水分會讓麵團顆粒和薄片黏在一起。

千層酥皮麵團：起酥皮、法式千層酥皮

　　按食品史學家查爾斯·培瑞（Charles Perry）所見，起酥皮麵團和片層酥皮麵團似乎是在1500年左右，分由阿拉伯人和土耳其人發明。儘管兩項發明的目的都是想做出含有許多極細薄片層的麵團，製作技巧卻大不相同。

製作起酥皮麵團

　　起酥皮麵團的製作步驟繁複又很費時。要把麵團和脂肪交夾在一起做法有好幾種，摺疊的方式也有好幾種；為簡單起見，這裡我只說明標準作法。

　　廚師先把酥皮麵粉與冰水拌和，做出一個中等溼度的麵團，大約是每100份麵粉含50份的水。也可以加入奶油和（或）檸檬汁，削弱麵筋強度，讓麵團更容易造型。拌和動作要盡量少，以形成最少麵筋，稍後用擀麵棍擀壓的目的也在這裡。麵團捏成正方形。

千層酥皮早期食譜：早期的英式「起酥皮麵糊」
馬爾坎的「起酥皮麵糊」食譜混合了千層與片層酥皮麵團。

　　要想做出最好的起酥皮麵糊，一定要用最好的小麥麵粉，盛裝在鍋中放入烤爐稍微烘烤過，接著加入全蛋（蛋白和蛋黃一起），好好攪拌，麵糊揉好之後，取一部分用擀麵棍擀壓，厚薄隨意，在上面塗上低溫甜奶油，然後像剛才那樣再擀另一片麵糊，覆蓋在這層奶油上；然後同樣塗敷奶油；就這樣擀壓一片又一片，片片中間都塗奶油，直到想要的厚度為止。接著拿各種烘焙肉食覆蓋麵糊，也可以用來搭配野味肉糊、菠菜泥、水果等你喜歡的菜式，然後就進爐烘焙。
　　　　　　　　　　　　　　　　　　　　　　　——《英國主婦》，1615年

這時就添加脂肪，傳統採用奶油，分量約相當於最初麵團重量一半，用擀麵棍搗捶，直到溫度升高到15°C左右，質地也變軟為止，此時黏度和麵團黏度相當。（較硬實的脂肪會把麵團隔開，若是較軟的脂肪，稍後擀平時就會受壓溢出。酥油含水量較低，做成的起酥皮會比較輕盈、酥脆，不過風味沒那麼濃郁。）脂肪壓平擺放麵團方塊上，接著一起擀壓，反覆摺疊，同時轉動麵團朝不同方向擀壓，然後擺進冰箱靜置，讓脂肪有機會重行凝固，也讓麵筋鬆弛下來。轉動、擀壓、摺疊和冷藏，這一連串步驟要反覆進行六回合。每擀壓一次，麵筋就發得更多，麵團的也彈性越好，也越難捏塑出造型。

　　這樣做下來要花好幾個小時，結果擀出由728層脂肪區隔開、含有729層溼潤麵粉的麵團。（有一種酥皮稱為「千層派」，是把兩塊烤好的起酥皮疊在一起，中間再夾一層酥皮鮮奶油。）最後一回合完成後，就靜置至少1個小時，接著擀壓出厚度約6毫米的麵團，進爐烘烤。這意味著麵團每一層都極薄，只有1毫米的1/100，這可是比紙張還薄很多，約相當於單一澱粉粒的直徑。這種麵團必須用非常銳利的刀子來切割；刀子太鈍刃，切口會有多層擠壓在一起，妨礙其膨脹。起酥皮麵團送進非常高溫烤爐時，膨脹中的空氣與水蒸氣會把各層推開，讓體積膨大至少4倍之多。

速成起酥皮麵團

　　「速成」起酥皮又稱為「薄片酥皮」（英式）、「美國」起酥皮，或「半千層酥皮」，是正宗起酥皮和美式薄片酥皮的速成合體，這種酥皮也是種類繁多。製作時常把部分或全部脂肪粗切拌入麵粉，就跟派皮的作法一樣，接著加入冷水和成麵團，若還留有脂肪便揉入麵團，接著摺疊、擀壓麵團2~3次，間歇冷藏，一方面重新冷卻脂肪，也讓麵筋鬆弛。

　　就算是速成起酥皮的麵團，都要花好幾個小時才能完成。所幸，這類麵團很適合冷凍，市面上可以買到冷凍成品。

▌片層酥皮麵團：薄酥皮、酥皮捲

片層酥皮麵團的製作跟起酥皮麵團不同，是一次一層先做好，加熱前才把幾十層鋪疊在一起進爐烘焙。培瑞推測，薄酥皮麵團是鄂圖曼帝國時代早期，約1500年在伊斯坦堡發明的；現在這種麵團被拿來做地中海東岸一帶的蜂蜜堅果「果仁蜜餅」、開胃點心「兩面煎餡餅」（如土耳其奶酪餡酥餅「薄瑞克」），還有多種鮮美的派餅（如希臘「菠菜餡餅」等）。鄂圖曼土耳其人統治東歐部分地區時期，薄酥皮傳進匈牙利，改稱「利特須酥皮」，奧地利也引進，稱為「酥皮捲」。

製作薄酥皮要先用麵粉加水（每100份麵粉約對40份的水），和出堅韌麵團，裡面加鹽少許，通常還添入若干酸、油等成分，讓麵團質地鬆軟。麵團經徹底揉捏，產生麵筋，靜置過夜，接著延展麵團（可保持整塊或分成小團），擀平壓成圓薄麵皮，撒上澱粉再擀壓一次，最後擀薄到半透明程度，厚度為0.1毫米左右。這麼薄的麵團非常滑順，很快會變乾變脆，所以上面要塗抹油脂或融化的液狀奶油以保持柔軟，接著就可以切割、堆疊成多層次麵團並烘烤。

酥皮捲是薄酥皮的變化款式，作法有點不同。最初製成的麵團較溼，每100份麵粉對55~70份的水，也含少量脂肪，通常還加入全蛋。麵團揉捏、靜置、擀得非常薄，再置放一陣子，隨後用手逐步拉伸，形成大片麵皮，接著這就可以用來包裹各種可口的鹹甜配料。

薄酥皮和酥皮捲的麵團特別難做，市面有冷藏、冷凍製品供選購。

▌酥皮和麵包的混合：法式牛角麵包、丹麥奶酥

法式牛角麵包和丹麥奶酥的做法和起酥皮大致相同。由於法式牛角麵包和丹麥奶酥使用的麵團基本上就是麵包麵團，比起酥皮麵團更溼潤、柔軟，

▌說文解字：片層酥皮、酥皮捲

　　Phyllo（薄酥皮）是希臘文，也是法文 feuille 的前身，都是指葉片。Strudel（酥皮捲）反映出這種片層酥皮的罕見造型，其德文本意為「渦流」或「漩渦」。

所以很容易就被低溫呈硬塊的脂肪扯裂。因此，做牛角麵包和丹麥奶酥麵團時，要特別注意奶油或人造奶油的黏稠度。

法式牛角麵包

按照卡爾維所述，法式牛角麵包最早在1889年世界博覽會上掀起一股熱潮，當時隸屬於「維也納麵包」之一。那是因為維也納地區特別擅長烘焙香甜濃郁的酥皮，該次帶了許多成品到會場展示，牛角麵包就是其中一種。最早的法式牛角麵包是以酵母發酵麵包加入油脂製成，造型就像新月。到了1920年代，巴黎烘焙師傅才想出一個點子，可以用千層麵團來烘製這種麵包，結果便發明出一種兼具酥薄和溼軟特性，滋味又很濃郁的美妙麵包酥皮。

法式牛角麵包的製作，麵團必須既堅實又能延展，麵粉、牛乳和酵母應盡量少揉捏；液體比例為每100份麵粉對50~70份液體。混拌過程中可以加入一些奶油，這樣麵團更能延展，也更容易擀開。早年會讓麵團初步膨發6~7個小時；現在只需1小時左右。發酵時間越長，風味就越濃郁，最後烤出的麵包也越輕盈。膨發後的麵團要排出空氣、冷凍，接著才擀壓，塗覆一層奶油或人造奶油，然後跟起酥皮麵團一樣，反覆摺疊、擀壓、冷凍，總共處理4~6回合。最後做好的麵團再擀壓成厚度約6毫米，切成三角形，把三角形捲成末端尖細的圓筒造型，接著最後一次靜置發酵約1個小時，溫度必須夠低，以免脂肪融化。麵團外面幾層在烘焙時會膨脹、乾掉，產生狀似起酥皮的細薄片層，而裡面各層則保持溼潤，烘焙出層層細膩精緻的麵包，半透明，夾雜細小氣泡。

丹麥奶酥

美國人口中的「丹麥」奶酥，最早也是維也納食品，不過是取道哥本哈根傳進美國。19世紀時，丹麥烘焙師傅拿一種維也納含油麵包麵團作為基本原料，再多塗上幾層奶油，就這樣製出比原來更輕盈、更酥脆的酥皮。他們還

用這種麵團來包裹各式各樣的餡料，特別是杏仁奶油餡（奶油加糖打成乳霜狀，通常還納入一些杏仁）。丹麥奶酥和法式牛角麵包製法大同小異。最初的麵團比較溼潤、柔軟，內含糖分以及全蛋，因此滋味較甜、較濃郁，還帶有很特別的黃色色澤，而且剛開始時並不靜置膨發。通常這層層薄麵皮會塗上較多奶油或人造奶油，麵團大概只擀摺3次，因此麵皮較厚，層數較少。丹麥奶酥麵團通常都用來包裹甜味餡料或濃稠食材，或者擀成麵皮，鋪上堅果、葡萄乾或調味糖等混合材料，捲起橫切成螺旋狀麵卷。麵團製作完成便放置膨發到體積加倍（溫度同樣要能讓酥油保持固態），這時就可以烘焙了。

柔軟的鹹酥皮：法式肉派

法式肉派和其他酥皮都不相同，在中世紀，它原本的目的是要用來裝盛肉食，以保存一段時間，作為肉食的耐用容器（見60頁）。到了今日，這種麵團多用來包裹肉派餡料，製成肉派，有時還可以作為起酥皮的替代品，用來包裹小里脊肉（製成威靈頓牛肉派），或包裹鮭魚（製成香酥鮭魚派）。這種麵團很好包捲，適合作為餡料容器，還能保住食材受熱所滲出的汁液，質地則十分柔軟，好切又容易咀嚼。

法式肉派含水較多（每100份麵粉對50份的水），豬油則約為35份。水和豬油一起受熱將近沸騰，這時才加入麵粉，混合後稍微攪拌到麵團均勻即可，接著靜置。高比例脂肪限制了麵筋的生成，因此質地柔軟，還有類似防水的作用，形成一道屏障，不讓烹調液滲入。預煮使部分澱粉膨脹並糊化，澱粉吸水後會使麵團質地變得濃稠，黏度合宜，處理起來很順手，而不會形成有彈性的麵筋構造。

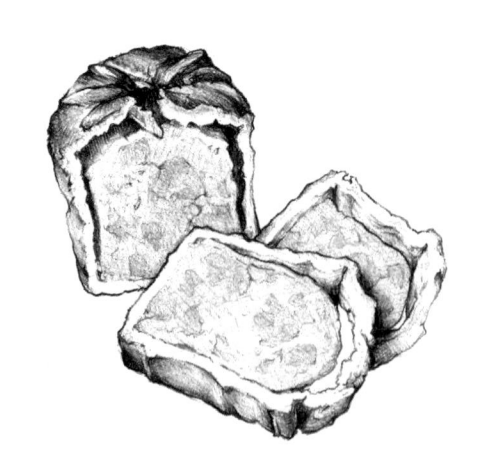

小甜餅

常見的小甜餅能帶來單純的愉悅，不過，這所有小甜餅形成的小宇宙，可是烘焙師傅一身藝業之大全。一口小甜餅中，就含括了各種甜味的烘焙食品：酥脆與千層酥皮、威化餅、奶油海綿蛋糕、比司吉、蛋白霜和堅果仁糊。Cookie（小甜餅）這個字源自中世紀荷蘭文，意思是「小蛋糕」。法文的同義字 petits fours，意思是「烘焙小東西」，另外，德文的 klein Gebäck，意思也差不多。小甜餅小小的，造型、裝飾、調味上都充滿各種可能，因而種類千變萬化，其中有很多都是由法國人開發出的，命名方式也和義式麵食雷同，像是義式麵食有蝴蝶、小蟲和教士扭絞繩各種款式，因此小甜餅也有貓舌、俄羅斯雪茄、眼鏡和尼祿的耳朵等各種名稱。

小甜餅成分和質地

小甜餅多半甜又濃，糖和脂肪分量多。小甜餅也很柔嫩，這得歸功於成分、比例，還有能把麵筋形成數量減至最少的拌和手法。不過，小甜餅也有乾、溼之別，可以是鬆脆或片狀的，也可以是酥脆或軟黏的。這麼多變的質地得自幾種成分的變化，以及成分比例和成分結合的方式。

麵粉

小甜餅多半以酥皮麵粉或通用麵粉製成，不過，麵包麵粉和蛋糕麵粉製成的麵團和麵糊比較不能延展（原因分別是麵筋較多以及具吸水性的澱粉較多）。如果小甜餅的麵粉對水分比例很高，跟英式奶油酥餅和酥皮麵團甜餅一樣，麵筋的生成量就會很有限，澱粉也比較不容易糊化（有些乾式小甜餅只有20%的澱粉會糊化），結果就能烤出酥脆質地。反之，如果水分對麵粉比例很高（以麵糊為底材的小甜餅就是如此），會稀釋麵筋蛋白，使大量澱粉糊化，烤出的質地可以像蛋糕般柔軟，也可以是酥脆或鬆脆的；至於是哪一種，就要看製作方法以及烘焙時蒸發的水氣多寡而定。若是烘焙時麵團必須保持造型（擀開後用切模壓出造型的麵團），那麼麵粉含量就要高，還必須生成部分麵筋。烘焙師傅藉由冷卻讓液體麵團有點硬度，接著再用

力讓麵團擠過模管，或者填進模具來做出造型。

若想做出較粗而酥脆的質地，可以用堅果粉取代全部或部分麵粉，就像傳統蛋白杏仁糕一樣，只含蛋白、糖和杏仁成分。

糖

糖分對小甜餅的構造和質地有好幾項貢獻。糖分拌入脂肪打成乳霜狀，或加蛋攪打，混合料就會產生氣泡，讓結構變輕。糖和麵粉澱粉競相吸水，使澱粉的糊化溫度提高到近沸點，因此增加小甜餅的硬度與酥脆度。若純糖（蔗糖）的含量比例很高，也會促進硬化作用。有些小甜餅麵團的糖分比例相當高，只有半數的糖會溶化於小甜餅原本就有限的水分中。烘焙時麵團受熱溫度提高，於是能溶化的糖分增多了，多出的液體就會讓小甜餅變軟、攤開。等小甜餅放涼之後，糖分也部分回凝結晶，於是原本柔軟的小甜餅就會變得又薄又脆，這個過程要花1~2天。其他形式的糖（蜂蜜、糖蜜、玉米糖漿）往往只會吸水，卻不結晶（見本冊第三章），因此受熱時，這類糖分就會形成糖漿，能滲入餅中，讓小甜餅進一步攤展開來，冷卻後成型，吃起來溼潤而軟黏。

蛋

蛋通常提供麵團混料的大半水分，也提供蛋白質，幫助麵粉顆粒聚攏黏

幾種小甜餅麵團和麵糊：原料成分和典型比例

小甜餅款式	麵粉	總水量	蛋	奶油	糖	化學膨發劑
英式奶油酥餅（鬆脆）	100	15	—	100	33	—
義式脆餅（乾燥後轉酥脆）	100	35	45	—	60	使用
巧克力脆片甜餅（像蛋糕）	100	38	33	85	100	使用
瓦片餅、威化餅（硬脆）	100	80	80	50	135	—
酥皮麵團						
鬆脆酥皮麵團：法式奶油酥餅（鬆脆）	100	25	22	50	50	—
起酥皮麵團：蝴蝶酥（薄片狀）	100	35	—	70	（頂飾）	—
乳脂奶油麵糊						
茶點甜餅（鬆脆）	100	25	18（蛋白）	70	45	—
淑女威化餅、貓舌甜餅（細緻、硬脆）	100	90	100	100	100	—
俄羅斯雪茄甜餅（細薄、硬脆）	100	180	180（蛋白）	140	180	—
海綿蛋糕麵糊						
手指小甜餅（輕、乾）	100	150	200	—	100	—
馬德蓮甜餅（柔軟、溼潤、像蛋糕）	100	145	170	110	110	（使用）

合，烘焙時凝結、固化。蛋黃中的油脂和種種乳化劑則增添營養，潤溼麵團。食譜指定的全蛋或蛋黃用量比例越高，甜餅質地就越像蛋糕。

脂肪

脂肪能提供濃郁、溼潤、柔軟的口感。脂肪受熱融化時，可以充作固態麵粉顆粒和糖粒的潤滑劑，讓小甜餅更容易攤展、變薄（這種性質有時好，有時不好）。由於奶油的熔點比人造奶油和酥油都低，因此在蛋白質和澱粉凝結以前，小甜餅有更多時間可以攤展。奶油約含15%水分，有些小甜餅食譜中含蛋量少（例如英式奶油酥餅和茶點），這時奶油就是主要或唯一的水分來源。

膨發

不論是以小氣泡或二氧化碳進行膨發，小甜餅都能變得更柔軟，也鼓脹更大。許多小甜餅都只靠氣泡膨發，這些氣泡是在脂肪拌糖打成乳霜狀或加蛋攪打時生成的。有些還添加化學膨發劑。若麵團含有蜂蜜、紅糖和蛋糕麵粉等酸性成分，這時還可以添用鹼性小蘇打。

製作、保藏小甜餅

小甜餅的製作方法之多，與製作蛋糕和麵團相當，甚至猶有過之。美國標準款類有：

- 滴落式甜餅（drop cookie），採軟麵團製成，用湯匙酌量舀起滴落烤盤上，烘焙時麵團會攤展開來。巧克力脆片甜餅和燕麥甜餅都屬於這類。
- 模切甜餅，麵團用料比較硬挺，較能保持造型。麵團擀壓後用切模分割；烘焙使小甜餅保持原狀定型。這類小甜餅有糖霜小甜餅和奶油小甜餅。
- 手工造型甜餅，採麵糊製成，麵糊冷卻變硬挺後，用模管或模具細心塑出造型再烘烤。這類小甜餅有手指小甜餅和馬德蓮甜餅。
- 長條形甜餅，於烘焙後才切出造型，非烘焙前。小甜餅麵糊整團擺在淺

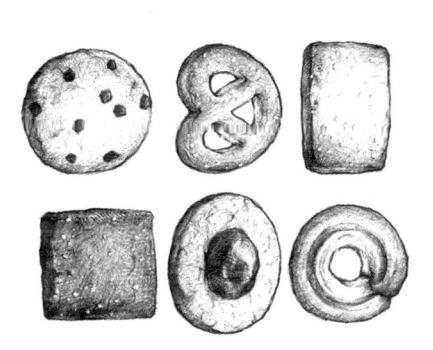

盤烘烤時，樣子就像一團細瘦的蛋糕，將其切成長條形甜餅。這類小甜餅有海棗果甜餅條和堅果甜餅條。

- 冰凍甜餅，預製麵團滾成圓柱狀冷凍備用，製作時橫切成片。許多小甜餅麵團都可以這樣處理。

由於小甜餅又小又薄，含糖量又很高，進爐很快就能烤成褐色。常見問題是當餅心烤好時，底部和邊緣有可能已經太焦，只要在烘烤時降低爐溫，並改用淺色烤盤，就可以把這種困擾減至最低，因為淺色烤盤會反射輻射熱，深色烤盤則會吸熱。稍微的烘焙不足，有助於產生一種較溼而軟黏的質地。烘焙完剛出爐時，許多小甜餅都還很柔軟，可以塑出形狀，因此廚師才能把細薄的威化餅捏塑出花杯造型、圓滾柱形和瓦片拱形，待冷卻便硬化定型。小甜餅含水很少，儲存時特別容易改變質地。質地硬脆的乾式小甜餅從空氣吸收水分就會變軟；質地溼潤、軟黏的小甜餅則會失水變乾。因此，小甜餅最好存放在氣密容器中。由於水分很少，含糖量又高，小甜餅不太適合微生物滋長，可以久藏。

麵食、麵條和餃子

禾穀粉材有各式各樣的製品，其中一種成為了世界上最受歡迎的食品：麵食。*Pasta*（麵食）是義大利字，意思是「麵泥」或「麵團」，所以 *pasta* 指的就是小麥麵粉和水調製出的黏土狀團塊，分成小塊下水沸煮至熟透。（其他製品的麵團幾乎全都烘焙，只有麵食採水煮）。*Noodle*（麵條）則是個日爾曼語，指的是相同製品，但通常指非義大利傳統作法製成的麵食。麵食的吸引力在於其溼潤、細緻和實實在在的質感，加上風味中性，搭配各式各樣食材都非常適合。

世界上有兩個文化，窮盡心力去大肆探索沸煮穀物麵泥的各種可能性：義大利和中國。兩者的探索成果並不相同，但可互補有無。在義大利因為有高麵筋硬粒小麥，所以發明了一種能耐久放的高蛋白麵食，這種食品乾燥之後可以無限期儲放，很適合投入工業生產，而且可以做出數百種千奇

| 中國早期的餺飥和麵條
爾乃重籮之麵，塵飛雪白，膠粘筋韌，膩滑柔澤。⋯⋯於是火盛湯湧，猛氣蒸作，攘衣振掌；握搦拊搏；麵彌離於指端，手縈回而交錯，紛紛馭馭，星分雹落。籠無迸肉，餅無流麵，姝媮咧敕，薄而不綻，雋雋和和，䐃色外見，弱似春綿，白若秋練。

百怪的造型。義大利人還淬鍊出高明廚藝，運用軟小麥麵粉製作出新鮮麵食，採用義式麵食為基礎底材，演變出一整套的廚藝路線，讓義式麵食結合了堅實與柔順兩種特色，可以再搭配美味醬料（用量不必多，夠塗裹麵食表面即可）與各種餡料。在中國，則有低麵筋軟小麥，廚師專注於開發簡單的長麵條和細薄的包裹用麵皮，都採手工現製，有時還技術高超地立即做出麵條立即下鍋。煮好的麵條柔軟又滑順，搭配的湯底幾乎都是淡淡的大量清湯。更特別的是，中國廚師還找出了以不同原料來製作麵條的方法，除了採用小麥以外的穀類，甚至還會用豆類和根菜植物的無蛋白質純澱粉來做麵條原料。

麵食和麵條的歷史沿革

這故事大家耳熟能詳，但也常遭反駁：麵食是中世紀的旅行家馬可波羅在中國發現後，將其引進義大利的。近年來，斯維諾・塞爾凡提（Silvano Serventi）和弗朗索瓦・薩邦（Françoise Sabban）合寫了一部權威著作，巨細靡遺蒐羅史實，讓這段歷史塵埃落定。中國確實是最早發展出麵條技藝的國家，不過，遠在馬可波羅時代之前，地中海世界就已經有麵食了。

中式麵條

遠在小麥傳進中國之前，地中海一帶就已經在栽植小麥了，儘管如此，最早發明麵條製作方法的地區顯然仍是中國北方，年代大概比公元前200年還更早。約公元300年，西晉束皙寫了《餅賦》談小麥製品，為幾種麵條和麵疙瘩取名、說明做法，並指出麵食華麗的外觀：詩人常以絲綢來比擬這類麵食的外觀和質地（見左頁下方）。公元544年，農書專著《齊民要術》以整卷篇幅記述麵團製品，書中所述不只包括外形互異的幾種小麥麵條（多數以麵粉和肉湯混拌製成，還有一種是加蛋），也包括以米穀細粉，甚至是純澱粉製成的麵條（見83~84頁）。

中國還發明了含餡麵食，用麵團包裹一團餡料，是義式餃子的鼻祖。早

衍譯：
麵粉篩個兩回，白粉彷若飛雪，摻水或加高湯，麵團來回捏揉，黏稠柔韌帶光澤。……備水生火沸煮，待得水氣蒸騰，紮好下襬，挽起衣袖，開始揉、搓、撫、拉。最後，從掌中拋出的是形狀完美的麵皮。眾星分離，冰雹齊落，籠內不見餡料濺出，餅上不帶麵團痕跡。片片浮現，齊整悅目，湯餅細薄，不見綻開。餡含於內，鼓脹可見，軟似春綿，白如秋練，火候恰到好處。

——束皙〈餅賦〉，約公元300年，英文版譯者：安東尼・蘇嘉（Antony Shugaar）

在公元700年以前，中國就已經有餛飩和餃子的文字記載，餛飩外皮很薄，容易破裂，今日南方常拿餛飩煮湯食用；餃子外皮較厚，北方常見，採蒸煮、油煎食用。考古學家還曾發現公元9世紀的標本，保存良好。往後幾百年間，許多食譜記述如何擀平麵團，壓薄捲起，切成長條並反覆摺疊拉長；麵團本身則會與各式液體調和，包括蘿蔔汁和葉汁、蔬菜泥，還有生蝦壓出的汁液（這會把麵條染成粉紅色）以及羊血。

麵條和餃子在北方一開始是統治階層的奢侈食品，隨後逐漸演變成勞動階級的主食，其中餃子依然是興旺的象徵，接著在12世紀左右才傳到中國南方。麵條於7~8世紀傳進日本，在當地發展出好幾款麵條（見85頁）。

中東和地中海區的麵食

從中國往西，迢迢來到小麥的發祥地，類似麵食的製品在第6世紀期間出現。9世紀敘利亞有一份文獻提到，有一種阿拉伯文是「伊崔亞」（*itriya*）的粗小麥粉麵團製品，做成條狀並風乾。在11世紀的巴黎則有「小蟲麵條」（vermicelli）。12世紀（馬可波羅東遊之前200年左右），阿拉伯地理學家伊德里西（Idrisi）記述西西里人會製作細線狀的伊崔亞麵條，還賣到島外。*Macaroni*（通心麵）這個義大利字最早在13世紀出現，指從扁平到塊狀各種不同形狀的麵食。中世紀廚師以發酵麵團製出一些麵食，他們花至少一個小時把麵食煮到很溼、很軟，通常搭配乳酪，並拿來包裹餡料。

中世紀後的麵食演變大半發生在義大利。義式麵食業者組成行會，全國都有業者以軟小麥麵粉製作新鮮麵食，南方和西西里島則採硬粒小麥磨成粗粉，製成乾燥麵食。義大利廚師開發出一種獨特產品*pastasciutta*，意思是「乾式麵食」，用調味醬潤溼，但醬料不淹蓋過麵食，作為菜餚主要的部分，或者浸散在湯水或燉汁中。生麵條乾燥過程很費神，得花1~4個星期，而那不勒斯有乾燥處理生麵條的理想氣候，就發展成了硬粒小麥麵食製造中心。

到了18世紀，麵團揉捏、壓出作業已經機械化，於是硬粒小麥義式麵食成為那不勒斯的街頭小吃，在義大利各地都可以看到。或許是由於攤販把烹煮時間降至最低，加上人們喜愛咀嚼結結實實的食物，那不勒斯當地民

吃不完的麵食、乳酪和葡萄酒

麵食到了偉大說書人喬萬尼·薄伽丘（死於1375年）那個時代，已經是義大利人盡皆知的食物了，更晉升為老饕天堂裡的一份子：

> 在一個叫做「本谷地」的國度……那裡有座山，全用帕瑪乳酪碎塊砌成，山上居民鎮日無所事事，只做通心麵與餛飩餃子，放進閹雞高湯中烹煮。他們煮好了就拿來往山下扔，任憑你撿來吃。附近還有條小河經過，河裡流著最好的白酒，不摻一滴清水。
>
> ——《十日談》（*Decameron*），第八日，第三講

眾便不再花費好幾小時來久煮麵條，開始食用只花幾分鐘烹煮，而仍保有嚼勁的麵食。這種作法在19世紀晚期傳到義大利其他地區，第一次世界大戰之後更出現 al dente 一詞，意思是煮出「彈牙嚼勁」。往後幾十年間，高效率人工乾燥法和機械設備問世，原本分批生產的方式才有辦法改為連續製程。現在，很多國家都以產業規模來生產乾燥硬粒小麥麵食。此外，有了現代熱處理技術與真空包裝法，新鮮麵食也得以冷藏保存好幾個星期。

近幾十年來，義大利出現一股小規模生產復古風潮，廠商精選小麥品種，使用老式壓出模具，製出能留住調味醬的粗糙表面，再經長時間低溫乾燥，據說能製出風味更好的麵食。

製作麵食、麵條

基本原料和作法

要製作麵食和麵條，揉製麵團的重點在於把乾麵粉顆粒轉化成黏著性夠強的團塊，展現出足夠的延展性以捏塑出細長麵條，同時也要夠堅韌，煮的時候不能爛。小麥麵粉的黏性得自麵筋蛋白，而硬粒小麥的優點是麵筋含量高，且麵筋的彈性低於麵包用小麥所含麵筋，因此很容易擀壓。這類麵食的麵團含水量通常約為麵團的30%，麵包的麵團則為40%或更高。

等成分原料混拌好，再簡單揉捏出均勻、堅挺的團塊，就靜置發麵，讓麵粉顆粒吸收水分並形成麵筋網絡。一段時間之後，麵團會變得比較容易處理，最後做成的麵條也帶有黏稠彈性，不容易崩解裂開。接下來就和緩擀壓麵團，每次越擀越薄，這樣的擀壓動作可以擠出氣泡，削弱麵團構造，重新組織麵筋網絡，讓蛋白質纖維受到擠壓之後能排列整齊，而且也讓纖維向外擴展，麵團因而變得更容易延展，不會猛然回彈。

加蛋麵食和新鮮麵食

歐洲北部大半地區都偏愛以標準麵包用小麥加蛋製成的麵條，在美國販賣的新鮮麵食也大半屬於這類。加蛋對麵條有兩種作用，一是改良色澤並

增添營養,這主要是蛋黃的影響,單單添加蛋黃也是可以的;蛋黃所含脂肪能使麵團更細緻、麵條更柔軟。第二項作用是為家用與工廠用的中筋麵粉增添更多蛋白質。蛋白的蛋白質讓麵團和麵條更黏稠堅實,削弱糊化作用,減少澱粉粒釋出,從而減低烹煮流失量。在美國,市售麵條蛋粉的添加量約占麵粉重量的5~10%。在義大利、亞爾薩斯和德國,都是添加大量的鮮蛋,美國的特製麵條和家庭自製麵條也是這種做法。有些麵團的水分來源只有從這些蛋類。義大利西北皮德蒙山區的義式麵團含蛋之多,每公斤麵粉可達40枚蛋黃。

要製作加蛋麵食,混拌原料的比例必須能和出硬挺麵團;麵團揉捏到滑順,靜置發麵,接著擀壓後切出想要的造型。新鮮義式麵食很容易腐壞,若是加蛋,就有些微機會受到沙門氏菌侵染,因此最好立刻烹煮,或包好冷藏。若在廚房室溫經長時間乾燥,微生物繁殖量就有可能達有害程度。新鮮義式麵食很快就能煮熟,從幾秒鐘到幾分鐘不等,要看厚度而定。

硬粒小麥乾燥義式麵食

標準義式麵食和世界各地的義大利樣式麵食,都採用硬粒小麥製成,獨具特殊風味和誘人的黃色外觀,還含有豐富的麵筋蛋白。硬粒小麥麵食很少加蛋。硬粒小麥的麵筋蛋白讓乾燥麵條內部堅硬、透亮;烹煮時,則可以限制已溶解蛋白質與糊化澱粉的流失,煮出結實的麵條。

硬粒小麥麵食的麵團製法和造型作法 硬粒小麥麵食是以粗小麥粉和麵製成,這是從硬粒小麥胚乳磨成,顆粒通常粗糙,直徑為0.15~0.5毫米,這是由於硬粒小麥胚乳本身就很硬(若研磨更細,澱粉粒受損比例就會太高)。模樣平坦的義式麵食是以模具壓切薄片麵團做成。長麵條和粗短麵條則是以高壓擠壓麵團穿過模孔成形。這些動作、壓力,還有擠壓產生的熱量,都會改變麵團構造,把蛋白質網絡剪切開來,因受熱與壓力而已部分糊化的澱粉粒會跟蛋白質更緊密地混合在一起,這樣一來,瓦解的蛋白質鍵結

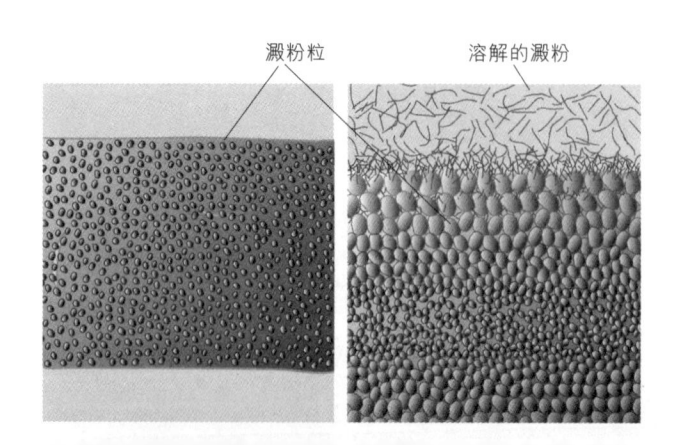

便重新束縛在一起,也讓新生網絡安定下來。採現代低摩擦鐵弗龍模具壓擠成形的麵條,表面會比較光滑、平順,細孔與裂縫也較少,如此可以減少熱水滲入和澱粉溶解流失的量。大體而言,這種麵條烹煮時,溶入烹調水的澱粉量較少,吸收的烹調水量也就較少,因此和傳統青銅模具壓擠出的同款麵條相比,質地更結實。傳統模具的愛用者比較喜歡粗糙表面,他們表示,麵食做好要淋上醬料調味,而這種麵條較能留住醬料。

硬粒小麥麵食乾燥處理 機械乾燥機發明之前,廠商都把新製麵食擺在普通溫溼度環境好幾天或好幾個星期。早期工業用乾燥機的運作溫度為40~60°C,費時1天左右。現代乾燥作法只需2~5個小時,它先快速進行預先乾燥,溫度為84°C或更高,接著才是較長的乾燥和靜置階段。現代高溫乾燥法能很快讓酶失去活性,因為酶會破壞葉黃素,從黃色變成褐色,還會與部分麵筋蛋白交叉連結,讓麵條煮熟後變得更結實、更不黏糊。不過,擁護慢速乾燥法的人士則指出,高熱會破壞風味。

義式麵食和麵條的煮法

義式麵食下水烹煮時,蛋白質網絡和澱粉粒吸水膨脹,外蛋白層瓦解,澱粉漸漸溶解,流入烹調水。麵條較內層含水較少,那裡的澱粉粒並未完全瓦解,所以麵條內部的構造比外側保持得更完整。麵食要烹煮得「彈牙帶勁」,就是要在麵條內部還有點不熟的時候就停止加熱,讓麵條比較耐咀嚼;這時麵條表面含水達80~90%,中央部分則為40~60%(比剛出爐的麵包溼潤一點)。烹煮義式麵食時,有時會在將達這種情況之前就起鍋,淋上調味醬,讓它在醬料中完成最後步驟。

烹調用水

烹煮義式麵食的水量,最好至少是麵食重量的10倍(每500公克麵約5公升水),這樣麵食就能吸收相當於本身重量1.6~1.8倍的水分,殘留水量也依

烹煮義式麵食(左頁)
左圖:還沒煮過的義大利麵麵團,主體是麵筋蛋白,裡面夾雜許多生澱粉粒。右圖:入水烹煮時,麵條較外層和表面的澱粉粒會吸水、膨脹、軟化,澱粉也開始溶解,部分釋出流入烹調水。「彈牙帶勁」的麵條,表示熱水雖已滲入麵條內部,那裡的澱粉粒吸水量卻仍較少,澱粉-麵筋基質也依然硬實。

然充裕,能稀釋烹煮時溶出的澱粉,還能讓麵條分隔開來均勻受熱,不會黏在一起。若使用硬水(含鈣、鎂離子的鹼性水),烹煮時麵食會流失較多成分,也變得較黏糊(硬水會損壞麵條表面的蛋白-澱粉薄膜,離子則會有吸附作用,使麵條表面黏在一起)。都市中的自來水多半處理成鹼性以減輕管線腐蝕,所以,義式麵食的烹調水中如果添加一些酸性物質,通常能改善效果。可以添入檸檬汁、塔塔粉或檸檬酸,將pH值調節到6,略帶酸性即可。

黏度

麵條剛下鍋時,若是靠攏擺著不動,就會黏成一團。麵條之間的水量很少,一旦被乾燥的麵條表面吸乾,就不會有殘留的潤滑水液,而已經部分糊化的表面澱粉則會把麵條黏在一起。只要在烹煮最初幾分鐘不斷攪拌,就可以減輕麵條相黏程度,也可以在鍋中添加1~2匙油,然後把麵條撈起、放回,通過水面幾次,產生潤滑效果。在烹調水中加鹽不只可以調味,還能抑制澱粉糊化,減少烹調流失的澱粉量,降低黏度。

煮好的麵條會有黏性,是因為麵條出水瀝乾,表面澱粉乾燥、冷卻後變得膠黏濃稠所致。麵條瀝乾後可用清水漂洗,或用冷卻的烹調水、調味醬、油或奶油來潤溼表面,黏合情況就能減至最輕。

庫斯庫斯、餃子、德式麵疙瘩、義式麵疙瘩

庫斯庫斯

庫斯庫斯(蒸粗麥粉)似乎是11~13世紀期間由阿爾及利亞北方和摩洛哥境內的柏柏爾人發明的,製作手法簡單得漂亮。庫斯庫斯現在依然是北非、中東和西西里島民眾的主食。傳統的庫斯庫斯作法是把鹽水灑在裝了全麥麵粉的碗中,然後用手指拌和,讓麵粉結成粒粒細小麵團。粗粉和好後用雙手搓圓,再用篩子篩出相等大小顆粒,直徑常介於1~3毫米之間。由於麵團不揉捏,不會生成麵筋,這種溫和的技術也可以用來處理其他多種穀類,而且確有應用實例。庫斯庫斯顆粒小到無需大量添水,用蒸的就行(傳統作

法是,放在燉品的上方混著香氣蒸熟,之後再搭配燉品一起食用),蒸能讓庫斯庫斯形成特有的輕盈、細緻質感。以稀薄醬汁搭配庫斯庫斯效果最好,醬汁稀薄才容易遍布細小顆粒的廣大表面。

「以色列庫斯庫斯」(或「大庫斯庫斯」)其實是種壓擠成型的麵食,1950年代在以色列發明的。大庫斯庫斯以硬小麥麵粉麵團製成,先做成直徑幾毫米的小麵球,進爐略做烘烤,讓風味更有深度。烹煮、食用方法和麵食與米飯相同。

餃子和德式麵疙瘩

西方的餃子和德式麵疙瘩(*Spätzle*,巴伐利亞方言,意思是「團、塊」,一般誤以為是「麻雀」),基本上都是粗粒麵疙瘩,沒有特定造型,製作時取小塊麵團或麵糊,投入鍋中沸煮熟透,接著直接燉、燜或煎,再搭配肉品食用。餃子或麵疙瘩的麵團和麵食麵團不同,採最低度揉捏加工製成,這樣做出的麵團最柔軟,也能揉進細小氣穴,好處是讓麵團顯得輕盈。烹煮時看餃子在鍋中的位置來判斷是否煮好;只要浮上水面,就是差不多好了,再煮1~2分鐘就可以撈起。餃子之所以煮好就會浮起,是因為內部接近沸點時,麵團氣穴便充滿蒸發水氣鼓脹起來,使麵團密度低於周遭沸水所致。

義式麵疙瘩

Gnocchi(義式麵疙瘩)是義大利文,意思是「團塊」。這種食品最早見於1300年代,最初是用麵包碎屑或麵粉製成的普通糰子。(現在羅馬的麵疙瘩依然採用牛乳和粗小麥粉調和、烹煮,做成麵團,接著製成方塊再進爐烘焙。)不過,後來美洲的馬鈴薯傳抵歐洲,義大利人就改換麵疙瘩作法,採用馬鈴薯製出輕巧至極的質地。富含澱粉的馬鈴薯成為主要的柔軟成分,麵粉只酌量添加以吸收水分,並提供麵筋來黏合麵團以做出造型。偶爾也加蛋來強化結著功能,而且蛋黃還能帶來養分,並且讓構造更有彈性。長得慢,耐久藏的「老」馬鈴薯和「粉質」(非「蠟質」)馬鈴薯都是大家愛用的種類,因為這種馬鈴薯含水較少,澱粉含量較高,只需較少麵粉就能製成麵團,於是生成

的麵筋較少，質地也比較柔軟。馬鈴薯先烹煮、去皮，馬上搗成泥，好盡量讓溼氣蒸發；接著就冷卻或冷藏，再加入麵粉，揉捏製成麵團。麵粉用量足夠就好，通常每500公克馬鈴薯添加不到120公克。麵團搓成細繩狀，切成小段，每段都捏好形狀，下鍋沸煮至浮出水面即可。製作義式麵疙瘩也可以不用馬鈴薯，改採其他含澱粉蔬菜，或使用義大利乳清乳酪。

亞洲的小麥麵條和餃子

亞洲出產兩大類十分不同的麵條：小麥麵條和澱粉麵條。澱粉製成的麵條在下一段介紹。亞洲的小麥麵條都屬於中式麵條，和歐洲採麵包用小麥製成的義式麵食有幾分相仿。通常都以低筋或中筋麵粉製成，不採擠壓成型，而是用削、切或拉等手法製作。其中手法最精妙的是手工拉麵，作法是先做出粗繩狀麵團，然後晃動、扭轉、拉扯麵團達手臂長度，兩端交疊，把一股摺成兩股，接著反覆拉扯、摺疊達11次，最後做出的細麵可多達4096條！亞洲麵條兼具彈性和柔軟，這種質地是由低筋麵筋和富含支鏈澱粉的澱粉粒共同形成。鹽是亞洲麵條的重要成分，用量約為總重的2%。鹽分讓麵筋網絡繃得更緊，還能夠讓澱粉粒安定下來，因此吸水、膨脹之後依然保持完整。

中式小麥麵條和餃子

白麵和黃麵　加鹽的白麵條最早出現在中國北方，今日西方人士最熟悉的則是日式烏龍麵（見下文）。黃麵條是添加鹼性鹽製成，大概在公元1600年之前源於中國南方，後來隨中國移民傳進印尼、馬來西亞和泰國。傳統麵條的黃顏色（現代麵條有時也用蛋黃染成黃色），是麵粉的酚類化合物染上的色彩，這種物質稱為黃酮素，平常無色，遇鹼性環境才轉呈黃色。麥麩和胚芽的黃酮素含量特別高，因此麵粉精製程度越低，生成的顏色越深。南方黃麵條主要採硬小麥製成，因而質地原本就比加鹽的白麵條更結實，

而鹼性還可以提高結實程度（pH值為9~11，相當於蛋白放久之後所呈酸鹼度）。鹼性鹽（碳酸鈉和碳酸鉀，占麵條重量的0.5~1%）還讓麵條更耐久煮，吸收更多水分，也帶來一種特有香氣和滋味。

中式餃子　中式餃子和含餡義式麵食是同類食品，都是以小麥麵粉麵團製成薄片麵皮，包裹調味過的絞肉、海鮮或蔬菜製成。有些麵團是單單以麵粉添水和成，若要製作強韌有彈性的水餃皮，製作時先把部分水煮沸，再加入麵粉。這樣一來，有些澱粉就會糊化，讓麵團黏合得更牢固。餃子包好後以蒸、煮、煎或油炸皆宜。

日式小麥麵條

日本正規粗麵條（直徑2~4毫米）稱為烏龍麵，由中式加鹽白麵條衍生而來。烏龍麵色白，質地柔軟，採用軟小麥麵粉摻水、加鹽製成。拉麵顏色淡黃，有點硬挺，採硬小麥麵粉摻水，加入「鹼水」製成（kansui，指鹼性鹽）。至於非常細的麵條（約直徑1毫米），在日本稱為素麵。日式麵條通常用酸性水來烹煮，酸鹼值為5.5~6，一般都在水中酌量添加酸性物質來調節。麵條煮好瀝乾，接著就放進流水漂洗、冷卻，這樣表面澱粉就會凝結，構成不會沾黏的溼滑表層。中式麵條傳進日本，發展出速食版麵條，這就是1958年誕生的泡麵。做泡麵要先製造能夠快速復水的細麵條，接著蒸熟，隨後下鍋油炸（140°C），於80°C高溫風乾處理。

亞洲的冬粉和米粉

目前為止我們所介紹過的麵食都是以小麥麵粉的麵筋蛋白束縛在一起。以澱粉和米製做出的麵條則完全不含麵筋，也就是冬粉和米粉。特別是冬粉，真的是出色得令人驚奇的發明，它和其他麵條完全不同，通體是半透明的。常有人把冬粉叫做玻璃麵或玻璃紙麵，日本還給冬粉起了個可愛的名稱，叫做「春雨」（harusame）。

蕎麥細麵：日式蕎麥麵條
中國北方在14世紀已經有蕎麥麵條，到了1600年左右，蕎麥麵條已成為日本的大眾食品。蕎麥的蛋白質並不會形成帶黏著力的麵筋，因此單用蕎麥麵粉很難製成麵條。日本蕎麥細麵所含蕎麥可占10~90%不等，其餘則為小麥。傳統作法都採剛磨好的麥粉，添水混拌速度要非常快，直到水分均勻吸收，麵團變得結實、滑順為止。麵團不加鹽，因為麵團要靠蛋白質和黏液來幫忙結著，而鹽分則會妨礙這種作用。麵團置放一陣子，隨後擀壓至約3毫米厚，再靜置一會，接著就可以切成細麵條。麵條一做好就要下水烹煮，煮好後要擺進冰水漂洗，也讓質地變結實，瀝乾後擺進熱湯，或者放涼，沾調味料食用。

冬粉

　　冬粉以純澱粉製成，通常以綠豆（中）、米（日）或甘藷的澱粉製成。冬粉的特色令人讚賞：它通體澄澈、閃亮，質地滑順，浸入滾燙液體幾分鐘，馬上可以食用。由較多直鏈澱粉（見283頁）所製出的冬粉最結實。普通長型米含21~23%直鏈澱粉，米粉用的特種米含30~36%，綠豆澱粉則含35~40%。

　　製作冬粉需先取少量澱粉摻水煮成黏稠團塊，這會把其餘澱粉黏合起來，形成帶黏性的澱粉團塊。把其餘乾澱粉混入黏團，再摻水拌和，製成含水量35~45%的澱粉團塊，接著取澱粉團塊壓擠金屬孔模，穿過小孔形成冬粉。冬粉馬上下鍋沸煮，讓所有澱粉糊化，裡外全都形成綿密澱粉分子網絡，然後瀝乾，在室溫環境放涼12~48小時，之後才做風乾處理。糊化澱粉分子在放涼期間自行重整，排得更有秩序，這就是回凝作用（見第二冊285~286頁）。較小的直鏈澱粉分子聚集在一起，構成網絡接合區，這種晶質區域能防止冬粉瓦解，連沸騰高溫都不怕。乾燥冬粉非常結實、強韌，不過澱粉網絡還是會有局部排列得較無次序，這部分很容易吸收高溫液體，無需烹煮也會膨脹、軟化。冬粉的澱粉和水拌得很均勻，沒有不可溶蛋白質顆粒，也不含完整澱粉粒，故不會散射光線，因此呈半透明。

米粉和米紙

　　米粉跟冬粉一樣不含麵筋，都靠直鏈澱粉黏合；不過，米粉還含蛋白質和細胞壁顆粒，這會散射光線，因此米粉完全不透光。米粉是以含有大量直鏈澱粉的米製成，把米泡在水中，磨成米糊，加熱煮到只剩少數澱粉沒有凝結，接著把米糊揉捏成團，擠壓形成條狀，蒸煮米粉以完成糊化，冷卻後至少放涼12個小時，接著以高溫風乾或下鍋油炸。同樣地，放涼、乾燥可以讓澱粉回凝，形成的構造可在熱水中復水。河粉是新鮮的米粉，無需復水就可以下鍋拌炒。米紙很薄，很像羊皮紙，可以包裹食物，越南米紙做成圓形，用來包越式春捲。製作米紙先浸米研磨，再浸泡一次，搗成米糊，塗抹鋪成薄層，上鍋蒸好乾燥即成。米紙使用前先擺進微溫水中復水片刻，接著馬上用來包裹食材，可以現吃或油炸後食用。

亞洲的冬粉和米粉

木薯澱粉

木薯澱粉珍珠（西米露）是種彈性很好的半透明亮麗珠粒，基本製作原理和冬粉相同。這種澱粉珠粒常被用來吸收水分和風味，能讓布丁和派餅餡料變得更為濃稠，現今還被拿來調製茶水等飲料，為飲品帶來很有嚼勁的「珍珠」。這種圓珠直徑1~6毫米，原料採木薯澱粉粒，黏合底材則是糊化的木薯澱粉（約17%為直鏈澱粉）。澱粉粒的溼潤團塊（含水量占總重的40~50%）會碎裂成粗大顆粒，顆粒置入旋轉托盤，漸漸凝聚結成小球。接著蒸煮小球，直到略過半數的澱粉糊化（多半是外層），然後乾燥處理，於是澱粉回凝，構成堅實材質。澱粉圓珠經水煮後會吸收水分，於是其餘澱粉也會糊化，而先前回凝的部分則保持原來結構。

調味醬料

chapter 2

　　醬料（sauce）是用來搭配菜餚主要成分的液體，目的是強化風味、凸顯主要食材（可能是菜餚中的肉、魚、穀類或蔬菜），有的能增加食材原有風味的深度和廣度，有的則能提供對比、增補滋味。肉類、穀物或菜蔬都有著自己的風味，而醬料的風味就可按廚師喜好來設計，可以讓菜餚成為更濃郁、更多樣、更完滿的組合。醬料幫廚師滿足我們的口腹之慾，帶來味覺、嗅覺、觸覺和視覺的樂趣。醬料是口慾淬鍊所得精華。

　　Sauce 源自一個古老字根，本意是「鹽」，這是最原始的濃縮調味料，是大海的純礦物晶體（見155頁）。我們的主食（肉類、穀類、麵包、麵食以及澱粉類蔬菜）滋味都相當清淡，而廚師也發現或發明了各式各樣的食材，讓主食的風味更為豐富。其中最簡單的調味料（seasoning）就來自於大自然，包括鹽、辛辣的黑胡椒和辣椒、未成熟果實的酸果汁、甜甜的蜂蜜和糖，還有氣味芬芳的香草和香料。另外較為複雜的是調製過的配料（condiment），其中有許多是因著發酵作用而能防腐又能轉化風味的食品：又酸又香的醋、鮮美的鹹味醬油和魚露、又鹹又酸的醃漬品、帶酸味的辛辣芥末，還有酸酸甜甜又帶果香的番茄醬。然後還有醬料，這是調味料的終極表現：廚師為展現特殊菜色，利用醬料來賦與廚師想要表現的風味。醬料可以是調味料，也可以是配料，有時則是巧妙地為主食或其他食材提味，也能藉由烹調過程帶來風味。

　　醬料本身風味強烈，在口中還能四處滑動，為觸感帶來無窮樂趣。廚

師所調出來的醬料質地，雖沒動、植物的固態細胞組織那麼厚實，但也不像液態清水那般稀薄流動。醬料的稠度正如甘美熟果，入口即化，彷彿滿心歡喜地讓我們食用；脂肪也是這種稠度，讓肉類、鮮奶油和奶油，永保溼潤飽滿的質感。醬料會流動，因此可以均勻塗敷在固體食材表面，讓食材保持令人愉悅的溼度，而綿密又實在的質感，讓醬料更容易沾附在食品、舌頭和齒顎間，延長風味體驗時間，帶來濃郁的感受。

最後，醬料美麗的外觀也能令人愉悅。醬料很難以言語形容，只能說它帶有蔬果原料那樣的明亮色彩，還有在烘烤和長時間烹調中帶出的深邃色調。有些醬料光澤亮麗，有的則是清澈誘人，其視覺上的美感，代表它製作程序嚴謹，並暗示著醬料在舌頭上能展現清楚分明的強勁風味，讓人滿心期待。

醬料製作方式可以分好幾大類，其中多數都必須破壞動、植物井然有序的組織，才能釋放出帶有特殊風味的汁液。一旦汁液被萃取出來，就可以拿來和其他風味食材結合，然後再增加稠度，便可延長風味在食物和口中停留的時間。廚師為醬料添加種種大型分子或顆粒，使水分子流動變緩，讓醬料更為濃稠。本章大半篇幅都在討論各種讓醬料變濃稠的作法和應用。

醬料和另外兩種基本食物關係密切。湯也是種液體食物，各種濃度都有，許多湯品和醬料很像，唯一差別就是風味沒那麼重，所以可以直接入口，而不會用來提味。凍膠（如果凍、洋菜凍等）則是稠化的液體，裡面有大量明膠，室溫下也能凝結，因此是暫時性的固體食物，入口即化成醬料。

古代中國五味調和之道

要做出好醬料，就得增添、強化、混合各色風味，這是烹飪術的核心技藝，而且這種想法少說也持續 2000 年了。這裡介紹古中國所記載的一段燉品或燴湯的重要步驟，其中固體食材既是醬料的一部分，也同時在醬料中烹煮。

> 調和之事，必以甘、酸、苦、辛、鹹，先後多少，其齊甚微，皆有自起。鼎中之變，精妙微纖，口弗能言，志不能喻。若射御之微，陰陽之化，四時之數。故久而不弊，熟而不爛，甘而不噥，酸而不酷，鹹而不減，辛而不烈，澹而不薄，肥而不膩。
>
> （白話：調味的道理在於甜、酸、苦、辣、鹹五味的巧妙配合。材料投放先後、用量多寡，其平衡是非常微妙的，而且各有特色。食材在鍋子裡的變化也十分精微奧妙，難以用言語形容，也難以藉由比喻來領會。這就像射箭、駕車中精妙的技巧，也如陰陽變化或四季的推移。掌握了竅門，菜餚才能久放不致腐壞、熟透而不過爛、甜而不膩、酸而不嗆、有鹹味但不會死鹹、辛辣而不刺激、清淡而不致於無味、肥美而不膩口。）
>
> ——《呂氏春秋·本味》，廚師伊尹談論調味之道，約公元前 239 年。
>
> （譯注：伊尹曾任中國商朝君王湯的廚師，對商湯談論了上述的調味之道後，一躍成為宰相）

歐洲的醬料發展史

全世界各地區都發展出獨特的醬料，而且至今仍廣受歡迎。許多醬料今日已風行到發源地以外很遠的地方，其中包括主要以黃豆製成的中式醬油，以香料增稠和調味的印度醬料，還有墨西哥莎莎辣醬以及用辣椒增稠的墨西哥什錦醬。然而，真正對醬料有深入研究的還是歐洲，更確切來說是法國。法國廚師代代精研醬料的製作方法，創建了一套有系統的技藝，不但成為國家級廚藝的核心，也讓法國醬料成為國際標準。

歐洲古代

我們對歐洲醬料之類製品的確切認識，要從羅馬時代開始說起。公元25年左右有一首拉丁文的詩，描述一位農夫把香草、乳酪、油和醋搗成泥做成抹醬（義式熱那亞青醬的始祖），為他的扁麵包帶來一種又辣又鹹的香味（見本頁下方）。

過了幾世紀，一本拉丁烹飪食譜問世，作者阿比修斯清楚提到，羅馬貴族的晚餐桌上一定要有醬料。書中將近500篇食譜，其中超過1/4是在介紹醬料的作法。醬料在書中稱為「ius」，後來演變成英文的「juice」（汁液）。大部分醬料起碼包含六種香草和香料，還有醋和（或）蜂蜜，再加上一種發酵魚露「加隆魚醬」（garum）（第一冊296頁），為醬料帶來鹹味、鮮味和一種獨

古羅馬醬料食譜

……他把儲藏的帶葉蒜頭稍浸水中，然後放入中空圓石，再撒一些鹽在上面，等鹽溶化之後便加入硬乳酪，並地上先前採來的香草（香片、芸香、芫荽），然後左手拿研缽固定在他乇耳茸的胯下，右手則拿杵把辛辣的大蒜搗爛，接著把所有原料均勻搗成汁。他的手一圈又一圈研磨著，原有食材的特色逐漸消失，幾種顏色慢慢混合成一種顏色，這不是純綠色，因為還是有一些乳白色的碎片，也不是光亮的乳白色，因為還混入了各種香草色彩斑斕的顏色……他倒進幾滴橄欖油，再加入小小一滴嗆鼻的酸醋，然後再繼續攪拌，把它徹底拌勻。最後，他用兩隻手指抹過整個研缽，把各所有泥糊集結成一團圓球，就這樣做出一種香草乳酪抹醬，樣子好看，一如其名。
——《香草乳酪抹醬》（Moretum）

熟食用白醬
胡椒、利口緬魚醬（liquamen）、葡萄酒、芸香、洋蔥、松子、香料酒、一些麵包丁用來增加稠度、油。

塞餡烏賊沾醬
胡椒、歐當歸、芫荽、芹菜籽、蛋黃、蜂蜜、醋、利口緬魚醬、葡萄酒和油。還要加熱以提高稠度。

酥皮牛乳雞
雞浸入利口緬魚醬、油和葡萄酒烹煮，加入一束芫荽和洋蔥。煮好後，從醬料中撈出雞，另取一淺鍋加入牛乳、些許鹽、蜂蜜，以及少許水。生火中溫慢煮至微溫，取若干酥皮捏碎慢慢加入，一邊小心攪拌以免燒焦。把雞整隻或切塊放入，煮好置於盤中。淋上這些醬料：胡椒、歐當歸、奧勒岡、蜂蜜、些許葡萄糖漿以及煮液。拌勻。倒入淺鍋沸煮。沸騰後以澱粉勾芡，上桌備用。
——阿比修斯

特香氣（和現今鯷魚的用途非常相像）。食譜中還運用各種手法來為醬料提高濃稠度，可搗碎調味料、堅果、米、肝、海膽、麵包或是酥皮碎片再拿來運用，或是直接運用純小麥澱粉或蛋黃（取自生蛋或熟蛋都行）。製作醬料最重要的工具就是研缽，不過早期醬料中，也會以海膽、蛋和澱粉等較細緻的手法來提高濃稠度。

中世紀：精製和濃縮

阿比修斯之後到14世紀期間的歐洲烹飪沿革，我們所知不多，只有幾部食譜集結的手稿留存下來。就某些方面來看，醬料製作並沒有多大變化。中世紀的醬料常含許多香料，也依然使用缽和杵來搗碎食材（這時肉類和蔬菜也放進去搗），羅馬時代用來增加稠度的方式多數也沿用下來。麵包是最常見的方式，並會先烘烤以增加色澤和風味，純澱粉就不再使用，至於鮮奶油和奶油則依然沒有用上。

新風味、新質地和凍膠

不過當時仍有幾項明顯差異和重大進展。魚醬消失了，取而代之的是醋和未成熟葡萄搾成的酸葡萄汁（*verjus*）取而代之。這部分得歸功於幾次十字軍東征，把歐洲人帶往中東，和阿拉伯貿易往來，見識到他們的傳統，於是肉桂、薑和天堂籽（摩洛哥豆蔻）等亞洲的異國舶來品，便取代了許多地中海調味品；此外，用來增加稠度食材，也由上選堅果換成杏仁。用具方面，除了原有的研缽，還增加了濾布或濾網這種不可或缺的用具，用來過濾醬料，篩去香料粗大顆粒和增稠劑，產生細緻質地。此時廚師發現讓肉湯變得更濃稠的原理：把多餘的水分熬掉，濃縮肉汁，因而開發出清湯和固態的凍膠。這項發明的價值，部分在於防護作用，可以包覆熟肉或熟魚表面以隔絕空氣、防止腐敗。到了15世紀，出現了透明且清澈的凍膠，因為有更好的濾器可以移除凝漿裡最纖細的顆粒：發泡蛋白形成的一種蛋白質結構，能從內部去除雜質，讓液體更加澄清。

中世紀醬料的改良作法

這幾份食譜年代都超過500年，可以看出中世紀的廚師如何小心翼翼調製醬料和凍膠。這篇肉湯食譜非常出色，精確地描述稠度質地，還有離火之後為防止凝結所必須攪拌的時間。

魚凍或肉凍

把魚或肉放入葡萄酒、酸果汁和醋一起烹煮⋯⋯接著把薑、肉桂、丁香、天堂籽和長胡椒研磨之後泡進高湯，過濾後連肉一起加溫至沸騰；接著取月桂葉、甘松、高良薑和肉豆蔻乾皮，這些材料加上其他剩下的香料，以濾布包住綁起來（別用水清洗），擺進鍋中隨肉一起沸煮；加熱時要蓋鍋蓋，離火後到上桌前都得不斷撇除浮渣；煮好後，過濾高湯，倒進乾淨的木製容器。把肉放在乾淨的布上；若是魚肉，就把魚皮取下且洗乾淨，魚皮則全部放入高湯，最

醬料術語

　　中世紀還有一項重要發展，那就是更系統地為醬料和其他美味汁液創造出詳盡的新詞彙。不再使用羅馬時代用的 jus（汁液），另用一拉丁字 salsus（添了鹽的）衍生出的幾個字詞：法國使用的 sauce（醬料），義大利的和西班牙的 salsa（莎莎辣醬）。在法國，jus 一詞變成肉汁的意思；bouillon 指肉類在水中熬煮出的高湯；coulis 是用肉煮出的濃汁，可再調製成醬料、法式濃湯（potage，材料很實在的湯類）等菜餚調味或增加濃稠度。法文的 soupe 就相當於英文的 sop，指浸了一片或數片麵包的美味湯汁。好幾份手稿都是分門別類來介紹食譜：有生醬料、熟醬料、用來料理肉類的醬料、上桌時調味肉食的醬料，還有各種濃度的法式濃湯等。此時出現了 gravy 這個英語字彙，這顯然是從法文的 grané 神奇演變而來，而 grané 又衍生自拉丁文的 granatus（用穀子做的、顆粒狀的），指的是用肉和肉汁燉煮的料理，而非另外以香料和液體混和出的醬料。

現代早期的醬料：肉精、乳化液

　　我們這個時代的醬料，是在公元 1400~1700 年這三個世紀奠定基礎的。此時的醬料食譜沒用什麼香料，也比較不費工：檸檬汁取代了醋和酸葡萄汁；也不用粗麵包和杏仁來增加稠度，改以麵粉或奶油加蛋調製的乳化液（見 90~91 頁下方）。肉汁成為法式精緻美食的核心要素。那是實驗科學開始蓬勃發展的時代，好幾位深具影響力的法國大廚，把自己看成肉類的化學家（或煉金術士）。1750 年左右，弗朗索瓦‧馬杭（François Marin）的調味法，正呼應中國 2000 年前的五味調和之說，不過也有明顯差異（見 92 頁下方）。

　　馬杭和伊尹都談到調和以及均衡。不過，中國用人鑊把甜、酸、苦、鹹、辣味食材融於一爐，法國的淺鍋則只裝盛肉汁，熬煮濃縮出複雜又調和的醬汁。馬杭說，「要烹調出好味道，是絕不允許『古代廚師』那種氣味強烈的汁液和刺激性的燉肉醬汁」，因此不得再採用亞洲香料和大量的醋和酸葡萄汁。在馬杭那個時代，肉汁已經是「烹飪的精髓」。肉汁是肉的精華，廚師萃取、濃縮出肉汁後，用來浸漬其他食品，讓風味和養分滲入。醬料的

後一刻才篩濾去掉。要確保高湯清澈，也別等到冷卻才濾清湯汁。把肉擺進碗裡，接著以乾淨光亮的容器裝盛清湯，重新生火沸煮，一邊不斷撇除浮渣，趁沸騰時倒在肉上；連肉帶湯呈進碗盤裡，撒點月桂花苞粉和肉豆蔻乾皮粉，接著把碗盤擺在陰涼處，凝結定型。製作肉凍時絕對不可睡著……——泰意文（Taillevent），《Le Viandier》，約 1375 年

精緻濃湯
做 10 人份濃湯，每份需 3 枚蛋黃、高品質的酸葡萄汁和肉湯、番紅花和細緻香料少許；全部混在一起，篩濾後擺進鍋中，用炭火加熱，不斷攪拌直到濃湯能沾附在湯匙上；此時鍋子離火，不斷攪拌（約唸誦兩遍〈天主經〉的時間）；然後倒進碗盤，上面撒上溫和的香料
——《那不勒斯食譜集》（The Neapolitan Recipe Collection），約 1475 年

目的不在於為食品增添新風味,而是要讓食品的原有風味更濃郁,並讓這種風味和其他菜色的基礎風味融合在一起。

這類料理常需消耗大量的肉,然而肉塊最後並不會出現在菜餚的成品中。舉例來說,一點點的法式清湯,就要用掉1公斤牛肉和1公斤小牛肉、2隻鷓鴣、1隻母雞,還有若干火腿。這些肉首先要跟清湯一起煮(而這種清湯本身就是肉熬出來的),煮到清湯液體和肉汁都蒸發了,肉也黏到鍋壁且開始褐變。接著再加點清湯以及一些蔬菜,一起熬煮4個鐘頭,隨後才能過濾,製作出「如金子般黃澄,口味清淡、滑順又溫暖」的湯汁。

法式醬料綻放風華

馬杭把他這整套的法式高湯、濃湯、肉汁、清湯、還原湯汁、果菜醬汁以及醬料逕稱為「烹飪的根基」,還表示只要作法有條理,就連資源有限的中產階級家庭,「都能設想出無窮的醬料和各式燉品」。不久之後,法國烹飪書開始提到幾十種湯和醬料,並開發、命名了好幾種經典醬料。這其中也有可替代肉汁的醬料,包括兩種加蛋乳化醬料、荷蘭醬和美乃滋,還有簡易版的法式白醬,以及用牛乳、奶油和麵粉調成的中性基本白醬。不過,當時醬料絕大多數都是肉類熬製而成,而肉汁則是法國料理的根本統合元素。

法國的經典體系:卡漢姆和艾斯科菲耶

公元1789年,法國爆發大革命。法國豪門勢力衰頹,廚師也不再擁有無盡的僕役和資源。有些廚師丟了工作,為維持生計便自立門戶,因而出現了最早的美食餐館。知名大廚安東尼・卡漢姆(Antonin Carême, 1784~1833)在《法國男總管》(*Maitre d'Hôtel français*)〈緒論〉中,就這種變動對烹飪的衝擊做了一番評價:「舊時代烹飪的輝煌壯闊」乃大廚揮霍人力和物力的成果。大革命之後,廚師能保住職位就算幸運了。

17世紀的法國醬料

拉瓦杭的弗朗索瓦・皮耶(François Pierre de La Varenne)和倫內的皮耶(Pierre de Lune)留下好幾本烹飪書,裡面可以找到一種很像荷蘭醬的「香醬」,還有像鮮奶油的乳狀液的「奶油白醬」(beurre blanc),以及稀薄的速成高湯(court-bouillon),傳統上都用來煮魚和上桌後魚類的調味。和中世紀其他菜餚相比,這種醬料的調味手法是多麼精簡。

香醬蘆筍

挑選最大的蘆筍,底端刮乾淨並清洗後入水烹煮,加鹽,別煮太久。煮熟後取出瀝乾,接著以新鮮優質奶油、些許醋、鹽和肉豆蔻和一枚蛋黃(用來黏著)來製作醬料;小心別煮到凝結;蘆筍上桌時隨意撒點配料裝飾。
——拉瓦杭的弗朗索瓦・皮耶,《法蘭西廚師》(*Le Cuisinier françois*),1651年

在缺乏助手的情況下，為了料理出餐飲，不得已只好化繁為簡，在極少的資源下做出偉大成果。需求帶來競爭，有天分則一切都不是問題，而經驗為完美之母，它推動現代廚藝大幅進步，讓菜餚變得更健康、更簡單。

餐廳也促成進步；業界廚師為了迎合大眾品味，必須構思出新奇菜式，一種比一種典雅、精緻。於是，社會革命成為推動廚藝進步的新力量。

醬料家族

卡漢姆在這股進步的潮流中也做出了好幾項貢獻，其中最引人注目的，或許就和醬料有關。卡漢姆在《十九世紀法國烹調藝術》（ The Art of French Cooking in the 19th Century ）書中提出他的理念，他把馬杭預先見到的無數可能性加以整理，增進廚師對它們的了解。他把當時的醬料分為四大類，每一類各以一種基本或最重要的醬料（基醬）為代表，並依此變化擴充。這些基本醬料中，只有西班牙醬汁（espagnole）是以昂貴的高濃度肉汁為底；絲絨濃醬（velouté）和德國醬（allemande，又稱淡黃醬）都使用未濃縮高湯調製，白醬則使用牛乳。這些醬料都用麵粉來提高稠度，比起濃縮肉汁為底要簡約得多，很適合大革命之後烹飪上資源有限的處境和需求。基醬可以預先調製，至於創新的小幅修改和調味處理，可以到最後一刻再來進行。雷蒙·索可洛弗（Raymond Sokolov）在《醬料師傅的徒弟》（ The Saucier's Apprentice ）這本經典醬料指南裡寫道，這類醬料就是要作為「最高水準的便利食品」來使用。

卡漢姆之後不到一個世紀，奧古斯特·艾斯科菲耶（Auguste Escoffier）編纂出鉅著《美食指南》（ Guide Culinaire, 1902 ），介紹法式經典美食，書中羅列近200種醬料，其中還不包括甜點醬料。艾斯科菲耶更把法式料理的卓絕表現，直接歸功於醬料：「醬料表現出料理的精髓。是醬料造就了法式料理舉世公認的優越地位，迄今依然不墜。」

當然了，這套調味體系是中世紀以來，專業廚師代代締造的成果。同時，另一套較為樸實的家庭廚藝傳統，也自成一格發展成形。中產家庭無法花費太多勞力和開銷來熬煮高湯和醬料，於是設想出其他作法：例如利用烤

速成高湯煮鱒魚
鱒魚下水烹煮，加入醋、香草袋（含細香蔥、百里香、丁香、細葉香芹、香芹，有時還有一塊豬油，以細繩捆牢）、香芹、鹽、月桂、胡椒、檸檬，用法相同。

奶油白醬鱸魚
把鱸魚和葡萄酒、酸葡萄汁、水、鹽、丁香、月桂　起下鍋烹煮；去鱗，搭配濃稠醬料食用。醬料以奶油、醋、肉豆蔻和檸檬切片調製；要非常濃稠才行。

——倫內的皮耶，《廚師》（ Le Cuisinier ），1656年

肉時切下的碎屑來燉高湯；或是用高湯溶解黏附在烤盤上的風味十足的脆皮，再以較少量的液體熬煮濃縮；或者加入鮮奶油或麵粉來增加濃稠度。

義式和英式醬料

蔬果泥和肉汁

從中世紀到16世紀，義大利宮廷料理表現的創意不下於法國料理，甚至有過之而無不及。然而，根據歷史學家克勞迪歐‧本波拉（Claudio Benporat）的記載，義式料理發展到17世紀卻停滯下來，這部分要歸咎於義大利在政治和文化上的衰頹，因為當時義大利缺乏而有力的領導階層，又深受歐洲列強勢力影響。如今特別冠上義大利名號的幾種醬料，主要都屬地方性產品，原料比較沒有經過精煉，而是把原料全部納入，例如採用番茄泥和羅勒葉泥。基本義式肉醬汁（sugo）的製法和馬杭的18世紀法式清湯相同：慢火加熱煮出肉汁，繼續熬煮至鍋底焦褐；接著用肉汁湯底來溶解褐色碎屑，再繼續熬煮濃縮至湯底也變褐色；同樣過程反覆進行，讓味道濃縮。肉塊會保留下來，成為醬料的一部分。義大利人不怎麼熱中於熬煉肉品精華，他們比較喜歡強調或結合各種風味。其實不只是義大利，地中海大半地區（包括法國南部）也都如此。

英式醬料：肉汁醬和調味佐料

多明尼哥‧卡拉喬利（Domenico Caracciolli）在18世紀說了一句妙語，他含蓄地把英國和法國做了一番比較：「英國有60種宗教，1種醬料」——而那種醬料就是融化的奶油！同時，言詞辛辣的阿貝托‧丹堤‧迪‧皮哈諾（Alberto Denti di Pirajno）也在他的《博學美食家》（Educated Gastronome，威尼斯，1950年）醬料篇章起頭，寫下這幾句尖酸刻薄的文字：

強森博士給醬料的定義是：用來搭配食物、增進食物風味的東西。要不是我們知道強森博士是個英國人，否則我們就很難相信，像他這樣睿智又有

弗朗索瓦‧馬杭：烹飪是種化學技藝

現代廚藝是化學的一個分支。今日的烹飪科學，就是要把肉類分解、消化、蒸餾成精髓，取其少量又營養的肉汁，充分調和，不會刻意凸顯任何一種味道，所有滋味都嚐得出；最後，要使所有滋味融為一體，就像畫家整合所有色彩那樣，還要把不同風味充分調和美又開胃的味道；於是，且讓我用一句話來形容，所有滋味便融合成一種和諧狀態……

——《餐桌的歡愉》（Dons de Comus），1750年

法式經典醬料家族

卡漢姆原本的醬料分類法已經過種種修改，而許多衍生醬料的原料也都有所變動。這裡介紹的是醬料家族的一個現代版本，裡面有幾種較常見的衍生醬料。高湯和奶油麵粉糊有時會呈褐色，這是因為添加液體之前，肉、蔬菜或麵粉先受了高溫而發生褐變；否則這兩種醬料就會是黃色或白色，風味也較為清淡。

基本醬料：
褐醬（西班牙醬），以褐色高湯（牛肉、小牛肉熬煮而成）、褐色奶油麵粉糊和番茄調製

波爾多醬（Bordelaise，地名）	紅酒、紅蔥頭 shallot
魔鬼醬（Diable）	白酒、紅蔥頭、卡宴辣椒
里昂醬（Lyonnaise，地名）	白酒、洋蔥
馬德拉醬（Madeira，地名）	馬德拉酒
佩里格松露醬（Périgueux，地名）	馬德拉酒、松露
辛辣醬（Piquante）	白酒、醋、醃漬用小黃瓜、刺山柑
胡椒醬（Poivrade）	醋、胡椒子
紅酒醬（Red wine sauces）	紅酒
霍貝赫芥醬（Robert）	白酒、洋蔥、芥末

基本醬料：絲絨濃醬，以白色高湯（小牛肉、禽類、魚類熬煮而成）和黃色奶油麵粉糊調製

德國醬（Allemande）	蛋黃、蘑菇
波爾多白醬（White Bordelaise）	白酒、分蔥
剁味醋醬（Ravigote）	白酒、醋
極品醬（Suprême）	家禽高湯、鮮奶油、奶油

基本醬料：白醬，以牛乳和白色奶油麵粉糊調製

鮮奶油醬（Crème）	鮮奶油
莫奈醬（Mornay，姓氏名）	乳酪、魚高湯或家禽高湯
蘇比茲醬（Soubise，姓氏名）	洋蔥泥

基本醬料·荷蘭醬，以奶油、蛋、檸檬汁或醋調製

摩蘇爾醬（Mousseline，地名）	發泡鮮奶油
貝亞恩醬（Béarnaise，地名）	白酒、醋、分蔥、龍蒿

基本醬料：美乃滋，以植物油、蛋、醋或檸檬汁調製

調味蛋黃醬（Rémoulade，研磨兩次的）	醃漬用小黃瓜、刺山柑、芥末、鯷魚泥

教養的人……竟會用這樣的措詞來表達他的觀點。就連今天，他那些煮不出好菜餚的同胞，還在仰賴醬料能為他們乏味的食物帶來一些味道。這就能說明，為什麼這個不幸的民族，喜歡在餐桌上使用醬料、肉凍和簡便的調味品，像是印度甜酸醬和番茄醬等瓶裝醬料。

英國的烹飪準則並不是宮廷或豪門貴族所制定，他們的廚藝始終建立在家常和鄉村的簡約作風。英國廚師就曾取笑法國廚師那麼大費周章地在熬湯煮醬。法國美食家畢雅－薩伐杭（Brillat-Savarin, 1755~1826）說了一個蘇比茲親王的故事：他的廚師為了一場晚宴向他申請50條火腿，親王質疑他盜用食材，廚師的回答是，這些肉是製作醬料的必須品：「您若下令，我就能把這50條讓您煩心的火腿，擺進如您拇指般大小的玻璃瓶中！」親王受到了震驚，服氣了，相信這位廚師確實有本事濃縮風味。相較之下，18世紀英國作家漢納・葛雷斯（Hannah Glasse）則在她廣受歡迎的烹飪書中，介紹了好幾篇法國醬料食譜，其中所需肉品用量，都超過搭配食用的主餐，接著便評論道「這些荒唐的法國高級廚師」，用這麼多食材製作出那麼一丁點東西。葛雷斯的主要醬料是「肉汁醬」（gravy），把肉、胡蘿蔔、洋蔥、若干香草和香料擺進鍋中，篩些麵粉上去，加水熬煮至焦褐。到了19世紀，類似的民眾的家常醬料則是採用鯷魚、牡蠣、香芹、蛋、刺山柑和奶油醬等。

那麼，皮哈諾嘲笑的渥斯特郡辣醬油、印度甜酸醬和番茄醬呢？這類佐料在17世紀已成為英國料理的一部分，這得歸功於東印度公司的貿易活動，把亞洲醬油和魚露（包括印尼的kecap醬油，見第二冊337頁下方）以及蔬果漬品（全都是氣味強烈的防腐性食品）帶到歐洲。其中許多製品都富含滋味鮮美的胺基酸，因此英國也開始用同樣鮮美的蘑菇和鯷魚仿製。西方常見的番茄醬是甜的，正是模仿以鹽、醋和辣椒醃漬的番茄。因此，和卡漢姆同時期的英國人威廉・基奇納（William Kitchiner）便在他的烹飪書中收錄了一篇白醬食譜，同時還介紹了「哇哇醬」，原料有香芹、醃黃瓜或醃胡桃、奶油、麵粉、高湯、醋、番茄醬和芥末。這種風味強勁的調製品，不但方便好用，而且搭配食物能在味道上能凸顯強烈對比，民眾喜歡的顯然就是這點，而不是為了提味。

現代醬料：新式烹調和後新式烹調

20世紀：新式烹調

回顧18世紀，馬杭和同行人士就曾把法式高湯為基底的料理手法視為新式烹調（nouvelle cuisine）。在卡漢姆和艾斯科菲耶手中，新式烹飪又增添了幾種新醬料，成為經典法式料理，也就是整個西方世界美食的標準。一段時間之後，這套經典體系越來越墨守陳規，大部分廚師都是以相同的預煮醬料調製出相同的標準菜式。20世紀，一股新的新式烹調，隨著「新小說」和「新浪潮電影」一起湧現。到了1960年代，法國好幾位地位崇高的大廚，像是保羅・伯居斯（Paul Bocuse）、米榭・居耶哈赫（Michel Guérard）、特瓦思格霍（Troisgro）家族以及阿蘭・夏佩（Alain Chapel）群起領導風潮，重新思考法國傳統。他們堅守廚師的創造性角色，並強調單純、簡約和新鮮的好處。他們不再去熬煉萃取食物，而是完整展現食物固有本色。

到了1976年，記者昂希・高爾（Henri Gault）和克里斯蒂昂・米約（Christian Millau）發表新式烹調十誡，其中第七誡是：「你要戒絕褐醬和白醬。」新時代的廚師依然認為（套句居耶哈赫的說法），「法國的美味醬料是烹飪的基礎」，不過他們開始會選擇了，使用上也比較有節制。他們採用滋味比較清淡的小牛肉、雞肉和魚肉高湯來水煮或燜燉；高湯熬濃之後還可在菜餚起鍋前用來調味。大體而言，此時醬料已較少用麵粉和澱粉來勾芡，較常以鮮奶油、奶油、優格、新鮮乳酪、蔬菜泥來提高稠度，醬料還會有泡沫。

後新式烹調：多樣新創的醬料

到了21世紀初，經典褐醬和白醬已不常見，稀少到我們大概得回頭對這類醬料的優點讚美一番。有些餐廳或家庭廚師的確花了時間去料理高湯和濃縮湯料，卻不是從原料開始熬煮；這類製品很常以工業規模量產，還有些品質很好的冷凍製品。新式烹調法喜好的濃郁鮮奶油和奶油醬已較少見，較常見的則是簡單的高湯、鍋底碎屑熬煮成的濃汁，還有油醋醬。現代烹飪成為跨國性的技藝，因此客人在餐廳往往更能見到各式各樣的醬料。其

中很多是製成對比鮮明的蔬果泥，原料有水果、蔬菜、堅果和香料，有些則是比較稀薄的亞洲沾醬（醬油和魚露等）。這類醬料深受餐廳廚師喜愛，因為較不費時費力，技術上也沒有經典法式醬料那麼繁複。同樣道理，如今家庭廚師常用的也是既省時用途又廣的瓶裝醬料。少數深富創意的廚師，還以罕見的工具和食材（其中有液態氮、強力磨粉機，以及從海藻和微生物取得的增稠劑）實驗調製出新式懸浮液、乳化液、泡沫和凝凍。

伊尹和馬杭口中那些精緻微妙的特色，就當代醬料來看並沒有什麼特出之處。然而，人類有史以來，還不曾像現在這樣有如此多樣的風味精華可供選擇！

醬料的科學：風味和稠度

醬料的風味：滋味和氣味

醬料的主要目的是提供風味，並具有合宜的稠度。要為醬料的稠度、製法以及問題歸納出一般原則還算容易，要歸納醬料風味那難多了。風味分子的種類成千上萬，結合方式更是無窮無盡，不同人品嚐感受也不同。不過，我們還是應該記住幾項關於風味的基本事實，這在調製醬料會很有用。

風味的本質

風味主要是味覺加上嗅覺。味覺由舌頭負責感知，會有鹹、甜、酸、鮮、苦五種不同感受。我們嚐到的分子（鹽、糖、酸味物質、帶鮮味的胺基酸、帶苦味的生物鹼）都很容易溶於水。（茶和紅酒的澀味感受是種觸覺，芥末的辣味「燒灼」則是種痛覺。這些並不是真正的味覺，不過也是靠舌頭來感知，而且源頭也是水溶性分子。）嗅覺由上鼻道負責感知，可感受到的香氣有好幾千種，這些氣味我們通常用聯想起的食品來形容，像是果香、花香、香料或香草味，以及肉味。我們聞到的分子較易溶於脂肪，較不溶於水，所以容易從水中散逸至空中，於是我們的嗅覺感測器官才嗅聞得到。

滋味是風味的主軸，而氣味則是其細部表現，這種想法還滿有用的。如

果吃東西時把鼻孔捏住,嚐到的就是滋味本身;如果光聞而不吃,嗅到的就是氣味本身。不管哪種感受,單獨體驗都不夠完滿。最近的研究證實,味覺會影響我們的嗅覺。甜食中的糖分會強化我們對香氣的感受,而鹹食中的鹽分也有相同效果。

醬料風味的光譜

如果把醬料視為攜帶風味的介質,醬料風味的光譜範圍相當廣泛。一端是簡單的風味混合劑,為食物帶來宜人的對比或增補欠缺的風味。融化的奶油微妙而濃郁,因此黑醋沙拉醬和美乃滋又酸又濃,莎莎辣醬則是酸酸辣辣。風味光譜的另一端則是複合式的風味混合劑,能為口鼻帶來豐富的感受,食物便在這濃郁的風味背景下混入自身的風味。這其中包括法國傳統以肉為底材的醬料,其複雜的風味大半萃取和濃縮自鮮味胺基酸分子和其他味道分子,此外胺基酸和糖的褐變反應還能帶來肉香(見308頁)。中式燜煮用的滷汁氣味同樣相當複雜,這得歸功於大豆的烹煮和發酵(見332~333頁),至於印度和泰國的綜合香料和墨西哥的什錦醬,起碼會混合6種以上香氣強烈又辛辣的原料。

改良醬料風味　醬料在風味上最常見的問題,或許就是風味總嫌不足,裡面總是「缺了點什麼」。要料理出一份完美風味的菜餚,得仰賴廚師對烹調的感知力和技巧,不過,我們只要憑著兩項基本原理,就可以分析並改進醬料風味。

- 醬料的作用是陪襯主食,相對之下的用量很少,因此風味要夠濃。醬料若是單獨品嚐味道會太重,因此　塊肉或一盤麵的醬料只要一點點就夠了。增稠劑往往會沖淡醬料風味(見102~103頁),因此醬料在勾芡之後應該要再次確認和調整風味。
- 美味的醬料能刺激我們多數的化學感官。感覺不怎麼理想的醬料,或許是缺了一樣以上的味道,也可能是香氣濃度不足。廚師可嚐嚐醬料的鹹、甜、酸、鮮和芳香程度,再設法矯正缺失,並兼顧整體風味的均衡。

醬料的稠度

儘管醬料的重點在於風味，醬料的稠度（亦即口感）也會影響整體表現。稠度要是出了問題（也就是醬料物理構造出了問題）會遠比風味問題來得嚴重。凝結的、結塊的或油水分離的醬料，外觀不好看，口感也差。因此，最好能了解常見醬料的物理構造，明白醬料是怎樣融合、又是怎樣搞砸的。

食物的分布作用

凡是風味濃郁的液態食品，基本原料一定有水，因為食物本身大半都是水。肉汁、蔬菜泥和果泥顯然都富含水分；鮮奶油、美乃滋和熱的蛋醬料就沒那麼明顯，不過基本材料也都是水。在這些製品中，水都是「連續相」，其他所有成分都浸泡、懸浮其中。（不過在常見的幾種油醋醬、奶油醬還有堅果醬中，連續相則是脂肪。）其他成分則是「分散相」。要調出稠度合宜的醬料，就得讓水分的連續相質地更實在、不能太稀薄。作法就是在水中添加非水樣物質（分散相）。這種物質可以是動、植物組織顆粒，或是各種分子、細小油滴，甚至氣泡也行。那麼，這些添加物是怎樣讓水分看來比較實在？答案是阻礙水分子自由運動。

阻礙水分子移動　一個水分子很小，只有3顆原子，即H_2O。水分子在不受阻礙的情況下活動性很高，因此水就像溪流那麼容易流動。（相較而言，油分子有3條長鏈，且各有14~20個原子那麼長，所以會相互掣肘，移動比較緩慢。因此，油比水黏稠。）若水分子之間散置固體顆粒、糾結的長鏈分子，或是細小油滴、氣泡，那麼水分子只要移動一點距離就會和這種活動性較差的物質相撞。這樣一來，水分子就只能緩慢移行，流動也較遲緩。

調製醬料使用的增稠劑，正是這種妨礙水分流動的物質。按廚藝界傳統觀點，這類材料就是黏結劑，這種看法也自有一番道理。分散的原料原本就會把液體分隔成許多較小的局部性團塊，而液體分隔之後，便得以組織、匯聚，產生先前沒有的黏著性。有些增稠劑還真能和水分子束縛在一起，

說文解字：濃稠（liaison）

早期法國廚師以 *liaison* 來指稱增稠作用和增稠劑。這個字的意思是緊密相連或束縛，用在物理、政治或性愛關係都可以。英語最早借用這個詞彙，就是17世紀應用在烹飪上；軍事上和情愛上的應用則要到19世紀才出現。

使水分子整體無法移動，因而降低連續相的流動性。

分散相物質除了能讓水樣液體變稠，還能為液體帶來不同質地。大固體粒子可以讓液體出現粒狀，小固體粒子則變得滑順；油滴讓液體變得很像乳脂；分散的分子會相互附著，讓液體變得黏滑；氣泡讓液體顯得輕盈，還會逐漸消散。

要讓液態食品汁液變得濃稠有四種方法，每種方法都會構成不同的物理系統，製作出不同質地的醬料。

混濁懸浮液：粒子增稠法

我們的生鮮原料（蔬果、香草和肉類）多半是微小細胞構成的動、植物組織，細胞裡充滿水樣液體。細胞外被細胞壁和細胞膜，或是一層層的結締組織。（乾燥的種子和香料不含水分，不過仍然是由固態的細胞和細胞壁所構成。）當這類食材在研缽中碾磨或在攪拌機中斬切而粉碎瓦解，內部構造就會暴露在外，於是液體便構成連續相，讓固體的細胞壁和結締組織碎片懸浮在其中。碎片會阻礙並緊拉著水分子，於是混合液就變得濃稠。這種由液體和固體粒子構成的混合液稱為「懸浮液」，因為粒子都懸浮在液體中。食物搗泥製成的醬料都是懸浮液。

懸浮液的質地取決於懸浮粒子的大小。粒子越小，入口就越品嚐不出來，質地也越滑順。此外，當粒子越小，阻撓水分子流動的粒子就越多，而且能吸附水分子層的表面積也越大，因此稠度就會提高。懸浮液總是不透明的，因為固體粒子的大小會阻擋光線通行，或是吸收光線，或是反射光線。由於粒子和水是截然不同的物質，因此懸浮液往往會出現沉澱現象，分隔出稀薄的液體層和高濃度的粒子層。廚師會盡量避免液體分隔，作法有減少連續相的液體量（倒掉或熬掉多餘水分），或者增加分散相（添加澱粉或其他長鏈分子或油滴）。

堅果醬和巧克力都是含有固體種子粒的懸浮液，不過它們是懸浮在油脂裡而不是水中。

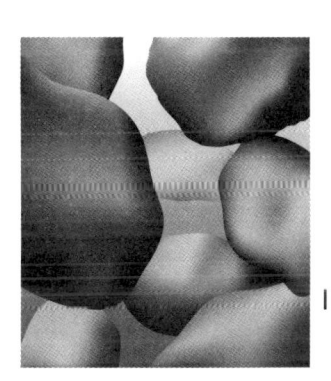

以食物粒子來提高液體稠度。
懸浮液內含有動、植物細小的組織碎塊，這些粒子懸浮在液體中會干擾液體流動，於是液體質地就變得濃稠。

清澈的溶液和凝膠(gel)：分子增稠法

不論是番茄細胞壁或肌肉纖維，每一個微細碎片都是由成千上萬個次顯微分子構成。這類碎片的大分子未必都會各自分開而散置在水中，不過以這種作法提煉出的原料（如明膠之類的蛋白質、澱粉和果膠），都是非常有用的增稠劑。由於單一分子很小，比完整的澱粉粒和細胞碎片都小而輕，因此分子並不會沉澱而析出。此外，分子的體積太小、相隔也太遠，不足以阻擋光線通行，因此分子溶液和粒子懸浮液的外觀不同，分子溶液通常呈半透明狀，就像玻璃一樣。一般說來，分子鏈越長，阻礙水分移動的能力就越強，這是由於長鏈比較容易相互糾結。因此，同樣的增稠效果，直鏈澱粉長分子的需求量會比支鏈澱粉短分子來得少（見120頁），而長鏈的明膠分子的增稠能力也比短鏈來得好。用分子來提高稠度，通常都必須加熱，目的是要把分子從更大的構造中釋放出來（像是澱粉粒釋放出澱粉分子、肉類結締組織釋放出明膠分子），不然就是要把緊密摺疊的分子（如蛋類蛋白質）鬆開，形成延展、糾結的長鏈樣式。

固態溶液：凍膠（jelly） 當食品液體的水相溶入足量增稠分子，液體也不受干擾地靜置冷卻，此時分子就能相互束縛，形成鬆散而連續的團塊，交織出的分子網絡浸滲了液體，水分就因在網絡分子的氣穴。這種分子網絡能讓液體的稠度提高，成為非常溼潤的固態凝膠。就算一塊物體含水量高達99%，只要有1%的明膠，還是可以製作出固態（或是搖搖晃晃的固態）凍膠。若凝膠是以溶解的分子製成，質地便呈半透明，就跟原來的溶液一樣。常見的例子有明膠製成的肉凍，或是果膠製成的果凍。倘若溶液還含有粒子（例如殘餘的澱粉粒），那麼凍膠就不透光。

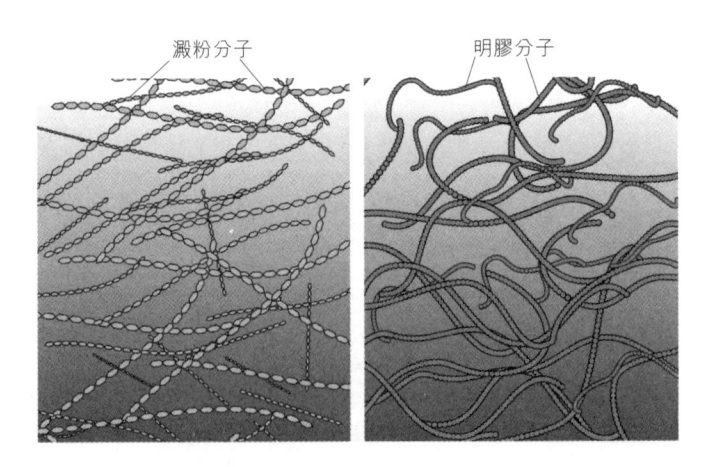

澱粉分子　　　　　　　明膠分子

乳化液：油滴增稠法

由於水分子和油分子構造迥異，兩種物質無法均勻混合（見第一冊334頁）也無法互相溶解。若我們以攪拌棒或攪拌機迫使少量油混入大量水，兩種物質就會形成一種乳狀濃稠液體。這種液體的乳狀外觀和濃稠性質，都是細小油滴造成的，這會擋住光線並妨礙水分子自由移動。因此油滴的作用和懸浮液中的固體粒子大致相同。這種不相容液體形成的混合液稱為乳化液（emulsion），讓一種液體微滴散布於另一種液體的連續相之中。這個名稱源自milk（乳汁）的拉丁文，因為乳汁就是這樣的混合液（見第一冊36頁）。

乳化劑　要調出乳化液，除了前述兩種不相容的液體，還得加入第三種成分：乳化劑。乳化劑能包覆油滴，使油滴無法相互接合。好幾種物質都能發揮這項功能，包括蛋白質、細胞壁碎片，還有兼具親油性和親水性的複合性分子（如蛋黃卵磷脂，見第一冊340~341頁）。要調製出乳化醬料，首先在水中調入乳化劑（蛋黃、香草粉或香料粉），然後加入油，接著把油分散成小微滴，讓乳化劑立即包圍油滴表面，發揮安定作用。我們也可以使用預製好的乳化液；鮮奶油就是特別堅固、用途特廣的乳化醬料底料。

泡沫：氣泡增稠法

液體加入空氣竟然可以變稠，乍看之下似乎很令人驚奇，畢竟空氣是實體的相反物！但想想濃縮咖啡或啤酒泡沫，這些泡沫都有足夠的實體，因此用湯匙舀起時仍然可以維持造型。相同道理，調製鬆餅麵糊時，如果最後才攪進化學膨發劑，會讓麵糊明顯變稠。氣泡在液體中的作用和固體粒子大致相同：氣泡會阻斷水分子的連續性，阻礙水分往來流動。不過泡沫的缺點是很容易破滅。重力會不斷把液體扯離氣泡壁，一旦外壁只剩幾個分子的厚度，就會垮掉，於是氣泡爆裂，泡沫塌陷。要延緩水分從氣泡壁流失的速度，可以用實體粒子或分子（油滴、蛋類蛋白質）來提高液體稠度，或是加入乳化劑（蛋黃卵磷脂）來安定氣泡本身的結構。不過，未強化的泡

以食物的長鏈分子提高液體稠度（左頁）
溶解的動、植物澱粉分子糾結在一起，阻礙了液體流動。

沫所帶有細緻而脆弱的質地，正是引人喜愛之處。這種泡沫必須在上桌前才調製，一邊品味，一邊看著泡沫消逝。

真正的醬料：各種增稠劑

廚師調製的醬料，通常不會是單純的懸浮液、分子溶液、乳化液或是泡沫。醬料通常都是以兩種以上的液體混合而成。蔬果泥兼具懸浮粒子和分子溶液，以澱粉增稠的醬料是分子溶液中懸浮著殘存的澱粉粒，乳化醬料則含有蛋白質和奶、蛋或香料帶來的粒子。不管是哪一種醬料，廚師常都是在上桌前才提高濃度(enrich)和稠度(thicken)，方法是融入一塊奶油或拌入一匙鮮奶油，這就可以讓部分醬料化為乳脂乳化液。由於分散相如此複雜，醬料的質地才會如此巧妙又耐人尋味。

稠度對風味的影響

增稠劑減弱風味強度

大體而言，能讓醬料增加稠度的成分，本身幾乎都淡而無味，因此只會稀釋醬料的風味。增稠劑還會使醬料的風味分子減弱效能，因為當它與部分風味分子結合，味覺器官便察覺不到風味，並妨礙延緩風味分子從醬料進入我們的味蕾和鼻道。由於香氣分子較易溶於脂肪，溶水性則較差，因此醬料中的脂肪便會留住香氣分子，從而減弱香氣強度。直鏈澱粉分子會抓住香氣分子（而香氣分子也會使澱粉分子更容易相互連結，凝聚成能散射光線的乳白色聚合物）。和純澱粉相比，小麥麵粉能抓住更多鈉，因此用麵粉當增稠劑就要加入更多的鹽。

所以，我們一般的守則就是，未添加增稠劑的稀薄醬料風味更強、也更快能嚐出味道；而醬料添加增稠劑之後，風味釋出會更緩慢、更綿長。因

油滴　　　　　　　　　氣泡

此兩種作法各有長處。

要提高醬料稠度，未必只能添加增稠劑，移除部分連續相（熬掉水分）也是可行作法，讓醬料中原有的增稠劑更濃。以這個方式提高稠度不會減損風味，因為醬料的粒子和分子能夠結合的風味分子已經都先結合了。事實上，這樣做還能強化風味，因為熬煮也能提高風味分子的濃度，這和增稠劑的濃縮作用，道理是相同的。

鹽的重要作用　近來研究有幾項耐人尋味的發現：增稠劑之所以能減弱我們對香氣的感受，部分原因在於，增稠劑能減弱我們對鹹味的敏感度。多種長鏈碳水化合物（包括澱粉在內），首先會減弱醬料所要表現的鹹味，因為化合物會抓住鈉離子，或是增加另一種感覺（黏性）來引起腦子注意。因此，即使香氣分子從醬料釋出並飄過我們鼻道嗅覺受器的數量不變，較低的醬料鹹味，也讓香氣強度的表現跟著減弱。這項發現有其實用價值：用麵粉或澱粉來提高醬料稠度，會減損醬料的整體風味，但只需多加點鹽，就可以大致恢復滋味和香氣。

以明膠和其他蛋白質增稠的醬料

若把一塊肉或魚單獨擺進鍋中以文火加熱，就會滲出風味汁液。我們平常都把鍋子燒得很熱，讓水分一釋出就會馬上蒸發，因此風味分子就會濃縮在肉和鍋的表面，相互反應後形成褐色色素以及數量繁多的新風味分子（見308頁）。然而，汁液若是不被煮乾，就能製成一種非常基本的醬料，這是從肉品萃出的產物，可以回添到肌肉蛋白質凝成的團塊，以增添水分和風味。問題是，和固體的肉、魚相比，釋出的肉汁份量顯得相當少。為滿足我們對肉汁的胃口，廚師為肉類和魚類醬料發明了幾種作法，想要多少醬汁就可以有多少。這類醬料主要都以明膠來提高稠度，明膠是一種特殊的蛋白質，烹煮肉、魚時就會釋出。廚師也會使用其他動物性蛋白質來提高醬料稠度，不過它們表現出的效果非常不同，還會帶來麻煩，這點我們稍後再來討論（見111頁）。

液體的油滴增稠法和氣泡增稠法（左頁）
圖中微小球體的作用和固體食物粒子大致相同，能阻礙周圍液體的流動。

明膠的獨特性

明膠是種蛋白質，不過和廚師使用的其他蛋白質不太一樣。幾乎所有食材中的蛋白質在下鍋受熱之後便會展開、彼此連結，永遠凝結成堅固的質團。然而，明膠分子化學結構特殊，因此不會那麼容易連結成永久性鍵結。明膠也會彼此連結，但鍵結力量很弱，只能束縛一時，因此加熱只會讓明膠擺脫鍵結，散置水中各處。由於明膠分子很長，會彼此交纏在一起，而使混合液凝結成定型，甚至結成固態凝膠（見114頁）。然而，明膠的增稠效果較弱，它的分子非常柔軟，至於澱粉等碳水化合物的分子便較為結實，干擾水分移動的效果也較佳。所以，採用明膠來增稠的醬料，通常還會添加澱粉以增強作用。醬料如果只含明膠，濃度就必須調得很高，起碼達10%，這樣口感才會實在。不過，明膠濃度這麼高，醬料在盤中冷卻時會凝結得很快，而且還很黏牙。（明膠是種絕佳黏膠！）

從膠原蛋白取得的明膠

肉和魚完全不含游離的明膠分子，所有明膠都緊密交織成纖維狀的結締組織蛋白質，稱為「膠原蛋白」（見第一冊170頁），膠原蛋白能強化肌肉、肌腱、皮膚和骨頭的物理構造。明膠分子是約含1000個胺基酸的長鏈分子。由於所含胺基酸會以三個胺基酸為單位反覆出現，因此三股膠原蛋白分子彼此能自然配對，形成可容易斷裂或鍵結的弱鍵，於是三股膠原蛋白分子排列成三股螺旋，而眾多三股螺旋和其他三股螺旋彼此交聯，便形成強固的膠原蛋白纖維繩索。

膠原蛋白加熱後膠原蛋白纖維會瓦解並生成明膠。陸生動物的肌肉必須達到60°C左右，才足以破壞三股螺旋間的弱鍵，讓肌肉分子鬆開。膠原蛋白纖維的有序構造崩潰之後便開始緊縮，把肌肉纖維間的汁液擠出。由於部分纖維泡在肌纖維中，於是明膠分子會一個個或小團地滲入汁液。肉品溫度越高，滲入的明膠就越多。然而，由於膠原蛋白纖維有強健的交叉連

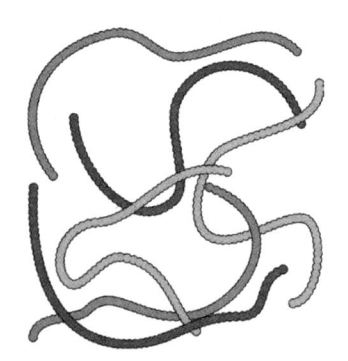

結，因此仍能保持完整。動物年齡越大，肌肉工作越多，膠原蛋白纖維的交叉連結也就越強。

從肉類提煉明膠和風味

肉品中的肌肉主要都是水分和蛋白纖維，這種纖維負責肌肉收縮，在水中不會溶解分散。肌肉含有幾種可溶解、分散的物質，包括約占總重1%的膠原蛋白、5%的其他細胞蛋白質、2%的胺基酸和其他鮮味分子、1%的醣分和其他碳水化合物，還有1%的礦物質（主要是磷和鉀）。骨頭的膠原蛋白含量約為20%，豬皮約為30%，小牛膝軟骨則高達40%。因此若要取得明膠，骨頭和皮膚是較佳的來源，不論是數量或增稠效果都遠勝肉質部分。然而，皮和骨可提供風味的可溶性分子卻很少，因此要調製出具有香醇肉味的醬料，就必須從肉質部分提煉明膠，骨、皮是派不上用場的。

肉一旦熟透，釋出的汁液可占總重的40%左右，等到肌肉組織溫度達70°C，肉汁也差不多乾了。肉汁的成分大半是水，其餘的是水中所含的可溶性分子。倘若肉品是在水中烹煮，那麼明膠就會從結締組織流出，提煉時間可延續很長。倘若廚師要熬煮高湯，提煉時間可從1小時以內（魚類）到好幾個小時（雞或小牛肉）不等，最長可達1天（牛肉）。最佳提煉時間取決於骨頭和肉塊大小，以及動物的年齡；交叉連結膠原蛋白較多的閹牛肉，釋出膠原蛋白的所需時間就會多於小牛肉。提煉時間長，先前萃出的明膠分子就會逐漸裂解，形成增稠效果較差的較小碎片。

肉汁高湯和醬料

調製肉類和魚類醬料有幾項通用法則。其中最簡單的就是專注於調味用的肉汁，這些肉汁是烹調肉品時所產生，可以在上桌前加入蔬果泥、乳化劑或澱粉類混合料來提高稠度和增添風味。法國廚師則另外開發出一套用途較廣的體系，先用水熬煮肉、骨，再以熬好的高湯燒煮菜餚，或濃縮成

膠原蛋白和明膠（左頁）
膠原蛋白分子（左）能強化動物肌肉的結締組織以及骨頭的物理構造。膠原蛋白分子由三條蛋白質長鏈組成，三種長鏈緊密交織成螺旋，形成繩索狀纖維。擺進水中加熱時，蛋白質鏈就一條條分開（右）溶入水中。這些互不交纏的長鏈就是我們所說的明膠。

風味濃烈、質地濃稠的醬料。這類高湯和濃縮液一度是餐廳料理的核心，雖然如今已不那麼重要，不過，這依然展現了肉類醬料的最高成就。

選定原料

熬煮肉類高湯的目的在於調製出風味完滿、明膠充足的汁液，這樣高湯在濃縮之後，質地才會濃稠。肉是種昂貴又風味絕佳的食材，不過明膠含量不多。骨和皮沒那麼貴，風味不足，卻是絕佳的明膠來源。所以，最美味、昂貴的高湯是用肉熬成的，而最濃稠又最廉價的湯汁，則是用骨和皮熬成，日常的高湯則同時使用兩種食材。牛肉和雞肉高湯的風味特色很明確，小牛骨和小牛肉的價值則在於其中性風味和大量的可溶性明膠，至於帶軟骨的小牛膝和小牛蹄，可生成的明膠還更多。一般而言，烹煮肉、骨食材時，需添加的水量約為食材重量的1~2倍（每公斤固體食材要添加1~2公升水），熬出的高湯約為食材重量的一半，因為烹煮時水分會逐漸蒸發。固體食材切越小塊，將成分萃取到水中的速度就越快。

為了料理出風味完滿的高湯，廚師除肉、骨之外，通常還會加入具有香氣的蔬菜（如芹菜、胡蘿蔔和洋蔥）和香草包一起烹煮，有時還會加點酒。胡蘿蔔和洋蔥除了香氣，還會帶來甜味，酒則是帶來辛辣味和美味。這個階段向來不加鹽，因為肉和蔬菜都會釋出若干鹽分，而且高湯熬煮時，鹹味還會濃縮。

熬煮高湯

高檔的肉類高湯應該力求清澈，這樣製成的湯底、肉凍才會好看。熬煮高湯時，許多細節都是為了要去除雜質，特別是可溶性細胞蛋白，因為這會凝結成難看的灰色顆粒。

骨頭、肉和皮都要先徹底洗淨。若要熬煮清湯，接下來就把食材放入鍋中，倒入冷水後煮沸，然後再取出沖洗。這道汆燙步驟能清除表面雜質，並讓肉、骨表面的蛋白質凝結成塊，這樣湯汁才不會變得混濁。若想熬煮出深色高湯以調製褐醬，首先要把肉、骨擺進熱烤爐，讓蛋白質和碳水化

說文解字：高湯、湯底

Stock（高湯）這個字在烹飪上的用法，說明了專業廚師如何調製醬料。這個字的德文字根意思是「樹幹」，另外還有60多種相關涵義，全都是從「基本原料」、「源頭」和「補給」這些核心概念衍生而出。因此stock這個字從18世紀就開始，便成為廚藝界普遍詞彙。另一個字是broth（湯底），它的定義比較明確，歷史也較為久遠，可以追溯至公元1000年，其德文字根是 bru，意思是「沸煮備製」，也指沸煮過的食材，包括固體食材和沸騰的液體。相關名詞還有 bouillon（清湯）和 brew（釀造、釀造的飲料）。

合物發生梅納反應，烤出色澤以及濃烈的烤肉風味。這道步驟也會讓肉、骨表面的蛋白質凝結，因此毋須再做汆燙。

要從冷水煮起，並以文火掀蓋慢煮　肉、骨經過汆燙或烘烤成褐色之後，就下到冷水鍋中加熱，並掀蓋以文火慢熬，保持在微微冒泡的狀態，並不時撇除液面凝集的脂肪和浮渣。之所以要從冷水煮起並以文火加熱，是要讓可溶性蛋白質從肉、骨中溶出，慢慢凝結成團塊，接著渣滓會浮上液面，很容易撇除，要不然就是聚集在鍋邊和鍋底。如果一開始就用熱水，會產生許多細小蛋白質微粒，一粒粒懸浮湯中，**讓高湯變得混濁**；此外，滾水**會翻攪蛋白質微粒和脂肪微滴**，煮出一鍋混濁的懸浮液和乳化液。不蓋鍋蓋的理由很多：這能讓水分蒸發、液面冷卻，於是高湯就比較不會沸滾；這也會讓液面的浮渣脫水，溶水性降低，比較容易撇除；另外，掀蓋也能濃縮高湯，提升高湯風味。

單吊高湯和雙吊高湯　只要大致上不再出現新的浮渣，就可以加入蔬菜、香草和酒，並以文火繼續熬煮，直到固體食材的風味和明膠都萃出。湯汁用濾布或濾網篩過，不要擠壓食材，否則會擠出混濁微粒。接著徹底冷卻，刮除凝結在湯面的脂肪（若是沒有時間冷卻高湯，也可以用布巾、紙巾或特製塑膠吸濾片，把湯面浮油大半吸淨）。這樣高湯就準備好了，可以用來燜肉、燉湯或熬煮蔬菜，也可以熬濃後調製醬料。廚師還可以用高湯來萃取另一批肉、骨，提煉出風味特別濃郁（也特別昂貴）的上湯珍品：雙吊高湯。（雙吊高湯還可以再以加入另一批肉、骨，煮出三吊高湯。）

　　標準提煉程序費時 8 小時，若是採用牛骨，萃取出的明膠只占總含量的 20% 左右，因此骨頭可以二度提煉，總計最長可提煉達 24 小時。煮出的高湯還可以加入肉、骨繼續提煉。

| **濃縮高湯的風味有畫龍點睛之效**

高湯可以一次熬煮成一大鍋，也可以少量分次熬煮，在烘烤或煎炒肉類時，加入鍋中以增添肉汁體積。肉煮熟之後，肉汁會在鍋底濃縮並轉呈褐色，這時廚師可以再添入小量高湯，熬煮至固體食材的顏色開始變深，同樣的動作重複數次，然後在最後一次添加高湯時，把前幾次熬煮時產生的褐變物質溶解出來，製作出深色的醬汁。由於鍋子溫度很高，利於明膠分子分解成較短的碎片，於是和長度完整的明膠分子相比，熱鍋上煮出的醬料就沒有那麼黏，凝結得也較慢。

濃縮肉類高湯：釉汁和半釉汁

高湯經慢火熬煮，濃縮至原有液量的1/10，便成了「釉汁」(glace de viande)，字面意思就是「肉冰」或「肉玻璃」，放冷之後就會結成清澈硬挺的肉凍。釉汁中明膠含量高達25%，因此質地濃、稠且黏；另有濃縮的胺基酸會帶來強烈的鮮味；再加上長時間熬煮，會散發出圓融醇熟的香氣，不過由於揮發性分子在沸煮時散逸或彼此發生作用，因此氣味也會稍嫌單調。肉釉汁使用時只要一點點，用來為醬料提升風味和質地。介於高湯和釉汁的成品是半釉汁(demi-glace)，這是把高湯熬煮到原液量的25~40%，通常還加入番茄汁或泥來增添風味和色澤。由於半釉汁的明膠含量較低(10~15%)，因此還會加一點麵粉或澱粉來提高稠度。番茄顆粒和麵粉麵筋蛋白會讓高湯變得混濁，這可在熬煮高湯時撇除，最後再過濾一次。半釉汁添加澱粉(約占成品重量的3~5%)主要是經濟考量，因為加了澱粉，高湯不必大幅濃縮就可以調得非常濃稠，還可以減少因蒸發而流失的液量；此外，澱粉還可以留住高湯部分風味，不致在沸煮中散逸，也可以避免湯汁因為明膠濃度極高而變得太黏稠。

半釉汁可以作為底料，調製出多種法國經典褐醬，若再加入其他各類食材(肉、蔬菜、香草和葡萄酒)以及含豐富油脂的增稠劑(奶油、鮮奶油)，更可以產生特殊風味，帶來微妙變化。半釉汁的用途很廣，製作卻不易，因此釉汁和半釉汁較常見的是工廠製作好的冷凍成品。

法式清湯和蛋白澄清法

法式清湯(consommé)是湯中極品，風味濃郁，清澈的湯汁帶琥珀色且質地獨特而細緻。(Consommé源自法語，本意為消耗、用盡，指中世紀把肉湯熬煮濃縮到合宜的稠度。)法式清湯的原料是基本高湯，主要以肉類(而非無味的骨或皮)熬成，然後再以第二批的肉和蔬菜繼續熬煮，並同時澄清湯汁。法式清湯是種雙吊高湯，專為湯品而調製；每調製一人份肉湯，就要用掉半公斤的肉。

法式清湯要煮得清澈，首先把肉和蔬菜剁細、蛋白稍微打過之後，放入冷高湯攪動。接著以文火熬煮，讓整鍋混合湯液保持微滾約1小時。高湯加

中式高湯：不用蛋也能澄清湯汁

要煮出清澈的高湯，可用蛋類的蛋白質來移除細小的蛋白質和其他粒子，不過肉類蛋白質也能辦到這點。華人廚師製作清湯的做法是，先把雞和豬的肉和骨擺進水中烹煮，接著把雞肉剁碎擺進鍋中，分2次澄清湯汁，每次都以文火熬煮10分鐘後仔細濾除。

熱時，蛋白所含大量蛋白質會開始凝結，形成紗布般的細緻網絡，基本上，這就是從內部來濾清湯液。新加入的肉品含可溶性蛋白質，這有助於生成大型蛋白質顆粒，並很容易就卡入蛋白網絡。蛋白網漸漸浮至鍋頂，形成一張「浮筏」，而隨著液體對流作用被帶上液面的顆粒便會聚集在這張蛋白網上。湯汁煮好之後就撇除浮筏，最後再過濾一次，清除所有殘留粒子。這樣煮出的湯汁非常清澈。用蛋白來澄清湯汁，也會把高湯的風味分子和部分明膠一併去除，所以廚師在澄清階段，還會重新補充肉類和蔬菜。

量產的肉類萃取液和醬料底

近來有許多餐廳和家庭，都以工廠量產的肉類萃取液和底料來製醬煮湯。量產肉類萃取物的先驅是尤斯圖斯・馮・李比希（Justus von Liebig），他以錯誤的理論（肉類的營養價值人半在於其可溶性物質），構思出一套錯誤的想法（用大火煎肉能封住肉汁，參見第一冊209頁）。不過，肉類的鮮味倒是大半都包含在可溶性成分裡面。如今，熬煮肉類萃取物時，都以肉屑和（或）骨頭添水熬煮成高湯再濾清，並讓水分蒸發掉90%以上。剛開始湯汁中有90%以上是水，3~4%是肉類溶解出的成分；完成的萃取液是濃稠的液體，其中20%是水，50%是胺基酸、胜肽、明膠及相關分子，20%是礦物質（是磷和鉀），還有5%的鹽。（另外還有不那麼濃的萃取液，以及內含各種天然和人工風味添加物的固體清湯塊。）由於明膠會讓這種濃縮物質太過濃稠而難以運用，因此製造商刻意把最初的烹煮時間延長好幾小時，好讓明膠分解成較小分子，等高湯澄清後，還加壓烹煮（溫度約135°C，持續6~8分鐘；這道步驟也可以讓殘餘可溶性蛋白質凝結）。為了限制褐變反應，也讓萃取液的色澤和烘烤風味都保持清淡，多半以75°C以下的溫度來蒸發水分。

如今廠商也生產較為傳統的醬料底，亦即讓明膠分子保持完整。這類產品通常製成半釉汁或釉汁來販售。

廚師在使用市售肉汁萃取液和罐裝湯底時，還可以加入香草或剁碎的芳

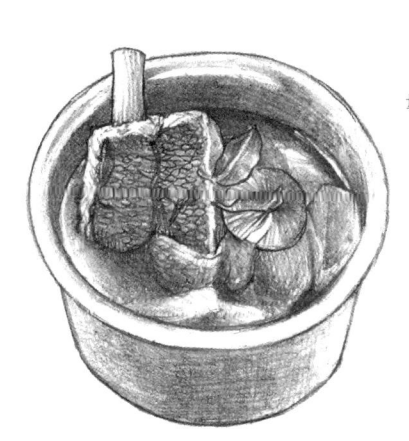

香蔬菜烹煮片刻,來提升湯汁風味。如此一來,原先只有肉味的萃取液便增添了豐富香氣,也同時補充在濃縮加工過程流失的氣味。

■ 魚、貝類高湯和醬料

魚類和哺乳動物、鳥類同樣都長骨頭,外皮也富含結締組織。然而,由於魚類身體是生長在寒冷環境(第一冊241頁),牠們的膠原蛋白和哺乳類、鳥類的並不相同。魚類膠原蛋白交叉連結的程度較低,因此溶解溫度也低得多。吳郭魚等溫水魚的膠原蛋白和明膠約在25°C溶解,鱈魚等冷水魚的膠原蛋白則是在10°C左右溶解。所以我們烹飪時,萃出魚類明膠的溫度不用很高(遠低於沸點溫度),時間也較短。烏賊和章魚膠原蛋白的交叉連結程度高於魚類,因此這種軟體動物必須加熱至80°C,並以較長時間才能煮出明膠。廚師多半都建議,熬煮魚類高湯最多1個小時,以免魚骨分解出粉白狀鈣鹽,讓湯汁變得混濁。另一個原因是,魚類明膠比較脆弱,烹煮時容易瓦解成較小碎片,因此時間要短、火力要弱。還有,由於明膠的連結鬆散,所形成的凝膠構造脆弱,在遠低於口腔環境的溫度(不到20°C)就會溶解。

魚類的風味會很快變質,熬煮法式魚高湯,食材一定要很新鮮。全魚、魚骨和魚皮要徹底洗淨,含血量豐富的魚鰓容易腐敗,應予切除。廚師通常會用奶油稍微煮過食材以帶出風味。魚經過水煮或清蒸之後,就算時間很短,所得到的汁液仍富含風味和明膠,因此可以用來製作含明膠的醬料。西方傳統上,魚類都是以「速成高湯」烹煮,這種高湯的作法就是在水中加鹽、酒以及芳香食材,烹煮即成(見第一冊272頁)。

甲殼類的骨質甲殼不含膠原蛋白,擺進水中烹煮,並不會讓萃取液變得濃稠。事實上,甲殼類的甲殼通常都以奶油或烹飪油來提煉,因為甲殼色素和風味不太溶於水,比較能夠溶於脂肪(見第一冊279頁)。

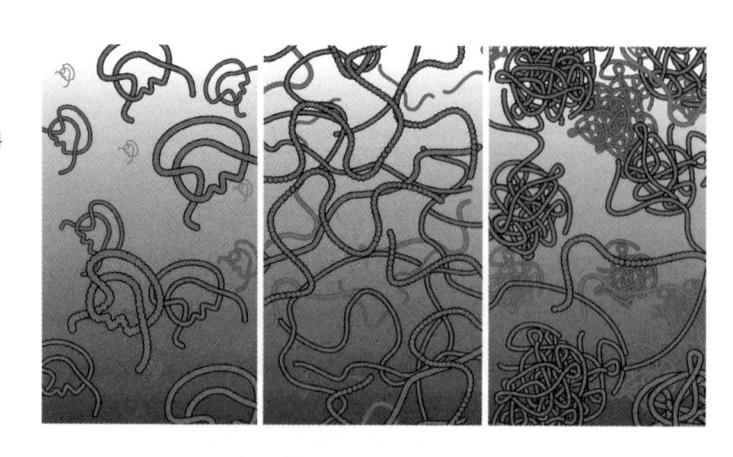

其他蛋白質增稠劑

明膠是使用上最容易又最不易出錯的蛋白質食材。明膠分子添水加熱後便彼此鬆脫，擴散分布到水分子當中；冷卻之後，分子又會重新鍵結；若再度加熱，分子又會再分散。其他動、植物蛋白質的作用則幾乎都恰好相反：這類物質平常是緊密堆疊的，受熱便開展、糾結在一起，形成強固鍵結，並凝結成永遠無法逆轉的結實團塊。因此，蛋液會固化，柔軟肌肉組織變成硬挺肉塊，牛乳也結成凝塊。當然，凝固的蛋白質塊不能調成醬料。不過，蛋白質凝結作用是可以控制的，由此就能調出濃稠的醬料。

小心控溫

廚師先調製出風味濃郁的稀薄汁液（醬料主體），接著加入含有細緻懸浮蛋白質的食材。例如法式燉肉（fricassee）所用的高湯，便是雞肉或其他肉類熬煮而成，而蛋白質來源則是蛋黃。食材混合後緩緩加熱。當蛋白質展開並開始糾結（但尚未形成強固鍵結），醬料稠度便明顯提高，黏附在湯匙上不會流走。這時醬料應立刻離火並加以攪拌（以防蛋白質形成大批強固鍵結），且攪拌到醬料充分冷卻，以免進一步凝結。若是醬料加熱過度，使蛋白質形成強固鍵結並聚集成密實粒子，醬料就會出現顆粒，又變得稀薄。多數動物蛋白質都在60°C左右開始凝固，不過，這個臨界溫度也會改變，所以必須小心觀察醬料稠度。醬料熬好得馬上仔細過濾，這樣若有少量顆粒就可以濾除乾淨。

醬料若完全以蛋白質來提高稠度，那麼廚師把低溫增稠劑拌入高溫醬料時就得謹慎。一定要先把部分醬料拌入增稠劑，如此能讓增稠劑慢慢升溫並稀釋，接著再把它拌入剩下的醬料。若直接把增稠劑倒進醬料，部分增稠劑就會立刻過熱，結成顆粒凝塊。廚師有時也會把肝或甲殼類的臟器調入奶油，混拌後冷凍備用。加一塊這種混合料到醬料裡，奶油融化時會慢慢釋出增稠劑，還能阻礙增稠劑中的蛋白質彼此連結成塊。加入麵粉或澱粉可以防止醬

蛋白質的增稠和凝結（左頁）
蛋類蛋白質受熱會產生兩種可能結果，開始時都緊密摺疊（左）。若情況利於開展，蛋白質就會形成長鏈鬆散網絡（中），讓醬料更顯濃稠。若加熱過頭，長鏈便聚集並凝結成緻密團塊（右），於是醬料質地變得黏稠，外觀就像凝乳。

料蛋白質凝結，因為長鏈澱粉分子會阻隔蛋白質分子，防止它們大量連結成強固鍵結。要是以蛋白質增稠的醬料已經加熱過頭，分隔出稀薄汁液和顆粒凝塊，這時仍然有救。可以用攪拌機重新打散醬料，濾除殘餘粗糙顆粒，可視情況運用手邊現有材料（蛋黃、麵粉或澱粉），重新提高稠度。

蛋黃

蛋黃是最有效的蛋白質增稠劑，部分原因是蛋黃非常濃稠：蛋黃中，水分只占50%，蛋白質占16%。此外蛋黃取得容易，價錢又不貴，而且濃郁的乳脂狀液體中均勻散布著蛋白質。蛋黃的主要功能是增稠，常用於白醬等淡色醬料，還有法式白醬燉小牛肉和法式燉肉。如果醬料中同時加入蛋黃和澱粉來提高稠度，就可以加溫至沸騰。義大利沙巴雍醬的稠度有部分就是來自蛋黃蛋白質的凝結作用（見154頁）。

肝

肝是種風味濃郁的增稠劑，缺點是必須先打碎才能派上用場。肝的可凝蛋白質集中儲藏在細胞內，廚師必須搗碎組織、打破細胞，再用濾器把連結細胞的結締組織碎屑濾清。

血

法式紅酒燜雞（coq au vin，以葡萄酒燜煮公雞）和燜煮野味（麝貓肉）的傳統做法，都是以血當作增稠劑。血中約含80%水分和17%蛋白質，包含兩個相：固態的各式細胞（包括紅血球，色澤得自血紅素）和液態血漿（血球便漂浮其中）。牛血和豬血約2/3是血漿，裡面散布著蛋白質，占重量的7%左右。白蛋白是種蛋白質，加溫超過75°C血液就會變稠。

甲殼類臟器

甲殼類的肝和卵，以及海膽的性器組織，優缺點都和肝相同，不過增稠、凝結作用的溫度則要低得多。因此要先等醬料降溫到遠低於沸點才加入。

用蛋白質增稠的醬料，及其對人體健康的影響

以蛋白質增稠的醬料非常營養，裡面的微生物會迅速滋生。儲放溫度最好高於60°C或低於5°C，才能防範細菌增長，否則會引發食物中毒。當廚師熬煮大量高湯，應分裝成小量冷卻，這樣才能快速降溫，脫離有潛在危險的溫度區間。

高湯和醬料若以鍋底褐變物質增添風味或經長時間濃縮而來，就會跟發生褐變的肉品一樣，帶有少量致癌化學物質「雜環胺」。目前我們知道雜環胺會破壞DNA，增加罹癌風險（見第一冊163頁）。我們還不清楚肉品和醬料中要含有多少雜環胺才會帶來明顯危害。甘藍類蔬菜含有幾種化學物質能防範雜環胺破壞DNA，所以只要飲食均衡，其他食品或許就足以保護我們免受雜環胺的毒害。

乳酪和優酪乳

這類牛乳發酵製品和其他蛋白質增稠劑不同在於，其酪蛋白在酵素活性和酸的影響下已經凝結，因此拌入醬料一起加熱，是不會產生新的濃稠物質。事實上，這類食材是藉本身稠度來提高醬料稠度。乳酪和優酪乳採中溫效果最好，因為一旦接近沸點便會凝結。優酪乳可以先倒除水樣乳清來提高增稠效果。本身質地像乳脂的乳酪，增稠效果最好，因為乳脂狀質地代表蛋白質網絡已經瓦解成細小碎片，容易分散開來；較完整的酪蛋白纖維會形成黏稠團塊（第一冊91頁）。乳酪多半含大量脂肪，脂肪的乳化微滴可以讓質地變得更濃稠。

杏仁乳

這是把杏仁磨碎泡水萃取而得的物質，含有不少蛋白質，受熱或遇酸就能提高液體稠度（見第二冊344頁）。

以酒調製的醬料

很多種醬料都會添加葡萄酒，有時還成為主要成分，例如勃艮第紅酒醬（肉和蔬菜在紅酒中熬煮至液量減半，再以麵粉和奶油提高稠度）。葡萄酒能帶來好幾項風味元素，包括帶來的酸味，殘存糖分帶來的甜味、琥珀酸帶來的鮮味，以及本身獨特的酒香。香氣烹煮後會出現變化，至於酸、甜和鮮味則保留原樣，若酒液熬煮時間夠長、濃度提高，這些味道還會濃縮。葡萄酒含酒精，溫度稍高就會出現澀感，因此通常必須充分烹煮以蒸發酒精。據說文火熬煮出來的風味比快煮的要細緻。紅酒中的單寧酸會帶來麻煩，特別是有時一瓶酒要熬煮到只剩幾湯匙濃漿，單寧酸就會變得相當濃稠，澀得難以入口。要避免這個問題，熬煮時可以在酒中加入高蛋白食材，像是細絞肉或是帶明膠的濃縮高湯，因為單寧酸一旦和這些食材中的蛋白質鍵結（就像茶水中的單寧酸和牛乳的蛋白質鍵結），就不會和我們口中的蛋白質鍵結，澀感便消失了。

固態醬料：明膠式凝凍和碳水化合物凝凍

把肉類或魚類熬成高湯，放涼到室溫左右，湯汁就可能凝結成凝膠（gel）這種脆弱固體。這種作用有可能帶來困擾，例如醬料有可能就因此凝結。不過，廚師也利用凝結作用來製作美味的凍膠（jelly），這其實就是一種固態醬料。當明膠稠度夠高，約占高湯總重的1%以上，湯汁就會凝成凝膠。高湯在這樣濃度下，明膠的數量就足以使分子長鏈相互重疊，形成一片綿密網絡。當湯汁從高溫冷卻至明膠的熔點（約40°C），明膠開展的長鏈便開始盤繞成螺旋形，這也是明膠在膠原蛋白纖維中原有的三股螺旋造型（見104~105頁下方）。接著，各個明膠分子相互靠近且互相纏繞，這時就會產生新的雙股螺旋和三股螺旋。膠原蛋白重新接合處會讓明膠分子網絡產生硬度，這時膠原蛋白和周遭的水分子已無法自由流動，於是液體就轉變成固體。含1%明膠的凝膠很脆弱，會顫動，處理時容易破裂；較常見的果凍比較堅固，這是用市售明膠製成，明膠含量通常達3%以上。明膠成分比例越高，凝膠就越結實，彈性也越好。

凍膠有兩項出色特點。品質最好的呈半透明，不論有無含食材在內都閃亮又有光澤，看來都很漂亮。凝結明膠的融化溫度恰好與體溫相當，所以入口即融，在嘴中化為濃稠汁液。只有這種增稠劑具備這種特性。

凍膠的稠度

凍膠的結實性或強度、耐受處理的強度，以及入口質地，都取決於幾項因素：明膠分子、其他成分，以及混合液冷卻手法。

明膠的性質和濃度

凍膠質地的最大影響因素，是所含明膠的濃度和品質。明膠是種千變萬化的物質，就連工廠生產的明膠（見下文）中，結構、長度完整的明膠分子也只占60~70%，其餘則由增稠性能較差的較小碎片構成。高湯中明膠的特性更是難以預料，因為肉和骨的膠原蛋白含量高低有別，烹調時間長短也會影響

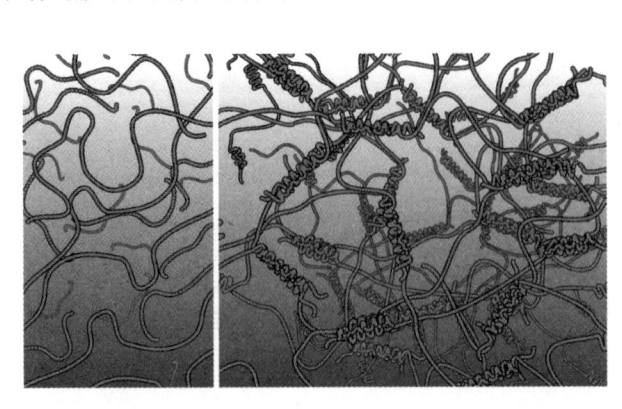

明膠分子鏈的分解程度。要評估凝膠強度，最佳做法是把碗擺在冰水水面，然後舀一匙汁液放入碗中冷卻，看汁液是否凝結，以及凝結得多結實。要是不夠結實還可以進一步濃縮，把明膠熬得更濃，或是再加一點純明膠。

其他成分

其他常見成分對凝膠的強度各有不同影響。
- 鹽分能干擾明膠鍵結，從而減弱凝膠強度。
- 糖分（果糖除外）能從明膠分子中吸出水分子，從而提高凝膠強度。
- 牛乳能提高凝膠強度。
- 酒精能提高凝膠強度，但酒精比例不能超過30~50%，超過這個比例就會導致明膠沉澱，結成固體顆粒。
- 酸（醋、果汁、葡萄酒）的酸鹼值一旦低於4，明膠分子的排斥電荷力量就會增強，從而凝結出比較脆弱的凍膠。

鹽和酸都會減弱凝膠的強度，提高明膠的稠度就可以補償這種作用。

強酸以及茶水、紅酒所含單寧酸，都會讓凍膠變得混濁，因為酸會促使肉、魚高湯所含蛋白質沉澱並凝結成細小顆粒，單寧酸則會與明膠分子鏈結而產生沉澱。這類原料和明膠溶液一起烹煮的時間最好不要太長，並趁明膠凝結前濾清或澄清湯汁。

好幾樣水果（像是木瓜、鳳梨、甜瓜和奇異果等）都含蛋白質消化酶，能把明膠長鏈分解成短鏈碎片，讓明膠失去作用。因此這類水果和果汁必須先烹煮片刻，去除酵素活性，才能用來製作果凍。

冷卻降溫

凝膠成形和熟化的溫度，會影響凝膠的質地。若擺進冰箱「瞬間冷藏」，明膠分子就會隨機相連，迅速形成鍵結，立即定型，於是網絡鍵結和構造都比較脆弱。若是擺在室溫慢慢定型，那麼明膠分子就有時間四處移動，

明膠如何把液體化為固體

當明膠溶液溫度很高（左），水和蛋白質分子會不斷猛烈運動。隨著溶液冷卻，分子移動也緩和下來，蛋白質自然會局部形成像膠原蛋白那樣的三股螺旋連結（右）。明膠分子會逐漸接合成綿密的織網構造，圈住液體，阻礙液體流動。這時溶液已經形成固態凝膠。

以較規律的螺旋狀接合，於是形成的網絡就會比較結實、穩定。不過實際上，凍膠應該放進冰箱凝結，以盡量抑制細菌滋長。凍膠成形後，內部的明膠還會繼續緩慢鍵結，所以即使是瞬間冷藏的凍膠，幾天之後也會像慢速冷藏的凍膠那般結實。

■ 肉凍和魚凍

肉凍和魚凍可以追溯至中世紀（見88~89頁），美麗的擺盤至今依然討人喜愛。肉凍的製法和法式清湯大同小異，最好以美味的肉類高湯（通常是會加入一隻小牛腳以補充足夠的明膠）或者雙吊魚高湯熬製。高湯可以用蛋白和絞肉或魚絞肉來澄清湯汁，並在快要凝結前才加料調味。肉凍要能用刀切開才算夠結實，不過不能太有嚼勁，入口要又軟嫩又會顫動。若打算用來製作法式肉凍（terrine）或包裹整個肉塊，或是把剁碎的肉塊黏合在一起，這時凍膠就必須更為結實，明膠含量得達 10~15% 左右，食物才不會流開或碎裂。魚凍和魚膠（aspics 呈固態類似肉凍）特別易碎，因為魚類明膠的熔點很低；魚凍、魚膠和製作出的菜餚都必須儲放在特定的低溫環境，才不會過早融化。有一種家常版的牛肉凍「紅酒燜牛肉」（bœuf à la mode），這是種燜燒牛肉，用高湯和葡萄酒連同小牛腳一道下鍋燜燒，接著把煮液濾清，加入牛肉切片後製成肉凍。添加鮮奶油的肉凍或魚凍則稱「冷熱凍」（chaud-froid）。

■ 其他類型的凍膠；量產的明膠

肉凍和魚凍是最早的凍膠食品，不過廚師很快就學會以動物明膠來凝結其他食材（特別是鮮奶油和果汁），製作出想要的固體食品，於是調理好的明膠逐漸成為糕點師手中的標準原料，他們還用明膠來製作慕思、發泡鮮奶油和卡士達奶油餡，調製出能成形又入口即化的質地。如今，美國最常見的兩種凍膠都採用工廠製造的明膠粉製成，一種是螢光色的水果口味甜點，另一種是調入伏特加等烈酒強化的 shooter 凍膠。比較精緻的凍膠製品

■ 說文解字：凝膠、明膠、凍膠

Gel（凝膠）和 jelly（凍膠）指的都是富含水分的脆弱固體；gelatin（明膠）則指能把水凝結成固體的蛋白質。這些字都來自同一個印歐字根，本意是「冷」或「凍結」。製作凍膠的原理是利用分子的特性而非低溫。

常以法文 gelée 稱呼，這種凍膠是趁混拌料餘溫將盡、快要凝結之際添入其他成分（例如香檳或去籽的番茄汁），這樣凍膠便可保存新鮮、細緻的風味。

工廠製明膠

歐美廠商製造出的明膠，多半從豬皮提煉，不過也有些是用牛皮和骨頭生產的。比起廚房提煉的明膠，工業提煉的效能更高、對明膠鏈的影響也比較和緩。豬皮先在稀釋的酸液中浸泡18~24小時，破壞膠原蛋白的交聯鍵結，接著以不同的水溫進行提煉，剛開始是55°C，最後約達90°C。低溫提煉的水溶液中含有最多完整的明膠分子，能產生最強固的凝膠，顏色也最淺；較高溫度會破壞較多明膠鏈，還會改變色澤，轉呈黃色。接著過濾、淨化萃取液，把酸鹼度調整到於5.5，經蒸發、消毒後乾燥成薄片或粉粒，成品中含有85~90%明膠、8~15%水分、1~2%鹽和1%葡萄糖。明膠品質以「布倫」數代表，這是以發明明膠品質測定裝置的奧斯卡・布倫（Oscar Bloom）來命名，布倫數高（250）代表明膠具有強力的凝結效能。

明膠的類別

美國市售明膠有好幾種類型。明膠粉粒和明膠片使用時先浸泡冷水，讓固態明膠網絡吸水，接著加入溫熱液體時就很容易溶解。若直接擺進溫熱液體，固態明膠粒外層就會變得黏稠，把相鄰顆粒黏住（不過就算黏成一團，最後仍會溶開）。明膠片的面積較小，帶進液體的空氣也較少，這算是優點，因為有時候廚師希望做出清徹的凍膠。還有一種「速溶明膠」，在明膠鏈還沒連結一起前，就將萃出液乾燥，因此這類明膠在擺進溫熱液體時，會直接溶開。另外還有一種「水解明膠」，製造時刻意破壞明膠，讓分子鏈變得很短，無法構成凝膠；水解明膠是食品製造業者常用的乳化劑（見139頁）。

按照甜點用明膠包裝上的建議，標準用量比例為每7公克包裝加水240毫升，溶液濃度約為3%；若調成2%和1%的溶液，凍膠的質地則會變得更軟。

明膠無法強化指甲和頭髮
許多人都認為，補充明膠能夠強化指甲和頭髮，不過，目前並沒有確鑿證據顯示這是事實。指甲和頭髮的組成材料是角蛋白，和明膠非常不同，而若要補充製造角蛋白的基礎原料，明膠也比不上其他蛋白質食品。

碳水化合物凝劑：瓊脂膠、鹿角菜膠和褐藻膠

除了明膠，還有好幾種原料可以用來把美味的液體轉變為動人的固體。許多派餅的餡料還有「土耳其歡樂軟糖」都是以澱粉凝膠製成，還有各種果凍和果醬也是用果膠調製而出（見第二冊76~77頁）。長久以來，世界沿岸地帶的廚師都發現多種海藻含有黏性物質，浸入熱水就會釋出，把水放涼就會結成凝膠。這類物質和明膠不同，並不是蛋白質，而是特有的碳水化合物，具有特殊且有用的特性。食品製造業者使用這類物質來製作凝膠，也用來安定乳化液（如鮮奶油和冰淇淋）。

瓊脂膠（洋菜、寒天）

Agar（瓊脂膠）是馬來語 *agar agar* 的精簡版，它是由好幾種碳水化合物和其他物質的混合物，人類很早就從不同屬的紅藻進行提煉（見第二冊137頁）。如今，工廠生產的瓊脂膠是先沸煮海藻、濾清汁液，再加以冷凍乾燥並製成棒狀或條狀，在亞洲雜貨店通常都買得到。瓊脂膠可以直接食用，質地軟韌耐嚼，泡水後切成一口大小，做成涼拌沙拉。在中式飲食中，瓊脂膠（洋菜）是種不調味的凝膠，可以切成薄片後沾醬食用，也可以加入果汁或拌入糖製成果汁味或甜味洋菜凍，或是拿來燉肉、燉魚或蔬菜。日本用瓊脂膠（寒天）製成甜果凍。

瓊脂膠的凝結濃度還比明膠更低，依重量計可低於1%。瓊脂膠凍膠（洋菜凍）不怎麼透光，質地比明膠凍更容易破裂。製作洋菜凍時，先把乾燥洋菜泡在冷水，接著加熱至沸騰讓碳水化合物鏈完全溶解，然後才添入其他成分一起攪拌，最後濾清汁液靜置放涼，冷卻到38°C左右就會凝結。不過，明膠凍的凝結和融化溫度約略相等，而洋菜凍則必須在85°C高溫才能再次融化。所以，洋菜凍入口不會融化，食用時必須咬碎。另一方面，洋菜凍就算在熱天仍能保持固態，甚至還能加熱食用。現代廚師利用這種特性，會在熱食菜餚中加入含有對比風味的小片洋菜凍。

明膠美食：肌腱、魚翅和燕窩

明膠質感深受華人喜愛，甚至會烹煮富含明膠的結締組織，熬煮出半固態黏稠質地的湯，而食材來源在西方簡直沒有人想過可以吃。牛腱就是一例；牛腱基本上完全是結締組織，熬煮幾個鐘頭，就能創造出既像凝膠又很爽脆的口感。魚翅是取自軟骨魚類鯊鰭的珍饈，從魚身取下之後，乾燥、退水、換水熬煮幾次以去除異味，接著就擺進湯底慢熬。

最奇特的就是燕窩了，這是金絲燕屬幾種穴居金絲燕所築的窩巢。這種燕子遍布東南亞和南亞全境。雄燕築巢時用唾液黏合材料，窩巢黏於穴壁，乾燥後就形成細小、結實的杯狀窩巢。燕窩採收後浸泡冷水，洗掉雜質，也讓燕窩吸水膨脹。接著就用湯底熬煮。吃燕窩講求半固態膠質的稠度，並不是明膠而是唾液蛋白質（黏蛋白，類似卵蛋白中的黏蛋白）的功勞；第一冊107頁）。

鹿角菜膠、褐藻膠和結冷膠

　　有些廚師很有實驗精神，會去探索其他少見的碳水化合物凝膠劑，其中有些是傳統用料，有些不是。「鹿角菜膠」採自特定幾種紅藻（第一冊344頁），這類食材在中國歷史相當悠久，用來凝結燉煮過的食物和美味的湯汁，愛爾蘭則用它來製作牛乳布丁。天然鹿角菜膠去除雜質後，可製成各種質地的凝膠，從爽脆的到富彈性的都有。「褐藻膠」取自幾種褐藻，而且必須加鈣才能凝結（鈣質來源包括牛乳和鮮奶油等）。創意十足的廚師利用這點，調製出球狀和長條形的小東西：他們先製作出不含鈣質的褐藻膠溶液，調製出想要的味道和顏色後，滴入（或注入）含鈣溶液，於是褐藻膠立刻凝成凝膠。「結冷膠」是種工業發明，是由一種細菌分泌出的碳水化合物，遇鹽或酸就凝結出非常澄澈的凝膠，而且有效率的釋出所含風味。

用麵粉和澱粉提高稠度的醬料

　　許多醬料的稠度，起碼有部分該歸功於澱粉，這些醬料從需要長時間熬煮的經典法式褐醬，到上桌前才增稠的肉汁醬都有。澱粉和其他增稠劑不同，是我們日常飲食的主要成分。多數植物光合作用產生的能量就是儲藏在澱粉分子裡。澱粉還供應全球人口所需熱量的3/4，主要都從穀物和根用蔬菜取得。澱粉是價格最便宜、用途最廣的增稠劑，用來搭配明膠和脂肪都很適合。料理用澱粉有很多種類，而且各具特色。

澱粉的性質

　　澱粉分子是好幾千個葡萄糖分子連結而成的長鏈構造，可分兩類：鏈長筆直的「直鏈澱粉」，以及鏈短且分支成叢的「支鏈澱粉」。植物把澱粉分子儲放在細小的固體粒子裡面。澱粉粒所含直鏈和支鏈澱粉的大小、形狀、比例和受熱表現，都會依所屬植物種類而異。

瓊脂膠：從洋菜凍到培養皿

瓊脂膠製成的固態凝膠，一向是微生物研究的標準工具。科學家在凝膠中加入各種養分，接著就在凝膠表面培養微生物菌落。瓊脂膠製成的凝膠具有幾項重要優點，勝過最早使用的培養介質，也就是明膠。鮮少細菌有辦法消化瓊脂膠罕見的碳水化合物，因此瓊脂膠凝膠能保持完整，細菌群落也能彼此區隔；至於明膠，許多細菌都能消化蛋白質，於是明膠的凝膠很快就會被細菌分解液化為沒有用的湯汁。此外，瓊脂膠在適合細菌滋長的理想溫度（通常為38°C左右）仍能保持固態，而明膠在這個溫度就會開始融化。
細菌學家是怎樣開始使用瓊脂膠的？19世紀晚期，莉娜‧赫斯（Lina Hesse，原籍美國，嫁給德國科學家）想到曾定居亞洲的家庭世交的建議，使依言以瓊脂膠製成凍膠和布丁，成品在德勒斯登（Dresden）的酷暑環境仍能保持固態。她的丈夫把這項提議轉知老闆，也就是微生物學先驅羅伯‧柯霍（Robert Koch），後來柯霍就是用瓊脂膠分離出結核菌。

線形的直鏈澱粉和叢生的支鏈澱粉

直鏈澱粉和支鏈澱粉的形狀，直接影響它們增稠的效能。筆直的直鏈澱粉溶入水中，分子鏈便會纏繞成長形螺旋構造，不過基本上仍保持線形外觀。長鏈形分子在液體中各自揮舞掃動時，很容易就會和其他分子鏈打結或纏結成顆粒。相較而言，分支狀支鏈澱粉結構緻密，因此這種分子比較不會互撞；就算撞上了，也比較不會糾結在一起，不致於阻礙鄰近分子和顆粒的移動。於是，就同樣的增稠效果來說，非常長的直鏈澱粉分子所需用量最少，較短的直鏈澱粉其次，叢生的支鏈澱粉所需用量最多。因此，不同澱粉所需用量也不同，馬鈴薯粉的直鏈澱粉分子較長，用量較少，小麥粉和玉米粉的直鏈澱粉長度較短，用量就較多。

膨脹和糊化

澱粉這麼有用，得歸功於澱粉在熱水中的反應。把若干麵粉或玉米澱粉調入冷水，不會發生任何現象。澱粉粒會慢慢吸水，約達本身重量的30%之後，便下沉至鍋底。不過，若是水溫夠高，水分子的能量就足以破壞澱粉粒較脆弱的部位，於是澱粉粒就能吸收更多水量並鼓脹起來，並壓迫澱粉粒內部較有組織、較強固的部位。溫度上升到特定區間，澱粉粒構造突然崩解，吸進大量水分，此時水和澱粉便雜亂交錯，不再有固定的網絡結構。崩解的溫度要視澱粉來源而定，通常會在50~60°C。這個溫度範圍稱為「糊化區間」，因為澱粉粒在這時化為一粒粒的凝膠（含水的長分子網狀構造）。當原本混濁的澱粉粒懸浮液，突然變得比較能透光，我們就知道已經達到糊化溫度，這是因為個別澱粉分子距離較遠，因此反射的光線較少，於是混合液就顯得比較清澈。

稠化：澱粉粒釋放出澱粉

澱粉和水之後會逐漸鼓脹、糊化，到了一定程度（視澱粉粒濃度而定）便會明顯增稠。多數醬料一開始都很薄（澱粉含量低於總重的5%），到了糊化

兩種澱粉

澱粉分子是種鏈形構造，由幾百個或幾千個葡萄糖分子鍵結而成。澱粉分成兩種：筆直的直鏈澱粉（左），以及分岔的支鏈澱粉（右）。就同樣數量的葡萄糖分子而言，長形直鏈澱粉鏈活動占用的空間，會大於較緻密的支鏈澱粉，而且較常與其他分子鏈交纏。因此直鏈澱粉的增稠效果，凌駕支鏈澱粉。

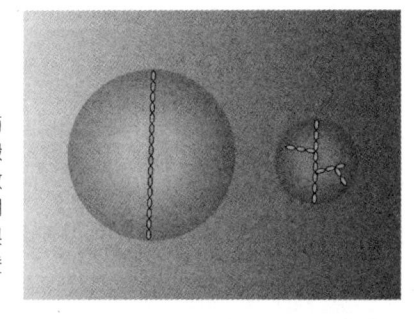

階段才會變稠,這時混合液也開始變半透明。一旦糊化澱粉粒開始釋放出直鏈澱粉和支鏈澱粉分子,融入周圍的液體,這時醬料會變得最稠。長形直鏈澱粉分子形成類似三維魚網的構造,不只能夠捕捉水分形成水囊,連吸水鼓脹的澱粉粒都像大鯨魚一樣被攔下,動彈不得。

薄化:澱粉粒瓦解

澱粉液稠度達到最高之後,會開始慢慢變薄。廚師可以做三件事情來助長薄化作用:稠化作用出現之後再繼續加熱、一直加熱到沸騰,以及同時大力攪拌。這三件事情的作用相同:把鼓脹的脆弱澱粉粒打碎成非常細小的碎片。儘管這樣一來還會有更多直鏈澱粉釋出融入水中,但是被直鏈澱粉困住的大型澱粉粒也就更少了。換句話說,網目變多了、變細了,而且此時大鯨魚也變成小鯉魚了。非常濃稠的醬汁一旦發生薄化反應,變化會特別明顯,但若是普通醬料,就沒有那麼醒目。要是澱粉粒本來就又稀又少,碎裂情況就比較不明顯。薄化作用發生時,醬汁的質地也會變得更細膩,澱粉粒消失了,只剩下小到無法分辨的細小分子。

以澱粉為基底的醬料經過長時間熬煮,就會出現薄化現象,部分是由於澱粉分子本身逐漸瓦解,化為較小碎片所致。酸會加速這種破壞過程。

冷卻、進一步稠化和凝結

一旦醬料中的澱粉糊化了,就表示直鏈澱粉已釋出,廚師也就可以熄火、讓醬料降溫。醬料冷卻的過程中,水和澱粉分子的活動能量便逐漸減弱,到了某個溫度以下,分子之間臨時鍵結的約束力便會逐漸大於隨機互撞而彼此分離的力道。較長的直鏈澱粉分子逐漸相連並形成穩定鍵結,其實當初也就是這種鍵結,把澱粉粒束縛在一起。水分子在澱粉鏈間隙凝聚成水囊,於是混合液就變越稠。倘若直鏈澱粉分子夠濃,溫度也降得夠低,那麼混合液就會凝結成固態凝膠,就像明膠溶液會凝結成凍膠。(分岔的支鏈澱粉分子需時較久才能相互鍵結,因此直鏈澱粉含量少的澱粉較慢凝結。)派餅餡料、布丁,以及其他用澱粉調和的含水固態食物,都是這樣製作出來的。

純澱粉

人類自古便會從穀物中的蛋白質等材料分離出澱粉。羅馬人稱之為amylum,意思是「不是磨坊磨的」。他們用臼來研磨小麥,磨成麵粉再浸泡好幾天,細菌在這段期間滋長,把穀物的細胞壁和麩蛋白消化掉,而緻密的固態澱粉粒則完整保留下來。他們取殘渣再次研磨,接著裹上細亞麻布用力擠壓,留下細小顆粒。澱粉顆粒經曝曬乾燥後,加入牛乳燒煮,不然就用來提高醬料稠度(見88頁)。

醬料上桌時的稠度

預先考量冷卻、稠化作用是廚師的要務。我們的醬料多半在爐火高溫下（約93°C）調製、品評，然而，醬料在上桌時薄薄一層淋上食物，馬上就會開始降溫、變稠。不論醬料在鍋中的稠度是高是低，上桌時一定會變得更稠，甚至在盤中凝結。所以熱爐上的醬料應該比較薄，低於上桌時應有的稠度。（減少增稠劑用量連帶也能減輕醬料風味被沖淡的程度。）要預測醬料最終質地，最佳做法是舀一匙到冷盤子上品嚐。

澱粉的類別和性質

要提高醬料稠度，有好幾種性質不同的澱粉可供選用。澱粉可分為兩類：從穀物提煉的澱粉（例如麵粉和玉米澱粉），以及從植物根莖部位提煉的澱粉（例如馬鈴薯澱粉和竹芋粉）。另外還有種西米粉，提煉自太平洋棕櫚（*Metroxylon sagu*）的莖髓，這種澱粉不常見，大概只會在加工食品成分表上才看得到。

穀物澱粉

從穀物提煉的澱粉，通常都具有幾項特色：中型的澱粉顆粒、含大量的小分子脂質（脂肪、脂肪酸、磷脂）和蛋白質。這些雜質有時會讓澱粉粒構造更為穩固，這表示澱粉粒要達到較高溫才會糊化，而且澱粉和水之後會變混濁，並產生獨特的「穀味」。純澱粉和水後結成的糊化網絡可以透光，若是澱粉中還含有細小的脂質或蛋白質複合物，結果就會呈現不透光的乳白色外觀。穀類澱粉富含中等長度的直鏈澱粉分子，這種分子很容易交織成網絡，於是醬料冷卻後會很快稠化、凝結。

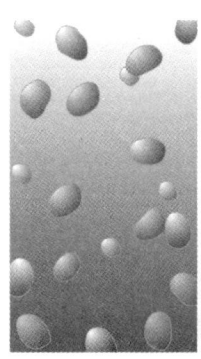

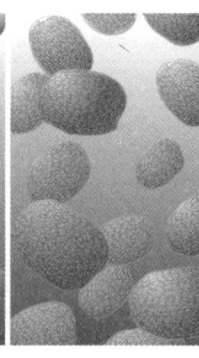

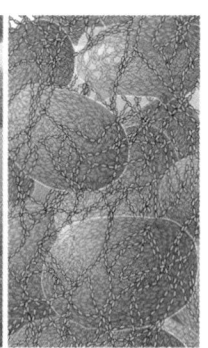

用澱粉提高醬料稠度。
生澱粉幾乎完全不會妨礙四周液體流動（左）。隨著醬料逐漸受熱，溫度提高到糊化區間，澱粉粒就會吸水、鼓脹，醬料也開始變稠（中）。繼續加熱到接近沸點，澱粉粒繼續膨脹，並釋放出澱粉鏈、融入液體（右）。醬料就在這個階段達到最稠。

小麥麵粉　小麥麵粉是以小麥麥粒磨粉製成，而且麥麩、胚芽都篩除，只留下富含澱粉的胚乳（見21、23頁）。小麥麵粉的澱粉含量約只有75%，其中10%是蛋白質，主要是不可溶的麩蛋白，因此增稠效能比不上玉米澱粉或馬鈴薯澱粉，要達到相等稠度得使用較多麵粉。常用的概略準則是，麵粉用量需達澱粉的1.5倍。麵粉帶有獨特的小麥風味，廚師常會預煮麵粉改變味道，接著才加入醬料（見127~128頁）。以麵粉為基底的醬料含有麩蛋白（麵筋）懸浮粒子，特別不透光，表面像是鋪了一層罩子。除非讓醬料熬煮好幾個鐘頭並撇除麩蛋白，否則是無法改善的。

玉米澱粉　玉米澱粉實際上就是純澱粉，所以增稠效能勝過麵粉。玉米澱粉是以整粒玉米製成，先浸泡，接著粗磨去除胚芽和稃殼，再經過研磨、篩濾，用離心機處理殘餘原料，以分離出種子蛋白質。這樣的澱粉，是經過清洗、乾燥、再研磨，才製成只含個別澱粉粒或細小粉團的細緻粉末。澱粉粒在這趟溼處理過程吸收了各種味道，同時所含微量脂質氧化後也發展出玉米澱粉的獨特風味，而不同於乾式研磨的小麥麵粉風味。

稻米澱粉　稻米澱粉在西方市場很少見。稻米澱粉是所有澱粉當中，平均顆粒尺寸最小的一種，而且在稠化初期還會生成特別細緻的質地。

根、莖類澱粉

和乾燥穀粒製成的澱粉相比，植物溼潤的地下儲藏器官提煉的澱粉顆粒比較大，能保存較多水分子，也較快煮熟，而且在較低溫度就會釋出澱粉。這類澱粉的直鏈式分子含量比例較低，鏈長卻可達穀類直鏈澱粉的4倍。根、

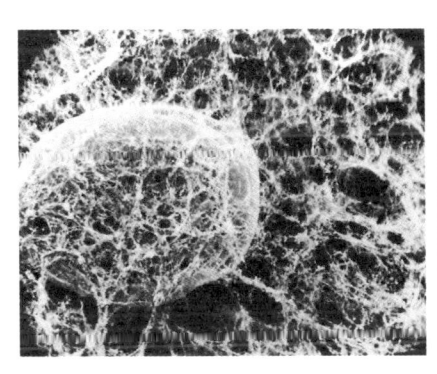

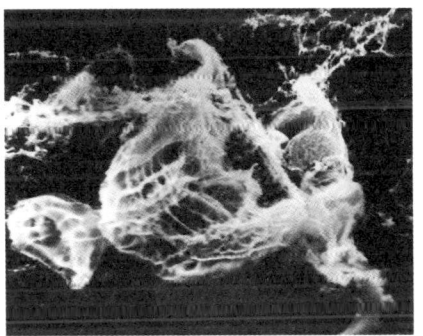

用澱粉調製醬料
馬鈴薯澱粉粒膨脹後，澱粉便釋放出來，並結成網子困住澱粉粒（左）。用澱粉增稠的醬料在這個階段稠度最高，此時澱粉粒和澱粉分子都會妨礙水分移動。這顆小麥澱粉粒幾乎把所有的澱粉分子都釋放到周遭液體（右）。澱粉粒瓦解之後，就不會再困在游離澱粉織成的網子，醬料也就變薄了。

莖類澱粉也含穀類澱粉的脂質和蛋白質，不過數量較少，因此澱粉比較容易糊化（脂質能安定澱粉粒構造，延緩糊化作用），風味也較不明顯。這種澱粉調製的醬料會呈半透明且帶有光澤。根類澱粉適合在上桌前用來調節醬料稠度，因為它只需少許就能達到特定稠度，而且根類澱粉的稠化速度快，也不需預煮來改進風味。

馬鈴薯澱粉　在歐洲，馬鈴薯澱粉是最早出現的重要精製澱粉商品，至今也依然是主要食用澱粉。這種澱粉具有好幾項不常見的特點。澱粉粒非常大，寬達1/10毫米，直鏈澱粉分子也非常長。這些特性讓馬鈴薯澱粉的初步增稠效果遠遠凌駕其他澱粉。直鏈澱粉長鏈不但會彼此交纏，也會和巨型澱粉粒糾結，因此能阻礙醬料液體的流動，並且把直鏈澱粉和澱粉粒結成一長串團塊，帶來黏稠的質感。鼓脹的大型澱粉粒會讓醬料帶顆粒質地，然而，這種顆粒卻很脆弱，容易瓦解成較細的粒子；所以醬料一旦達到最濃稠、顆粒也最多的程度，質地就會急遽改變，變得更薄、更細緻。馬鈴薯澱粉另一項少見的特點是含有大量磷酸鹽，這種物質帶有微弱電荷，會讓澱粉鏈互斥，因而更能均勻分散醬料各處，也讓溶液變得更稠、更清澈，冷卻時也更不容易結成凝膠。

木薯澱粉　木薯澱粉最常用來製作布丁，是種根類澱粉，提煉自熱帶植物木薯（*Manihot esculenta*，第二冊88頁）。木薯澱粉遇水往往會結成不討喜的黏稠凝塊，因此經常用來製作大顆粒預糊化的澱粉珍珠（見124頁），接著再長時間加熱煮軟。由於木薯在地下能長期保藏，而且收成後數天內就加工製成澱粉，因此不像小麥澱粉、玉米澱粉或馬鈴薯澱粉那樣會發展出強烈香氣（尤其是馬鈴薯澱粉，通常還採用經過長期儲藏的次級塊莖來提煉）。木薯澱粉的優點也就在於不帶強烈風味。

竹芋　就西方對竹芋澱粉的認識，這是西印度群島一種植物根部精煉而來。竹芋（*Maranta arundinacea*）提煉出的澱粉比馬鈴薯或木薯澱粉的顆粒都小，加

水後調出的質地沒有那麼黏稠，長時間烹煮也比較不會變薄。竹芋澱粉的糊化溫度比其他根類澱粉都高，和玉米澱粉較相近。此外，亞洲和澳洲還有幾種植物及其澱粉也都稱作「竹芋」，例如蒟蒻薯屬（*Tacca*）、美人蕉屬（*Canna*）和 *Hutchenia* 屬的幾種植物。

中國的根類澱粉　中國最早的澱粉是從粟和荸薺提煉的。如今，華人多半採用玉米、馬鈴薯或甘藷（全都是美洲植物）提煉的澱粉來增稠。亞洲還有其他植物可用來提煉澱粉，包括薯蕷、薑、蓮藕和葛根。

修飾澱粉

食品廠商對自然界現成澱粉一向不滿意，主要原因是，這類澱粉的濃稠度在整個產製、配銷、儲藏過程始終起伏不定，到消費者手中還會發生變化。因此，廠商已經設計出種種比較安定的澱粉。農作育種人士已經開發出所謂的「蠟質種」玉米，種子所含的澱粉幾乎都是較不易形成網絡的支鏈澱粉，直鏈澱粉微乎其微，甚至完全沒有。所以，蠟質澱粉製成的醬料和凝膠，能抗衡凝結作用，不會分成結實的固相和水樣殘液兩部分（直鏈分子較多的澱粉就容易惹出這樣的問題）。

原料廠商也運用物理、化學處理來修飾標準種植物提煉出的澱粉分子。他們以各種做法來預煮、乾燥澱粉，製出易溶型粉末或顆粒，這類產品很容易吸收冷水，在濃稠液體中也很容易散開，不需加熱烹煮。他們也會以化學方法來改動澱粉（讓分子鏈交叉連結，或是氧化，或是把整條分子鏈上的脂溶性側基全都換掉），讓澱粉比較不容易受烹煮破壞，提高澱粉安定乳化液的效能，還帶來「天然」澱粉不會有的特質。這種澱粉在成分表上都標示為「修飾澱粉」（modified starch）。

常見增稠用澱粉的水煮特性

	糊化溫度	最高稠度	稠度	長時間烹煮的安定程度	外觀	風味
小麥	52~85°C	＋	不足	好	不透明	強烈
玉米	62~80°C	＋＋	不足	中等	不透明	強~
馬鈴薯	58~65°C	＋＋＋＋＋	黏稠	差	清澈	中等
木薯	52~65°C	＋＋＋	黏稠	差	清澈	中性
竹芋	60~86°C	＋＋＋	黏稠	好	清澈	中性

其他成分對澱粉醬料的影響

調味品：鹽、糖、酸

澱粉和水是醬料構造的基礎，其他成分對構造多半只有次要影響。鹽、酸和糖通常都是為了調味才添加。加鹽會略微降低澱粉的糊化溫度，加糖則會提高溫度。至於酸，葡萄酒和醋都會讓澱粉鏈更容易斷裂，鏈長大幅縮短的結果是，澱粉粒的糊化溫度和瓦解溫度都會較低，因此同樣份量的澱粉，加酸之後調出的製品就比較不黏。根類澱粉在中等酸度（pH值低於5）就會受到明顯影響，而穀類澱粉則能耐受較強的酸度，如優酪乳和許多果實常見的酸度（pH值為4）。溫和加熱並縮短烹煮時間，都能減輕酸破壞現象。

蛋白質和脂肪

醬料中還有另外兩種常見成分，對質地也會有若干影響。麵粉中，蛋白質就占重量的10%，這其中大半是不可溶的麵筋。麵筋團塊很可能困在澱粉網絡中，因此會略微提高溶液的黏性，不過大體而言，純澱粉是效能最強的增稠劑。用濃縮高湯製成的醬料還含有大量明膠，不過，明膠和澱粉的效能似乎不會相互影響。

最後，脂肪通常存在於奶油、油脂或烤肉油滴之中。這類脂肪無法與水或水溶性化合物混合，卻能延緩水分滲入澱粉粒的速度。脂肪確實能為醬料帶來滑順、溼潤的口感，預煮奶油麵粉糊時，麵粉粒子也會包裹一層脂肪，而不會在水中結成團，所以脂肪能防止麵粉結塊。

把澱粉調入醬料

若想用澱粉來提高醬料稠度，廚師就得把澱粉調入醬料。這件事非常基本，做起來卻不容易！麵粉或澱粉若是直接加入高溫醬料就會凝結成塊，而且永遠無法打散，因為澱粉粒團塊一旦碰觸高溫液體，外層就會糊化，形成黏稠表面，結果乾燥顆粒就被封在內部無法溶開。

黏合液、奶油麵糊、麵粉裹肉

要澱粉均勻調入醬料，方法有四種。第一種是把澱粉加入一些冷水拌勻，如此一來，澱粉粒在未達糊化溫度前就能吸水、彼此分離。把澱粉與水和勻，就可以直接加入醬料。第二種做法也是讓澱粉或麵粉顆粒分離，不過不是用水，而是用脂肪。奶油麵糊（beurre manié）就是把麵粉和入等重奶油揉成的麵糊。若醬料起鍋前必須提高稠度，這時就可以取一塊麵糊加入高溫汁液，此時奶油會融化，逐漸釋出油膩澱粉粒子並融入醬料，由於表面有一層防水油脂，澱粉粒子膨脹和糊化的速度都會較慢。

第三種做法是，在一開始烹調時就加入澱粉，別等到後面再加。許多燉肉料理都先在肉塊上撒點麵粉再下鍋煎，接著才加入煮液，隨後再將這些煮液熬煮成醬汁。在這種做法中，澱粉已經先分散到肉塊表面廣大面積，油煎之後，澱粉粒表面也塗裹了脂肪，於是加入煮液時，澱粉就不會結塊了。

奶油麵粉糊

把澱粉加入醬料還有第四種做法，而這個作法已儼然成為一項小藝術。把澱粉拌入脂肪單獨預熱，製成法國人說的 *roux*（奶油麵粉糊，字面意思是「紅的」）。這項基本原理適用於各種形態的澱粉和油脂。在法國傳統體系，廚師把等重的麵粉和奶油擺進鍋中小心加熱，起鍋的時機有三：混合料水氣已經煮乾（此時麵粉依然是白的）；麵粉轉呈淡黃色；或麵粉呈明顯褐色。

如何改進風味、色澤和澱粉均勻度　奶油麵粉糊不但能為麵粉粒子裹上脂肪，並讓麵粉更容易在高熱液體中打散，還可對麵粉帶來三種有用的影響。首先，這能煮掉生穀味，發展出圓融的烘烤風味，而且顏色越深，風味也越明顯、強烈。其次，麵粉的顏色本身還能為醬料染上更深的色澤。麵粉這種色澤是褐變反應的產物，碳水化合物和蛋白質也是藉由這種反應，才散發出醇美的烘烤風味。

最後，澱粉鏈有部分會受熱分解，接著又彼此束縛新生鍵結。這通常表示，長鏈和支鏈都會分解成較小碎片，隨後又在其他分子上形成短小支鏈。

短小的支鏈分子增稠效能不如長鏈，不過，當醬汁降溫時，短小支鏈分子彼此鍵結的速度較慢，連續的網絡也較晚才會形成，於是醬料倒進盤中也就比較不會凝結。奶油麵粉糊的顏色越深，就會有越多澱粉鏈受到修改，也因此必須用上更多奶油麵粉糊才能產生特定稠度。對同樣的液量來說，深褐色奶油麵粉糊的用量就必須比淺色的多，才能提高液體稠度。（工廠生產的奶油麵粉糊的方法稱為「糊精化」，這可以讓澱粉更容易打散，冷卻時也更安定，做法是把酸或鹼稀釋之後和入乾澱粉，一起加熱至190°C。）

在法國之外，奶油麵粉糊在美國紐奧良料理界的地位特別顯赫。他們把麵粉加熱到好幾個不同階段，顏色深淺從灰白到巧克力褐色不等，廚師還會在同一道燉肉和秋葵濃湯中加入數種奶油麵粉糊，帶進特有的風味層次。

典型法國醬料的澱粉用法

艾斯科菲耶在1902年所制訂出的烹飪法則中寫道，部分使用麵粉來增稠的主要母醬有三種：以高湯熬製的褐醬和白醬、西班牙醬和絲絨濃醬，以及主要以牛乳製作的奶油白醬。每種醬料都以特定比例的奶油麵粉糊和液體調製而成。褐醬的原料高湯是以經過褐變的蔬菜、肉和骨所熬成，接著加入奶油麵粉糊來提高稠度，麵粉糊的麵粉也要煮成褐色，最後再把醬料熬煮濃縮。製作白醬的高湯，是採用未經過褐變的蔬菜、肉和骨所熬成，再加入淡黃色的奶油麵粉糊來黏合。奶油白醬則是使用牛乳和奶油麵粉糊，因此顏色不會發生變化。廚師運用這三種母醬，再添加各種調味料和滋養成分，就能創造出變化萬千的子醬料。

奶油麵粉糊一加入高湯，就要進行長時間熬煮：絲絨濃醬要熬上2個小時，褐醬就長達10個小時。水分在熬煮期間會蒸發，風味隨之濃縮，澱粉粒也溶解分散到明膠分子之間，最後就熬出非常滑順的質地。褐醬的熬煮時間最長，這是為了要讓醬料看起來清澈，因此必須等麩蛋白凝結並浮上液面，再連同番茄團塊一起撤除。

艾斯科菲耶表示，醬料應該具備三種特色：滋味清楚分明、質地滑順輕

最早發行的奶油麵粉糊食譜
長久以來，大家總認為，第一份奶油麵粉糊食譜是出現在17世紀晚期的幾部法國烹飪書中，然而，這份德文食譜（連同另一份）卻比拉瓦杭的弗朗索瓦·皮耶早了150年。由這兩份食譜研判，這種澱粉增稠劑，是在中世紀晚期發展出來的。

如何烹煮野豬頭以及搭配的醬料
野豬頭先經過水煮，煮好之後，擺在爐上並抹上酒，這樣會會像是用酒煮出來的。接下來要調製搭配的黑醬或黃醬。首先，如果你想調製黑醬，先拿一點脂肪加熱，裡面加入一小匙小麥麵粉後加熱到褐色，之後倒進好酒以及好的櫻桃糖漿，顏色就會變黑了，接著加糖、薑、胡椒、丁香和肉桂，葡萄、葡萄乾和剁碎的杏仁。嚐一下，口味隨你喜好。

——《沙賓納·韋瑟林的食譜》（*Das Kochbuch der Sabina Welserin*），1533年

盈又不會流散,以及外表要泛現光澤。滋味取決於高湯,湯要煮得好,就得好好調味。稠度和外觀就要看是如何增稠的。大體而言,長時間耐心熬煮是必要的,澱粉才不會殘留顆粒構造或起碼減至最少,這樣不可溶的麩蛋白才能由液面浮渣截住,之後再從醬料去除。以高湯為底料的醬料,調入明膠可以讓質地更稠,至於質地的黏度則大半是澱粉的功勞。這類醬料熬煮之後,澱粉濃度約達5%,明膠濃度則大約對半。

以牛乳為底料的醬料:奶油白醬和熟醬

醬料以牛乳當底料,製作上自然遠比用高湯更為容易,也更不易出錯;這是由於醬料已經呈乳狀,廚師不必操心要耗費時間熬煮來澄清汁液。用澱粉增稠的典型牛乳醬料是白醬,而且除了牛乳,只要再加入調味料和奶油,並在預煮階段加入澱粉加熱幾分鐘。把牛乳加入麵粉糊之後,要熬煮30~60分鐘,並不時撇除在液面凝結的乳皮和麵粉蛋白質。澱粉的增稠作用在牛乳中的效果比在高湯好,這顯然是因為澱粉和乳蛋白質以及脂肪球都能形成鍵結,這兩種沉重的成分織入網絡,可進一步阻礙液體流動。白醬的味道好,風味又不強烈,使用起來自然很靈活,可以和許多風味交融,還能搭配多種主要食材。白醬還可以製成好幾種稠度以搭配不同用途。稠度高的白醬(麵粉占重量的6%)可作為舒芙蕾的底料,略薄的白醬則適合焗烤,增添其水分和油脂。

「熟醬」在美國常用來搭配涼拌甘藍等質地堅韌的沙拉。熟醬中的麵粉不只用來提高牛乳和(或)鮮奶油的稠度,還能避免牛乳和蛋黃蛋白質受醋汁影響而凝結成粗大顆粒。

肉汁醬

現在要討論英裔美國人的家常肉汁醬(gravy),這是法國醬料的近親,採用澱粉增稠,通常用來搭配烤肉。肉汁醬是上桌前才調製出的醬料,成分

是烤肉汁、另外添加的液體，以及增稠用的麵粉。烤肉滴下的油汁含有脂肪和褐變碎肉，能為醬料增添風味和色澤。把鍋中油脂倒出收集起來，接著為鍋底「去渣」：以少量水、酒、啤酒或高湯，溶解刮除鍋底的焦褐物質。黏附在鍋底的褐變反應生成物，可以用液體溶除，萃得這種特殊的濃郁風味。把這些液體倒出並分開擺放備用。這時再把一些脂肪倒回淺鍋，加入等體積麵粉，煮到麵粉不帶生味才離火。加入鍋底焦褐物質的溶汁，每10~20公克麵粉加入250毫升。混合料燒煮到變稠即止，大概要花幾分鐘。

肉汁醬在最後一刻才調製，燒煮時間短，因此不夠讓澱粉粒瓦解，所以通常質地略顯粗糙，就算裡面沒有澱粉團塊也是如此。這給肉汁醬帶來一種與柔順醬料全然不同的厚重特色，若是調得極稠，會稠得像麵包一樣。廚師可以調出非常滑順的質地，首先取麵粉拌入少量鍋底焦褐物質的溶汁，調好之後加熱煮到澱粉粒糊化，並和成一團濃稠麵糊，這時就猛力攪拌，讓澱粉粒互撞並碎裂成細小碎片。接下來，把剩下的鍋渣溶汁和入麵糊，加熱熬煮到質地均勻、稠度適中為止。

艾斯科菲耶談未來的奶油麵粉糊

從各方面來看，艾斯科菲耶都是奉行傳統之士，雖說如此，他仍公開表示，期望有一天能夠見到純澱粉取代麵粉，來為以高湯為基底的醬料提高稠度。

沒錯，如果要讓醬料具有柔和、綿滑的質地，非得澱粉不可的話，那就給它純澱粉，這樣要達到這個程度的所需時間最少，也免得擺在爐火上太久。所以，不久之後，澱粉、澄粉（fecula幾乎為100%的澱粉）或竹芋粉，都極有可能提煉出完全純淨的樣式，用來取代麵粉，調製出奶油麵粉糊。

如今，擁護古典醬料的人，卻往往忠心耿耿地堅持使用麵粉。

用植物粒子增稠的醬料：蔬果泥

我們餐桌上最美味的醬料，有些不過是拿蔬、果搗成泥，例如番茄醬和蘋果醬就是這樣來的。把蔬果碾碎或搗成泥，可以釋出細胞中的汁液，還能讓細胞壁碎裂，懸浮在液體中，阻礙水分流動而產生稠度。堅果和香料本身搗不出汁液，不過加入液體後卻能吸收部分水分、提供乾燥的細胞顆粒，並妨礙液體流動，因此具有增稠效果。

過去，蔬果泥大多都是先把植物組織燒煮軟化之後，再以研缽搗碎或是用細網壓擠篩濾，至於新鮮蔬果泥只能採用熟成軟化的水果或易碎的堅果來製作。如今，廚師得以用強力的機器（攪拌機、食物處理機），輕輕鬆鬆把蔬、果或種子搗成泥，因此不管生、熟都行。

植物粒子：粗糙、低效能的增稠劑

相較於其他增稠法，單純搗泥製作出的醬料，質地往往很粗糙，也很容易區隔成固體粒子和稀薄液體兩部分。固態的植物細胞壁碎片，是成千上萬碳水化合物和蛋白質分子組成的團塊。倘若這些分子能細密分散在液體中（就像明膠或澱粉分子在其他醬料中的情況），就能和許多水分子鍵結，彼此糾結，這樣構成的顆粒尺寸便會小到我們的舌頭察覺不到。然而，植物細胞碎片的寬度從0.01~1毫米不等，舌頭會感覺得到顆粒，同時，細胞碎片和水鍵結並干擾液體流動的能力，也遠遠不如個別分子。再者，碎片的密度通常比細胞液還大，因此最後一定會下沉，和液體分隔開來。若是只加熱而不攪拌，往往還會加速這個分離過程，因為這時未被束縛住的水分就得以從鍋底向上流動，通過較濃稠的粒子相，積聚留在上方。

有些醬料和相關製品，原本就不打算調出平滑、柔順的質地；事實上，廚師還特別保留部分完整的組織塊，以強調蔬果原本的質地。以番茄和綠番茄製作的墨西哥莎莎辣醬，以及未經濾篩的蔓越莓醬和蘋果醬，都是常見實例。

讓蔬果泥質地更細緻

廚師要改良蔬果泥的粗糙程度，作法有二：改動固態植物顆粒，或是改

說文解字：蔬果泥

Puree（蔬果泥）是指經過徹底搗碎的蔬果或動物組織，最早源自拉丁文 *purus*，意思是「純粹的」。英文 puree 則是間接借用自法文動詞 *purer*，廣義的意思是「純化」，特定的意思則是指豌豆等豆類靜置浸泡後瀝除多餘水分。豌豆等豆類瀝乾之後，還要加熱煮成糊，於是這種豆糊的濃稠質地，後來就成為其他蔬果泥的原型樣板。

動周圍的液體。

讓植物顆粒變小　要盡量縮小植物顆粒，作法有以下幾種：
- 搗泥過程本身就是一種物理加工，把植物組織碾壓、斬切成碎片，從裡面釋放出能提高稠度的分子。果汁機和研缽是最有效的搗泥工具；食物處理機則是以切削而非碾壓來處理食材。就算是攪拌機，要做出細膩的蔬果泥依然要花點時間，至少要打好幾分鐘。
- 用篩網或濾布篩除大顆粒。而迫使蔬果泥穿過細密篩孔，還能讓大顆粒碎裂成較小碎片。
- 加熱讓細胞壁軟化，瓦解成較小碎片。加熱還能讓細胞壁的長鏈碳水化合物分子鬆脫，進入水相，於是這些長鏈分子的行為就可以像個別的澱粉、明膠分子一樣。
- 蔬果泥冷凍後再解凍。如此冰晶會破壞細胞壁，釋放出更多果膠和半纖維素分子到液體中。

防止分層　減少連續相的含水量，還可以改進蔬果泥的黏稠度。最簡單的做法是文火熬煮，把蔬果泥熬成濃汁，直到分離的稀薄水相消失。另一種做法更能保存蔬果泥的新鮮風味：倒出稀薄液層，留下固體部分，這些液體可以丟掉，或是獨自熬成濃汁後再加回去。也可以在碾壓之前，先把蔬果含水部分去除，例如把番茄剖半，擺進烤爐局部烤乾。

蔬果泥粒子本身具有黏合功能，而且加入其他增稠劑還可強化，例如乾燥香料或堅果，或是麵粉、澱粉。

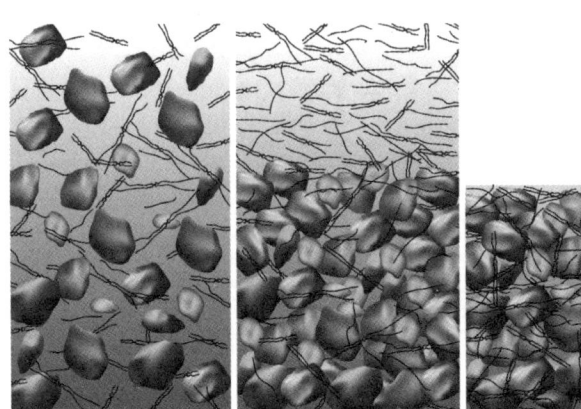

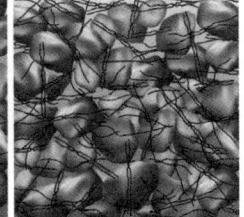

水果或蔬菜搗成的泥
碾磨植物組織，能讓內部構造外露，釋出細胞液，並把細胞壁和其他構造破壞成細小碎片。蔬果泥是植物粒子和水中懸浮分子混合成的食材（左）。若靜置不動，蔬果泥多半會分成兩層，大型顆粒聚集在底部（中）。要避免這種分層現象，加熱蒸發額外水分即可，而且還可提高蔬果泥的稠度（右）。

蔬果泥

所有蔬果都可以搗碎製成醬料。這裡就簡單討論幾款較常見的蔬果泥食品。

生果泥

生果泥通常都以水果製成。果實的熟成酵素通常能從內部破壞自身的細胞壁，於是完整果肉才能在口中化為果泥。覆盆子、草莓、甜瓜、芒果和香蕉，都是這種天生柔軟的果實。生果泥通常還會加糖、檸檬汁，以及香草或香料，以彰顯果泥風味。不過生果泥的風味很脆弱，很容易改變。果泥中，細胞質以及氧氣混在一起，因此會馬上引發酵素作用和氧化反應（這些作用對熟食果泥的影響，請參見底下「番茄醬」）。蔬菜泥放入冷藏可以盡量減輕這種變化，低溫能延緩所有化學反應。

生菜泥：青醬

熱那亞青醬（pesto genovese）是羅勒葉搗泥製成的義式菜泥，裡面包含橄欖油，因此也算是種乳化液。Pesto 和 pestle（搗、杵）源自同一字根，傳統上就是用杵和臼把羅勒葉和蒜頭一起搗碎。這種做法費時費力，因此現代廚師通常都是以攪拌機或食物處理機來製作青醬。設備種類和用法，會影響質地和風味。搗杵的碾壓和斷切、攪拌機的斷切，還有處理機的削切動作，都會影響完整和破損細胞的比例。細胞破壞越徹底，內容物接觸到空氣和彼此接觸的機會就越多，因此帶入的氣味也就更多。顆粒粗大的青醬，風味和新鮮羅勒葉片非常相像。

熟菜泥、熟果泥

製作蔬菜泥時，多半先把蔬菜組織煮軟並破壞細胞，釋放出細胞所含增稠分子。其中有些分子能帶來特別平滑的柔順質地，這些分子的細胞壁富含可溶性果膠，搗泥時細胞壁碎裂軟化，果膠就會流出。這類蔬菜包括胡蘿蔔、花椰菜和辣椒屬的各種辣椒；辣椒泥所含細胞壁固形物起碼有75%是

果膠。多種根莖類蔬菜（胡蘿蔔除外）都含有澱粉粒，烹煮時會大量吸收蔬菜中的水分，降低溼潤質感。不過，搗輾這種蔬菜時，手勁最好和緩一些，不要把細胞搗碎。搗得太徹底，會釋出糊化澱粉，把蔬菜變得又黏又糊。

就算水果已經熟成軟化，廚師通常還是會做加熱處理，以改善果實的質地、風味，延長儲藏期限。最常見的熟果泥是蘋果泥，這種果泥原本就該帶點粗糙質感，但外觀不帶顆粒。不同蘋果品種的細胞，黏附性也不相同，而且會隨著儲藏時間而改變。肉質較軟的品種，果泥擺放一陣子之後質地多半會變得更細緻，若是使用麥金塔蘋果，成品就較粗糙。

番茄醬：酵素和溫度的重要影響

西方最常見的蔬果泥（可能也是全球最常見的）是番茄醬和番茄糊。番茄的固態成分中，有2/3是美味的糖分和有機酸，還有20%是具備增稠作用的細胞壁碳水化合物（包括纖維素10%，果膠和半纖維素各5%）。美國市售番茄泥有些可能把完整番茄的所有水量都納入，有些則只含1/3。番茄糊是番茄泥熬煮濃縮而成，含水比例不到生鮮番茄的1/5。因此，番茄糊把風味、色澤和稠化效能濃縮於一身。（番茄糊還能有效安定乳化液；見140頁。）

蔬果泥製作過程會出現好幾項變數，全都會影響最後成品的質地和風味。食品科學家已經對量產的番茄醬研究透徹。整體研究心得，也可以用在其他蔬果泥的製作上。

番茄的酵素和黏稠度 番茄醬的最後稠度，不只是取決於移除的水分多寡，還要看果泥受中、高溫處理的時間長短。番茄熟果的酵素非常活躍，能破壞果實細胞壁中的果膠和纖維素分子，也讓果實質地更顯柔軟、脆弱。番茄在初步碾壓階段，所含酵素和作用目標分子會徹底混在一起，酵素也開始破壞細胞壁構造。當生果泥在室溫下擺放一段時間，酵素就會大量破壞細胞壁的強化物質，這樣釋出的分子就能大幅提高果泥的稠度；加熱也會產生同樣效果，但必須低於果膠酵素的變性溫度（約80°C）。

然而，若是接著烹煮果泥，去除水分並加以濃縮，那麼已經被酵素破壞

的分子，受到高溫影響後還會瓦解成更小的碎片，增稠效能也會變差，這時就必須再大幅濃縮，才能調製出稠度合宜的果糊。但若直接把生果泥迅速煮到沸騰，熬出的醬料就比較濃稠，後續濃縮作業所需時間也會比較短。此時果膠和纖維素酵素會變性並失去效能，同時細胞壁也會受熱瓦解，這使得果膠會從細胞壁釋出並融入液體中。果膠分子鏈較長，因此增稠效果也比較強。

番茄的酵素和風味　番茄的酵素除了影響質地，還會影響風味；事實上，初期的酵素作用是能增進風味的。新鮮的「青綠」風味得自兩種嗅覺分子（乙醛和乙醇，第二冊48頁），這是熟成番茄的重要風味元素；當熟果組織在口中或鍋中受壓碾碎時，所含脂肪酸就受酵素作用產生這類分子。若快速加熱至沸點，生成的新鮮風味元素數量最少；若是讓生果泥在室溫環境靜置一陣（例如墨西哥莎莎辣醬），或只用文火緩慢加熱，果泥就會聚積這種風味分子。在家烹調有時會採取一種做法：他們把番茄對切或再對切，擺進烤箱小火烤掉水分，最後再下鍋烹煮，用較短時間熬成醬。這種作法可盡量降低酵素和目標分子的混合程度，於是細胞較能保持完整，產生的青綠香氣也較淡。

　　此外，義大利還有一種傳統番茄製品「義式番茄膏」（estratto）。拿新鮮番茄略作熬煮，接著拌入橄欖油，再把果糊抹在板子上，置於日光下曝曬做進一步乾燥。一般形容這種方式比烹煮更為「溫和」，或許可以減輕果膠分子受損程度。不過這樣一來，好幾種容易受損的分子（包括茄紅素這種抗氧化物，以及橄欖油的不飽和脂肪酸）就會因強烈的紫外光照射而受損，也因此番茄膏才帶有特別強烈的熟食風味。

■ 用堅果和香料來提高稠度

　　就種子等乾燥植物食材來說，只有含油的堅果可以單獨用來調製醬料。當堅果研磨成泥，所含油質便會構成連續相來潤滑細胞壁和蛋白質顆粒。

番茄的增稠成分	固形物總量，重量百分比（%）	果膠和半纖維素含量，重量百分比（%）
生番茄	5～10	0.5～1.0
罐裝番茄醬	8～24	0.8～2.4
罐裝番茄糊	40	4

不過，堅果多半還會加入其他成分（例如液體），因此堅果就會是複合型懸浮液中的一種成分，其乾燥粒子和油質（乳化成細小油滴）還能提高汁液稠度。在中東和地中海一帶，以杏仁為醬料增稠的歷史相當悠久，這些醬料包括romesco醬（以紅椒、番茄和橄欖油製成）、picada醬（以大蒜、香芹和油製成），還有亞洲熱帶地區的椰醬（以椰子和香料、香草搗碎後，用來調製醬料，搭配肉、魚、蔬菜料理）。

堅果和其他細磨種子及香料，還有助於提高液體醬料的稠度，這得歸功於它們本身就很乾燥，所含粒子會從醬料吸水，因此自由流動的水分就會減少。同時，粒子本身還會膨脹，構成較大障礙而阻擋液體流動。乾燥香料可以用來調味，還能提高稠度，例如印度醬料的薑黃和小茴香和肉桂；此外，芫荽的增稠效果特佳，這是因為含種皮纖維能夠吸水。乾燥辣椒、堅果粉和香料都有增稠作用，可用來調製墨西哥什錦醬。乾燥辣椒粉則是西班牙和匈牙利紅椒粉（分別為甜椒粉和紅椒粉）的重要成分；芥末也是廣泛使用的材料。有些香料還會釋出有效增稠分子到液體中。葫蘆巴種子會泌出一種膠質，葉門的hilbeh醬就是以此增加黏稠性；黃樟樹的乾燥葉片研磨成的菲雷粉會釋出碳水化合物，用來料理路易斯安那州秋葵湯，能讓湯汁略顯黏稠。

複合型混合料：印度咖哩、墨西哥什錦醬

最複雜又最精緻的蔬果泥醬都出自亞洲和墨西哥。印度、泰國料理的多種「肉汁醬」，都是把植物組織細粉（印度北方用洋蔥、薑和大蒜，印度南方和泰國則用椰子）和好幾種香料和香草拿來用熱油拌炒，讓原料水分大半蒸發，等到植物固形物充分濃縮、醬料黏稠，且油質析出為止。拌炒時醬料也跟著煮熟，於是生鮮風味消失，發展出新的味道。接下來加水稍微稀釋醬料，並加入主要食材烹煮。墨西哥什錦醬的製法大致相同，不過基本原料通常都是用乾燥辣椒復水；另外還有南瓜籽和其他種子。由於辣椒的果膠含量高，墨西哥什錦醬的質地比亞洲醬料更滑順、細緻。不過，兩種都是令人驚奇的美味醬料。

用油、水微滴增稠的醬料：乳化液

　　截至目前為止，我們討論的醬料都是稠化的液體，裡面布滿細密的固態食材：蛋白質分子、澱粉粒和澱粉分子、植物組織和細胞壁顆粒。除此之外，還有一種非常不同的增稠作法，那就是讓油滴散布在水基液體中。由於油滴質量遠高於個別水分子，運動效率也較為緩慢，因此會阻礙水分子移動，讓整個混合液呈現一種乳脂狀濃稠質地。這種混合液稱為「乳化液」，是一種液體分散在另一種液體之間。乳化液的英文emulsion源自拉丁文的「擠出乳汁」，意思是可以從堅果等植物組織榨出的乳狀汁液。牛乳、鮮奶油和蛋黃都是天然乳化液，至於醬料乳化液則有美乃滋、荷蘭醬、奶油白醬和油醋醬。現代廚師運用這項基本概念來提高液體的稠度，還常在菜單上用上「乳化液」一詞來指稱某種形式的料理，這是個歷史悠久的用語，比「醬料」一詞還更古老。

　　乳化醬料也為廚師帶來一道難題：乳化液基本上是種不安定的液體，這和以固體原料增稠的醬料不太一樣。拿一碗油，加入一些醋汁攪打，醋汁會在油中形成微滴。不過醋滴很快就會下沉凝集，幾分鐘之後，兩種液體就會分隔開來。油和醋基本上是不相容的液體，因此廚師不只是要調出乳化液，還必須防範乳化液還原，一分為二。

▍乳化液的固有性質

　　要調製乳化液，一定得用兩種無法互溶的液體來調製，因此兩種液體混拌之後，依然會保有各自特性。舉例來說，水和酒精的分子能互溶，就不能形成乳化液。除了醬料之外，化妝乳液、地板蠟、家具亮光蠟、某些油漆、瀝青和原油，全都是油水乳化液。

▍常見食物乳化液的脂肪、水含量相對比例

食品	每百份水量的脂肪份數
（水包油的乳化液）	
全奶	5
半對半鮮奶油	15
低脂鮮奶油	25
高脂鮮奶油	70
體積濃縮1/3的高脂鮮奶油	160
蛋黃	65
美乃滋	400
（油包水的乳化液）	
奶油	550
油醋醬	300

▌兩種液體：既連續又分離

我們可以把乳化液中的兩種液體，看成容器和內容物：其中一種液體分解成各個微滴，而每個微滴都被另一種液體包圍，浸覆在連續的液態質團裡。簡單來說，「水包油」乳化液是連續水相中瀰散著油滴的液體，而「油包水」則是相反情形。瀰散的液體都呈細小微滴，寬度介於1/10000~1/10毫米之間。微滴的尺寸夠大，足以讓光線路徑偏折，散入周圍液體，造就出乳化液的典型的乳狀外觀。

連續相擠進越多微滴，水分子行進就越受阻礙，微滴也越難流動，同時乳化液也就越黏稠。低脂鮮奶油的脂肪微滴約占總體積的20%，水分則占80%；高脂鮮奶油的油滴約占體積的40%；若是呈半固態的美乃滋，油滴幾乎占體積的80%。分散相液體越多，乳化液就越濃稠；若連續相液體越多，油滴間隙就會擴大，乳化液也就變得比較稀薄。顯然，重點是必須記得哪種液體是屬於哪一相。乳化醬料幾乎全都屬於水包油系統，因此我們設定以下討論的連續相都是水，分散相則是油。

▌形成乳化液：克服表面張力

製作乳化液很費事。我們都有經驗，把水、油倒入同一個碗中，兩種液體就分隔成兩層：一個液層不會自動轉變成細小微滴然後散入另一層。這種現象的起因是，當兩種液體基於化學因素無法混合，它們就會自動排列，讓雙方相互接觸的程度降到最低。同樣液體構成單一大型質團，這樣就可以減小和另一種液體接觸的面積，若是整團液體瓦解成碎片，表面積就會增加。液體這種盡量縮小自體表面積的傾向，就是「表面張力」的作用表現。

▌一匙油打出無數油滴

因此，廚師要應付的就是表面張力，他們必須注入能量才能把液體打散。

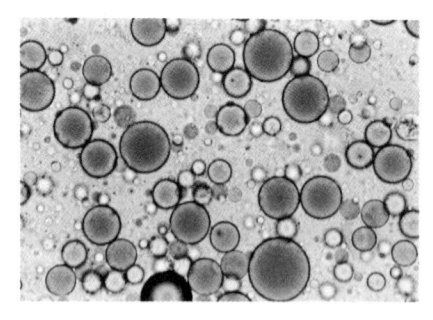

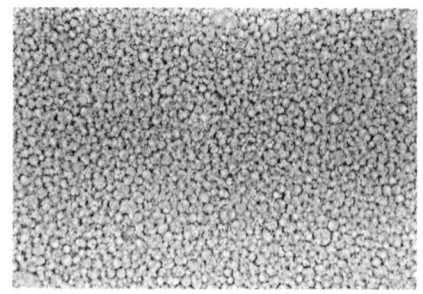

想調出醬料就得打破這種由單一物質獨霸的局面，而且必須打得夠碎：要把一匙油攪打成美乃滋，就相當於把15毫升的油打成300億顆油滴！只要用手認真攪打或用廚房攪拌棒處理，是可以施加足夠的剪切力，打出寬度只有區區0.003毫米的油滴。攪拌機還能打出更小的油滴，而工業用均質機（乳化機）更能打出寬度不到0.001毫米的微滴。油滴尺寸有其影響，因為較小油滴比較不會聚集，因此醬料也比較不會再分隔成兩相。油滴較小，還能產生比較濃稠、細膩的質地，再者，由於表面積較大，芳香分子也比較容易釋出，飄進我們鼻子，因此風味也顯得比較濃郁。

兩項因素可以讓廚師更輕鬆打出細小微滴。一項是連續相的黏稠度，這能施加較大力量拖住油滴，還能更有效傳遞攪拌棒的剪力來打散油滴。取少許油，灑進一瓶水中，形成的油滴顆粒粗大，而且很快就會聚集；取少許水，灑進黏度較高的油，水就會分解成細小水滴，散佈很均勻且持久。所以，剛開始時連續相越黏越好，等乳化液形成之後，再用其他原料來稀釋。

另一項因素，就是乳化劑的運用。

乳化劑：卵磷脂和蛋白質

乳化劑分子能減弱表面張力，因此一種液體打入另一種液體時，會比較容易形成細小微滴，產生細膩的乳脂狀乳化液。乳化劑包覆在微滴表面，能阻隔微滴和連續相。因此，乳化劑是貨真價實的「媒人」：乳化劑必須同時溶於兩種互不相容的液體，同一分子在相異兩區皆占有一席之地，一區溶於水，另一區溶於脂肪。具備乳化劑功能的分子有兩大類。其中一類的代表是蛋黃的磷脂質，亦即卵磷脂。卵磷脂是種小型分子，尾端像脂肪，可深入脂肪相中，帶電荷的頭端則能吸附水分子（第一冊340~341頁）。另一類乳化劑是蛋白質，這類分子尺寸大多了，由胺基酸長鏈組成，分子有好幾處具備親油區和親水區。最好的蛋白質乳化劑是蛋黃蛋白質、乳類酪蛋白和鮮奶油。

美乃滋形成過程（左頁）

用光學顯微鏡可以觀察到美乃滋的兩階段製作過程。1匙油（15毫升）打進一枚蛋黃和水，產生的乳化液油滴稀疏且大小不一（左）。8匙油（120毫升）打出的乳化液呈半固態且油滴緻密而細小（右）。蛋黃是種乳化劑，蛋白質則是種安定劑，兩種功能都必須夠強，才能耐受相當物理壓力，也才能防止油滴凝聚，形成分離的油層。

▎安定劑：蛋白質、澱粉和植物粒子

有了乳化劑，廚師製作乳化液就比較輕鬆了，然而，調出的乳化液卻不見得都很安定。乳化液形成後，微滴還是有可能迅速聚集，因為相互碰撞或推擠時，表面張力還是可能把它們拉扯到一塊。所幸乳化液形成後，還能借助幾種分子和粒子來安定性質。所有安定劑都具有阻隔作用，因此當微滴兩兩靠近時會先撞上安定劑而不致於互撞。像蛋白質這種厚重的大分子，很能發揮這種功能，澱粉、果膠和樹脂還有植物組織的細碎粒子也都如此。白芥籽粉的安定效能特別好，歸功於顆粒本身和沾溼時釋出的膠質。番茄糊含有相當分量的蛋白質（約3%）和細胞粒子，是種有用的乳化劑和安定劑。

▎乳化醬料調製訣竅

▎形成乳化液

廚師和化學家向來都認為乳化液是種捉摸不定的溶液。一位化學家在1921年寫道，當代化學書籍「談到乳化液調製法，都得不厭其詳仔細說明」，他還引述兩項細節：「倘若一開始是向右攪拌，之後一定要繼續向右攪拌，否則就製作不出乳化液。有些書本甚至會說，左撇子調不出乳化液，不過這看來似乎有點荒謬。」大家總會擔心，乳化液的構造在某個階段就有可能崩解，分隔成油層和水層。這當然有可能發生，不過要怪就怪廚師，可能犯下的錯誤有三種：廚師把分散液加入連續相液體的速度太快，或者分散相液體太多，也可能是醬料過熱或過冷。

製作乳化醬料應遵循幾條基本規則：
- 最早擺進碗中的原料是連續相（通常是水基成分），而且起碼需含若干乳化、安定成分。分散相一定要隨後才添入，次序不得相反，否則就無法打散！

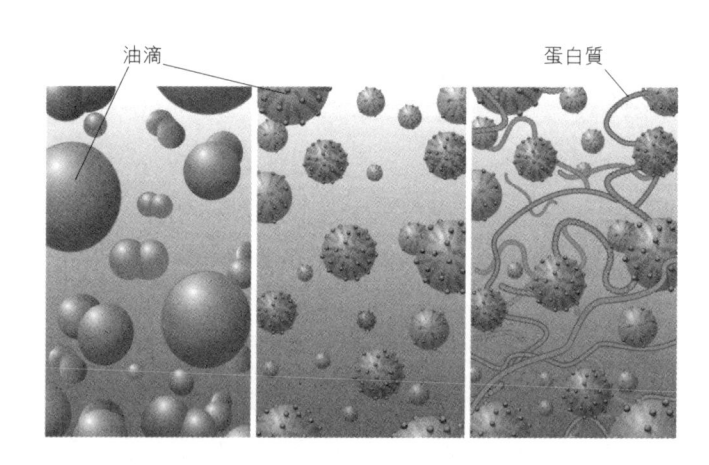

油滴　　　　　　　　　　　　蛋白質

- 加入分散相必須非常和緩，每次一小匙，同時還得一邊猛力攪打。只有當乳化液成形，並產生黏性後，才可以加快添油速度。
- 兩相的比例必須仔細酌量。大多數乳化醬料中，分散相的分量都不得高於連續相之3倍。若微滴蜂擁集結，彼此密集碰撞，結果就比較可能匯聚成團。要是乳化液質地過於黏稠，廚師就必須添加連續相，讓微滴有轉圜空間。

剛開始要慢

在調製乳化液的初步階段，分散相要少量慢慢加入，而且要謹慎，道理很簡單：此時乳化的油質微乎其微，甚至尚未乳化，大顆油滴很容易就避開攪拌動作，還會黏附在攪拌工具並聚集在表面。倘若前一批油還沒有完全乳化就大量加入新的油，那麼碗裡尚未乳化的油液就可能局部超過水量，導致油液變成連續相，而本該是連續相的水液反倒分散在油中。結果就會打出一碗內外相反、油脂不受拘束的乳化液。只要第一批油液是小量逐次打入，廚師就有把握打出細小油滴，而且油滴的數量還能不斷增多。等到最後的整個溶液已經完全乳化，剩下油液就可以快速倒入，因為乳化液中的油滴就可以發揮研磨的功能，自動把新加入的油液分解為同樣大小。醬料調製到最後階段，廚師就不需奮力攪打來直接分解油滴，只需輕鬆地把新添入的油液攪拌均勻，讓油滴來「研磨」即可。

乳化醬料的用法和儲存訣竅

醬料乳化完成後，使用時還是得依循兩項基本原則。

- 醬料不得過熱。醬料分子和所含油滴在高溫環境會猛烈運動，油滴有可能在大力碰撞下再度聚集。如果是加蛋乳化的醬料，一旦溫度高於60°C，蛋白質就會凝固，再也無法保護油滴。還有，熟食醬料在上桌前文火加熱會蒸發水分，水分一旦蒸發到特定程度，油脂微滴就會變得太過稠密。所以，乳化液不應保持高溫，只能微微保溫，而且不得淋上才剛離火、還嘶嘶作響的食物。
- 醬料不得過冷。低溫會增加表面張力，於是相鄰微滴就比較容易聚集。

不安定的／安定的乳化液（左頁）

油和水是不相容的物質；彼此不能均勻相混。把油加入水中攪打後，雖形成小油滴，但這些油滴往往還會彼此凝集，在水面形成一層油液（左）。乳化劑分子尾端有親油基，頭端有親水基（第一冊340~341頁）。這種分子會把長長的尾端伸入脂肪微滴，帶荷電的頭端則伸入水中。這種包覆方式能讓油滴互斥，不再聚集（中）。大型水溶性分子（包括澱粉和蛋白質）能阻隔脂肪微滴，有助於安定乳化液（右）。

奶油脂肪在室溫下會凝固，有些油脂擺進冰箱也會凝結。凝油會產生帶鋒利邊緣的脂肪晶體，破壞微滴的乳化劑塗層，於是微滴就會聚集，之後要是攪拌、加溫就會分層。冷藏過的乳化液使用前通常都必須重新乳化。（工廠生產的美乃滋，所使用的油脂在冷藏溫度依然能保持液態。）

挽救分層的醬料

當乳化醬料構造碎裂，分散相微滴也聚集成團，這時有兩種做法可以重新讓醬料乳化。一種是把醬料整個倒進攪拌機，以機械動力重新攪散分散相。倘若醬料仍有未受破壞的乳化劑和安定劑，分子數量也還夠多，這樣做通常很有效，但要是煮熟的含蛋醬料，蛋白質已經過熱凝固，這時就無能為力了。第二種方法比較可靠，重新加入小量連續相，或再添加一枚蛋黃，如此便連帶加進豐富的乳化劑和安定劑，接著細心攪打，損壞的醬料即可回復原樣。倘若原有醬料受熱過頭，蛋白質成分已經凝固，在重新乳化之前，就必須先把凝固體篩除；否則等乳化液挽救回來之後，殘存的蛋白質顆粒會讓人左右為難，因為顆粒不大不小，既無法濾除，嚐起來又會感到一粒粒的。

鮮奶油醬和奶油醬

鮮奶油和奶油不必拿來調成醬料，它們本身就是醬料！事實上，它們正是所有醬料的原型，鮮奶油和奶油入口餘味綿延，質感濃稠豐盈，風味濃郁雅致。融化小塊奶油，取小塊龍蝦或摘一葉朝鮮薊沾著吃，或是以鮮奶油淋上新鮮漿果或糕點，這都是美妙的組合。不過，鮮奶油和奶油還可以靈活運用，利用它們來製作醬料。

牛乳和鮮奶油乳化液

鮮奶油之所以用途廣泛，來自牛乳的特性。牛乳是種複雜的混合液，連續相是水，分散相則是微滴般的乳脂（即乳脂小球），蛋白粒子則是酪蛋白團（第一冊39頁）。微滴外面包圍著薄層乳化劑（有類似卵磷脂的磷脂質和

一種乳化湯汁：馬賽魚湯

馬賽魚湯是普羅旺斯特產，熬煮時需借助明膠來增稠、乳化。煮這種湯要使用多種魚類，有的是全魚有的是部分，有的帶很多骨頭（目的在溶出明膠，不是為了魚肉），然後加入一點橄欖油，熬出一鍋香氣十足的湯汁。最後需以旺火大滾，就可以讓油脂瓦解為細小油滴，明膠作為安定層，將油脂包覆住。因此這種魚湯兼具明膠的黏性和油滴的乳脂狀濃郁質地，以此結合成濃稠湯汁。

特定幾種蛋白質）；此外，水中還懸浮著一些酪蛋白以外的自由蛋白質。小球外膜和這些蛋白質都能耐熱，因此普通牛乳和鮮奶油就算經過高溫沸煮，脂肪小球也不會聚集使得醬料分層，蛋白質也不會凝固而結塊。

全奶約只有4%是脂肪，脂肪小球太少，間隔太遠，不夠阻擋水相流動，因此也不太能帶來濃稠的口感。若將牛乳中的脂肪小球集中在一起，便成了鮮奶油：低脂鮮奶油約18%是脂肪，高脂鮮奶油或發泡鮮奶油則約達38%。鮮奶油除了脂肪，還能提供蛋白質和乳化分子，可以協助安定其他比較脆弱的乳化液（如奶油白醬）。

高脂鮮奶油能抗拒凝結

牛乳和鮮奶油所含酪蛋白很安定，能夠耐受沸騰溫度，對酸卻很敏銳，因此酪蛋白在又熱又酸的環境下會凝結。許多醬料都含有美味的酸類物質，例如溶除鍋底殘渣的液體就常是帶酸質的葡萄酒。這就表示，牛乳和鮮奶油製品（包括低脂鮮奶油和酸奶油）多半不能下鍋熬製成醬料，這類食材只有在起鍋之前才能加入。不過高脂鮮奶油和法式酸奶油例外，這類鮮奶油的酪蛋白含量極低，就算凝結也不會察覺（見第一冊50頁）。

濃縮鮮奶油

液體（例如搭配肉類的醬料或是鍋底殘渣溶汁或蔬菜泥）加入高脂鮮奶油，除了能帶來豐富養分，還能提高液體的稠度；當然了，鮮奶油的脂肪小球經過稀釋，質地也會變得稀薄。為了提高鮮奶油的增稠效果，廚師還會把連續相的水分煮掉，進一步提高鮮奶油濃度。當鮮奶油分量濃縮了1/3，脂肪小球的濃度便達到55%，質地就像用澱粉增稠的淡醬料；若濃縮到一半，脂肪小球便占了總分量的75%，質地也變得非常濃稠，幾乎呈半固態。這種濃縮鮮奶油含有豐沛的脂肪小球，拌進較稀薄的液體，足以讓混合液充滿小球，帶進一種扎實的濃稠質地。

廚師也可以在最後一刻再來濃縮、稠化鮮奶油，例如肉類煎好後去除鍋底褐變物質，溶出汁液之後再添入鮮奶油，接著就拌勻、加熱並熬煮出合宜稠度。

用法式酸奶油來調製醬料

濃縮鮮奶油有幾項缺點。製作費時又耗神；會散發非常濃烈的燒煮味；有時太過油膩，無法和特定醬料達成平衡。另一種好用的濃縮鮮奶油是法式酸奶油，這是種高脂鮮奶油，稠度更高，卻不是熬煮濃縮的，而是發酵製品（見第一冊72~73頁）。乳酸菌的酸度讓水相所含酪蛋白凝聚在一起，構成網絡，讓水分動彈不得。有些菌種還會分泌出碳水化合物長鏈分子，進一步提高水相稠度，兼具安定作用。若不用濃縮鮮奶油而改採法式酸奶油，不需特別處理，但質地就比較不濃稠，風味也較清爽。由於法式酸奶油蛋白質含量低，因此很耐熱，在普通酸奶油的凝結溫度依然不會凝結。

奶油

奶油和鮮奶油都是乳化液，不過奶油的連續相不是水，而是脂肪，這種情況在食品乳化液中相當罕見。事實上，奶油是水包油的鮮奶油乳化液「逆轉」製成的油包水乳化液（第一冊55頁）。奶油具有連續脂肪相，還有一些攪拌時未被打破的脂肪小球，合計占了80%體積，小水滴則占了15%左右。奶油融化時，較重的小水滴沉到底部並分隔出一層。於是，融化奶油的稠度，就是奶油脂肪本身的稠度。由於脂肪分子鏈很長，流速自然較慢，黏性也比水高，因此融化的奶油（完整的奶油或經「榨取」去除水相的澄清奶油都算在內）就是種簡單又可口的醬料。有時廚師還熬煮完整的奶油，先熬去水分，再把固態乳質煮成褐色，讓脂肪帶堅果香味。法國「榛子奶油醬」和「黑牛油醬」都是這種煮到焦褐的奶油，通常還分別加入檸檬汁和醋，調成暫時性乳化液。

調和奶油和發泡奶油 另有幾種做法也會利用奶油的半固態質地，讓奶油的濃郁滋味作為醬料背景。一種做法是加料製成「調和奶油」，使用的材料有搗碎的香草、香料，還有甲殼類的卵或肝等食材；另一種是奶油軟化後加入風味液體攪打發泡，製成綜合式乳化液和泡沫。接著就把這種調味奶油當成醬料，取一塊加熱後融化出濃郁風味，淋上肉、魚料理或作為義式麵食的醬料，或也可以調入其他醬料成品，製作出新的醬料。

▌把奶油變回鮮奶油

　　奶油的獨特性在於，這是一種能逆轉的乳化液。它的前身是鮮奶油，而且還能變回鮮奶油！奶油之所以那麼好用，就是因為它能逆轉。許多醬料（如鍋底殘渣溶汁）都可以在最後步驟加添奶油，增加成品的油脂；奶油白醬也是靠這種逆轉特性調成。要把含80%油脂的奶油轉化成等價鮮奶油，關鍵只有一項：初步處理時，必須使用少量水分。如果只拿奶油來融化，連續相依然是油脂，小水滴則在脂肪相之外凝結。不過，如果把奶油融進水中，那麼你一開始就是把水當成連續相。當脂肪分子釋入水中，四圍就全都是水，還有奶油本身所含小水滴的溶融物質，也都會直接混入煮液。小水滴中含有乳類蛋白質，還有游離的乳化劑（得自原料鮮奶油所含脂肪小球表面那層乳化劑薄膜）。當脂肪融入水中，游離的蛋白質和磷脂質也會重新黏上脂肪，逐漸聚集，在一顆顆脂肪微滴外表形成防護層，最後便形成水包油乳化液。然而，將奶油還原成鮮奶油的這種油滴塗層，構造十分脆弱，比不上原有脂肪小球的包覆膜層，而且一旦加熱達60°C，油脂就會開始流失。

　　因此，凡是水基醬料，全都可以在最後步驟加入小塊奶油來提高稠度和脂肪含量。以奶油來濃縮鍋底殘渣溶汁最合適了，殘汁的明膠含量不多，又不含澱粉，無法增稠，因此可以在起鍋前片刻加入奶油。把1份奶油加入3份鍋底殘渣溶汁（必須離火，以免脆弱的微滴塗層受損），調出的稠度（和脂肪含量）與低脂鮮奶油約略相等。

　　蔬菜泥和澱粉增稠醬料都可以添入少量奶油（或鮮奶油）來潤滑固態增稠劑，還能帶來滑順質感。這類醬料富含乳化-安定劑分子和粒子，因此加熱到沸騰也不會促使還原的脂肪微滴分隔開來。

▌法式奶油白醬

　　法式奶油白醬有可能就是來自以奶油滋養煮液的手法。製作奶油白醬要先把醋和（或）葡萄酒濃縮成美味汁液，接著加入一塊奶油攪打即成。每塊奶油都包含一份新醬料所需一切成分，所以廚師想加入一塊或100塊奶油都行，

比例完全看廚師的喜好和需求而定。奶油白醬的稠度和濃稠鮮奶油差不多，一旦乳化液初步成形，還可以加添無水澄清奶油，讓稠度再提高。奶油所含水分溶有磷脂和蛋白質，這類成分能乳化乳脂，分量可達本身乳脂量的2~3倍。

奶油白醬受熱超過58°C就會開始分離，奶油乳脂也會流出。不過，磷脂乳化劑很能耐熱，會重新形成防護層。過熱醬料只要添加少量涼水，猛力攪打，通常都能回復原狀。添加一匙鮮奶油，能補充更多乳化材料，還可以讓奶油白醬變得更安定。對奶油白醬危害最大的是冷卻到低於體溫。乳脂在30°C左右就會固化結晶，晶體突穿乳化劑薄膜，還會彼此連結，形成連續的脂肪網絡，於是醬料再加熱時就會分離。奶油白醬的理想保存溫度是52°C左右。由於水分在這種溫度會蒸發，脂肪相有可能變得太濃，因此，若是醬料必須儲放一段時間，最好不時添加水分。

乳化奶油醬 (Beurre Monte)

乳化奶油醬和奶油白醬關係相當密切，實際上這是種沒有調味的奶油白醬，差別只在初步調製時並不用醋或葡萄酒，而是使用水分。乳化奶油醬有幾種用途，其中一種是作為燉煮媒介。由於脂肪的熱傳導性和熱容量都比水差，因此能煮出風味細緻的魚、肉料理，若使用高湯以相同溫度熬煮，加熱速度就會較快。

蛋的乳化效能

前面已經討論過，廚師可以用蛋黃來提高各種高溫醬料的稠度。蛋黃蛋白質受熱就會伸展並相互鍵結，從而形成一張阻礙液體流動的網絡（見112頁）。蛋黃還是非常有效的乳化劑，而且道理很簡單：蛋黃本身就是濃度高且組成複雜的水包油乳化液，裡面滿含乳化分子和分子團。

乳化粒子和蛋白質

蛋黃的組成成分有很多，其中使蛋黃具備乳化能力的有兩種。一種是「低

密度脂蛋白」（LDL，會在我們血液中循環，因為它會把膽固醇從肝臟帶到血管，對動脈具有潛在阻塞危害，因此驗血時會檢測其含量）。低密度脂蛋白是由乳化蛋白質、磷脂和膽固醇等包覆在脂肪分子周圍所形成的粒子。完整低密度脂蛋白粒子的乳化能力，遠超過本身任何組成原料。另一種主要的乳化粒子是較大的蛋黃顆粒，這裡面含有低密度脂蛋白和高密度脂蛋白（HDL，會攜帶「好膽固醇」回肝臟，高密度脂蛋白的乳化能力更勝低密度脂蛋白），以及分散的乳化蛋白質（卵黃高磷蛋白）。蛋黃顆粒相當大，沒辦法妥善包覆微滴表面，不過，一旦接觸到中等濃度的鹽分，顆粒就會瓦解成低、高密度脂蛋白和蛋白質等成分，而這些成分的包覆功能就非常好。

用蛋來乳化醬料

拿蛋黃當作乳化劑，以溫暖的生蛋效果最好。若是剛從冰箱取出，不論哪種蛋黃粒子，都只能緩慢移動，無法快速且完整包覆住脂肪微滴。一旦蛋黃煮熟，蛋白質就會伸展、凝結，再也無法發揮彈性表面塗料的功用。有時可以用全熟的蛋黃替代生蛋黃調製乳化醬料；熟蛋黃的缺點是，蛋白質已經凝固，磷脂可能都困在凝結的粒子間，因此乳化效能遠遜於生蛋黃，同時，蛋黃組織還會帶來沙沙的口感。

那麼蛋白呢？蛋白的蛋白質較少，適合用在不含脂肪的水樣環境，因此無助於包覆油滴。然而，蛋白的蛋白質還是具有一些黏性，這是因為它們的尺寸較大，彼此還會鬆散連結，因此，這種蛋白質對乳化液有若干安定功用。

含蛋冷醬：美乃滋

美乃滋是種含懸浮油滴的乳化液，底料成分包括蛋黃、檸檬汁或醋、水，通常還有芥末，這裡面含帶風味粒子、安定粒子，還有碳水化合物（見第二冊234頁）。這是油滴分布最密集的醬料（含油比例高達體積的80%），質地通常很密實，而且因為太過黏滯而無法澆淋。美乃滋可以用各種水基液體（如蔬果泥和高湯）來稀釋、調味，也可以加入鮮奶油；美乃滋還可以用發

泡鮮奶油或發泡蛋白將空氣打入。美乃滋是種室溫製品，通常用來為各式冷盤調味。不過，由於成分含蛋黃蛋白質，受熱也會產生有用反應。把美乃滋調入稀薄湯底並烹煮片刻，可以帶來濃稠質地，也讓湯汁更多油；還有，魚類、蔬菜燒烤之前先塗上一層美乃滋，可以調節進入的熱能，受熱還會鼓脹，凝結出濃郁的外殼。

傳統上，美乃滋都以生蛋黃調製，因此會有感染沙門氏菌的風險。製造商會使用經巴氏殺菌法處理過的蛋黃，一般廚師若擔心沙門氏菌，也可以購買經巴氏殺菌法處理過的蛋類來使用。醋汁和特級初榨橄欖油都能殺菌，不過處理美乃滋時必須記得，這是極易腐壞的食品，最好立刻使用或冷藏保存。

調製美乃滋

美乃滋的原料應該保持室溫，溫熱會加速乳化劑從蛋黃粒子轉移到油滴表面。最簡單的做法是先均勻混拌其他原料（蛋黃、檸檬汁或醋汁、食鹽、芥末），接著再把油攪打進去。剛開始攪打速度較慢，等乳化液變稠之後再加速。不過，廚師也可以在打散蛋黃和食鹽後，便調入部分油脂，讓油滴先安定下來，使乳化液變得黏稠，等到要稀釋時再加入其他成分。食鹽會破壞蛋黃顆粒，分解出粒子，讓蛋黃變得清澈也更黏稠。若是不稀釋，這樣的黏度會讓油脂更容易分解成更小的油滴。

常有烹飪書表示，油對蛋黃的比例極為重要，一枚蛋黃只能乳化半杯或一杯油，然而這種說法卻完全錯了。單單一枚蛋黃，起碼能乳化12杯油。真正的關鍵在於油對水的比例：隨著油滴數量漸增，連續相也要增加，才有地方容納油滴。每添加1份油，廚師都應該提供約1/3份的液體（包含蛋黃、檸檬汁、醋汁、水，或是別種水基液體）。

反應敏銳的醬料

由於美乃滋油脂含量很高，使得油滴相互推擠，而且所含乳化劑要是遇到極高或低溫，或是劇烈攪動，都很容易受損。冷藏時若溫度接近冰點，或者食品加熱到高溫，那麼美乃滋的油質便會流出。工廠製的美乃滋都會

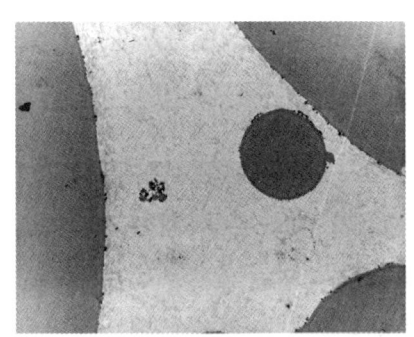

美乃滋中的油滴
電子顯微鏡照片。圖示為蛋黃中的蛋白質、乳化劑的分子和分子團，夾在大型油滴之間或表面，有助於防止油滴凝結。

添加安定劑（通常是長鏈碳水化合物或蛋白質分子）來填補油滴間隙，以舒緩這類問題。美國的瓶裝「沙拉醬」是非常安定的複合醬料，兼含美乃滋和沸煮式白醬（不用牛乳，改用水調製）。不過，這種修飾醬料的質地，和正宗美乃滋的乳脂狀緻密構造顯然不同。美乃滋冷藏後，處理手法要很溫和，因為部分油脂已結晶或是溢流出來。遇到這種情況可以和緩攪拌，重新乳化，也可以滴幾滴水進去一起攪拌。

溫熱含蛋醬料：荷蘭醬和貝亞恩蛋黃醬

經典溫熱含蛋醬料（荷蘭醬和貝亞恩蛋黃醬，及其衍生出的其他醬料），都是加蛋乳化的奶油醬。從許多層面來看，這類醬料和美乃滋都很相像，而且也必須維持高溫，才能讓奶油保持液態。這類醬料的分散相是脂肪，通常占比較小，介於總體積的1/3~2/3。荷蘭醬和貝亞恩蛋黃醬的差別主要在調味方面；荷蘭醬使用少量檸檬汁調味，貝亞恩蛋黃醬則一開始就調進帶酸味的芳香濃縮料（以葡萄酒、醋汁、龍蒿和分蔥調成）。

受熱會稠化、凝結

溫熱含蛋醬料的稠度取決於兩項因素。一是添入奶油的樣式和用量。完整的奶油約15%是水，因此每多添一份，蛋汁和醬料都會變得更為稀薄；澄清奶油完全是乳脂，每次添加都能提高醬料稠度。第二項影響質地的因素是蛋黃受熱稠化的程度。調製這類醬料，重點在於蛋黃受熱要充足，才能達到理想稠度，卻又不能加熱過頭，以免蛋黃蛋白質凝固，結成細小凝塊，導致醬料分隔。分隔出現在70~77°C左右。使用雙層蒸鍋，或者隔水加熱熬煮醬料，都能確保醬料溫和而均勻受熱，不過烹煮時間也要拉長；因此，有些廚師寧願冒險，以爐火直接快速加熱。添加酸性濃縮液，可以把凝結風險降至最低；pH值若在4.5左右，就相當於優酪乳的酸度，蛋黃便能安全加熱達90°C。（酸會讓蛋白質互斥，於是蛋白質還來不及相互鍵結就已經展

調製美乃滋
廚師先用少量水相（大半是蛋黃）作為底料，慢慢倒進油脂，攪打成油滴（左）。隨著納入的油量增多，混合料也變得濃稠，油脂分解成較小油滴（中）。醬料調好後，油滴比例高可達體積的80%，質地也呈半固態（右）。

開，形成綿延網絡，而不會凝結成塊。）廚師若是擔心沙門氏菌，就該確保蛋黃至少加熱到70°C，不然也可以使用經巴氏殺菌的蛋。

調製荷蘭醬和貝亞恩蛋黃醬

荷蘭醬和貝亞恩蛋黃醬起碼有五種不同調製方法，而且各有優缺點。

- 首先烹煮蛋汁和水基成分，熬出濃稠質地，接著將完整的奶油塊分次打入，以乳化乳脂並稀釋連續相。這是卡漢姆（Carême）法，也是最難捉摸的做法，因為初步調成的蛋汁混合液數量很少，很容易煮過頭。
- 給蛋黃和水基原料加溫，打入完整的奶油或澄清奶油，接著加熱至混合液熬出合宜稠度為止。這是艾斯科菲耶（Escoffier）法，優點是廚師可以整鍋醬料一起加熱，直接調節最終稠度。
- 把所有原料都擺進冷鍋，點小火加熱，一邊開始攪拌。奶油逐漸融化並流入蛋相，雙方一起受熱，彼此交融。醬料成形後，廚師還可以繼續加熱，直到出現合宜稠度為止。這是最簡單的做法。
- 蛋黃完全不烹調；只把蛋黃和水基成分溫熱至奶油的熔點，接著就打入澄清奶油，直到油滴群集生成合宜稠度為止。這基本上就是奶油美乃滋，而且絕對不會把蛋黃加熱過頭。
- 調製奶油醬版沙巴雍醬（見154頁）。蛋黃和水若干一起加熱，並一邊攪打直到起泡，接著緩緩加入融化的奶油或澄清奶油，並加入檸檬汁或濃縮酸液。這種醬料一定會清淡得多，所含奶油對蛋黃比例也比較低。

除了奶油之外，脂肪和食用油也可以調出溫熱含蛋醬料，並以濃縮肉汁或蔬菜泥來為水相調味。

搶救含蛋醬料

奶油醬料的溫度最好保持在63°C左右，這樣不但能避免奶油凝固，還能遏阻細菌滋長。在這個溫度，蛋類蛋白質會持續緩慢鍵結，因此廚師必須

用橄欖油調出瘋狂美乃滋

所有食用油都可以用來調製美乃滋。其中一種廣受歡迎的油品是未精製特級初榨橄欖油，這種油品調出的美乃滋很不安定，剛開始看起來很好，但是1~2個小時之後就會分層。諷刺的是，惹禍的傢伙很可能正是具有乳化功能的分子：碎裂的油分子。這種碎片的尾端像脂肪，頭端則能溶於水，構造和卵磷脂沒有兩樣（見第一冊340頁）。碎片在油液中聚集，廚師把油攪打成油滴時，碎片也會轉移到油滴表面，最後就把有效的蛋類乳化劑推離油滴表面。由於油滴緊緊聚攏在一起，最後便凝結形成一汪油液。

橄欖油美乃滋擺放一陣就會瓦解，義大利人熟知這種現象，他們形容這種現象是「發瘋了」（*impazzire*）。油品久放或儲藏不當，所含油分子最容易受損，用來調製美乃滋就會惹出這些麻煩。要防止美乃滋發瘋有兩種做法，一種是完全使用精製橄欖油，另一種則是主要以沒有味道的精緻油來調製，再加入特級初榨油來調味即可。

不時攪拌醬料，以免稠度提高。容器應該加蓋，醬料的水分才不會蒸發而導致油滴太過密集，還可以預防蛋白質在液面形成薄膜。

倘若含蛋醬料凝結了，仍有挽救的辦法：可以濾除蛋白質固體凝塊，並設法讓整碗醬料保持溫熱。先準備一枚溫熱蛋黃和一匙水（15毫升），慢慢把醬料拌入蛋黃液。若醬料冷藏後乳脂結晶，也可以用這種手法來挽救；這種醬料一經回暖，晶體就會融化，化為液態油脂。

油醋醬

油包水乳化液

最常見又最容易調製的乳化醬料，是單純以油、醋調成的「油醋醬」（英文名vinaigrette，源自法文的「醋」）。油醋醬很能沾附在萵苣葉和其他蔬菜上，其清新的酸味很能映襯出菜葉的滋味。油醋醬的標準油醋成分比是3:1，類似美乃滋的比例，不過調製過程簡單得多。油醋醬在使用前要搖晃，通常就是把兩種液體和其他調味料（食鹽、胡椒、香草）均勻混合，形成混濁的暫時性乳化液，再淋上沙拉食用。這種簡單調製出的油醋醬，可說是醬料中的異數：它不是讓小油滴分布在水（醋）中，而是讓小水（醋）滴分布在油中。既然沒有乳化劑幫忙，1份水實在是容不下3份油，於是份量較多的油便成為連續相。

基於幾項很好的理由，油液才成為油醋醬的連續相，我們也才不用擔心乳化液的安定性問題。道理在於，許多醬料都是淋在整塊的食物底下或上頭，但油醋醬則幾乎是用來搭配生菜沙拉，目的是要均勻、細緻地覆蓋著萵苣葉和鮮切蔬菜的廣大表面。如此看來，想要附上菜葉表面，易流動的稀薄醬料比乳脂狀濃稠醬料好用，油液也比水基醋汁好用（因為水的表面張力很強，難以構成薄膜，而是會凝結成水珠）。再者，既然醬料塗布得很開，那麼分散的小水滴是夠安定，影響就沒有那麼大了。由於水和油兩相牴觸，生菜沙拉必須仔細弄乾，再淋上油醋醬；若表面溼溼的，就會把油液排開。

另一種油質乳化液

近年來，我們想到美乃滋（mayonaise），都認為這是只用蛋來乳化的醬料；然而，過去其實還有其他幾種做法，也能形成風味濃郁、質地安定的油質乳化液。1828年（據說美乃滋是在這幾十年前發明的），為醬料做系統分類的偉大廚師安東尼‧卡漢姆（Antonin Carême）提出三篇食譜，介紹「馬格農白醬」（Magnonnaise blanche）做法。其中只有一種含蛋黃成分，另外兩種都用滿滿一杓的含澱粉絲絨濃湯或白醬作為底料，再加入用小牛肉和小牛骨熬成的明膠濃縮肉汁一起調成。馬格農白醬以明膠和蛋白（白醬的成分）為乳化劑，澱粉則是安定劑。用香草調味的義大利青醬有許多種類，其中幾種用全熟的蛋黃和麵包來乳化橄欖油。普羅旺斯的aïoli和希臘的skorthaliá，則都是以蒜頭搗碎拌入熱馬鈴薯作為乳化劑；也有人用蒜頭、麵包，或是新鮮乳酪。這些成分的乳化和安定作用都比不上生蛋黃，另外能乳化的油量較少，因此製成的醬料也往往會流出部分油脂。

非傳統式油醋醬

如今，油醋醬一詞的界定非常廣，舉凡以醋汁調製的乳化醬料，不論是油包水或水包油、冷的或熱的、專門用在生菜沙拉的或魚類肉類的，幾乎全都算在內。只需改動用料比例，就可以調出水包油的油醋醬：減少油量，並以其他水基成分來稀釋醋汁，就能帶來更多連續相，而且不會讓醬料顯得過酸。水包油式油醋醬呈稀薄乳脂狀，塗布、沾附效果都很不錯，還有一點也優於傳統油醋醬，那就是能使萵苣葉較慢變色、凋萎。（因為油液會從葉面蠟質角皮層的裂縫滲入，散布葉片內部，排開那裡的空氣，導致葉片顏色變深，結構崩解。）

如今，廚師發揮創造能力，採用各種油脂來調製油醋醬，包括美味可口的橄欖油和堅果油、以蔬菜和種子提煉的植物油和籽油、融化的奶油，甚至還有豬、鴨、禽鳥的溫熱脂肪；水相的選擇則有蔬菜汁、果汁、蔬果泥、肉汁或濃縮高湯；至於微滴則可用各種方法來乳化和安定，例如用果汁機徹底研磨成細小顆粒，或者調入搗碎的香草或香料、蔬菜泥、芥末、明膠，或鮮奶油。現今的油醋醬可是變化萬千的醬料！

有些瓶裝沙拉醬看起來就像油醋醬，通常這都是以澱粉或醣膠來安定並增添稠度；這種沙拉醬如果是低脂的，就還能調出黏稠質地。

調製油醋醬

油醋醬的油對水的比例和美乃滋的比例相仿，不過油醋醬的水是散成微滴的分散相，油則是連續相。這種乳化液的微滴密度要低得多，所以油醋醬的流動性才遠高於美乃滋。

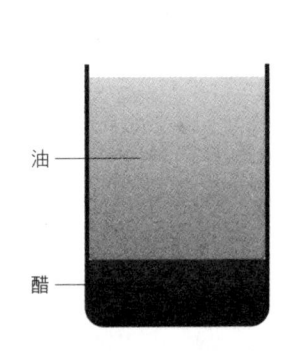

油

醋

用氣泡增稠的醬料：泡沫

泡沫和乳化液一樣，都是兩種流質相互融合，一種分散在另一種當中。就泡沫而言，那種流質並非液體，而是氣體，分散的粒子也不是微滴，而是氣泡。不過，氣泡的作用和醬料中的微滴是一樣的：微滴擋住醬料的水分子，不讓它們輕易流動，由此讓整體醬料的質地變得濃稠。同時，氣泡還有兩項特性：和空氣接觸的面積廣，能促使更多香氣逸出，飄進鼻孔；此外氣泡質地輕盈、不具實體，會迅速消散，所以幾乎都能與搭配的食物，形成一種清新的對比。

有一種經典型發泡醬料「沙巴雍醬」，這是一邊烹煮蛋黃、一邊攪打出的安定氣泡團。發泡鮮奶油和發泡蛋白也都可以打出泡沫，拌入任意水基醬料。不過，如今廚師也採用形形色色的水基液體和半固態食材來調製泡沫，這類食材都含有溶解的或懸浮的分子，或者某種能夠安定構造的分子。20世紀西班牙加泰隆尼亞廚師佛蘭・艾德利亞（Ferran Adrià）帶頭發展這種作法，他以多種原料來調製泡沫，包括鱈魚、甲殼類、鵝肝、蘆筍、馬鈴薯、覆盆子和乳酪等。許多食材都可以打入氣泡，讓質地變得更輕盈，像是高湯底和濃縮高湯，還有採蛋白質和澱粉增稠的醬料、果汁、蔬菜泥，以及乳化醬料。泡沫可以在最後一刻快速調製：拿一些液體攪打到發泡，舀起氣泡最多的部分，加到菜餚上，就可以上桌」。

調製、安定泡沫

要把氣泡打進液體並發揮安定作用，方法有很多種。用攪拌棒或手持式攪拌機來攪打液面來帶入空氣；濃縮咖啡機打奶泡的蒸氣口，噴出的蒸氣同時有水氣和空氣；用來製造發泡鮮奶油和氣泡礦泉水的機器，能噴出高壓二氧化碳或一氧化二氮來與液體混合。液體所含溶解或懸浮分子，全都集結在液氣介面，支撐鞏固氣泡壁。

然而，這種強化力量只是暫時的，除非分子能形成一層安定的介面，否則氣泡的壽命並不長。這正是卵磷脂和蛋白質這類乳化劑的作用，而且基於相同原理，它們還能安定乳化液中的油滴：它們溶於水的一端會置於氣

泡壁，而不溶於水的另一端則置於空氣中。典型的氣泡直徑介於0.1~1毫米，遠比多數乳化液的微滴都寬，因此包覆表面所需乳化劑微乎其微，通常只達液體重量的0.1%（每公升約需1公克）。

安定泡沫

液體中若含有蛋白質或蛋黃磷脂，就算只有一般含量，也都能夠打出大量而堅實的泡沫，而且不會流動或塌陷。然而，泡沫依然可能撐不到1~2分鐘就崩解。空氣和水的密度差異很大，因此，泡沫若是靜置不予理會，氣泡就會上升，而重力也會反向拉扯氣泡壁液體。這表示，氣泡壁所含液體會被拉走，此外，蒸散作用也會帶走水分。最後表面的泡沫會乾涸，空氣約占95%，液體只剩5%，於是氣泡壁變得太薄而瓦解，氣泡也隨之破裂。

整體說來，泡沫這種不安定特性是可以防範的，而安定泡沫的物質，就與安定乳化液的物質是一樣的：亦即能干擾水分子自由運動，從而延緩氣泡壁變薄速度的物質。泡沫安定劑包括蔬果泥中的細微粒子、蛋白質、澱粉之類具稠化能力的醣類、果膠，以及樹膠，就連乳化的脂肪也算。自由流動的脂肪或油脂是泡沫殺手，這是由於脂肪的化學特性較不親水，和空氣較相容，於是當脂肪在液氣介面擴散，也會把乳化劑從介面趕走，從而喪失安定作用。然而，倘若油脂已經乳化（例如蛋黃或蛋黃基醬料），就會繼續分散在水相裡，如此脂肪微滴也只會妨礙液體從氣泡壁流出了。

以高溫來安定的泡沫：沙巴雍醬

法式沙巴雍醬的調製做法和名稱，大都源自義式沙巴雍醬（zabaglione），這是一種用蛋黃製成的帶酒味甜醬（第一冊150~151頁）。儘管蛋黃也富含蛋白質和磷脂，卻由於含水量不足，本身並不是很好的起泡食材。加水攪打就能打出極多泡沫，但是壽命不長；若是邊打邊加熱，蛋黃的蛋白質就會開展，相互鍵結，構成能提高稠度、安定性質的網絡。沙巴雍醬就是這樣製成的，不過加入的並不是水，而是高湯、蔬果汁或蔬果泥等帶風味的液體。用蛋乳化的溫熱奶油醬料，也可以採用沙巴雍醬的製法來調製。其中

融熔奶油需在最後才緩緩拌入，以免導致太多泡沫爆裂。（奶油不必攪打，因為先前打出的泡沫已經有廣大表面積，可供奶油散布並懸浮在那裡，這和油醋醬能散布且沾附在萵苣葉面的道理大致相同。）蛋黃若打入氣體，所含蛋白質到50°C左右就會變稠，若是溫度再大幅提升，還可能凝結而後分離。因此許多廚師製作沙巴雍醬時，都不會直接在爐面加熱，而是隔水加熱。

鹽

Sauce（醬料）一字是從「鹽」的古代字根取道拉丁文演變而來。鹽是地球在遠古之前製作出的原始配料，在它出現之後的數十億年，早期人類才學會用鹽來增添食物的風采。鹽是種重要的調味品，然而它的價值遠甚於此，本書討論的料理，幾乎都含有這種成分。在其他段落裡，我們解釋了在製作乳酪、醃肉、醃魚、醬菜、水煮青菜、醬油和麵包時，鹽所扮演的角色。現在，我們則要在以下幾頁，針對鹽本身來討論。

▌鹽的好處

鹽和我們吃的其他東西完全不同。氯化鈉是種單純的無機礦物：它並非來自動、植物或微生物，而是來自海洋，若再追溯下去，則是那些被大海侵蝕的岩塊。鹽是種營養素，我們的身體不可或缺的化學物質。在我們擁有的幾種基本味覺之中，只有一種是天然的，那就是鹽。因此我們的食物大半都添加了鹽分，以帶來更飽滿的風味。鹽還能強化、修飾味覺：鹽能夠讓伴隨出現的香氣顯得更香，還能壓抑苦味。我們餐桌上的食材，只有極少數是以原貌上桌，鹽就是其中一種，可以根據個人喜好酌量添加。

Salt（鹽）衍生出 sauce（醬料）和 salad（生菜沙拉）：在醬料的調味下，略帶苦味的菜葉才變得美味。還有另一種食物的名稱也來自於鹽，那就是 sausage（香腸），而鹽在這裡扮演的角色不只是調味。鹽可以影響其他食材，產生幾種有用的變化，這是鹽的基本化學性質使然。氯化鈉在水中可以溶解成獨立的帶電離子，亦即帶正電的鈉離子和帶負電的氯離子。由於原子的尺寸比分子小，活動性也比較高，因此更容易滲入我們的食物，和裡面的蛋

白質與植物細胞壁產生反應，促成有用的變化。不論哪種溶液，只要濃度很高，都能藉由滲透作用，抽出生物細胞所含水分（細胞膜內部的液體濃度較低，因此水分會向外流動以達到平衡）。如此一來，如果食物含有足夠的鹽分，就能抑制有害的細菌滋長、延緩腐敗，並讓能夠生成風味（且耐受鹽分）的無害細菌繁殖。這就是鹽能夠保存食物並增進風味的原因。

鹽的特性非凡，難怪鹽對古時候的人類是不可或缺的，並且根深柢固於日常生活的語彙之中，例如羅馬部隊的薪餉就是用鹽來支付，因此 salary（薪水）就來自於 salt；此外還有「worth his salt」（他很稱職）和「salt of the earth」（為人表率）等用法。此外，史上還有幾起因政府壟斷鹽貨、課徵鹽稅，引發群眾起義反抗的事例，從法國大革命，到1930年甘地帶頭的「鹽路長征」（salt march）。

製鹽

人類自史前時代就已經開始採集結晶鹽，包括海岸和內陸的沉積鹽。沉積岩鹽是結塊的氯化鈉，有些是在好幾億年前就已經結晶成形。其成因是遠古時代陸塊升起，把部分海水隔絕在陸地上，水分蒸發後，地質作用又覆蓋了原有海床。19世紀之前，人類製鹽主要都用來保存食物和調味。如今則大多是工業原料，用來製造各種產品，還有融除冬天道路上的結冰，而製鹽程序也已經工業化。至於岩鹽多半以溶液來開採，或是直接把水打進沉積層來溶解鹽分，接著把鹽水注入真空室，蒸發後取得固態晶體。在溫度夠高的乾燥地區，有時依然使用露天鹽田，以日曬慢慢蒸發海水取得海鹽，不過，如今多半採用速度較快的真空蒸發法。

去除苦味

鹽來自海水，而海水含有幾種帶苦味的礦物質，且含量不少，例如含鎂、鈣成分的氯化鹽和硫酸鹽。製造商處理這類礦物質的方法有幾種。他們可以先溶解岩鹽取得鹽水，再加入氫氧化鈉和二氧化碳，析出鎂和鈣。他們也可以用相同做法來去除海水中的鎂、鈣，或是用露天鹽田逐步濃縮海水：

由於鈣鹽結晶速度比氯化鈉還快，於是可以先析出鈣鹽。等到氯化鈉晶體成形，鎂鹽還尚未結晶，只會微量附著於鹽晶表面，這時就可以再用鹽水洗掉殘留鎂鹽，取得氯化鈉晶體。

晶體形狀

近來，從岩鹽和海鹽取得的食鹽，都是從鹽水蒸發掉水分製成的。蒸發過程決定產出的鹽晶種類。倘若鹽水是在密閉水槽迅速濃縮，鹽水各處會同時結出晶體，這些晶體就會是正立方形的細小晶體，也就是鹽罐中常見的鹽粒。倘若蒸發作用速度放慢，而且至少部分是在開放式容器（或是在海邊水池中進行），那麼結晶作用主要就發生在鹽水液面，於是結出的鹽晶就很脆弱，形成角錐狀的中空薄片。這種形狀很好用，方便沾附在烘焙食品表面，溶解速度也較高。這種片狀鹽一旦在鹽水液面成形，就要舀起來保存，否則薄片就會下沉，聚集成較大粗粒；低度加工的海鹽就是這樣形成的。

採集、乾燥之後，粒狀鹽和片狀鹽都可以捲起、壓實、碾碎，製成各種大小和形狀的顆粒。

鹽的種類

全球約半數鹽類製品都來自海洋，另外半數則得自鹽礦；美國的鹽有 95% 是礦鹽。食用鹽所含氯化鈉比例從 98~99.7% 不等，其中比例較低的，往往是添加了抗結塊劑。

粒狀食鹽

粒狀食鹽是一顆顆細小的正立方形晶體，這是最密實的鹽，溶解費時最久。標準食鹽往往有添加劑，占總重的 2%，可以防止晶體表面吸收水分，不致相互黏結。添加劑有含鈉或鈣的鋁、矽化合物，還有二氧化矽（玻璃和陶瓷的原料，見第一冊 324 頁）和碳酸鎂。此外，食鹽還可能添加另一種化合物（潤溼劑），用來防止添加劑太乾而裂開。抗結塊添加劑多半比鹽更難

溶解，因此若用來醃漬蔬菜，鹽水會變得混濁，所以醃漬專用的鹽不會添加這類成分。這些添加劑可能會稍微為鹽帶來不好的味道。

碘化食鹽

許多粒狀食鹽和部分海鹽，都添了碘化鉀來強化效能，以預防碘缺乏症（見下文）。美國從1924年開始採用這種做法。由於碘對酸反應敏銳，廠商通常在碘化食鹽中添加微量碳酸鈉或硫代硫酸鹽和糖，以達到安定效果。碘化食鹽溶入氯化處理的自來水中，就會散發一種類似海藻的特有碘味，這是碘和氯化物反應產生的氣味。

片狀鹽

片狀鹽的顆粒寬廣平坦，不像粒狀鹽那般緊緻密實。片狀鹽是母鹽水液面蒸發作用所生產物，有些則是粒狀鹽機械碾壓而成。英國南岸馬爾敦海鹽含有獨立的角錐形中空晶體，寬可達1公分。片狀鹽的粗大顆粒和低度加工的海鹽，都可以用手撮起，比較容易斟酌用量。食物享用前撒上片狀鹽，可以帶來酥脆口感，帶來強烈風味。這種平坦的晶體不會像立方鹽晶那樣密實，因此，同體積的片狀食鹽，重量會比粒狀食鹽還輕。

猶太食鹽

猶太食鹽是經過猶太飲食律法認證，可以用來調理猶太肉品的食鹽（第一冊186頁）。這是種粗粒食鹽，通常呈片狀，撒在剛宰殺的屠體肉上，用來析出血液。撒鹽的目的在去除不潔雜質，因此食鹽本身不經碘化處理。這種食鹽比較純淨，也容易用手撮起，因此許多廚師都喜歡用猶太食鹽來料理食物。

未精製海鹽

未精製海鹽的製造方式就跟糧食耕作一樣：鹽田需管理照料，海鹽結成就予採收，只經低度加工。照料方式是逐步濃縮海水，費時極長，可達5年。鹽的收成大都以水洗處理，沖掉外表雜質，接著才做乾燥處理。未精製的

鹽種沒有統一經過沖洗，表面依然殘留微量礦物質、藻類和少數幾種耐鹽細菌。因此，這種鹽含帶微量氯化鎂、氯化鎂和硫酸鈣，以及些黏土顆粒等沉積物質，所以晶體外觀呈暗灰色（未精製的法國食鹽稱為「灰鹽」）。這類食鹽含有微量的風味化合物和香氣化合物，而且通常都嚐得出來，另外還有其他的有機物和礦物，因此未精製鹽的風味，有可能比精製鹽更為複雜。不過加入食物之後，那種複雜的風味都會被食物的滋味蓋過。

鹽花

鹽花（fleur de sel）照字面理解，指的就是最細緻、最脆弱的鹽，這是法國中西岸鹽田特產的海鹽。在適度的溼氣和微風條件下，鹽田表面便會積聚出鹽花晶體，這時要趕緊輕輕耙起鹽晶，以免晶體下沉，在池底沉積成普通的灰色海鹽。鹽花結成精緻的片狀晶體，而且不帶灰鹽中暗沉的沉積粒子，不過據說具有微量藻類和其他物質，因此會散發特殊香氣。這是有可能的，因為氣水介面就是香氣分子和其他脂質集中的地方；然而，到現在還不曾有人研究海鹽香氣。鹽花的生產相當耗費人力，價格昂貴，因此不會拿來作為烹調用鹽，而是最後直接灑在菜餚上的調味品。

加味鹽和調色鹽

食鹽除了提供鹹味，有時還會製成含帶其他風味或色彩。加味的食鹽有芹菜籽粉的芹菜籽鹽、含脫水蒜粒的蒜鹽，還有產自威爾斯、丹麥和韓國的燻鹽和烤鹽。印度「黑鹽」研碎後較偏粉紅灰，這是種未精製鹽，裡面混了幾種礦物質，並帶有硫磺味。夏威夷的黑鹽和紅鹽，都是以普通海鹽混合粉狀的熔岩、黏土或珊瑚。

鹽和人體

鹽和血壓

鈉離子和氯離子都是維持人體化學平衡的重要成分。這兩種離子大半都

在血漿裡（血漿是血液中的液體部分，也在血管外包覆著我們所有的細胞），細胞內的鉀和其他離子，全都靠它們來保持平衡。據估計，我們每天需要的鹽分約1公克，若體力活動較多，體液和礦物質都會隨汗水流失，於是所需鹽量也會隨之增加。由於食品加工廠所有製品幾乎全都含鹽，因此美國人平均每日攝取的食鹽，超過需求量的9倍。

醫學界早在懷疑，持續過量攝取食鹽，會導致血管含帶過量血漿，引發高血壓，損傷血管，提高心臟病和中風的危險。然而依照現有發現，低鹽飲食只能略微舒緩高血壓症狀，而且只對某些人有效。低鹽飲食本身還會引發意外副作用，包括引致不利健康的血膽固醇提高。就目前看來，能對血壓產生最有利影響的非醫療性方法，就是維持整體飲食均衡（多吃蔬菜、水果和富含鉀、鈣等礦物質的種子），還有多做運動以控制整體心血管系統。

對腎、骨和消化系統的影響

血液中過量的鈉都是由腎臟吸收、排除，人體中眾多系統也都靠腎臟來調節。因此過量的鈉會帶來潛在危害，有可能間接影響這些系統。證據顯示，高鈉會使骨頭流失鈣質，於是我們的飲食中的鈣需求量就得提高，同時還會拖累腎臟，導致慢性腎臟病惡化。

儘管人體有辦法稀釋、排出過量食鹽，然而攝取高鹹度食物，卻會讓消化系統表面接觸到可能會危害細胞的高濃度物質。根據中國和亞洲其他各地所得證據，高鹽飲食會提高消化系統罹癌風險。

碘化食鹽

不可否認，有些食鹽確實有益健康。碘化食鹽含帶微量碘化鉀，這是種礦物質，有助於維持甲狀腺運作，從而調節身體發熱、蛋白質代謝和神經系統發育等運作。碘和氯是同族的化學元素，在濱海地區的動、植物體內很容易找到，像是海魚、海藻，以及在海邊栽植的作物和飼養的動物。碘缺乏是過去內陸地區常見的症狀，如今在中國農村依然是嚴重的問題。它會導致生理和心理層面的傷害，對孩童的傷害尤其嚴重。

對鹹、淡的偏好

每個人對食鹽的敏感度和對食品鹹淡的偏好差別很大。這類喜好取決於幾項因素，包括先天遺傳差異（導致每個人舌頭上的味覺受器數量和效能有別）、總體健康、年齡，以及經驗。年輕人多半能夠辨識出含鹽量0.05%的鹹水（相當於1匙鹽加入1公升水所得濃度），60歲以上的人，通常要雙倍濃度才嚐得出鹹味。食品加工廠生產的湯，有人覺得鹹度剛好，有人則覺得非常鹹，其食鹽含量約為1%（每公升水含10公克），大概相當於我們的血漿濃度。有些含鹽量還可能高達3%，相當於海水的平均鹹度。

人類對鹹味的基本愛好似乎是先天的，這一定跟食鹽是種營養要素有關。對某個鹹度的偏好，則是後天學習的結果，來自反覆取食經驗，還有由此養成的預期心態。偏好是可以改變的，只要不斷接觸不同的含鹽量，由此改變預期心態就能達成。不過這要花點時間，通常需要2~4個月。

鹽的物理特性

廚房裡的食鹽，除非加水溶解，否則一般都保持固態。室溫水能溶解的鹽量，約相當於水本身重量的35%，調出的飽和溶液含26%食鹽，在海平面的沸點約109°C。

食鹽晶體的顆粒大小會影響鹽的溶解速度，尤其添加在低水分含量的食物中，影響會更明顯，例如以「自解」法製作的麵團（見31頁）。片狀鹽的溶解速度可達粒狀鹽的4~5倍，精磨細鹽則將近20倍。

固態食鹽結晶在800°C時熔化，約1500°C時就會揮發，燃燒木柴、煤炭都能達到這種溫度。食鹽此時會化為蒸氣，若把食物擺在上方，食物表面就會沉積出薄薄一層鹽。

糖、巧克力和甜點

chapter 3

　　平凡的食糖是一種不平凡的食物。糖帶給人純粹的感受，是一種結晶的喜悅。人類天生喜愛這種甜味，舉世皆同。甜味代表所有生命所需的能量，而人類最早是在母親的乳汁體驗到這種滋味。正因為這喜好是如此深遠，才使得糖和含糖食物在今日成為最受歡迎、使用最為廣泛的食物。過去幾百年來，糖都是稀有、昂貴、只有富人才能享用的奢侈品，也是餐飲的高潮。如今，糖的價格已不再昂貴，工廠生產的糖果甜食成為唾手可得的日常享受，也是吃了開心又買得起的零嘴。有些甜點是慰藉人心的經典，例如用鮮奶油和糖煮成的濃郁褐色焦糖，或將糖染成有如彩繪玻璃般的美麗色澤；有些則帶來挑逗感官的新奇感受，它們身披奇異的眩目色澤、展現怪誕造型、暗藏著嘶嘶作響的氣穴，有的甚至添加大量酸物和香料，入喉熱辣難忍。

　　在廚房中，糖是不可或缺的調味料。由於甜味是少數基本味覺之一，廚師會在各種菜餚中添加糖分來增補、平衡風味。糖能干擾蛋白質凝結，把糖加入烘焙食品中，可以軟化麵筋網絡，對卡士達和鮮奶油的蛋白網絡也有相同的功能。糖充分受熱後分子瓦解，便能產生誘人的色澤，讓風味更繁複：它不再只是單純的甜味，還帶有酸與苦，香氣也更為飽滿、濃郁。糖也是一種雕刻素材，糖添加水分並加熱之後，我們就能運用糖的可塑性，製造出各種質地的糖果：有的如乳霜狀，有的軟韌耐嚼，有的酥脆可口，有的則堅硬如石。

　　然而，糖背後的故事不盡然都是甜蜜而光明的。糖的誘人滋味形成一股毀滅性的力量。在非洲和美洲的歷史中，當地百姓慘遭奴役，只為了滿足歐洲人對甜味的慾望。如今，我們在飲食中加入食糖，取代其他更

有營養的食材，因而間接引發了好幾種文明病。如同生命中大多數美好的事物，享用糖類最好也要節制。同時，糖跟脂肪一樣，都是好東西，但是當我們吃下加工食品時，也在不知情的情況下攝入了大量糖分（和脂肪）。

巧克力是一種加熱後便具有可塑性的膏狀食物，原料是南美洲一種喬木的種子，近500年前傳抵歐洲，自此就和糖密不可分；從某些角度看來，巧克力還能補食糖之不足。食糖是種單分子物質，來自純化後的植物複合汁液，巧克力的原料則是一種味道平淡溫和的種子，經過發酵和烘烤的步驟製成，是含有上百種分子的混合物質。巧克力風味繁複，其他食物很難企及，然而巧克力卻獨缺甜味。加入這項基本、單純的滋味，巧克力的風味才變得完滿。

糖和甜點的歷史沿革

沒有糖的時代：蜂蜜

母乳之後，人類對甜味的第一個經驗應該就是果實了。在氣候溫暖的地區，某些果實的含糖量高達60%（例如海棗果），就連溫帶地區的果實，乾燥後甜度也非常高。不過甜味的天然來源中，濃縮到最極致的就是蜂蜜了。某些蜜蜂儲藏的食物，含糖量甚至可達80%。西班牙瓦倫西亞蜘蛛穴有一幅精彩壁畫，從壁畫中我們可推斷，人類採集蜂蜜的歷史至少持續了1萬年之久。而根據泥板上代表蜂巢的埃及象形文字研判，人類對蜜蜂的馴化，大概可以回溯到4000年以前。

不論人類的祖先是如何採得蜂蜜，對他們而言，蜂蜜都成了喜樂和滿足的代名詞。在至今已發現的最早文學作品中，蜂蜜也是一種醒目的隱喻。蘇美人一幅4000年前的泥板上刻了一首情詩，形容一位新郎如「蜂蜜般甜美」，新娘的吻「比蜂蜜更芬芳」，兩人的洞房則「滿是蜂蜜」。舊約《聖

| 史前蜂蜜採集作業
這幅壁畫見於西班牙瓦倫西亞的蜘蛛穴遺址，年代可回溯至公元前8000年左右，顯然是描繪兩個人在劫掠一個野生蜂巢。領頭的人（見右側放大圖像）大概是帶著裝蜂蜜的籃子。已知在公元前2500年，埃及才有人工蜂巢並開始馴養蜜蜂。
　　　　——重繪插圖，參照蘭塞姆（H. Ransome）著
　　　　　《神聖的蜜蜂》(The Sacred Bee, 1937)

經》好幾次形容應許之地是流奶與蜜之地，這是種隱喻，象徵著富足的喜樂；在《聖經》的〈雅歌〉裡，一位新郎吟唱：「我新婦，妳的唇好似蜂房滴蜜……妳的舌下有蜜有奶……」

到了希臘羅馬時代，蜂蜜依然是食物和文化的重要成分。希臘人祭祀時向死者和諸神獻上蜂蜜，女神得墨忒耳、阿提密斯和瑞亞的女祭司在希臘文都稱為 melissa，這個字如同希伯來文的 deborah，都代表「蜜蜂」。蜂蜜的尊崇地位得自它神祕的源頭，也出自一種信念：蜂蜜可說是從天上墜落下來的。羅馬自然史學家老普林尼就以諧趣細膩筆調推敲蜂蜜的本質。

> 蜂蜜來自空氣……拂曉可見樹葉凝結了蜂蜜甘露……不論這是上天的汗水，或星辰滴落的唾液，或是溼氣自行淨化成形。總之，它秉持上天賦予它的本性，帶來滿心喜悅。

當時人們還不知道蜂蜜是如何產生的，過了千年之久，花朵和蜜蜂的角色才真正揭曉（見181頁）。事實上，蜂蜜的製造過程是人類一切製糖過程的自然樣板。我們也從植物中收集甜汁，再從中析出糖分。南亞棕櫚樹、北方森林的楓樹和樺木、美洲的龍舌蘭和玉米莖：這些材料都富含甜汁。然而沒有任何一種植物的甜汁比得上甘蔗豐沛。

糖：源於亞洲

糖很晚才傳入歐洲。我們平日食用的糖，在1100年前的歐洲幾乎還沒有人知道是什麼，後來食糖才成為奢侈品，一直延續到1700年。我們最早的主要蔗糖來源是甘蔗（*Saccharum officinarum*），這種禾本科植物高達6公尺，汁液的蔗糖含量超乎尋常，約達15%。甘蔗源自南太平洋新幾內亞，史前時代隨移民傳入亞洲。大約在公元前500年，印度人開發出煉糖技術，把甘蔗壓搾出汁之後，沸煮濃縮成外表包覆著糖漿的暗色結晶團塊，這就是尚未精製的「生」糖（粗糖）。公元前350年，印度廚師拿這種「印巴黑糖」（dark gur）和小麥、

甜甜的嗎哪（manna）

舊約《聖經》〈出埃及記〉寫道，神賜予流浪的以色列人嗎哪，經文形容這食物「樣子像芫荽子，顏色是白的；滋味如同摻蜜的薄餅。」如今，這個名詞就用來指稱某些喬木（還有某些昆蟲）泌出的含糖物質。中東喬木檉柳的嗎哪產量相當充裕，遊牧民族貝都因人一個早上就可以採得好幾磅，接著就拿來製作哈瓦糖。甘露醇（mannitol）是以糖類製取的糖醇，最早是在嗎哪中發現，所以才會有這個名字。

大麥和米穀細粉混合，並加入芝麻籽，製成各種造型的甜點，有些還用炸的。過了幾個世紀，印度醫書把甘蔗製成的糖漿和糖分成好幾類來介紹，其中就包括這種暗色糖塊沖洗煉成的晶體。這就是最早的精製白糖。

西南亞的早期甜點

印度河三角洲的甘蔗和製糖技術逐漸西傳，到了西元6世紀左右，已經傳抵了波斯灣和底格里斯河與幼發拉底河匯流的三角洲，那裡的波斯人將糖運用在烹飪上，並將它視為珍貴的食材。直到今日，他們對糖依舊十分推崇，例如「寶石飯」這道料理，上頭便撒滿了結晶糖粒。西元7世紀，阿拉伯人征服波斯，把甘蔗帶往北非、敘利亞，最後傳抵西班牙和西西里。阿拉伯廚師把糖和杏仁混在一起，製作成杏仁膏，還添入芝麻籽和其他原料，熬煮濃縮成充滿嚼勁的哈瓦糖（halvah）。他們在糖漿中添入玫瑰花瓣和橙花來增加香氣，把糖運用得淋漓盡致，並開創製作甜點及糖雕的先河。根據文獻記載，西元10世紀的一場埃及盛宴中擺出種種糖塑模型，包括林木、動物，還有城堡！

糖在歐洲：是香料也是藥物

西歐人直到11世紀十字軍東征時才第一次見到糖。不久之後，威尼斯成為阿拉伯國家向西方出口食糖的貿易中心。就我們所知，英格蘭在1319年第一次大規模進口食糖。歐洲人最初用糖的方法和使用胡椒、薑以及其他異國舶來品沒有兩樣；當時糖是種調味料，也是藥品。糖在中世紀的歐洲大多用來調製兩種食品：花果蜜餞，以及帶有藥效的小零嘴。點心糖果最初並非不是取樂用的零嘴，而是種「調製品」（confection，源自於拉丁文的

13世紀巴格達的拉糖和杏仁甜點
阿拉伯廚師極早就投入糖雕製作，他們在中世紀便已開始探究食糖出色的可塑性，底下這幾種早期拉糖（pull sugar）和杏仁膏（marzipan）可為印證。

乾式哈瓦酥糖（Dry Halwa）
取糖溶入水中，熬煮至凝結；接著從盤中倒出，淋在柔軟表面冷卻。取一鐵棍將其平滑端杵入糖團，雙手握棍拉高，把糖延展拉長，就這樣不斷用棍拉糖，直到糖團呈現白色；接著再次把糖鋪平。揉進開心果，切成長條狀和三角形。成品可用番紅花或硃砂隨意染色。

法魯哈吉糕（Faludhaj）
取一品脫的糖和1/3品脫杏仁，混合研磨成粉，接著用樟腦調入香氣。取1/3品脫的糖，放入一盎司玫瑰水中，文火加熱溶解後離火。冷卻後摻入糖粉和杏仁粉，捏揉妥當。若混合料必須延展拉長，就加添糖和杏仁。製成普通糖塊或瓜果形、三角形等。接著就擺盤上桌。

——《阿拉伯食譜》（*Kitab al Tabikh*）

conficere，意思是「放在一起」或「預備」），由藥師或藥商調製，用來均衡身體的機能。食糖具有許多醫藥用途。糖的甜味可以蓋過某些藥物的苦味，也讓所有製劑更好入口。糖會融化，質地黏稠，因此很適合用來和其他素材混合使用。糖塊熔融的速度緩慢、質地堅硬，這表示糖塊能慢慢釋出所含的藥物。既然糖本身對人體似乎有益（助長發熱並具滋潤效果），因此也能均衡其他食物的作用，並增進消化。好幾種甜食具鎮靜的藥效，而且至今依然廣受歡迎，包括糖錠、喉糖和夾心糖。

昂貴而美味的甜點

歐洲最早的非醫藥甜食，或許是在1200年左右問世，由一位法國藥商將杏仁裹上糖衣而成。中世紀的法、英宮廷食譜指定用糖來調製多種食品，包括魚和禽鳥醬料、火腿、多種果實，還有加了鮮奶油和蛋的甜點。14世紀，喬叟在《坎特伯里故事集》中的諷刺模仿詩〈托帕茲爵士的故事〉（*Tale of Sir Topas*）講述騎士浪漫傳奇，詩中把糖列入「皇家香料」，與薑餅、甘草和孜然並列。到了15世紀，富裕的歐洲人已經懂得享受糖為人帶來的單純愉悅，並懂得善用糖來為食物增添風味。梵蒂岡圖書館館長在1475年左右寫道，產糖地區除了印度和阿拉伯之外，還包括克里特和西西里，他還表示：

> 古人只在醫藥方面用糖，因此他們從未提及在食物中添加糖。當然了，他們錯失了極大的樂趣，因為我們食用的東西，如果沒有以糖來增添甜味，肯定是無味之至……我們把糖融化，把杏仁……松子、榛果、芫荽、大茴香、肉桂，還有其他許多食物做成美妙的東西。於是，糖的特質幾乎能夠融入它所包裹的食品。

甜點的發展

15~16世紀期間，甜點越來越像一門藝術，製作日益精妙，也越來越賞心悅目。這時熔糖也用來拉成細線，牽出糖絲，展現絲緞般的光澤，甜點業

說文解字：糖和糖果
英語帶有食糖西傳歷史的蛛絲馬跡，點出糖是從印度取道中東傳入歐洲。糖的英文 sugar 得自梵語 *sharkara* 的阿拉伯音譯，意指砂礫碎石或小塊材料；糖果的英文 candy 則是梵語「糖」字的阿拉伯語用法，讀做 *khandakah*。

者也開始發展各種做法來判定食糖糖漿的不同狀態，以及是否適合調入不同製品。到了17世紀，宮廷甜點師傅已經能用糖製作出滿桌餐具，還有規模龐大的餐桌裝飾。那時硬質糖果已經很常見，廚師也開發出種種系統，來標示適用於不同甜點的糖漿濃度——這就是當今「糖絲糖球開裂標度」的前身（見右頁下方）。

平價而美味的甜點

糖在18世紀流通更廣，甚至出現甜點的專門食譜。英國發展出特別根深柢固的用糖習性，消耗大量食糖來泡茶、製作果醬，為勞工階層提振精神。每人的用糖年均量從1700年的2公斤增長到1780年的5公斤。相對而言，法國人用糖主要都侷限在糖漬和製作甜點上。19世紀期間，甜菜糖產量漸增，加上自動化機械發展，糖類製品的烹煮、操作和造型可以機械代勞，糖果價格不再昂貴，人人都吃得起，種種因素促成一股革新風潮，並延續至今。就在19世紀期間，我們今日熟悉的現代糖果、巧克力問世，結晶化控制做法也改良了。Taffy（鬆軟型太妃糖）或toffee（乳脂型太妃糖）出自美國路易斯安那州法語族裔的克里奧爾語，原本是指糖和糖蜜的混合物；還有nougat（牛軋糖），出自通俗拉丁語，本意是「堅果蛋糕」，兩個字彙都在19世紀早期引進英語；fondant（翻糖、方旦糖）源自法語，本意是「熔融」，這是乳脂軟糖以及所有乳脂糖心的基本原料，約1850年開發問世。今天的糖果，多半是從某種夾心糖、太妃糖或方旦糖變化而來。

製糖業的興起

到了18世紀，歐洲人在西印度群島進行殖民統治，奴役了數百萬非洲人，歐洲的食糖消耗量因而暴增。1493年，哥倫布在第二趟航行中，把甘蔗傳進伊斯帕尼奧拉島（Hispaniola，今海地和多明尼加共和國）。約在1550年，西班牙和葡萄牙占領了加勒比海眾多島嶼，以及非洲西岸地帶、巴西和墨西哥，並在當地大量生產食糖；英、法與荷蘭的殖民勢力也尾隨在下一個

糖衣偽裝

甜點跟醫藥的關聯代代傳承下來，融入我們的日常用語。Honey（蜂蜜）通常用來表達讚美之意，至於sugar（糖）則往往蘊含了矛盾的涵義。sugar衍生出sugary words（甜言蜜語）和sugary personality（裝可愛），兩字都暗指算計和矯揉造作。而sugaring over（糖衣炮彈）則表示意圖欺瞞，用甜蜜外表來遮掩令人不快的事物，這樣的概念，似乎是直接取自藥師配藥時的手法。早在1400年，就有人使用Gall in his breast and sugar in his face（苦水一肚子，笑容堆滿臉）這樣的句子，莎士比亞也寫道，哈姆雷特對奧菲莉亞說：

「這種例子太多了，我們以神聖的姿態、虔誠的動作，給魔鬼披上糖衣。」（第三幕、第一景）

世紀抵達。1700年，每年都有大約1萬名非洲人經由葡萄牙殖民地聖多美被賣往美洲。糖業並非推動蓄奴制度擴張的唯一力量，卻可能是主要推手，並開闢了一條路將奴隸引進南美各個殖民區和棉花栽植區。根據一項估計，當時美洲2000萬名非洲奴隸，有2/3都在糖業農場工作。糖、奴隸、蘭姆酒和加工製品的錯綜貿易網絡，讓當時仍是小規模的幾座城市轉變為重要港都，包括英國的布里斯托和利物浦，還有羅德島的紐波特。殖民地農場主人獲得的巨額財富，亦有助於展開工業革命。

18世紀期間，糖業榮景看似空前，西印度群島的糖業卻開始急速衰頹。殘忍的蓄奴制度激起大規模廢奴運動，英國情況尤盛。奴隸策動的起義也獲得若干支持，然而這些支持者卻也是當初把他們運往殖民地農場的國家。到19世紀中葉，歐洲國家逐一立法禁止殖民地蓄奴。

甜菜的興起

除甘蔗之外，人們也開始投入另一種能適應北方氣候的製糖作物，嚴重打擊了西印度糖業。西元1747年，普魯士化學家安德烈亞斯・馬格拉夫（Andreas Marggraf）證明，他可以用白蘭地萃取白甜菜（*Beta vulgaris, var. altissima*，歐洲常見蔬菜）的汁液，分離出一種晶體，和甘蔗經過純化取得的晶體一模一樣，其他種種特質也不遑多讓。馬格拉夫預料，未來會出現一種家庭工業，農人可以自給自足產製食糖，然而這則預言卻始終不曾實現；事隔多年，這個概念才走出實驗室。到了1811年，法皇拿破崙決意不再讓法國仰賴英國殖民地供應多項商品，他還在1812年親自頒獎給班傑明・德拉瑟（Benjamin Delessert），獎勵他開辦一座甜菜製糖廠。隔年，300座同型工廠紛紛設立。到了1814年，法英兩國重新簽署貿易協定，西印度產製的食糖再度上市，初見曙光的甜菜製糖業又瞬間崩潰。一直到1840年代，甜菜製糖業才重新崛起，繁榮至今。

17世紀的煮糖步驟

這套早期的煮糖系統是用來分辨食糖糖漿的濃度標準，引自《法蘭西果醬製法》（*Le Confiturier françois*）。甜點師傅的手指都要很強健，古今皆然。

煮糖步驟

首先是熬煮成帶。等糖漿開始變稠，用手指沾取平放於大拇指上，若糖漿不流動並保持豌豆般渾圓，這個步驟就算達成。

熬煮成珠。用食指與大拇指捏起糖漿，若張開手指時糖漿牽出細絲，就達成第二個步驟。

熬煮成羽。這個步驟有許多名稱……要鑑別糖漿是否熬煮到這個程度，可取一把抹刀攪入糖漿，接著甩動抹刀；此時糖漿就像乾羽毛那般飛甩在空中，不帶黏性……這時的糖漿可以用來醃漬食品，製作藥片。

熬出焦味。要達到這個步驟，可用一指沾冷水後伸入糖中，再將手指放回冷水鑑別，若這時糖像玻璃般俐落破碎、不沾手，就可以用來製作大塊枸櫞糕餅、牛乳糖和拉糖（法文稱為 *penide*）。這也是熬糖的最後一個步驟。

現代的糖

目前，甜菜糖約占全球食糖產量的30%。俄羅斯、德國和美國都是主要的甜菜生產國，其中以加州、科羅拉多州和猶他州的產量最多。如今，加勒比海區淪為甘蔗的次要產地，昔日的角色由印度和巴西取而代之；佛羅里達、夏威夷、路易斯安那和德克薩斯等州，也都生產甘蔗。由於西方人口增長、日益富庶，食糖需求量增加，刺激全球糖業產量大幅提升，從1900年到1964年增長了7倍，超越其他重要作物，開創作物成長量的最高峰。另外，甜味劑產業開發出種種做法，以更便宜的穀物來製糖，使糖價更為低廉。而我們在飲食中使用的糖量，也創下最高紀錄。然而這對人體的長期健康來說，卻不見得是件好事（見176頁），20世紀食品加工還有一項重大進展，那就是開發出代糖，這種原料的風味和物理特性都與食糖相仿，並且對體重和血糖調節也沒有負面影響（見177~178頁）。

糖的特性

通稱為「糖」的化學物質有很多，普通食糖只是其中一種。所有糖都是由碳、氫、氧三種原子組成，其中碳原子扮演骨幹的角色，其他原子都是和碳鍵結。有些糖是單純的分子，有些則是由兩個以上的單醣結合而成。葡萄糖和果糖都是簡單的單醣，食糖（蔗糖）則是雙醣，由葡萄糖和果糖組成。

生物使用糖分的方式主要有兩種。第一種是儲存成化學能。所有生命都仰賴糖提供能量作為細胞活動的燃料，因此我們的味覺受器能辨認食品是否含糖，也因此我們的腦部才將這種感受和欣喜畫上等號：甜味是種標記，代表能供應我們所需熱量的食物。糖的第二個主要角色是提供身體構造的基礎建

17世紀的焦糖、拉糖和糖腿食譜

焦糖
熬糖若干至發出焦味，離火，加入少許藥珀（amber），取大理石板或盤子抹上甜杏仁油，把焦糖分成像蜜餞般小塊擲上盤面，用湯匙食用。

辮子糖
熬糖若干至發出焦味；離火，把糖擺上大理石板，大理石板與雙手事先抹上甜杏仁油會較好處理；用鐵勾拉糖抽長，盤繞環成杏仁膏造型。

糖腿片
熬糖若干至羽毛階段，分別擺進三個容器：其一盛了些許檸檬汁，其二擺入些許普羅旺斯玫瑰，另一個則放入些許胭脂紅粉或石榴汁或小蘗果粉。將白色的糖在紙上鋪成第一層，接著再鋪兩層紅糖，重複鋪糖直到厚度和火腿相當，接著就跟切火腿一樣，切出糖片。

——《法蘭西果醬製法》

材，這點在植物方面尤其明顯。纖維素、半纖維素和果膠都是各種醣類的長鏈構造，是植物細胞壁的構成物，並能強化細胞壁構造。糖的簡單物理結構，對廚師來說也相當管用，他們可由此建構出形形色色的有趣質地。就廚房用途而言，糖有個重要的化學特性：糖的親水性很強，因此各種糖類都易溶於水，也能暫時牢牢抓住糖周圍的水分子。因此用糖製成烘焙食品，可以保住水分；製成冷凍甜點，可以防止食品凍結成一塊堅冰；製成杏仁膏和格蘭諾拉什錦燕麥棒之類的食品，可以形成黏稠基質，把食品顆粒黏在一起；製成糖衣，則可以表現出溼潤晶亮的外觀。糖還能搶走微生物所含的水分，防止菌類滋長，因此可以用來保存果實。

糖的種類

糖可以分成許多類別，性質各不相同，廚師烹飪用的糖只是其中少數。所有糖類都帶甜味，不過也有個別特性。

葡萄糖

葡萄糖是最常見的糖，又稱為右旋糖，生物細胞直接從葡萄糖取得化學能。葡萄糖見於多種果實，也見於蜂蜜，不過都與其他糖類混合。葡萄糖是澱粉鏈構造的基礎建材。廚師最常在玉米糖漿裡見到葡萄糖，玉米糖漿是澱粉分解時的產物，由分解出的游離葡萄糖分子和小型葡萄糖鏈組成（見196~197頁）。2個葡萄糖組成的分子鏈稱為麥芽糖。葡萄糖的甜度低於食糖和蔗糖，比較不溶於水，溶成的液體也不會黏稠。葡萄糖約在150°C融化，焦糖化反應也從這個溫度開始。

世界各地的甜食
糖在全世界廣受歡迎，然而，不同文化的用糖方式也有差別。這裡舉出的甜食都是各國各地的特有產物。

印度	濃縮奶類甜食、糖蜜油炸麵糊、 哈瓦糖（糖、小麥製成膏狀，有些還會添加鷹嘴豆粉、果實和蔬菜）
中東	哈瓦糖（食糖糖漿、粗小麥粉和芝麻製成膏狀）、糖蜜酥皮（果仁蜜餅）、杏仁膏
希臘	糖漬水果、糖蜜酥皮
法國	焦糖、牛軋糖、糖衣彩糖
英、美兩國	新穎的糖果
斯堪地那維亞	甘草糖
墨西哥	牛乳糖漿（濃縮奶）、香草奶油糖（紅糖乳脂軟糖）
日本	寒天糖、豆沙糖、麻糬、和菓子

果糖

　　果糖也稱為左旋糖，化學式和葡萄糖相同，只是原子的空間排列不同。果糖和葡萄糖同樣見於果實和蜂蜜，有些玉米糖漿則藉由酵素將葡萄糖轉化成果糖。市面上也買得到純晶果糖。果糖是常見糖類中最甜的一種，其水溶性也最高（在室溫下，1份水可以溶解4份果糖），而且吸水、保水效能都一枝獨秀。人體代謝果糖的速度較慢，低於葡萄糖和蔗糖，因此，攝取後血糖值提升較緩，這項特點讓果糖成為糖尿病患的上選糖類。果糖的熔點遠低於其他糖類，只稍高於水的沸點，在105°C就會融化並觸發焦糖化反應。果糖在水中溶解會產生幾種外形相異的分子，不同形狀對我們的甜味受體有不同作用。最甜的分子外形呈六角單環，在略帶酸性的冷溶液中含量最多；這種分子在溫暖或高熱狀態下，就會轉變成甜度較低的五角環分子。當溫度提高到60°C，果糖表現出的甜度就會減低近半。葡萄糖和蔗糖都不會出現這種大幅變化。因此，調製冷飲可以用果糖來代替食糖，這樣只需一半濃度，就能調出相等甜度的飲料，還能減去近50%的熱量。不過，若是調入熱咖啡，甜度就會降到食糖水準。

蔗糖

　　Sucrose（蔗糖）也就是餐桌上食用糖的學名。蔗糖是種複合分子，含葡萄糖和果糖分子各一。綠色植物行光合作用合成蔗糖，人類則從甘蔗莖和甜菜的儲藏莖取得蔗糖。普通糖類當中，以蔗糖的用途最廣。蔗糖是第二甜的糖，僅次於果糖，但唯有蔗糖能在濃度很高的情況下依然滋味宜人，在糖果和蜜餞這種高糖條件中也不例外；其他糖類濃度一高，味道就可能顯得粗劣。蔗糖的溶解度也占第二位（1份室溫水可以溶解2份蔗糖），調出的水溶液黏度最高，也就是會最稠。蔗糖在160°C左右開始融化，約170°C時觸發焦糖化反應。

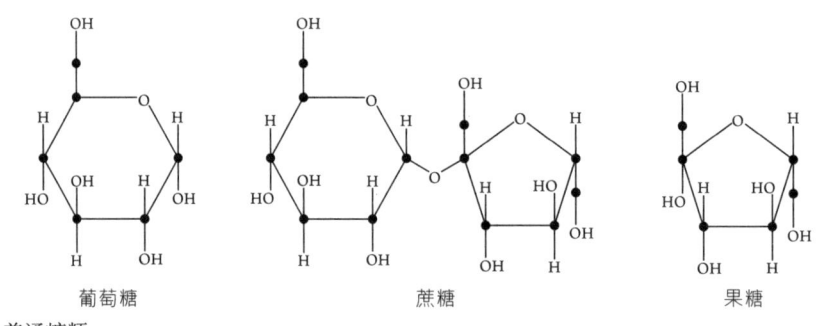

葡萄糖　　　　　　　蔗糖　　　　　　　果糖

普通糖類
圖示黑點代表碳原子。葡萄糖和果糖的化學式相同，都寫成 $C_6H_{12}O_6$，但化學結構不同，甜度也有所差別。特定濃度的果糖，嚐起來比相等濃度的葡萄糖甜得多。食糖（也就是蔗糖）則由葡萄糖和果糖結合而成（兩種糖鍵結合成蔗糖，並釋出一個水分子）。

蔗糖溶液若呈酸性，加熱時蔗糖就會分解成兩種糖類。某些酵素也會發揮相同作用。蔗糖分解成葡萄糖和果糖的現象通常稱為「轉化」，產生的混合物稱為「轉化糖」或「轉化糖漿」（「轉化」指一種光學屬性，蔗糖溶液所表現的光學屬性跟葡萄糖和果糖混成的溶液不同）。轉化糖漿約含75%的葡萄糖和果糖，以及25%的蔗糖。轉化糖一律都是糖漿，因為含有葡萄糖和蔗糖時，果糖無法完全結晶。蔗糖轉化作用和轉化糖都能限制蔗糖的結晶程度，利於製造糖果（見204頁）。

乳糖

乳糖是種雙醣，見於牛乳，由2個單醣組成，含有1個葡萄糖和1個半乳糖。廚師很少見到純乳糖。乳糖的甜味遠低於食糖，因此加工製造用途就如糖醇（見178頁），主要不是為了增加甜度，而是為了增添分量。

甜味的複雜性質

甜味是種單純的感受，糖產生的甜味卻不只是這樣。甜味有助於掩蓋或平衡其他成分帶來的酸味和苦味。風味化學家也已經發現，甜味能大幅提升我們對食物香氣的感受，甜味也有可能對腦部發出訊號，指出這種食物是優異的能源，有必要特別注意。

不同糖類會帶來不同的甜味印象。舌頭要花點時間才能對蔗糖產生反應，嚐到的甜味會縈繞多時。相對而言，果糖的甜味很快就能察覺，訊號很強卻也很快消退。玉米糖漿的甜味則要很久才能嚐出，最甜時，強度約為蔗糖之半，味道殘留時間則比蔗糖更久。據稱果糖這種高速反應還能強化食品的其他幾種風味，特別是果味、酸味和香料味，這是由於果糖不留餘味，不會把其他味道蓋掉，而能讓我們清楚品嚐到。

各種糖類的組成和相對甜度
糖的甜度是個比較值，以食糖為參照標準，其甜度標示為100度。

糖	成分	甜度
果糖		120
葡萄糖		70
蔗糖（食糖）		100
麥芽糖		45
乳糖		40
玉米糖漿	葡萄糖、麥芽糖	30~50
高果糖玉米糖漿	果糖、麥芽糖	80~90
轉化糖漿	葡萄糖、果糖、蔗糖	95

▌結晶

糖是種極為強固的材料！蛋白質很容易變性、凝固，而脂肪一接觸空氣或受熱就會受損、腐壞，澱粉鏈則會分解成較小的葡萄糖聚合物，變成葡萄糖；糖就沒有這些問題，它本身就是安定的小分子。糖很容易與水融合，能耐受沸煮高熱，而且當糖水濃度夠高，糖分子彼此會馬上鍵結，自行凝集成純淨的固體團塊，也就是晶體。我們就是運用這種結晶特性，從植物汁液取得純糖，更依循這種做法，製出許多種糖果。糖的結晶作用見200頁，裡面有詳細介紹。

▌焦糖化反應

「焦糖化」是指糖類受熱超過特定溫度，分子開始瓦解產生的化學反應，適用於所有糖類。分子毀損會觸發一連串化學反應，產生美妙的產物。廚師從單一種類分子入手，將無色又不帶氣味的單純甜味晶體料理成好幾百種不同成分的新穎化合物，其中有些帶了酸味、苦味，甚至能散發強烈香氣的小碎片；有些則不帶風味，卻呈現深褐色的大型凝聚體。糖燒煮越久，殘留的甜味越少，顏色越深，味道也越苦。

儘管焦糖最常以食糖製成，然而糖中所含的蔗糖分子卻還來不及開始碎裂、組成新式分子，就要先瓦解成葡萄糖和果糖。葡萄糖和果糖都是「還原糖」，意思是它們具有反應性原子，能進行和氧化反向的化學反應（能向其他分子提供電子）。每個蔗糖分子都含一個葡萄糖和一個果糖，由兩者的還原性原子相連組成，因此蔗糖沒有多餘的還原性原子，不能與其他分子反

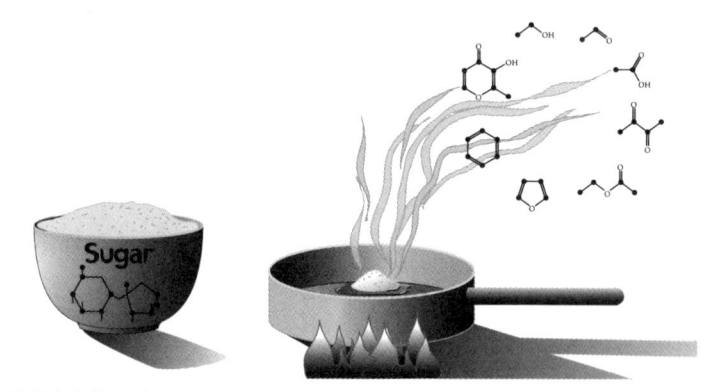

▌焦糖化反應產生的風味
糖受熱之後，原本沒有氣味的單醣類甜分子便轉化成好幾百種不同分子，散發出繁複風味，展現深褐色澤。其中幾種帶芳香氣味的產物為（由左上依順時鐘）：酒精、帶雪利酒味的乙醛、帶醋味的乙酸、帶奶油味的醋雙乙醯（聯乙醯）、帶果味的乙酸乙酯、帶堅果味的呋喃、具溶劑作用的苯，還有帶烘烤味的麥芽醇。

應，也因此蔗糖的反應性不如葡萄糖和果糖。於是，蔗糖必須加熱到較高溫度，才會產生焦糖化反應（170°C），高於葡萄糖的焦糖化溫度（150°C），和果糖（105°C）相比則差距更大。

製作焦糖

焦糖製作方法通常是食糖調水後加熱至水分煮乾，熔糖也煮出顏色即完成。既然第一個步驟就是把水煮乾，為什麼事先還要加水？加了水，廚師才能在一開始就以高熱煮糖而不必擔心把糖燒焦。此外，加水還可以延長糖漿的燒煮時間，讓糖有更長的時間進行反應，使糖散發更為強勁的風味；若是只對糖加熱，時間就得縮得非常短，產生的風味也比較淡。水還能強化蔗糖的轉化作用，分解成葡萄糖和果糖。把糖漿放進微波爐加熱和以普通爐火燒煮相比，產生的風味組合略有不同。一旦觸發焦糖化反應，糖就會開始表現出顏色和風味，而這一連串的反應還會釋出熱能，如果不小心控制，熱能就可能會把糖燒焦。最好準備一碗水放在手邊，等焦糖煮好了，就可以拿來為鍋子降溫。焦糖化反應過度，糖漿顏色就變得非常深，味道太苦、黏度太高，甚至變硬。

焦糖的風味

單純焦糖化的糖，香氣就有好幾種，散發的氣味包括奶油和牛乳味（得自醋雙乙醯）、果香（脂和內酯）、花香、甜味、蘭姆酒般的味和烘烤味。反應持續進行，原本的糖逐漸破壞，產生的混合物甜味也變得更淡，酸味則越來越明顯，最後更出現苦味以及一種令人不快的焦味。焦糖含有的化學產物，部分具有良好的抗氧化作用，能夠用來保存食品的風味。

若是將含有蛋白質、胺基酸等成分的食材（例如牛乳或鮮奶油）和糖混合一道燒煮，除了一般焦糖化反應之外，部分糖分也會隨同蛋白質和胺基酸一起發生梅納褐變反應（第一冊310~311頁），因此會產生更多樣化的化合物，散發更濃郁的香氣。

說文解字：焦糖

這是種煮成褐色的糖，顏色類似禾桿，caramel（焦糖）一字也許就是由此而來。caramel最早出現在17世紀的法文，從葡萄牙文的 caramel 借道西班牙文而來，本意是「瘦長的錐形糖條」，也指「冰柱」，大概是由於兩種造型相仿，也都具有晶亮外觀。這個葡萄牙文似乎又是從拉丁字 calamus 而來，本意為「蘆葦」。焦糖的希臘文 kalamos 本意是「禾桿」，其印歐字根的意思則是「禾草」。義大利文的 calamari（烏賊）也源自相同字根！其中的共通元素，大概就是褐色；乾草、局部精製的糖、燒煮過的食糖糖漿，還有外皮具保護色的烏賊，全都是褐色。

糖和健康

「空洞的熱量」

就某方面而言，糖是營養價值很高的食品。純糖是種純能，糖含有極高熱量，在我們所有的食材當中，熱量僅次於脂肪和油類。問題在於，已開發國家的多數民眾都攝取太多能量，超過日常活動需求；而其他幾百種有益長期健康的營養成分卻又攝取太少，不敷所需（見第二冊23頁）。我們的飲食多了許多高糖分食品，卻缺乏營養成分更完善的其他食品，糖類淪為僅含空洞熱量、不具其他營養價值、有害人體健康的食材，甚至成為現代文明病的主要禍首，導致肥胖和糖尿病等相關健康問題（見177~178頁）。

已開發國家民眾消耗大量精製糖，特別是美國人。美國成年人攝取的熱量，約有20%得自精製糖，兒童則介於20~40%。他們攝取的這種糖，大半並非得自糖果和甜點，而是來自軟性飲料。相當數量的糖類還依循各個管道，進入大半加工食品，包括許多香甘鮮美的醬料、沙拉醬、肉品和烘焙食品。加工食品總含糖量通常沒有清楚標示在成分表上，成分表只把不同糖類分別列出，包含蔗糖、右旋糖、左旋糖、果糖、玉米糖漿和高果糖的玉米糖漿等。

糖和蛀牙

幾千年來大家都知道，甜食會助長蛀牙。亞里斯多德的希臘文著作《問題》（*Problems*）就提出一個問題：「無花果又軟又甜，怎麼會毀壞牙齒呢？」近2000年後，甘蔗在西印度群島逐漸落地生根，一位名叫保羅·亨茨納（Paul Hentzner）的德國人在1598年來到英國宮廷晉見，他撰文描述女王伊麗莎白一世的相貌：

> 接著女王駕臨，以她65歲年紀，如同我們所說的，確實是相當威嚴；她的臉形橢圓，皮膚白皙，不過長了皺紋；她的雙眼烏黑，很小，眼神和藹；她的鼻梁略呈鷹勾狀；她的雙唇細薄，她的牙齒是黑的；（這似乎是英國人常見的缺陷，因為他們用糖太多）……

焦糖食品著色劑

廚師調製焦糖糖果（牛乳糖）和焦糖糖漿已有好幾個世紀，而且從很久以前就開始為取得褐色染料而調製「燒焦的」糖。最早生產焦糖糖漿作為食品著色劑的地區是歐洲，美國則在19世紀中期開始。如今焦糖糖漿是最常見的食品著色劑，能調出深褐色澤，製品包括可樂、沙士等軟性飲料、烈酒、糖果，還有眾多調理食品。除了著色用途之外，這種色素分子還有若干抗氧化活性，有助於保存風味。用來作著色劑的焦糖，最早是使用開放式的淺鍋燒煮食糖糖漿而成。過了一段時期，密閉式真空鍋引進，能夠更精密控制顏色生產過程，業者也開始添加各種化學物，來取得分散性或乳化能力更佳的色素。

如今我們知道，鏈球菌屬的幾種細菌會在口中寄生，附著於不受干擾的表面，以食物殘屑維生，並把糖轉化成帶黏性的「溶菌斑」碳水化合物（藉此保護自己並附著得更牢），再進一步將之轉化成防衛性酸類，這種酸會侵蝕牙齒琺瑯質，導致蛀牙。顯然細菌擁有越多食物，活動力就越旺盛，更何況純糖的硬質糖果在口中的溶解速度還很慢，為細菌帶來一場盛宴。不過，造成蛀牙的罪魁禍首不只有純糖而已，含澱粉的食物（包括麵包、穀類、義式麵食和洋芋片等）也有害牙齒，因為這種食物會黏上牙齒，接著唾液中的酵素就會把澱粉分解成糖。然而，有些食物卻能抑制會導致蛀牙的細菌，其中特別有效的是巧克力、可可，以及糖果中的甘草萃取物，還有咖啡、茶、啤酒以及數種乳酪。證據顯示，酚類化合物會妨礙細菌附著牙齒。低熱量糖果的糖醇（見178頁）通常不能在口中被細菌代謝，因此並不會引發蛀牙。

食品糖分和血糖：糖尿病問題

　　某些高糖分食品會影響人體系統，危害身體控制本身血糖平衡的機能。葡萄糖是供應身體化學能的最主要成分，因此血管會把葡萄糖輸送到所有細胞。另一方面，葡萄糖也是種高反應性分子，數量過多就會損害循環系統、雙眼、腎臟和神經系統。因此身體會藉由胰島素這種激素，緊密調節血糖平衡。糖尿病是胰島素系統無法妥善調節血糖引發的疾病。大量攝取某些食品的糖分，導致血中葡萄糖過量，也會給胰島素系統帶來壓力。這會讓糖尿病病人陷入危險。富含葡萄糖的食物最能提高血糖含量，包括馬鈴薯和米飯等澱粉類食物，因為我們的酵素會把澱粉分解為葡萄糖。食糖是葡萄糖和果糖結合而成的糖類，對血糖的影響稍輕，而果糖本身對人體的作用則更輕得多，因為果糖必須先經過肝臟代謝，才能變成能量來讓身體運用。許多代糖都具有一項寶貴特點：它們不會提高血糖含量。

代糖

　　糖這種單一成分就同時具備了數種有用的特性：能量、甜味、實質、吸

附溼氣，還有焦糖化能力。雖然特性如此多樣，卻有個缺點：這些特性都是一同出現的。有時候我們就只想要其中一、兩樣特質，例如，只要甜味帶來的愉悅，不要熱量，也不要身體系統為了調節血糖而承受的壓力；或者只要糖帶來的質感，不要甜味；再或者要質感加上甜味，但不要受熱轉褐變的現象。因此食品業者開發出各式各樣的糖，讓它們只具備糖類的部分特質，而不必所有特質都照單全收。許多成分最早都是在植物身上發現的，少數幾種則完全是人工製品。如今，富有創意的廚師，正拿其中幾種做實驗，想製造出類似糖果的可口食物和其他新穎的製品。

代糖可分為兩大類。第一類是各式碳水化合物，能提供份量，而且不像糖那麼容易消化。因此，這類製品並不會那麼快就提高血糖值，所含熱量數也比較少。第二類是高效能的甜味劑：這是能夠提供甜味感受的分子，不過熱量較低。一般而言，由於其甜度可達糖的數百倍或數千倍，因此用量可以減到非常少。低熱量和零熱量甜食都是結合這兩類原料製成，各種成分的性質都列在右頁表格中。

帶來份量感：糖醇

能帶來像糖那般分量的成分，最常見的是糖醇（即多元醇，學名帶有 -itol 字尾的化學物質），糖醇基本上就是糖的一種，不過分子有一個角落經過修飾（例如山梨糖醇就是採用葡萄糖以這種方式製成，因此又稱為葡萄糖醇）。許多果實和植物中都能找到某些糖醇（如山梨糖醇和甘露醇），但數量很少。由於人體的設計需要的是糖而不是糖醇，因此人體從食物中吸收的糖醇分子不多，而且使用效率不大，因此糖醇只會稍微提高血胰島素水平。殘餘的糖醇得先由人體腸內微生物代謝，我們才能間接取得糖醇能量。總計起來，糖醇貢獻的熱量為糖類的 50~75%。糖醇不含褐變化學構造（醛基），所以糖醇與糖醇之間，以及糖與胺基酸之間，都不會引發褐變反應。這種特色很適合用在烹調，用糖醇來調製甜點，受熱時顏色和風味都比較不會改變。

各種糖類和食物的升糖指數

「升糖指數」是衡量某種食物提升血糖數值的指標。葡萄糖本身的升糖指數訂為100。

糖	升糖指數	糖	升糖指數
麥芽糖	110	食糖	90
葡萄糖	100	香蕉	60
馬鈴薯	95	水果蜜餞	55
白米	95	果糖	20
蜂蜜	90		

部分代糖和所含特色

依本表所示,食糖的甜度標示為100。甜度50就代表這種物質的甜度為食糖的一半;甜度500就代表甜度是食糖的5倍。甜度低於1的糖醇和玉米糖漿主要都用來提供分量和黏性,所含熱量較少,對血糖的作用也較輕微。甜度高於100的高效能甜味劑用來提供滋味,所含熱量也較少,對血糖的作用一樣較輕微。就連原本天然的代糖,如今人們也會拿天然或合成原料,經過化學上的改動,製出人工代糖。

成分名稱	相對甜度	原始來源	上市年份	特色
聚右旋糖（商品名 Litesse）	0	菇蕈類葡萄糖	1980年代	產生高黏度
玉米糖漿	40	澱粉	1860年代	
海藻糖	50	蜂蜜、菇蕈類、酵母	2000年代？	
糖醇				
乳糖醇	40	修飾過的乳糖	1980年代	
異麥芽酮（商品名Palatinit）	50	修飾過的蔗糖	1980年代	不像糖那麼容易焦糖化、吸收溼氣
山梨糖醇	60	果實	1980年代	具冷卻作用；能吸收溼氣
赤藻糖醇	70	果實、發酵作用	2000年代？	
甘露醇	70	菇蕈類、藻類	1980年代	具冷卻作用
麥芽糖醇	90	修飾過的麥芽糖	1980年代	
木糖醇	100	果實、蔬菜	1960年代	尤其具冷卻作用
塔格糖	90	牛乳加熱產生	2000年代？	
蔗糖	100	甘蔗和甜菜	傳統成分	
高果糖玉米糖漿	100	澱粉	1970年代	
果糖晶體	120~170	果實、蜂蜜	1970年代	
甜精／環己基（代）磺醯胺酸鹽	3,000	合成物	1950年代	美國禁用，歐洲可用
甘草素	5,000~10,000	甘草根	傳統成分	
阿斯巴甜	18,000	修飾過的胺基酸	1970年代	烹調受熱時並不安定
安賽蜜／醋磺內脂鉀／乙醯磺胺酸鉀	20,000	合成物	1980年代	烹調受熱時相當安定
糖精	30,000	合成物	1800年代	烹調受熱時相當安定
甜菊糖	30,000	南美洲植物	1970年代	
蔗糖素（3氯蔗糖）	60,000	蔗糖＋氯	1990年代	烹調受熱時相當安定
新橙皮甙二氫查爾酮（NHDC）	180,000	柑橘果實（修飾型）	1990年代	
阿力甜	200,000	胺基酸（修飾型）	1990年代	
索馬甜	200,000~300,000	非洲植物	1980年代	
紐甜	800,000	阿斯巴甜（修飾型）	2000年代？	

高效能甜味劑

今日我們使用的高效能甜味劑，多半是產業實驗室的合成製品，儘管如此，有些仍是人類享用了好幾個世紀的自然界產物。甘草素是在甘草根發現的化合物，又稱甘草酸，甜度是蔗糖的50~100倍，因此甘草最早是用來製成甜品，做法是以熱水萃取根部所含成分，接著熬煮出甜味。這種萃取物入口便緩慢展現甜味，食用會有餘味縈繞。另外，南美洲的甜菊（*Stevia rebaudiana*）葉片也帶有甜味，幾世紀以來，原產地人民都用來調製馬黛茶。甜菊葉的活性成分稱為甜菊糖，市面已有純化粉末製品。甜菊和甜菊糖製品並沒有經過美國食品及藥物管理局批准，因此不能作為食品添加劑，市售製品是歸類在膳食增補劑。

高效能甜味劑常帶有特殊風味，並非理想的食糖替代品。例如，糖精會留下金屬餘味，嚐起來有點苦；甜菊糖帶有一種木頭餘味。和食糖相比，許多甜味劑觸發甜味的感受較慢，而且食用後餘味縈繞較久。這類甜味劑的濃度提高時，相對甜度反而會降低，若是把幾種結合起來使用，就會產生相輔相成的效果。所以，業者經常使用兩種或多種甜味劑，把特有的怪味道減至最淡，也把甜味強度提升到最高。

阿斯巴甜是以兩種胺基酸合成的製劑，也是使用最廣泛的無熱量甜味劑。阿斯巴甜的甜度是食糖的180~200倍，因此，即便單位重量所含熱量相等，所需用量卻遠少於食糖。阿斯巴甜的缺點是受熱、遇酸都會失效，因此不能用來料理加熱食品。

甜味抑制劑

我們不只有能帶來甜味的人工甜味劑，也有能妨礙我們感受甜味的甜味抑制劑。有些食品必須含高濃度糖分，才能調出適切質地，這時甜味抑制劑就能派上用場，可以減低料理的甜度。拉克替醇（商品名Cypha）是種酚類化合物，見於烘焙咖啡，含量很低，1985年註冊成為專利風味修飾劑，用來製造甜點和零嘴，非常少量就能把糖表現出來的甜度降低到2/3。

現代的甘草

如今甘草已經很少當成甜味劑來使用。甘草根可以用氨水萃取，製成一種含甜味甘草酸的銨鹽。這種萃取物的價格遠遠超出糖蜜（傳統甘草糖就是用糖蜜染成黑色）、糖、明膠、澱粉，以及甘草糖的其他成分，因此主要是當作芳香調味料來使用。甘草在丹麥特別受歡迎，他們把甘草和食鹽加上氨水，製成成分古怪的糖果。甘草素還會影響負責調節血壓、血量的荷爾蒙系統，因此攝取太多會引致高血壓和水腫。

糖和糖漿

蜂蜜

16世紀之前，蜂蜜都是歐洲最重要的甜味劑，後來蔗糖普及，民眾才廣為改用這種味道較為中性的甜味劑。在當時，德國和斯拉夫國家同為蜂蜜的主要生產國，蜂蜜酒（mead，源自梵文的「蜂蜜」）在中歐和斯堪地那維亞地區都大受民眾喜愛。如今，人們已將蜂蜜這種帶多種特有風味的預製糖漿視為食糖之外的另一種選擇。

蜜蜂

早在歐洲探險家抵達美洲之前，美洲一定早就知道並在享用蜂蜜了，然而北美洲卻是例外。美洲的原生蜜蜂有麥蜂屬（*Melipona*）和無刺蜂屬（*Trigona*），全都是熱帶種類。而且美洲蜜蜂和歐洲種蜜蜂還有不同之處：美洲的蜜蜂不長螫刺，牠們不只採花取汁，採集對象還包括果實、樹脂，連屍體和排泄物都包括在內，這樣釀出的蜂蜜氣味重、風味古怪，還可能有害健康。歐洲殖民者約在1625年把歐洲蜜蜂引進北美洲，也帶來全盤的變革，如今全球生產的蜂蜜，幾乎都得自這種蜜蜂，稱為西方蜜蜂（*Apis mellifera*）。

蜜蜂是種社會性昆蟲，伴隨著產蜜開花的植物一起演化。這兩種生物互相依存：植物供應昆蟲食物，昆蟲幫忙花朵傳粉授精。蜂蜜就是儲放在蜂巢中的花蜜。化石紀錄顯示，蜜蜂已經出現了5000萬年左右，牠們的社會組織則已有2500萬年。蜜蜂屬（*Apis*）源自印度，是主要的產蜜家族。西方蜜蜂就是嚴格定義上的蜜蜂，在非洲亞熱帶演化出現，如今棲居整個北半球，最北可達北極圈。

蜜蜂如何產蜜

花蜜 蜂蜜的主要原料採自花蜜，花朵產花蜜的目的，就是要吸引傳粉昆蟲和鳥類。蜂蜜的次要來源有植物其他部位泌以及某些蟲子泌出的蜜露。

不同的花蜜有不同的化學成分，不過最主要成分顯然就是糖。有些花蜜大半都是蔗糖，有些則為份量相等的蔗糖、葡萄糖和果糖，有些（鼠尾草花蜜和紫樹花蜜）則大半都是果糖。某些花蜜對蜜蜂無害，卻會毒害人類，因此釀出的蜂蜜帶有毒性。土耳其東部朋提克地區的蜂蜜在古希臘、羅馬時代已有惡名，當地有一種杜鵑花含帶一種「木藜蘆毒素」，會干擾肺部和心臟的機能。

最重要的花蜜來源是豆科植物的花朵，特別是丁香，還有萬苣科的一個大家族，包括向日葵、蒲公英和薊類植物。多數蜂蜜都是以混合原料製成，成分包括多種花朵的不同花蜜。儘管如此，全世界大概仍有300種「單一花種」的蜂蜜，其中尤以柑橘、栗子、蕎麥和薰衣草蜂蜜的滋味最特殊，特別受人珍視。有些蜂蜜（尤其是栗子蜂蜜和蕎麥蜂蜜）的顏色特別深，這有部分要歸功於原料花蜜的蛋白質含量較高，能和糖類反應，產生深色色素和烘烤香氣。

採蜜　蜜蜂把長管口器伸入花朵採集甜汁。牠的身體長有毛髮，採蜜時會把花藥上的花粉黏起來。花蜜通過蜜蜂的食道進入蜜囊，儲藏囊內，由蜜蜂攜回蜂巢。蜜囊中還會有幾種腺體分泌出的酵素，能把澱粉分解成較小糖鏈，也把蔗糖分解成葡萄糖和果糖分子兩種原料。

這裡有必要提出兩項精彩數據。一個健全的蜂巢裡有1隻成熟蜂后、數百隻雄蜂，和2萬隻工蜂。每1公斤的蜂蜜擺出販售，背後都需要8公斤的蜂蜜來維持蜂巢日常活動。倘若1隻蜜蜂要採到足夠的花蜜，以得到出這1公斤的額外蜂蜜，估計牠的總飛行路程，可以繞行地球將近一圈半。蜜蜂的採蜜區大約涵蓋蜂巢半徑一公里半的範圍，每天往返25趟，每趟攜帶的負荷重0.06公克左右，相當於體重的一半。由於蜜蜂相當輕盈，一隻蜜蜂必須飛行300萬公里左右，才能釀出1公升蜂蜜。一隻蜜蜂辛勤終生，只能為蜂巢採得區區幾公克蜂蜜。

▎北美蜜蜂大進軍
我們很幸運可以從一份近代的文獻中發現蜜蜂如何遷徙，跨越北美大陸的描述。華盛頓·歐文（Washington Irving）曾在1832年前往今的俄克拉荷馬一帶旅行，後來他寫了一部《草原漫遊記》（*A Tour on the Prairies*）記述所見所聞，其中第九章談到一次「獵蜂」活動，講述他為了尋找蜂蜜，在野地裡尾隨蜜蜂回到蜂巢的經歷。

短短幾年間就出現驚人景象，整個遠西地區已經布滿無數蜂群。印第安人認為，看到牠們，白人也不遠了，就好像看到水牛，紅人就在附近一樣；他們還說，蜜蜂前進多遠，印第安人和水牛也就要後退多遠。我們總是習慣把蜂巢的嗡嗡聲響和農舍、花園聯想在一起，還認為這些辛勤的小動物和人類頻繁出沒是有關聯的。我還聽說，在邊疆必須往外走很遠才見得到野蜂。牠們一直擔任文明信使的角色，穩健引領文明從大西洋岸各處向前進發，有些西部墾荒前輩則自稱，就在蜜蜂第一次渡過密西西比河那年，他們就來了。印第安人驚奇地發現，他們森林中的腐朽林木間突然發現滿滿的天賜甜食，我還聽說，當他們第一次享用到這道無需花錢購買的奢華美食，就展現出無與倫比的貪婪胃口。

就我們這些必須花錢才能得到這類瓶裝著侈品的人來講，這種最初的美妙感受很值得重溫玩味。

糖、巧克力和甜點 | chapter 3

把花蜜轉化成蜂蜜　在蜂巢中，蜜蜂把花蜜濃縮到足以抑制細菌和黴菌滋長的程度，以保存花蜜到取用之時。工蜂把花蜜吸入吐出，在口器下方形成細小微滴，反覆進行15~20分鐘，水分漸漸蒸發，最後花蜜的含水量就降到50%或40%。這時蜜蜂便將濃縮花蜜儲放在蜂巢，於巢壁薄薄塗上一層。蜂巢是以蠟質六角柱形構成的網絡，角柱直徑約5毫米，以幼齡工蜂蠟腺的分泌物搭蓋而成。成群工蜂在這裡不斷搧動膜翅，保持蜂巢空氣流通，花蜜的水分蒸散更多，最後含水量就降到20%以下。這個過程稱為「熟成」，為時3個星期左右。蜂蜜完全熟成之後，蜜蜂就把巢室填滿，上面再封上一層蠟質。

　　蜂蜜熟成牽涉到蒸發和蜜蜂酵素的持續作用。有一種重要的酵素，幾乎能把蔗糖全部轉變成葡萄糖和果糖，由於兩種單醣混合在一起，溶水性高於等量蔗糖原料，因此濃度可以提得更高也不至於結晶。另一種酵素則能氧化若干葡萄糖，形成葡萄糖酸和幾種過氧化物。葡萄糖酸能夠讓蜂蜜的pH值降低到3.9左右，更不利於微生物生存，過氧化物則具有抗菌防腐作用。除了這類酵素活動，蜂蜜熟成期間還有多種成分，彼此反應並逐漸改變色澤和風味。蜂蜜有幾百種不同物質已經鑑定確認，包括20多種醣類、鮮味胺基酸，以及多種具抗氧化功能的酚類化合物和酵素。

處理蜂蜜

　　有些蜂蜜上市時，仍浸泡著蜂巢一起販售，不過業者會先把巢中大部分蜂蜜都抽出處理以延長貨架壽命。他們把蜂巢的六角形蜂房取出，擺進離心機旋轉，讓液體蜂蜜和固體蜂蠟分開。接著業者通常把蜂蜜加熱至68°C，殺死能發酵糖分的酵母菌，濾除蠟質和殘屑，有時還混入其他蜂蜜，最後加壓過濾，移除花粉粒和非常細小的氣泡，以免液體看起來混濁。到這個階段，蜂蜜就可以維持液態包裝販售，不然也可以結晶製成蜂蜜抹醬，也就是不會像液態蜂蜜那般流動、滴落的「乳脂蜂蜜」。儘管乳脂蜂蜜看來像是固體，卻有85%成分依然保持液態，另外15%是固化成細小葡萄糖晶體的分散相。

　　由於所有糖類的水溶性都隨溫度逐漸提高，當溫度變暖，提高到26°C左右，乳脂蜂蜜也會開始融成液態蜂蜜。相同道理，儲藏時結出顆粒的液態

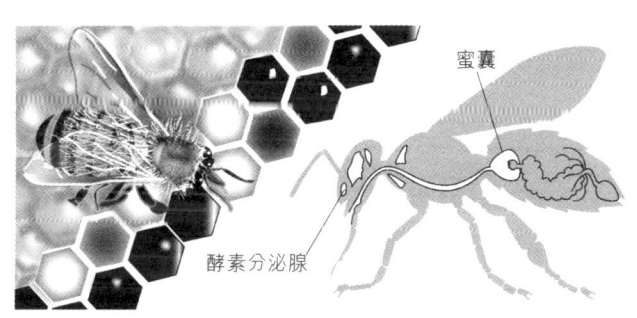

蜂巢和工蜂構造
工蜂剛採收的花蜜都儲存在蜜囊裡面，加上各種腺體分泌出的酵素，由牠一起攜回蜂巢。

蜂蜜，緩慢加熱後也能夠重新融成液體。

儲藏蜂蜜

蜂蜜是種較為安定的食品，卻不像食糖不會腐敗。這是由於蜂蜜含有一些水分，而且只要相對溼度超過60%，蜂蜜還會從空氣吸收水分。耐糖的酵母菌能在蜂蜜上滋長並產生異味，因此，蜂蜜最好裝進防潮密封容器中儲藏。

由於蜂蜜含糖量很高，還含有一些胺基酸和蛋白質，因此蜂蜜很容易發生褐變反應，導致風味變淡等負面作用，而且這種反應不只是受熱才會觸發，就算在室溫下放久了都會發生。倘若蜂蜜不是經常使用，最好是儲放在15°C以下環境。液態蜂蜜擺進冰箱會逐漸凝結成顆粒，乳脂蜂蜜的顆粒則會變得更粗一些。

蜂蜜的風味

蜂蜜最令人喜愛的特質是風味，因此蜂蜜被列入天然醬料的調味料。蜂蜜全都帶有略酸的基本甘甜味，散發一種複合式香氣，裡面有幾種香調：焦糖味、香草味、果香（脂質）、花香（醛類）、奶油味（醋雙乙醯）和甜蜜香料味（焦糖呋喃酮，見第二冊236頁）。至於由單種花蜜製成的蜂蜜，還添加了獨有的特殊香調。蕎麥蜂蜜帶有麥芽味（甲基丁烷）；栗子蜂蜜則含帶墨西哥薄餅的特有香味（胺苯乙酮，含花香及動物氣味）；柑橘蜂蜜和薰衣草蜂蜜都含葡萄味香調（鄰胺苯甲酸甲酯），還分別具有柑橘味和草味；菩提花蜂蜜帶複合香調，包括薄荷、百里香、奧勒岡和龍蒿等香氣。

蜂蜜的烹調用途

在加工食品裡，糖是被默默加進去，蜂蜜就不同了，它是一種大事招搖的甜味劑，多半由顧客親自加到食物上。蜂蜜的黏度、光澤都像糖漿，褐色色調也大致雷同，適於淋在酥皮等食品上，引人垂涎。蜂蜜是種別具特色的甜味劑，通常使用在酥皮（巴克拉瓦這種果仁蜜餅，還有德國聖誕薑餅）、甜點（牛軋糖和蜂蜜杏仁牛軋糖、哈瓦糖和芝麻果仁糖）和香甜酒（班

蜜蟻

有些甜味劑比較罕見，其中一種是蜜蟻。蜜蟻又稱蜜罐蟻，包含澳洲的沙漠蟻屬（*Melophorus*）、墨西哥的弓背蟻屬（*Camponotus*）和美國西南部的蜜蟻屬（*Myrmecocystus*）等。牠們的族群中有工蟻階級，扮演儲蜜角色，把花蜜和蜜露儲藏在腹部，於是腹部會鼓脹達豌豆或葡萄大小，變成半透明狀。蜜蟻可食用，有些人捏下蜜蟻腹節直接拋進口中，或者用墨西哥薄餅夾著吃。

尼狄克汀、吉寶和愛爾蘭香甜酒等)上。儘管如今蜂蜜酒已銷聲匿跡，蜂蜜啤酒卻在非洲大行其道。基於各種理由，美國人在烘焙食品大量使用蜂蜜。蜂蜜可以取代糖(1份蜂蜜的增甜效果，相當於 1.25~1.5 份糖)，不過需酌減液體用量，因為蜂蜜含有一些水分。由於蜂蜜的吸溼性高於食糖，因此麵包和蛋糕如果加入蜂蜜，保水性會比加糖好，水分蒸散到空氣中的速度較慢，甚至如果空氣中的溼氣重，還能從空氣吸水。此外，由於蜂蜜含抗氧化性酚類化合物，因此烘焙食品和肉類料理如果添加了蜂蜜，變味的速度也會較慢。烘焙師傅還可以借助蜂蜜的酸度與小蘇打產生反應，用來膨發速發麵包。最後，由於蜂蜜含糖，而糖又具有反應還原能力，因此可以加速受歡迎的褐變反應，還能讓烘焙食品的外皮、滷汁醃醬和蜜汁等製品更快產生風味和色澤。

蜂蜜和健康；嬰兒肉毒桿菌症

蜂蜜不像糖那般經過精煉，化學成分又很複雜，也並非具有神效的食品。蜂蜜的維生素含量微乎其微，蜜蜂本身所需的維生素則得自花粉。蜂蜜具有抗菌性，因此早期醫師用蜂蜜來塗敷傷口，這種效能大半得自過氧化氫，是葡萄糖氧化酵素的產物，也是醫界熟知且沿用已久的物質。另外，不該餵食蜂蜜給未滿週歲的孩童吃，因為蜂蜜經常含有肉毒桿菌的休眠芽孢，一旦進入幼兒未成熟的消化系統，就會像種子一樣發芽。嬰兒肉毒桿菌症會導致患者呼吸困難，甚至癱瘓。

喬木的糖漿和糖類：楓樹、樺木和棕櫚

蜜蜂在釀製蜂蜜時進行兩項基本動作：牠們從植物取得非常稀薄的含糖溶液，接著蒸發掉大半的水分。蜜蜂演化出這些本能，依直覺以及肌肉和酵素來完成，而人類則需經由學習，才懂得借助工具和火來達成。我們抽取植物的稀薄汁液，再加熱把大部分或所有水分蒸乾，製造出糖漿和糖。人工製造的甜食當中，以喬木的糖漿和糖類最像蜂蜜，因為裡頭幾乎完整

典型蜂蜜的組成

	重量%		重量%
水	17	其他雙醣	7
果糖	38	高糖分原料	1.5
葡萄糖	31	酸	0.6
蔗糖	1.5	礦物質	0.2

保有樹汁的原有成分，而且精煉加工的程度也比甘蔗和甜菜糖類少。

楓糖漿和楓糖

早在歐洲人引進蜜蜂之前，北美原住民已自行發展出美味的濃縮甜品。許多印第安部落（特別是阿爾袞琴族、易洛魁聯盟各族和歐吉布威族）和歐洲探險家相遇之時，就已經有一套關於楓糖的神話和詞彙。幸虧相關文獻非常翔實，我們才能多少知道他們是以何等巧妙的手法來萃取、濃縮樹汁（見本頁下方）。他們只需用一柄戰斧劈進樹幹，再敲進一片木楔撐開傷口，然後安上一片片榆樹樹皮當作容器，接著就等夜間低溫把水凍結成冰晶。把冰晶移除後，樹汁就會變得越來越濃。

楓糖是美洲原住民的重要飲食成分，可以揉進熊的脂肪，或是拌入玉米粗粉，製成輕巧密實的糧食，供長途旅程時食用。對歐洲殖民者來講，楓糖也比蔗糖便宜，取得更方便；蔗糖產自西印度群島，進口時要繳納重稅。美國獨立革命之後，許多美國人在道德上依然偏愛楓糖，不喜歡蔗糖，因為蔗糖大半是由奴隸勞力而得。19世紀尾聲，蔗糖和甜菜糖變得相當便宜，因此楓糖需求量大幅降低。如今，楓糖漿生產已經成為一種家庭工業，主要集中在加拿大東部各省（特別是魁北克），還有美國的東北部。

樹汁 楓樹家族源自中國和日本，分布北半球，總計約100種。北美有4種適於產糖的楓樹，其中糖楓（*Acer saccharum*）所產的樹汁品質、數量都凌駕其他樹種，如今糖漿也大半產自糖楓。樹汁從春季冰雪初融時開始採集，一直進行到葉芽綻發，這時樹汁開始含帶幾種物質，讓樹汁帶有澀味。有四種狀況可以讓樹汁品質獲得極大改善：有凜冽的冬季讓樹根凍結、有白雪覆蓋讓樹根保持寒冷、日夜溫差要極大，還要有充足的日照。美國東北各州和加拿大東部各省最符合這些要件。

此外還有幾個樹種在早春也會流出汁液，其中有些也會用來製糖，例如樺木、山核桃和榆樹。不過，和其他樹種相比，楓樹的樹汁最甜，產量也最豐沛，這得歸功於楓樹有一套繁複的自然機制，它會把前一段生長季節

說文解字：蜂蜜

儘管我們認為蜂蜜的精髓在於甜味，然而它的英文 honey 卻得自蜂蜜的顏色，這個字源自印歐語，本意是「黃」。印歐人當然也享用蜂蜜，還給它起了名字。它的字根 melit- 衍生出好幾個現代字彙，包括 molasses（糖蜜）、marmalade（橘皮果醬）、mellifluous（甜美的）和 mousse（慕思，取道拉丁文 mulsus 而來，本意是「像蜜那樣甜的」）。

儲藏的糖分往外推到生長活躍的形成層。

糖漿生產做法　從殖民時期到20世紀，製糖業者都在楓樹樹幹鑽個小洞來採集樹汁，他們取一根木管或金屬管插入形成層，掛上一個桶子，讓樹汁滴入桶中。如今這種別緻的採集法多半已不再使用，改用塑膠水龍頭和接管形成一套系統，藉此把許多樹木的汁液傳送到中央儲藏槽。在六週內，水龍頭約能汲取樹木所儲藏糖分的10%，每棵樹平均採得20~60公升（有些可高達300公升）。每製成1份糖漿，大概要消耗掉40份樹汁。春季剛開始時的樹汁約含3%蔗糖，結束時含糖量只剩下一半；因此，春季後段的樹汁必須沸煮較長時間，所以顏色較深、風味也較強。如今，許多業者都採用高效率的逆滲透裝置，不需加熱就能移除75%左右的樹汁水分，之後再加熱煮沸，煮出風味合宜的濃度。他們的目標是讓溶液沸點高出水的沸騰溫度4°C，相當於煮出糖分含量65%的糖漿。

楓糖漿的風味　楓糖漿成品的組成約為62%蔗糖、34%水、3%葡萄糖和果糖，還有0.5%的蘋果酸等酸類，加上微量胺基酸。糖漿的特有風味得自的甜味、各種酸類的輕微酸味，還有各式各樣的香氣，包括香莢蘭香（得自木料常見副產品香草醛）、糖類焦糖化發出的香氣，以及糖類與胺基酸的褐變反應產出的香氣。糖漿沸煮時間越長，溫度越高，煮出的色澤越深，風味也越重。楓糖漿以顏色、風味和含糖量分級。A級是顏色較淺、風味較細緻的類別，這種糖漿的濃度有時較淡，可以直接淋上食物取用。B級和C級的焦糖風味較重，較常用於烹調，例如烘焙食品和肉類用蜜汁。真正的楓糖漿價格昂貴，因此超級市場所賣的糖漿，許多都是以人工調味，所含楓糖漿成分極少，甚至完全沒有。

楓糖　楓糖的製法是取楓糖漿熬煮，等蔗糖成分濃縮到一定程度後加以冷卻便能結出楓糖晶體。濃縮程度可由沸點判定，讓糖漿在海平面的沸點高出水的沸騰溫度14~25°C，也就是達到114~125°C。糖漿煮好後靜置一陣，風

│無需借助金屬和烈火來製造楓糖

公元1755年，現今俄亥俄州地區一位年輕殖民者被一小群原住民擄獲、「收養」。他在1799年公開自己這段故事，寫成《詹姆斯‧史密斯上校的不凡生平和精彩遊歷》（*An Account of the Remarkable Occurrences in the Life and Travels of Col. James Smith*），裡面好幾段內容都談到印第安人是如何製造楓糖。這裡介紹其中最巧妙的製法。

> 今年我們手邊沒有大水壺，印第安女子用冰霜來製糖，就某種程度而言，冰霜取代了火。她們拿儲水用大型樹皮，製成寬闊的淺底容器。製糖期間的天氣非常寒冷，楓樹汁液在夜裡經常結凍，她們便打碎容器裡的冰塊，取出拋棄。我問她們，這樣不就把糖丟掉了？她們說不會；她們丟掉的是水，糖沒有結凍，丟掉的冰裡面，糖少之又少……我注意到，凍結幾次之後，留在容器中的水顏色不一樣了，變成褐色，而且非常甜。

味濃郁的褐色糖漿就會凝結成粗粒晶體，外表裹著薄層殘留糖漿。「楓糖醬」是種高延展性的甜味抹醬，由非常細緻的晶體和少量分散的糖漿混合而成。製作時先把楓糖漿裝進淺鍋，鍋底泡入冰水，急速冷卻至21°C左右，同時不斷攪打至堅硬，接下來就緩緩重新加熱，把糖塊溫熱至滑順、半軟即成。

樺樹糖漿

居住在北極圈內（包括阿拉斯加和斯堪地那維亞）的居民，從很久以前就會從樺木取得樹汁製成甜蜜的糖漿，多種樺木都是偏北緯度地區的優勢樹種。樺木在早春會流出汁液並持續2~3週，樹汁的濃度比楓樹汁液稀薄得多，含糖量約1%，大半是以等量的葡萄糖和果糖混合而成。製造1份糖漿約需100份樹汁，原因有二：一是原料的糖分比例較低，二是葡萄糖和果糖的混合液也比等量蔗糖溶液稀薄。因此，業者的目標是煮出含糖濃度為70~75%的成品。由於樺樹樹汁內有不同糖類，分別產生不同反應，樺樹糖漿才會呈現紅褐色，而且和楓樹糖漿相比，類似焦糖的風味也比較重；此外，香草醛含量也比較低。

椰糖漿和椰糖、龍舌蘭糖漿

熱帶棕櫚也能用來製糖，而某些種類的產量更是產糖植物家族中的翹楚。扇櫚又稱扇椰子（*Borassus flabellifer*），俗稱亞洲糖椰，可以接上管子採收半年之久，產量每天約15~25公升，而且蔗糖含量高達12%！每棵棕櫚樹每年能產出4.5~36公斤粗糖。椰子、海棗、西谷椰和油棕櫚產量較低，但依然遠勝楓樹和樺木。棕櫚樹汁可從樹頂開花莖幹採收，也可以從樹幹開口取汁，汁液沸煮濃縮至糖漿狀的「棕櫚糖蜜」，或者熬成結晶團塊成「印巴黑糖」（印地語稱為 *gur*；英語稱為 *jaggery*，由梵文 *sharkara* 取道葡萄牙文而來）。這些字彙也用來指稱尚未精製的蔗糖。未精製的椰糖具有獨特酒香，這也成為印度、泰國、緬甸等南亞國家和非洲各國料理中的獨特氣味。有些椰糖是精製產物，目的在製造出較為中性的白糖。

龍舌蘭糖漿採各種龍舌蘭汁液製成，龍舌蘭是美洲的原生沙漠植物，是

仙人掌家族的近親。龍舌蘭糖漿的糖分，約70%是果糖，20%為葡萄糖，因此嚐起來比其他多數糖漿都甜。

食糖：甘蔗和甜菜製成的糖和糖漿

製造蔗糖和甜菜糖，過程遠比製造蜂蜜、楓糖和椰糖更為複雜，原因出自一項基本理由。不論是蜜蜂或採收樹汁的人，剛開始都是從單一種植物的汁液開始採收，採得的樹汁除了水和糖，幾乎不含其他成分。而食糖的原料，卻是整隻甘蔗或整株甜菜根經過碾壓而來。甘蔗汁和甜菜汁都含許多物質（蛋白質、複雜的碳水化合物、鞣酸和色素），這些成分不只會干擾甜味，一旦接觸到濃縮加工過程中的高溫環境，還會分解成味道沒那麼好的化學物質。因此，蔗糖和甜菜糖必須去除這類雜質。

前工業時代的糖分精製法

從中世紀晚期直到19世紀，幾乎所有的製造工法都被機械改變了，糖的處理做法可以依循著同一種基本程序，區分為四個步驟：
- 澄清甘蔗汁
- 熬煮濃縮成濃稠糖漿，提高蔗糖濃度並使其化為結晶
- 排乾含雜質的糖漿，瀝出固態晶體
- 把附在晶體上的殘存糖漿洗掉

先碾壓甘蔗莖稈搾出汁液，接著就要清除雜質，在汁液裡添加石灰、蛋白、動物血液等物質，然後開始加熱，這會令多種有機雜質凝成粗粒，還會形成浮渣，方便撇除。接著要處理剩下的液體，接連用不同淺鍋盛裝熬煮，熬到水分幾乎全乾，倒進錐形陶模。模子約1~2尺長，能裝2~14公斤糖漿。倒好之後一邊冷卻一邊攪拌，令其結成「粗糖」，也就是密實的蔗糖結晶，外被薄層糖漿，糖漿內含其他糖分、礦物質和多種溶解雜質。錐形陶模倒立靜置幾天，在這段期間，薄層糖漿（也就是糖蜜）便從尖端小孔流出。到了最後階段，在錐模廣口端覆蓋一層細溼泥，擺放8~10天，讓溼土水氣

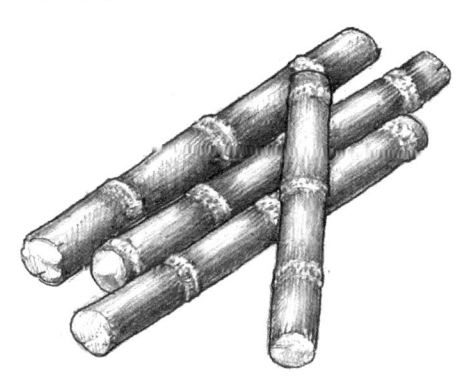

滲透糖晶硬塊。這種洗滌作業反覆幾次之後，就能洗淨大部分殘餘糖蜜，不過最後製成的糖，一般仍略帶黃色。

現代精糖煉製法

如今糖的製法已稍有不同。由於甘蔗多半在殖民地或開發中國家栽植，煉製精糖所需的機具又很昂貴，於是蔗糖生產便分為兩個步驟：在甘蔗栽植場附近設廠，結出未精製的粗糖結晶；接著在工業國家精煉製成白糖，就近賣給主要消費族群。反觀甜菜，它是溫帶作物，主要栽植於歐洲和北美洲，因此整個精糖製作過程都能夠在一家工廠完成。甘蔗採收後非常容易損壞，必須立刻加工；而甜菜則可儲放好幾週或好幾個月，接著再投入加工製糖。

製糖加工必須完成兩項基本程序：碾壓甘蔗搾出汁液，接著沸煮汁液熬掉水分。搾汁是一種粗活，沸煮則需耗費大量熱能。以往加勒比海一帶就是利用奴隸的勞動以及砍伐森林來滿足這些需求。19世紀出現三項創新發明，讓糖變成代價較低的討喜製品：運用蒸氣來碾壓甘蔗；使用真空鍋，以較低壓力來熬煮糖漿，這樣就能用較低溫度來緩緩沸煮；還有「多次蒸發器」問世，可以把一個蒸發階段用過的熱能拿到下一個階段再次使用。

如今甘蔗汁和甜菜汁的初步澄清過程不必加蛋添血就能完成：現在大多使用熱和石灰來凝結、移除蛋白質和其他雜質。精糖業者不再藉由重力讓糖蜜沉澱，改用離心機來旋轉粗糖（就像以轉盆來瀝除生菜上的水分），這樣一來就不必等待好幾週，因為離心力只需幾分鐘就可以去除結晶上的液體。離心處理之後，重新把粗糖溶成糖液，接著添入碳粒，以脫色技術增白。這種類似活性炭的物質，表面積廣大，能把不想要的分子吸掉。等碳粒把最後殘留的雜質吸收乾淨之後，就可以濾除碳粒。最後的結晶步驟必須小心控制，才能結出大小相當的糖晶體。食糖的純蔗糖成分高得驚人，可達99.85%。

白糖的雜質

事實證明，食糖只要有微量雜質便可讓顏色和風味產生明顯差別。若是只用水和糖，濃縮成的糖漿便呈現黃色，偶爾帶有迷濛外觀，這是由於碳水化

從錐糖到方糖

直到19世紀晚期，糖依然採用排水模子製成錐塊上市。當時這種錐糖稱為loaf，這也是如今許多形狀雷同的山丘稱為Sugarloaf（糖錐）的原因。到了1872年，原本在雜貨店擔任助理的亨利・泰特（Henry Tate），進入利物浦精糖製煉廠之後一路攀升到頂端，見識到一項發明，能把錐糖切割成小塊家庭用糖。泰特請得這套裝置的專利權，開始投入生產，不久就靠「泰特方糖」發了大財。後來他投入慈善事業，創辦「英國國家藝廊」（National Gallery of British Art，較通用稱法是「泰特美術館」），滿館都是他自己的收藏。

合物和色素分子的尺寸都很大，在結晶過程中若非困在蔗糖分子間，就是繼續黏附在晶體表面。甜菜糖尤其常帶有酸敗泥土異味。甘蔗長於地表，很容易腐敗，因此收成之後必須立刻加工；而甜菜長在地下，收成之後有可能儲藏好幾週或好幾個月才加工，再加上表面會殘留土壤細菌和黴菌，因此儲藏期間就可能受到感染。再者，甜菜糖有時還含帶微量化學防禦物質「植物皂素」，性質就像肥皂。我們已知皂素會導致糖漿出現浮渣，之前會把問題歸咎到甜菜的烘焙效果不好，但禍首也可能就是皂素。（這個黑鍋從20世紀早期背到現在，當時精煉技術還沒那麼有效，甜菜糖品質往往比不上甘蔗糖。）

白糖的類別

白糖分為好幾種類型，主要是因為晶體大小不同，也因此具有不同名稱。一般烹調用或飲料用的普通食糖，晶體尺寸屬中等。顆粒較粗的晶體主要用來裝飾烘焙食品和甜點，也因為經過特別處理，產生晶亮清澈的外觀。這種白糖的原料採用純度特別高的蔗糖批次，盡量壓低殘留雜質含量，因此不會像普通食糖那樣溶出淡黃色的液體。粗粒白糖甚至還用酒精洗滌，去掉沾附於白糖表面的蔗糖粉末。倘若廚師希望調製出極白的「翻糖」，或者極清澈的糖漿，最好的選擇就是這種粗粒的「沙磨糖」。

顆粒較細的砂糖，好幾種的尺寸都比食糖小。超細粒砂糖、特級烘焙糖，還有英國的精白砂糖（caster sugar，顆粒細到能穿過糖罐的篩孔），這些糖粒的晶體面積更為廣大，在製造蛋糕攪打乳脂的階段，可以把空氣帶進脂肪（見57頁）。「粉糖」是磨成更細小顆粒的糖，有些小得讓舌頭察覺不出粗砂質地，可以直接用來製造非常柔滑的糖衣、糖霜和糖餡。粉糖中含有3%重量的澱粉，主要是讓澱粉吸收溼氣，避免粉糖結塊，也因此粉糖略帶麵粉味，口感也像麵粉。

紅糖

紅糖是種外被一層深色糖漿的蔗糖晶體，這層糖漿分別在不同煉製階段塗裹上去，讓紅糖風味比純正蔗糖更為複雜。紅糖可分為幾種基本類型。

白糖的類別：名稱和尺度

以下長度都是近似值，代表單顆晶體或粉末的最大約略尺寸。顆粒大於0.02毫米左右，我們的舌頭就能察覺粗砂質地。

大顆粒砂糖：1~2毫米
粗粒糖 ｜ 沙磨糖 ｜ 珍珠糖

標準晶粒砂糖：0.3~0.5毫米

細晶粒砂糖：0.1~0.3毫米
果糖 ｜ 特製烘焙糖 ｜ 精白砂糖 ｜
超細粒砂糖、極細粒砂糖

粉糖：0.01~0.1毫米
甜點用糖 ｜ 粉糖 ｜ 翻糖 ｜ 糖霜

製糖

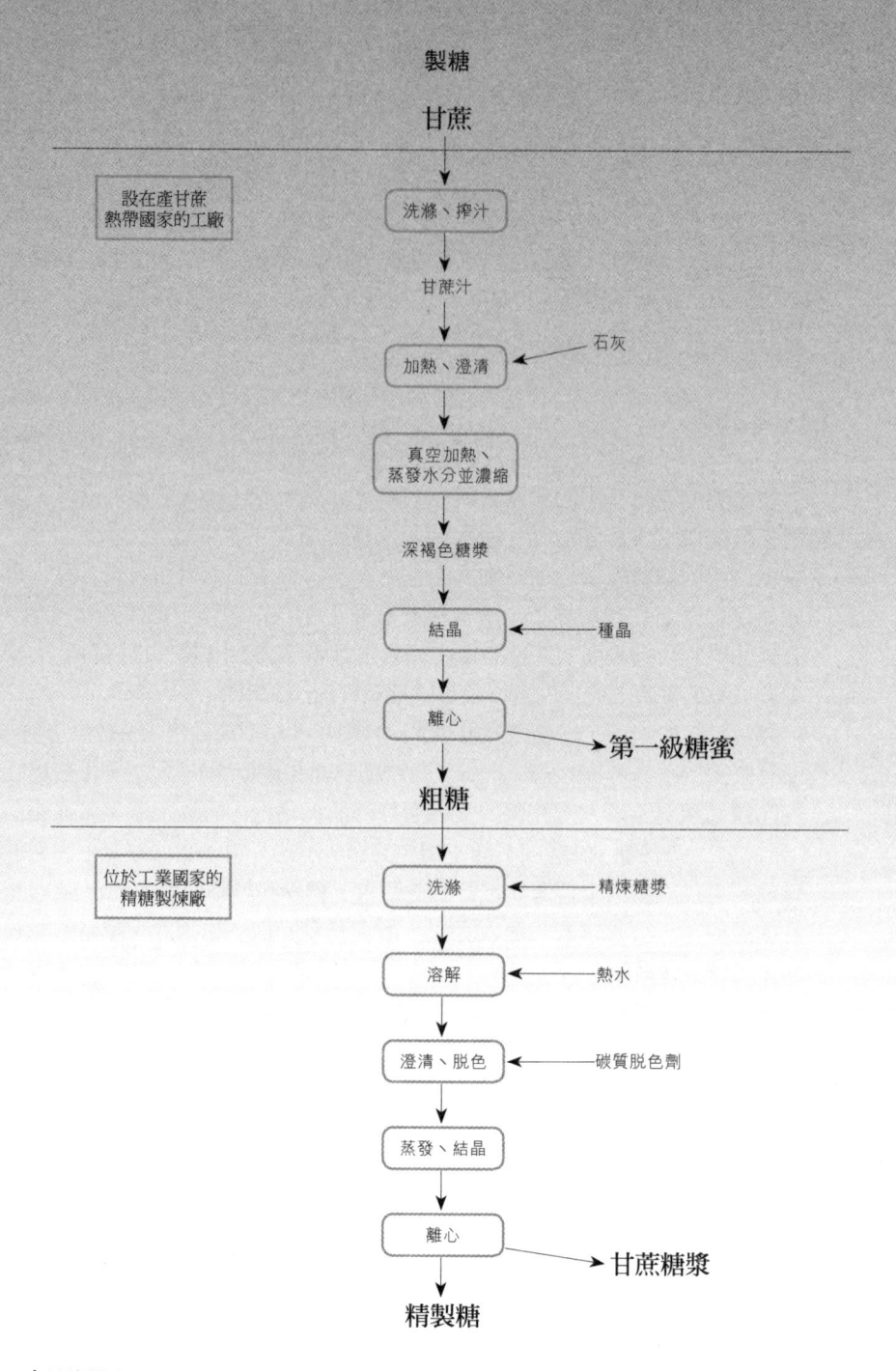

```
甘蔗
 ↓
洗滌、搾汁
 ↓
甘蔗汁
 ↓
加熱、澄清 ← 石灰
 ↓
真空加熱、蒸發水分並濃縮
 ↓
深褐色糖漿
 ↓
結晶 ← 種晶
 ↓
離心 → 第一級糖蜜
 ↓
粗糖
 ↓
洗滌 ← 精煉糖漿
 ↓
溶解 ← 熱水
 ↓
澄清、脫色 ← 碳質脫色劑
 ↓
蒸發、結晶
 ↓
離心 → 甘蔗糖漿
 ↓
精製糖
```

設在產甘蔗熱帶國家的工廠

位於工業國家的精糖製煉廠

| 蔗糖製法

甘蔗在栽植甘蔗的熱帶、亞熱帶國家初步加工完成並製出粗糖；後續精煉加工多在消費國進行，把粗糖煉製成白糖。甜菜糖基本上也採相同製法，除了甜菜大多都在溫帶工業國家栽植，也在那裡加工；而甜菜的糖蜜和糖漿味道都不好。

加工紅糖　「加工」紅糖原先是甘蔗汁在初步加工階段製成的未精製糖。這類紅糖包括德麥雷拉粗糖（Demerara）、渦輪粗糖（turbinado）和黑砂糖（muscovado）。德麥雷拉粗糖的名稱得自圭亞那地名，是淡色甘蔗汁第一階段結晶產物，糖質溼黏、晶粒很大，呈金黃色。渦輪粗糖是以離心脫水，洗掉部分外層糖蜜，也呈金黃色，晶粒也很大，不過不像德麥雷拉粗糖那麼溼黏。黑砂糖在深色母液最後結晶階段成形；黑砂糖呈褐色，顆粒溼黏，尺寸很小，風味強勁。

精製紅糖　時至今日，加工紅糖這種讓人懷想的名稱，往往都用來指稱另一種紅糖，也就是不再以甘蔗汁熬煉、改採粗糖為最初原料，在精煉糖廠製成的產品。普通紅糖也都採用這種手法製造。精煉紅糖有兩種製法：取粗糖重新溶入某種糖漿，再次結晶成糖，讓晶體表面保留若干糖漿；或者取粗糖精製，一路加工製出純正白糖，接著在晶體表面裹上或「塗上」薄層糖漿或糖蜜。

　　加工紅糖和精製紅糖的基本差異在於，正宗加工紅糖保留較多甘蔗風味，包括青綠、清新和蔬菜海洋香氣（得自己醇、乙醛和二甲硫）。兩式紅糖都含一種醋香要素（得自乙酸）和焦糖與奶油香調（奶油味得自醋雙乙醯，這確實也見於奶油），還帶有鹹味和苦味（得自礦物質）。精製紅糖也發出一種號稱甘草香的氣味，是糖漿經長時間緩慢加熱所得產物。

全糖　如今仍有機會嚐到所謂的全糖。全糖是熬煮甘蔗汁製成的結晶糖，外表還包覆著甘蔗原汁。印度雜貨店販售的糖就是這種糖，稱為印巴黑糖，英語為 jaggery，印地語為 gur，拉丁美洲也有類似產品，稱為「拉美黑糖」（piloncillo、papelon 和 panela）。各種款式風味不盡相同，從淡焦糖味到強烈糖蜜味都有。

紅糖用法　紅糖外層包覆一層含帶相當水量的薄層糖蜜，質地柔軟溼黏（葡萄糖和果糖的潮解性高於蔗糖）。當然，倘若紅糖靜置於乾燥空氣的環境中，溼氣就會蒸散，晶體也會變得堅硬並結成團塊。儲藏在密封容器可以保住

白糖和紅糖的組成

「軟」紅糖是外層保有原來的糖漿，也就是它的結晶母液；「塗覆」紅糖是外層包覆薄層褐色糖漿的白糖，這層糖漿是在結晶、沉澱之後才添上去的。

糖	蔗糖	葡萄糖+果糖	其他有機原料	礦物質	水
白糖	99.85	0.05	0.02	0.03	0.05
紅糖					
軟紅糖	85~93	1.5~4.5	2~4.5	1~2	2~3.5
塗覆紅糖	90~96	2~5	1~3	0.3~1	1~2.5

溼氣，拿一條溼巾或切一片蘋果擺進去，紅糖就可以吸收溼氣，重新軟化。由於紅糖結晶往往相黏成團，中間夾雜氣穴，因此使用之前若要以體積來衡量用量，應該先把它壓實。

糖蜜和甘蔗糖漿

糖蜜　糖蜜在英國稱為treacle，一般而言指的是製作蔗糖時殘留的糖漿，也就是甘蔗汁經沸煮並採集蔗糖結晶之後留下的殘汁。（甜菜加工也殘留糖蜜，卻帶有強烈異味，因此只用來餵養動物或培育工業發酵用微生物。）為了盡量提高蔗糖萃取量，甘蔗汁結晶作業分成幾個不同步驟，各自產出不同等級的糖蜜。「第一級」糖蜜是粗糖晶體離心分離後的產物，裡面仍含有若干蔗糖。接著再和未結晶的食糖糖漿混拌，重新結晶並再次離心分離，結果就產生「第二級」糖蜜，雜質濃度還比第一級糖蜜更高。反覆這道步驟，再做一次就能得到「第三級」（終級）糖蜜，稱為「黑糖蜜」（blackstrap，衍生自荷蘭文的「糖漿」stroop）。由於殘存糖分焦糖化達到極點，加上反覆沸煮高溫引發各種化學反應，因此終級糖蜜會呈現黑褐色。由於種種化學反應影響，礦物質濃度又很高，因此終級糖蜜風味粗劣，一般不適於人類直接取食，不過有時也和玉米糖漿混拌上市販售。還有少量則用於菸草熟化加工。

糖蜜的類別　（第）一級和（第）二級糖蜜長久以來都是用來調製食品，而奴隸和南方鄉間貧戶也只有這種糖可以使用。這兩級糖蜜通常都用二氧化硫漂白，嚐起來帶有強烈的硫磺味。如今，多數零售糖蜜實際上都是調合式糖蜜，裡面混有製糖加工不同階段產出的糖漿。不同糖蜜滋味也不同，從清淡到辛辣、苦澀都有，分呈金褐色到黑褐色等外觀。糖蜜顏色越深，所含糖分受焦糖化和褐變反應影響也越大，因此轉化程度也越高，導致甜味變得越弱，苦味則變得越強。淡色糖蜜含有35%蔗糖、35%轉化糖和2%礦物質；黑糖蜜糖蜜含35%蔗糖、20%轉化糖和10%礦物質。

說文解字：糖蜜
Molasses（糖蜜）源自拉丁文 *mellaceus*，本意為「像蜂蜜的」。Treacle 則來自法文的 *triacle*，而這又是來自拉丁文的 *theriaca*，原意為「解毒劑」。中世紀藥劑師使用食糖糖漿來調和藥物，後來就以藥物名稱來指稱糖漿。如今，treacle 一詞同時指重口味深色糖蜜和比較細緻的精煉糖漿。

糖蜜的烹飪用途　甘蔗糖蜜的風味很複雜，除甜味、焦糖味和奶油味之外，還有木頭和青綠香調。這種複雜特性讓糖蜜廣受大眾歡迎，為許多食品帶來背景風味，例如甜玉米花團、薑餅、甘草糖、烤肉醬和燴豆。罐裝糖蜜通常呈酸性，不過也很難講：酸鹼值高低不等，介於5（酸性）和7（中性）之間，因此糖蜜遇上小蘇打有時會起反應並產生二氧化碳，也就是烘焙食品的膨發氣體。糖蜜能幫助食品保住水分，這得歸功於轉化糖的成分。另有眾多成分能增加總體抗氧化效能，從而延緩變質發出的異味。

甘蔗糖漿和高粱糖漿　甘蔗糖漿有些是直接以甘蔗汁原料在糖廠製造，也有些是以粗糖在精糖製煉廠製造。甘蔗糖漿通常含有蔗糖（25~30%）和轉化糖（50%），顏色呈金黃到中等褐色，風味清淡，散發焦糖、奶油硬糖和綠葉等香氣。路易斯安那州的甘蔗糖漿，傳統上都以整株甘蔗搾汁、濃縮、淨化製成。這種基本糖漿還可以做酸化或酵素處理，約半數蔗糖成分經過轉化，所得製品如今有時也稱為「高級糖蜜」。高級糖蜜在製造過程中加熱較少，因此比正宗糖蜜更香，也沒有那麼苦。「金黃糖漿」是採粗糖加工精製的糖漿，處理時經木炭過濾，產生晶瑩剔透的特有淡色外觀和細緻風味。甘蔗糖漿用在美洲山核桃派餅等料理，比玉米糖漿更能帶來特有風味（不過也比較甜）。

高粱糖漿以一種甜高粱的莖稈搾汁製成，在美國南方和中西部有小量生產。甜高粱是個特化種類，以高粱（*Sorghum bicolor*，見第二冊315頁）這種特意栽培的品種製成。高粱糖漿的主要成分是蔗糖，且帶有獨特辛辣味。

玉米糖漿、葡萄糖和果糖糖漿、麥芽糖漿

澱粉糖

我們這就進入另一種糖分的源頭，這種糖雖然歷史很短，如今在市場的重要性卻能與甘蔗糖和甜菜糖抗衡。公元1811年，俄羅斯化學家克希何夫（K. S. Kirchof）發現，將馬鈴薯澱粉和硫酸混合一起加熱，澱粉就會轉變成帶

水果糖漿：古代的薩巴汁（Saba），現代的水果甜味劑

歐洲最早的糖漿並非以甘蔗當原料，而是以葡萄製成的。義大利的薩巴汁採葡萄汁熬煮濃縮而成，這種黏稠糖漿的葡萄糖和果糖含量約略相等；此外，由於糖類和葡萄的酸類成分一起熬煮，因此也帶了獨特酸味。16世紀，諾斯特拉達穆斯曾談到如何以薩巴汁調製出各式甜品，並指出「在沒有糖也沒有蜂蜜的地方，至高無上的太陽生產、滋養其他各種果實，以此……來滿足我們的感官愁求……」。

加工水果糖漿是較近代版本的傳統糖漿。這類製品都是由整批剩餘、受損或因各種理由不適合做其他用途的多種水果製成，包括蘋果、梨子和葡萄。搾汁後把香氣和色澤都去除，濃縮至糖分含量約達75%，由於蔗糖受果酸作用影響，因此主要成分為葡萄糖和果糖。這時酸含量同時提高，糖漿酸鹼值約為4。食品加工業者很看重這種水果糖漿，部分原因是他們可以印上吸引力十足的「水果甜味劑」，而不必寫上糖或玉米糖漿。水果糖漿還含有相當數量的果膠等細胞壁碳水化合物，利於安定乳化液，若用來製作冷凍食品，還可以縮小結晶尺寸。

甜味晶體和一種黏稠糖漿。幾年之後，他發現發芽大麥也能促成和硫酸相同的作用（從而為啤酒釀造工藝奠定科學基礎）。如今我們知道，澱粉是由許多葡萄糖聚合成的長鏈分子，而且酸和某些酵素（得自於動、植物和微生物）都能把這類長鏈聚合物分解成數個短鏈聚合物，最終分解成一個個葡萄糖分子。糖類讓糖漿變甜，葡萄糖鏈的殘存碎片則為溶液帶來黏稠質地。美國在1840年代採用添酸技術，把馬鈴薯澱粉製成糖漿，到了1860年代則開始採用玉米澱粉來製造。

高果糖玉米糖漿　果糖糖漿在1960年代問世。原料是普通玉米糖漿或馬鈴薯糖漿，並多了一道酵素處理，將部分葡萄糖的糖分轉化成甜度較高的果糖，於是糖漿的增甜效能也大幅提高。標準高果糖玉米糖漿的固形物成分中，約53%是葡萄糖，還有42%的果糖，因此等重的食糖和糖漿會表現出相等甜度。由於高果糖糖漿比較便宜，於是從1980年代開始，軟性飲料廠商就以此取代甘蔗糖和甜菜糖，美國人消耗的玉米糖漿數量，也開始超過甘蔗糖和甜菜糖。如今，這類糖漿成為非常重要的食品加工甜味劑。

製造玉米糖漿　玉米糖漿的原料是普通馬齒玉米（見第二冊309頁），業者取玉米粒萃取澱粉粒，再添加酸和（或）微生物、麥芽酵素來處理，製作出一種甜味糖漿，隨後再淨化、脫色，並依需求蒸發出特定濃度。今日的加工幾乎只用麴菌酵素，這得自很容易培養的米麴菌（*Aspergillus oryzae*）和黑麴菌（*Aspergillus niger*）。日本也使用米麴菌酵素來把稻米澱粉分解成能夠發酵的糖，用來釀造清酒（sake，譯注：日文「さけ」泛指所有的酒，而不限於「清酒」。本文和下一章所說「清酒」則廣義指稱日本的各類米酒）。歐洲主要採用馬鈴薯澱粉和小麥澱粉釀製糖漿，成品分別稱為「葡萄糖」或「葡萄糖糖漿」，其成分和美國的玉米糖漿相同。

玉米糖漿的特色和用途

廚師平日使用的甜味劑中，只有玉米糖漿具有長鏈碳水化合物分子，這種

果糖結晶

結晶果糖上市至今不過幾十年。果糖的潮解性相當高，也就是吸水力強，很難從水溶液結出晶體。如今結晶果糖多以高果糖玉米糖漿混合酒精製成，因為果糖遠遠更難溶於酒精。把果糖結晶灑上食品作為裝飾，晶體會從食品和空氣吸收溼氣，很快就會溶解、消失，化為薄層黏稠糖漿。

分子會彼此糾結，延緩糖漿中一切分子的運動，也讓玉米糖漿具有極高稠度，勝於其他多數糖漿，唯一例外就是濃度最高的蔗糖糖漿。玉米糖漿主要就是靠這批糾結長鏈分子，才逐漸在甜點和其他調理食品當中扮演更重要的角色。由於糾結現象會干擾分子運動，因此還能預防糖果中其他糖類結成晶體及產生顆粒質地，這點彌足珍貴。糖漿所含一切分子的流速都非常緩慢，蔗糖晶體表面也總是覆蓋著無法納入晶體的分子鏈。（這種行為表現也有助於把冰晶尺寸減至最小，讓冰淇淋和水果冰的質地變得更為滑順、軟綿。）玉米糖漿的黏度還會引發另一種效果，那就是為食品帶來濃稠、耐嚼的質地。此外，玉米糖漿還含有葡萄糖，而葡萄糖能和水鍵結，甜度又低於食糖，因此利於為各種食物保存水分，並延長儲藏壽命，而且甜度不會像蜂蜜或蔗糖糖漿那樣高得膩人。最後，玉米糖漿全都帶點酸味，酸鹼值介於3.5~5.5，因此調入烘焙食品可以和小蘇打反應，產生二氧化碳，增加膨發效能。

玉米糖漿的等級　玉米糖漿是種用途特別靈活的食品加工原料，因為只需調節酵素的消化作用、控制澱粉轉成糖分的比例，就能改變糖漿的甜度和黏度。最常見的消費者等級玉米糖漿約20%是水，14%是葡萄糖，11%是麥芽糖，還有55%是長度較長的葡萄糖鏈。這個等級的糖漿甜度適中，質地則相當黏稠。此外，廠商還有幾個品級可供選用：
- 麥芽糊精是葡萄糖和麥芽糖總含量低於20%的糖漿，主要用來提供黏稠性和實質體積，幾乎不具甜度和吸水性。
- 高果糖玉米糖漿含75%的果糖和葡萄糖，整體甜度和食糖約略相等。這類糖漿和高葡萄糖糖漿，都有助於烘焙食品產生色澤、保留水分。
- 高麥芽糖糖漿是冰淇淋和某些甜點的重要成分，能降低凝固點或干擾結

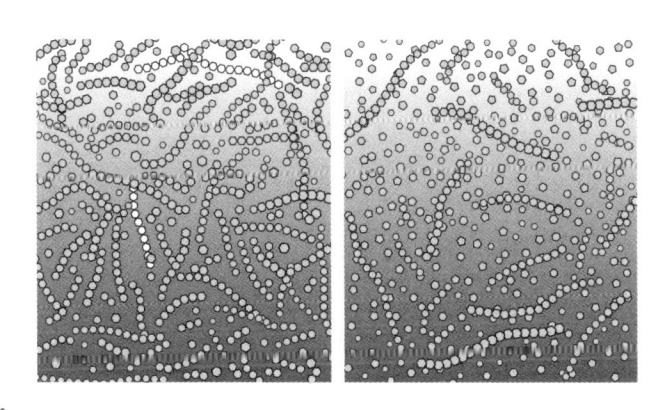

| 玉米糖漿
標準玉米糖漿是含有長、短鏈葡萄糖聚合分子的水溶液（左）。單醣和雙醣的滋味比較甜，而沒有味道的較長分子鏈，則為糖漿帶來黏性。藉由控制不同長度分子鏈的相對比例，食品業者就可以調節糖漿的甜度和增稠能力。高果糖玉米糖漿（右）經過酵素處理，部分葡萄糖單醣分子（小六邊形）轉化成滋味較甜的果糖分子（小五邊形）。

晶作用，有利於製作冰淇淋等甜點。可惜的是，麥芽糖的甜度卻不如食糖和葡萄糖。烘焙食品加入麥芽糖可作為酵母菌的食物，增加膨發效果。

麥芽糖漿和麥芽汁

麥芽糖漿是以幾種發芽的穀粒混合製成，其中最主要的原料是大麥，還有常見穀類的煮熟穀粒。這是最古老、用途最廣泛的甜味劑之一，也是現代高科技玉米糖漿的前身。

麥芽糖漿和蜂蜜都是古中國的主要甜味劑，稱霸了2000年，直到公元1000左右才改觀；如今中國和韓國依然在製造麥芽糖漿。麥芽糖漿的優點是製作容易，用一般家裡所食用的穀物就可以製造，像是小麥、稻米和高粱等。因此，麥芽糖漿的價格比甘蔗糖更低。製造麥芽糖漿可分三道步驟。首先是把穀粒泡水，靜待發芽，接著小心控溫加熱，再次乾燥（見275~276頁）。胚芽生長時所產生的酵素可用來消化穀粒澱粉，將之轉換為糖分以促進生長，而大麥能產生極大量活性酵素，是上選原料。乾燥作業能保存這些酵素，還能藉由褐變反應令其產生色澤並形成風味。第二道步驟，發芽的穀粒加水混合，並拌入未發芽的煮熟穀粒（米、小麥、大麥），讓酵素消化那些煮熟的澱粉粒，產生甜味黏漿。最後一步就是在黏漿中加水，熬煮出高濃度糖漿，裡面含有麥芽糖、葡萄糖，還有若干比較長的葡萄糖聚合物。因此，麥芽糖漿的甜度遠低於黏度相近的蔗糖糖漿。亞洲地區就常用麥芽糖漿來調製甜點或料理，以增添顏色和光澤，例如北京烤鴨的鴨皮就是塗了麥芽糖漿。

麥芽糖漿的麥芽香氣較淡，這是由於發芽的大麥比例只占混合穀物的一小部分。倘若讓大麥泡水發芽，完全不掺入其他煮熟的穀粒，麥芽風味就會強勁得多。這種製品通常稱為「麥芽汁」。麥芽汁常在烘焙時使用，能供應麥芽糖和葡萄糖，促進酵母菌滋長，還具保溼功能（見24頁）。美國的麥芽牛奶和麥芽糖球都混合了大麥麥芽和奶粉製成。

麥芽汁的成分

	麥芽汁的重量%
水	20
蛋白質	5
礦物質	1
全糖	60
葡萄糖	7~10
麥芽糖（雙葡萄糖）	40
麥芽三糖（三葡萄糖鏈）	10~15
較長的葡萄糖聚合物	25~30

硬質糖果和甜點

儘管硬質糖果質地變化很大，有的堅硬，有的像乳脂一般，有的帶有嚼勁，但基本上全都是由兩大原料調製而成：糖和水。廚師以相同原料，調整糖和水的相對比例，改變糖分子的物理排列形式，努力製出質地迥異的種種糖果。糖、水比例是在熬煮食糖糖漿時控制，物理排列形式則是在冷卻階段調整。糖漿受熱溫度的高低、冷卻速度的快慢，以及攪拌程度的多寡，都會影響質地，使得結晶變得粗大或細緻，也有可能凝結成一團不含晶體的糖塊。甜點製作工藝有相當大程度要仰賴結晶科學。

確立糖分濃度：熬煮糖漿

影響糖果質地的第一項因素是糖漿熬好之後的糖分濃度。根據甜點師傅長期的經驗，他們發現特定糖漿濃度最適於製作特定類型的糖果。大體而言，糖漿含水越多，最後產品就越軟。因此師傅必須懂得如何調製、辨識出特定糖漿濃度。原理非常簡單。當我們把糖或食鹽溶入水中，溶液的沸點便會高過純水的沸點（見第一冊319頁）。沸點提高程度是可以預測的，就視裡面溶了多少原料而定：水中溶解的分子越多，沸點就越高。所以沸點是種指標，可以標示出原料溶入某種液體所得的濃度。舉例來說，參照資料框內標示圖，沸點為125°C的食糖糖漿，依重量計約90%是糖。

燒煮糖漿會提高糖分濃度

糖水溶液沸騰時，水分子也會從液相蒸發、散逸到空氣中，糖分子則留在液體裡面，因此糖分子對溶液所有分子的相對比例會越來越高。所以熬煮會讓糖漿越來越濃，而這也會導致沸點不斷上升。為了讓糖漿熬成特定濃度，糖果製造業者會把糖水混合液加熱至沸騰，接著就保持沸騰，一邊注意溫度。煮到113°C（或糖分約為85%）時，廚師就可以停止濃縮作業，用這樣的糖漿製作乳脂軟糖；到了132°C（或90%）時，就可製作鬆軟型太妃糖；溫度達到149°C或更高之時，含糖比例已經接近100%，可以製作硬質糖果。

糖衣、糖霜和糖汁

糖衣、糖霜和糖汁都是用來塗敷蛋糕甜點等烘焙食品的甜味料。除了美味好看之外，這類原料還能保護底下的食品，使它不致於乾掉。這類甜味料在17世紀問世，剛開始是普通糖漿做出的糖汁，後來逐漸演變出更精緻的樣式。今天的糖衣都以糖粉調和少量水分和玉米糖漿混合而成，有時還加入脂肪（奶油、鮮奶油），再塗上食品就能產生密實、光亮的細薄表層。玉米糖漿和脂肪能防止糖分形成粗粒結晶，玉米糖漿可以提供液相以吸收水分，填充糖粒間隙，形成平滑、亮麗的表層。溫熱翻糖（約38°C）淋上蛋糕甜點也能產生類似的效果。要製作出簡單的糖霜，只需把糖和空氣拌入固態脂肪（奶油、鮮奶油乳酪或植物酥油）一起攪打，就能打出一團軟綿、輕盈的甜味塗料。糖粒必須夠小，糖霜才不會有粗粒感覺，製作時通常都選用細粉等級的糖粉。需要加熱烹調的糖衣、糖霜則含有蛋或麵粉，其中濃稠度和份量都得自蛋類蛋白質或麵粉澱粉。由於糖在烹煮過程已經溶解，因此顆粒大小無關緊要。

冷水試驗

儘管桑托留斯（Sanctorius）在400年前就發明了溫度計，這種用具進入家庭的歷史卻還只有幾十年。自16世紀開始，甜點師傅都採用比較直接的做法，以抽樣檢定糖漿是否適合製作各類糖果：他們舀起小量糖漿，快速降溫並觀察反應。稀薄糖漿只會在空中抽出細絲。濃度稍高的糖漿，滴入冷水會凝成糖珠；這種糖珠很軟，可以用手指捏出形狀。當濃度繼續提高，冷卻的糖珠會變得比較硬。至於更濃的糖漿，一入水就會霹啪作響，並凝結成硬脆的糖絲。不同階段分別代表特定溫度範圍，顯示出糖漿適於製作哪種糖果（見本頁下方）。

加熱速率隨著溫度上升

當我們燒煮食糖糖漿，熱量大半用來蒸發糖漿內的水分子，實際上用來提升糖漿溫度的熱量較少，因此糖漿溫度只會緩慢提高。不過，當糖分的濃度超過80%，殘留的水分微乎其微，這時糖漿溫度和沸騰溫度都會加速上升；當濃度逼近100%，溫度上升的速度就會非常快速，很容易超過適當的溫度範圍，而把糖煮成褐色或燒焦。因此，熬煮將近最終階段時，廚師應該緊盯糖漿溫度，以免出現這種現象。

凝成糖分構造：冷卻和結晶作用

糖果的最後質地取決於糖分子的凝結方式，也就是熬煮完成的糖漿如何冷卻凝結，形成固體構造。倘若糖分凝結成少量大型結晶，糖果的質地就會很粗糙，並且帶有顆粒。若是糖分凝結成千千萬萬顆微細晶體，還有數

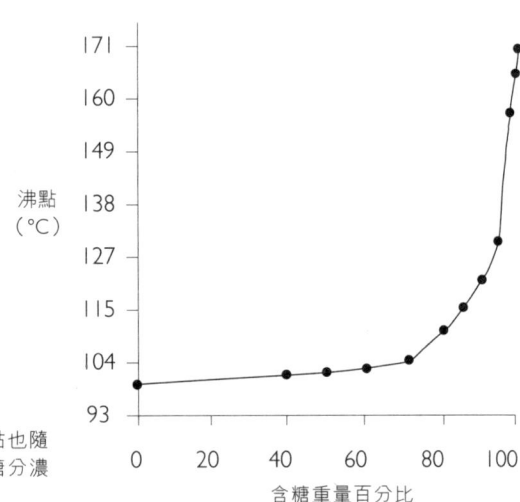

糖漿沸點隨糖分濃度變化
當糖分濃度提高，糖水溶液的沸點也隨之升高。本圖顯示海平面沸點和糖分濃度的關係。

量恰到好處的潤滑糖漿,那麼糖果就會顯得滑順、軟綿。若是完全沒有結出晶體,就會凝成一整團硬塊。因此,糖果製程最難捉摸的階段就在烹煮之後,也就是糖漿從120~175°C這個溫度區間冷卻到室溫的這段時間。冷卻速率、糖漿流動的程度,以及是否出現最小糖粉顆粒,對糖果的構造和質地都有極大影響。

糖如何結成晶體

糖分子天生有相互鍵結的傾向,會形成有序陣列,構成緻密的固態團塊或是晶體。當糖晶體溶於水中形成糖漿,水分子會和糖分子鍵結,因而阻礙糖分子彼此鍵結,於是糖分子外圍便包覆著水分並彼此隔開。倘若糖漿所含的溶糖分子太過擁擠,導致水分子無法隔開糖,糖又會開始相互鍵結並形成晶體。當溶解的糖分子相互鍵結的傾向,恰好與水抵制糖分子彼此鍵結的力量形成平衡,這時就說該溶液是「飽和的」。

飽和點取決於溫度。高溫糖水溶液的水分子能迅速運動,而低溫溶液的水分子只能緩慢移行,因此溶液溫度高,就能溶入越多糖分子。當高熱飽和溶液開始冷卻,便會進入「過飽和」狀態。也就是說,一時之間溶液含了過多溶解糖分,超出該溫度下的正常溶解份量。一旦溶液呈過飽和狀態,稍有擾動就會促使糖分開始結晶、增長。當糖分子凝聚成固態晶體,周遭溶液的糖濃度便隨之下降。等溶液含糖量下降到新溫度的飽和濃度,糖就不會再結晶、增長。這時糖分呈現兩種狀態:有些依然溶於溶液,另有些則成為固態晶體,周圍則包覆糖漿。

糖的結晶作用分為兩個階段:晶「種」構成階段,還有晶種增長並結出全

甜點和原料糖漿

各種甜點會以特定含濃度的糖漿製成。本表列出幾種常見甜點及其原料糖漿的特性。

糖漿的冷水試驗反應	糖漿的沸點* °C	甜點類別
糖絲	102~113	糖漿、蜜餞
軟糖球	113~116	翻糖、乳脂軟糖
堅實糖球	118~121	焦糖糖果(牛奶糖)
堅硬糖球	121~130	棉花糖(顆粒狀)、牛軋糖
輕柔爆裂聲響	132~143	鬆軟型太妃糖
清脆爆裂聲響	149~154	奶油硬糖、酥糖
	160~168	硬質糖果、乳脂型太妃糖
	170	淡褐焦糖,用來調製糖漿、著色、調味
	180~182	棉花糖(棉絮狀)、糖籠子;中褐色焦糖
	188~190	深褐焦糖
	205	黑褐焦糖

* 沸點高於165°C時,食糖糖漿99%以上都是蔗糖。這時糖漿不再沸騰,卻會開始分解並轉變為焦糖。沸點溫度視海拔而定。海平面以上每升高305公尺,表列沸點必須減去1°C。

尺寸成熟晶體的階段。晶種構成階段決定產生的晶體數量，晶體增長階段則決定晶體的最終尺寸。兩個階段都會影響糖果的最後質地。

顆粒、溫度和攪拌都會影響結晶作用

晶「種」是最早出現的附著面，可供糖分子自行黏附，累積出固態團塊。晶種可能只有幾顆糖分子那麼大，這些分子在糖漿中隨機運動，相遇後便會聚集成塊。攪拌和搖晃讓溶液分子更常相撞，從而促使晶種成形。若不攪拌和搖晃，分子就較不容易相遇。當糖漿冷卻到初步結晶階段，其他物質也能發揮晶種的作用，其中比較常見的有濺上鍋子內側的糖漿結晶，或附在湯匙上乾涸結成的細小晶體，攪拌時也會把這批結晶拌回糖漿。粉末粒子甚至細小氣泡也能當成晶種。金屬湯匙能把糖漿局部範圍內的熱能傳導開來，於是溫度再度下降，糖漿也會呈現過飽和狀態，從而開始結晶。所以老練的製糖師傅都懂得如何避免過早引發結晶，他們會使用木匙，而且當糖漿煮好開始冷卻，就不再攪拌糖漿，並以溼潤的刷子小心去除濺上鍋邊的乾燥糖漿。

控制晶體大小和糖果質地

廚師憂心糖漿過早結晶是有道理的，因為糖漿開始結晶的溫度，會影響糖果的質地。通常高溫糖漿會結出粗糙晶體，低溫糖漿結出的晶體則較為細膩。原因在於，和低溫、黏滯的糖漿相比，高溫糖漿在固定的時間內會有較多高速移動的分子觸及晶體表面，因此晶體會增長較快。同時，由於安定的晶種較不可能在高溫環境成形（在分子移動快速的高溫環境中，少數糖分子組成

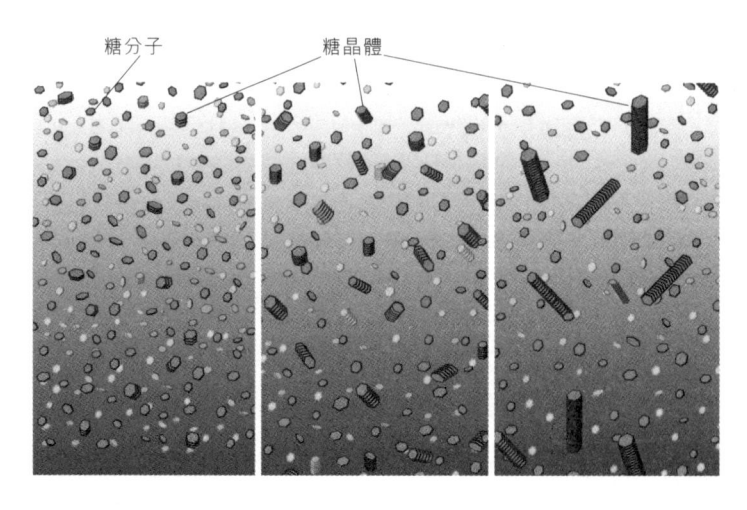

高溫糖漿冷卻，糖晶體隨之增長。
左：晶體是分子經條理組織形成的緻密的固態團塊。中：當條件利於晶種形成，溶解的糖分子就能結出許多晶種，結出的晶體就很細小，於是糖果的構造也很細緻。右：當條件侷限晶種形成，溶解的糖分子就只能結成少許晶種，於是結出的晶體很大，糖果質地也很粗糙。

的聚合體很容易被撞散），於是高熱糖漿結出的晶體，總數就較少。把兩種趨勢彙總起來，我們就能看出，當高熱糖漿開始結晶，結出的晶體就比低溫糖漿還少，尺寸則較大，最後就會產生比較粗糙的質地。所以乳脂軟糖或翻糖食譜都指定廚師必須讓糖漿急速冷卻（從113°C降至43°C左右），隨後再動手攪拌，觸發結晶作用，這樣才能做出質地細緻、軟綿的糖果。

攪拌會結出較小晶體　攪拌也會影響晶體的大小和結構。我們前面提過，攪動促使糖分子相互碰撞而有利晶種形成。若糖漿不常攪拌，只會產生少數晶體，若不斷攪動，便會結出大量晶體。晶體會競相爭奪殘餘未鍵結的分子，於是糖漿中晶體越多，四處漂蕩的分子就越少，個別晶體的平均尺寸也越小。因此糖漿攪拌得越多，最後製出的糖果也越細緻。這就是製作乳脂軟糖會把手臂累垮的原因：你一鬆手，晶種形成速率就會減低，而且剛結出的晶體也會開始長大，於是糖果就變得粗糙並帶有顆粒。

防止晶體形成：把糖製成玻璃

　　糖果業者有時以高速冷卻糖漿，由於糖分子無法移動，沒機會形成晶體，如此便能產生完全不同的構造和質地。這就是透明硬質糖果的製作方式。倘若糖漿燒煮過後含水量僅有1%或2%，基本上就是含帶微量分散水分的熔糖。這種糖漿非常黏稠，若急速冷卻，蔗糖分子就永遠沒有機會凝結成有序晶體，只能在當下的位置立即凝固，構成無序糖塊。這種散亂的非晶質材料稱為糖玻璃。一般窗戶玻璃和玻璃桌墊，都是二氧化矽版本的非晶質混凝體。糖玻璃就像這種礦物質玻璃，相當脆硬並且能透光。（還經常成為替身演員，在電影或舞台上代替硬度更高又更危險的玻璃！）糖玻璃之所以能透光，是由於個別糖分子的尺寸太小，隨機排列時無法偏折光線。至於有序排列的晶體不能透光，是由於整塊結晶都是由細小的晶體集結而成，表面積夠大，因而足以偏折光線。

如何做出質地細緻的糖果

要想讓糖漿凝結出許多細小的糖晶，糖果師傅應該：
- 使用玉米糖漿來干擾結晶作用
- 冷卻糖漿前，要先把凝結在鍋子內側的乾燥糖漿去除
- 待糖漿冷卻後，再觸發結晶作用
- 糖漿冷卻時不去攪動
- 糖漿冷卻之後就不斷猛力攪動，時間越長越好，直到攪不動才停手

使用干擾劑來限制晶體增長

不過在實際製作過程中，我們很難控制或預防純蔗糖糖漿結晶成形，因此長久以來，糖果師傅都仰賴其他具干擾作用的成分來限制晶體形成、增長。這些干擾劑能幫助廚師製作出清澈的非晶質硬質糖果，還有質地細膩的奶油糖、乳脂軟糖和其他軟糖。

轉化糖 最早的干擾劑是葡萄糖和果糖，亦即「轉化糖」（見173頁）。若加熱時還加添少量酸類（通常使用塔塔粉），蔗糖就會分解成葡萄糖和果糖兩種成分。葡萄糖和果糖能和晶體表面形成暫時鍵結，還會妨礙蔗糖行動，從而干擾蔗糖的結晶作用。蜂蜜是轉化糖的天然源頭，「轉化糖漿」則是種人工製品，以葡萄糖和果糖混合液製作而成。由於蜂蜜和轉化糖漿都含果糖，很容易變成焦糖，還會促使某些甜食發生不討喜的褐變作用。酸類轉化的糖漿則比較不會變成褐色，這是由於酸度能延遲焦糖化反應。

玉米糖漿 以酸來處理蔗糖，成果不容易控制，因此現代甜點師傅多半改用玉米糖抑制結晶，效果絕佳，而且不那麼容易轉變為焦糖。各式葡萄糖長鏈糾結在一起，阻礙糖、水分子運動，於是蔗糖更難找到晶體來結合。葡萄糖和麥芽糖的分子也像轉化糖那樣能干擾結晶。除此之外，玉米糖漿還能提供濃稠質地和耐嚼特性，甜度也低於其他糖，而且價格低於晶質糖，這對廠商來講是另一項優點。

糖果的其他成分

甜點業者除了基本食糖糖漿之外，還添加其他成分，來修飾糖果滋味和

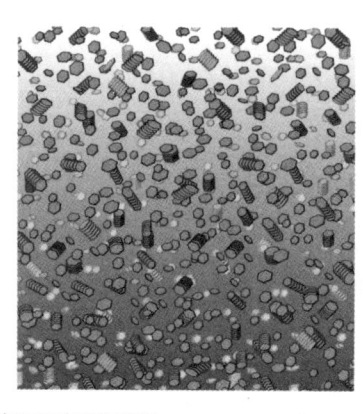

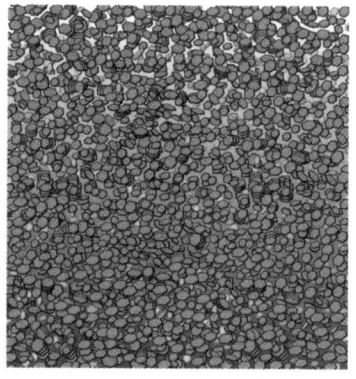

晶質糖果和玻璃質糖果。
左：若高熱糖漿冷卻速度夠慢，分子得以凝聚，這時它們就會形成有秩序的緻密晶體。右：若糖漿濃度非常高，冷卻速度又很快，把糖分子截留在原地，不讓它們有機會凝集，這時分子就會凝固形成無序的非晶質糖玻璃。

質地。這多少都會干擾蔗糖結晶,而且往往還有助於結出比較細緻的晶體。

牛乳蛋白質和脂肪　牛乳蛋白質能提高糖果稠度,而且,由於這類成分相當容易褐化,還能為牛奶糖和乳脂軟糖增添濃郁風味。酪蛋白成分帶來濃稠、耐嚼的質地,乳清蛋白則助長褐變並生成風味,兩種蛋白質都有助於乳化、安定乳脂微滴。乳脂讓糖果顯得滑順、溼潤,可用於奶油硬糖、牛奶糖、乳脂型太妃糖和乳脂軟糖,而質地軟韌的糖果若含有乳脂就不那麼容易黏牙。由於牛乳蛋白質遇酸就會凝結,而焦糖化反應和褐變反應都會產生酸類,因此摻了牛乳固形物的糖果,有時需以小蘇打來中和酸鹼度。酸和小蘇打反應會產生二氧化碳氣泡,因此這種糖果有可能滿布細小氣泡,質地也較脆弱,結果就沒有那麼耐嚼、堅硬或黏牙。

凝膠劑　甜點業者還會加入幾種成分來讓某些糖果變得更結實,這些成分會相互束縛,並與水鍵結,構成結實卻又溼潤的凝膠。這類成分包括明膠、蛋白、禾穀類澱粉和麵粉、果膠和植物樹膠。明膠和果膠特別常用來製作橡皮軟糖和凍膠軟糖,兩種原料經常混合使用。明膠能帶來堅韌耐嚼質地,而果膠則能製造出比較軟的凝膠。黃蓍樹膠是種碳水化合物,採自西亞一種灌木,這種豆科黃蓍屬(Astragalus)植物已使用好幾個世紀,用來調製食糖「麵團」,然後切成菱形乾燥製成喉糖。

酸　許多糖果都加入某種酸性成分來平衡整體甜味。例如豆軟糖(jelly bean)的表層就是酸的。調味用的酸劑是在糖漿冷卻之後才加入,這樣可以避免太多蔗糖轉化成葡萄糖和果糖。據稱不同酸劑會產生不同的酸味輪廓。檸檬酸和酒石酸能迅速帶來酸味感受,而蘋果酸、乳酸和反丁烯二酸則很慢才會讓舌頭嚐出酸味。

糖果的顏色

　　許多糖果都具有絢麗色彩,讓眼睛和味蕾同樣驚豔。這類糖果所含色素,通常都由石油副產品合成,比天然著色劑更強烈、安定。虹彩效果則是結合幾種成分共同產生,含雲母層片(鉀、鋁矽酸鹽)以及二氧化鈦或氧化鐵(礦物色素)。

糖果的類別

糖果類零嘴有三大傳統類別：非晶質糖果、晶質糖果，以及添加了樹膠、凝膠和果糊，質地亦經修飾的糖果。實際上這三類糖果也有部分重疊：有些糖果同時具有晶質和非晶質的種類，例如牛奶糖、硬質糖果、牛軋糖和糖藝品等。這裡簡述現今的基本糖果樣式：

非晶質糖果：硬質糖果、酥糖、牛奶糖和鬆軟型太妃糖、糖藝品

硬質糖果　硬質糖果是最簡單的非晶質糖果；包括硬球糖、透明薄荷硬糖、奶油硬糖、邦邦糖、棒棒糖等。硬質糖果以糖漿經高溫熬煮而成，溫度之高，使得硬糖最後只含1%或2%的水分，接著把糖漿淋上平坦表面冷卻，趁材料還能展延時揉入顏色、風味並捏塑成形。由於這種糖漿含糖度非常高，很容易就結成晶體，因此加入了相當份量的玉米糖漿以防止結晶，這才能製出清澈的糖玻璃。高溫烹煮還會助長焦糖化作用，染上黃褐色澤，這對硬質糖果來講是負面特性；硬質糖果通常以減壓工法來製造，這樣就能以較低溫度達到合宜的糖分濃度。

刻意結晶的硬糖　硬糖出現晶體都可算是種缺陷，這是因為玉米糖漿太少導致干擾程度不足，或是從鍋邊帶進了晶種，也可能是糖漿含太多水分所致。然而，有些硬質糖果經刻意處理後，會形成細小晶體，讓糖果質地脆硬也比較容易碎裂；枴杖糖和餐後薄荷糖都是常見實例。這類不透明的糖

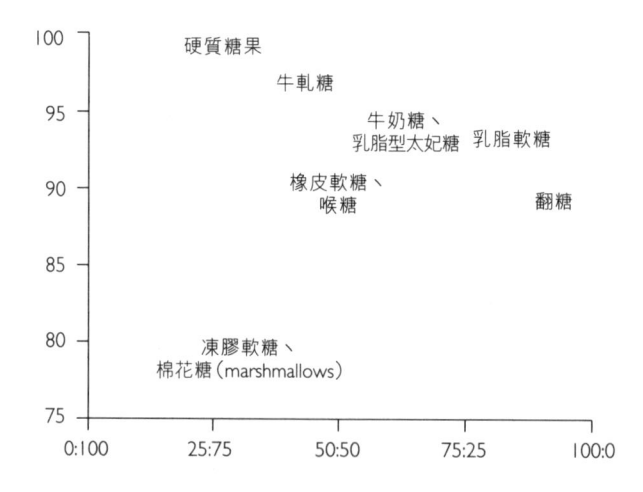

果外觀亮麗，有絲綢般的光澤，製作時先讓糖漿降溫，趁仍具延展性時，一再把糖拉長、交疊。這道步驟可以捕獲一些氣泡，氣泡能助長細小蔗糖晶體的形成。氣泡和晶體都夾雜在糖果構造裡，帶進輕脆的特性，也讓糖果入口更容易咬碎。（參見下文「糖藝品」。）

棉花糖（cotton candy）　棉花糖是種非常不同的硬質糖果，含相當纖細的絲狀糖玻璃，質地類似棉球，一入口馬上受潮溶化。棉花糖以一種特殊的機器製成，糖分融化後受力通過細小紡絲口，接觸空氣後馬上凝固為糖絲。這種機器在1904年聖路易世界博覽會上初次問世。

酥糖　酥糖也需烹煮至水分含量非常低（約2%），不過和其他硬質糖果不同的是，酥糖還加入了奶油和牛乳固形物，此外還會有堅果碎片。因此，酥糖含有脂肪微滴和蛋白質顆粒，外觀不透明，更由於糖和蛋白質的強烈褐變反應，外觀會呈現褐色。酥糖糖漿煮好之後還會加入小蘇打，因為鹼性環境有利於產生褐變反應，幫助中和褐變酸性產物，而且中和反應還會產生二氧化碳氣泡，讓糖果的質地變得更為輕盈。法文praline（果仁糖）原本指的就是杏仁製成的酥糖。（現代紐奧良果仁糖質地柔軟有嚼勁，比較像是牛奶糖，裡面以美洲山核桃代替杏仁。）

牛奶糖、乳脂型和鬆軟型太妃糖　牛奶糖和其相近的產品通常都屬於非晶質糖果，含乳脂和牛乳固形物，通常是加入煉乳（廉價的牛奶糖則是加入奶粉和植物酥油）。這類糖果並不堅硬，但很有嚼勁，而且咀嚼時，糖塊裡面的乳汁微滴就會釋出，十分香濃令人齒頰生津。這種糖果會這麼有嚼勁，是因為採低溫燒煮讓水分含量高於硬質糖果，玉米糖漿比例又高，加上糖果含有牛乳酪蛋白所致。特有焦糖風味出自牛乳中的成分，還有加熱時牛乳和糖漿之間的反應產物。英國常把乳脂型太妃糖的原料奶油儲放一陣子，等發酸（得自游離丁酸）之後才用來製糖，製成的糖果就會具有更強烈討喜的乳類風味（美國巧克力工廠的做法大致相同；見226頁下方）。脂肪含量越

| **幾類常見糖果的組成（左頁）**
糖果含糖量越多，含水量越少，質地就越堅硬。硬質糖果糖漿添入葡萄糖和糖鏈（玉米糖漿）可以防止蔗糖結晶（製成硬質糖果、橡皮軟糖），有時則能限制結晶（製成牛奶糖、乳脂軟糖和翻糖）。

高，糖果越不會黏牙。

在非晶質糖果中，牛奶糖是沸點溫度最低的，含水量也最高、質地最柔軟。乳脂型太妃糖和鬆軟型太妃糖中，奶油固形物和牛乳固形物較少（鬆軟型太妃糖的含量有時為零），沸點溫度比牛奶糖高出 28°C，因此質地較為結實。鬆軟型太妃糖往往經過延展，拉出含帶空氣的細緻晶質，形成沒那麼密實、也較不帶嚼勁的質地。用乳類製品生產的牛奶糖，風味得自焦糖化糖分，不過牛奶糖還含有梅納反應產生的風味。牛奶糖的名稱含「奶」又含「糖」，而焦糖化糖分和奶類風味同樣容易交融，這可能部分源於醋雙乙醯這種焦糖化反應的一種重要產物。醋雙乙醯是種芳香化學物質，發酵奶油的強烈奶油香氣就是由此而來（見第一冊 57 頁）。焦糖帶有濃郁、複雜的風味和濃稠質地，更兼具黏稠、軟綿的特性，整體特質和許多食材都很能搭配，例如糖果、甜點、水果、咖啡和巧克力，甚至連鹽都很合適：廣受喜愛的布列塔尼牛奶糖，就加入相當份量的海鹽。

糖藝品　糖藝品（譯注：即吹糖、畫糖和塑糖等製品）是最引人矚目的種類，利用糖這種既透明又能雕塑、吹製和延展的特性製成，和玻璃一樣，能製作出無數造型。糖藝品的歷史起碼可以追溯到 500 年前。中國在公元 1600 年之前，也曾採用麥芽糖漿製成柔滑的糖絲供皇室享用，這種製品大概就類似我們的棉花糖。在 17 世紀，義大利出現用糖製造的各式宴席飾品和餐盤。在日本有種傳統街頭糖藝表演，稱為「飴細工」，由糖藝人當眾雕塑出花朵、動物等各式造型。

糖藝品的基本材料是融化的蔗糖，並且加入了大量的葡萄糖和果糖以防止結晶。葡萄糖和果糖可以取自玉米糖漿或純糖，或是在糖漿加熱時加入酸類（塔塔粉），由蔗糖自行產生。糖分混合料加熱至 157~166°C，此時基本上已經沒有水分。只要有絲毫水分殘留，都會讓蔗糖分子更容易四處移動，聚攏成團而導致結晶，並轉呈乳白色。若是溫度再升高，糖就會開始融化成焦糖，並且轉呈黃褐色，這對於大部分糖藝品來說都是負面特性，卻有利於製作棉花糖和糖籠，這

兩種糖藝品都是讓高熱糖漿滴下成絲，淋上造型模子或木架，瞬間硬化而成。比較精緻的糖藝品必須先把整團糖料冷卻到55~50°C左右，在這個溫度範圍，糖的質地會柔軟得像麵團，此時就可以處理並拉塑出形狀，像吹玻璃那樣吹出中空圓球等外形，再用燈火保暖，維持可塑性。儘管麵團師傅都能以熟練技法徒手雕塑糖藝，許多人仍戴上乳膠薄手套，以免手指上的水分和油質污染食材。

拉糖是種絢麗奪目的糖藝品，能表現出緞子般美麗細緻的不透明外觀。廚師取一塊混合糖料，拉成長索，兩端交疊，扭絞成股，接著再拉開延展。多次反覆這套動作之後，原先那團混合糖料便能拉成多條局部結晶的纖細糖絲，之間夾雜著空氣，絲絲分離，如此組合成一束牢固的亮麗糖絲構造。

晶質糖果：冰糖、翻糖、乳脂軟糖、拋光糖果、糖錠

糖類中，含大型粗粒晶體又受人們青睞的，大概只有冰糖。冰糖生動展現出晶體的增長現象。把糖漿烹煮成堅硬的糖珠，接著就倒進小玻璃杯，插入一根牙籤作為結晶的基礎（完成後就可去除），就這樣靜置幾天。牙籤周圍結出晶體硬殼之後用冷水稍微沖洗，甩掉多餘水分之後晾乾存用。

翻糖和乳脂軟糖 翻糖和乳脂軟糖是最常見的兩種細晶質糖果，其特性是能在舌頭上溶出一種乳脂狀質地。翻糖的英文 fondant 源自法文的 fondre，意思是「熔融」。翻糖可以作為基材，用來調製所謂的糖果「乳脂」，也就是夾心巧克力和其他夾心糖果那種美味、溼潤、入口即化的餡料。翻糖還能作為蛋糕酥皮上的糖衣；翻糖可以擀開壓模成形，用來覆蓋蛋糕，也可以加溫或稀釋，讓它流動，然後在蛋糕表面薄薄淋上一層。乳脂軟糖基本上就是翻糖，只是多加了牛乳、脂肪，有時還加上巧克力塊（翻糖也算是結晶的焦糖）。香草奶油糖是用紅糖調製的翻糖（有些紐奧良果仁糖也算是加了美洲山核桃的香草奶油糖）。

焦糖、牛奶糖和焦糖化反應

這幾個詞彙非常接近，意義卻稍有不同，而用法也不見得前後一致。

- Caramelization（焦糖化反應）指的是讓一般食糖糖漿加熱至轉呈褐色發出香氣的做法。這種反應和褐變反應（即梅納反應）相近，也能為燒烤的肉品、烘焙的食品，以及其他複雜的食物帶來色澤和香氣，只不過焦糖化反應不需要胺基酸和蛋白質，這是和褐變反應不同之處。焦糖化反應所需溫度高於褐變反應，產生的香氣成分也不同，因此風味也會有所差異（見第一冊310頁）。西方廚師習慣以「焦糖化」一詞來描述焦褐的肉品，這種說法沿用一個世紀以上，其實這樣講並不對。
- Caramel（焦糖）指的就是焦糖化反應產生的那種香甜褐色糖漿，這可以用來為許多種料理著色和調味。不過，廚藝界也用這個字來泛指各式乳製品（最好是鮮奶油）加入焦糖化的糖之後的成品，可以趁糖的溫度還很高的時候調入，讓鮮奶油的固形物燒焦，產生色澤並發出香氣。這種焦糖常做為調味料。
- Caramels（牛奶糖）指的是焦糖化糖分和鮮奶油混合製成的固態糖果。

製造翻糖和乳脂軟糖都必須有玉米糖漿，才能結出小型晶體。糖漿沸煮完成，冷卻至54~38°C，這時廚師就開始攪拌，持續約15分鐘，直到結晶完成為止。

　　這類糖果的質地取決於殘水多寡。倘若糖漿濃度變得特別高，質地就很乾燥、鬆脆，外觀也顯得黯淡；若是沒有熬到那麼濃，或在冷卻、攪動時吸收了空氣中的溼氣，成品就會很軟，甚至還會流動，外觀則顯得晶亮，這是因為糖漿大量結晶所致。含水量只要有小幅變化（區區1%或2%）就會造成明顯差別。乳脂軟糖的構造比翻糖複雜，其糖漿除糖分晶體之外，還含帶牛乳固形物和脂肪微滴。

拋光糖果　這是中世紀彩糖的現代版本，以美味堅果或香料裹糖製成。要在鍋子裡為糖果裹上糖衣，基本做法有兩種。硬式拋光法把堅果、香料或其他糖心原料擺進高熱淺鍋，然後搖晃滾動，不時噴灑濃縮蔗糖糖漿，讓水分蒸發，留下一層緊密交錯、厚僅達0.01~0.02毫米的堅硬晶體。軟式拋光法最常用來製作豆軟糖，在冷鍋中盛裝葡萄糖糖漿和糖粉，然後把凍膠軟糖擺進鍋中搖晃滾動。糖漿不會結晶，只會被糖粉吸收，並讓多餘的水分乾涸。軟式拋光糖的外層比較厚，結晶則較少。

糖錠　糖錠是最古老又最簡單的糖果之一。糖錠製作時無需高溫燒煮，先加水調出接著劑（標準原料是黃蓍樹膠，但明膠也行），接著就加入細粒糖粉和調味料並揉成「麵團」。隨後擀壓麵團，切成小片，乾燥即成質地鬆脆的糖錠。

充氣糖果：棉花糖、牛軋糖

　　把食糖糖漿和能形成安定泡沫的成分結合在一起，就能製出質地輕盈又有嚼勁的糖果。常用的發泡劑包括蛋白、明膠和黃豆蛋白質。通常糖漿加入這類成分和干擾劑都是為了防止結晶，而有些充氣糖果則結合翻糖和泡沫來促成結晶。

霹靂糖：口中的閃電

食糖晶體和冬青精油混合之後，就能得到驚人的東西：一入口就彷彿要爆出火花的糖果！排列井然有序的蔗糖晶體在口中咬碎，猛然裂解會導致兩塊碎片之間的電荷失衡，讓一邊所含電子數比另一邊多。接著電子會躍過縫隙，從偏負極躍入較偏正極那側。電子在跳躍途中和空氣的氮分子相撞，於是動能迅速轉變為光能，在短時間內釋放。荷電雲層和地面間的雷電閃光，也是基於同樣的電子跳躍和碰撞現象。當然了，食糖晶體綻放的光芒，遠比真正的閃電微弱得多。而且這種光芒也大半位於光譜的不可見紫外光區。冬青就是在這裡扮演要角。這種植物的芳香精油（甲基水楊酸甲酯，又稱冬青油）會發出螢光：冬青能吸收不可見的紫外線，轉變為可見光重新釋放出來。因此冬青油能放大比較黯淡的蔗糖光芒，所以在暗室把這種糖果碾碎，就能見到藍色閃光。

棉花糖（marshmallows，蜀葵糖） 這種棉花糖最早在法國製成，原料是一種樹膠質汁液，採自「沼澤蜀葵」的根部，這種野草狀植物是蜀葵的近親，正式名稱是歐洲蜀葵（*Althaea officinalis*）；這種糖果當時稱為 *pâte de Guimauve*（棉花糖團），取根部汁液和入蛋、糖混合打發製成。如今製作棉花糖都改用一種黏性蛋白質溶液（通常用明膠），還得把食糖糖漿熬煮到約略達焦糖階段，接著就攪打混合液以增加氣泡。蛋白質分子凝集在氣泡壁，具強化作用，再加上糖漿的黏性，能共同安定泡沫構造。明膠份量占混合液的2~3%，能產生略帶彈力的結構。用蛋白製成的棉花糖比較輕盈、柔軟。

牛軋糖 牛軋糖是普羅旺斯的傳統糖果，內含堅果，並以蛋白泡沫充氣。蜂蜜杏仁牛軋糖在義大利稱為 *torrone*，在西班牙則稱為 *turron*，指的都是類似的糖果。牛軋糖兼具蛋白霜和糖果的特色，製作時先預備一份蛋白霜，接著就把高溫、高濃度的食糖糖漿注入，同時不斷攪打。成品質地可能柔軟，也可能富有嚼勁或脆硬，就看食糖糖漿燒煮程度和糖漿對蛋白的比例而定。牛軋糖通常含有蜂蜜。

富嚼勁的凍膠軟糖和麵糊軟糖；杏仁膏

好幾種糖果都是先把澱粉、明膠、果膠或植物樹膠調成溶液，裡面添加了食糖糖漿，然後讓混合液凝固，結成富有嚼勁的緻密團塊。日本和亞洲各地的甜食經常使用瓊脂膠（118頁）來凝成膠狀，這種海藻萃取物只需極少份量就能發揮效用（占混合料比例的0.1%即可）。

土耳其軟糖 這是等級最高的軟糖，在中東和巴爾幹半島已有好幾個世紀的歷史。這種軟糖是以澱粉（約含4%）來提高稠度，外觀半透明，傳統上是以玫瑰露調味。

甘草糖　甘草糖通常以小麥麵粉和糖蜜製成，分別占整體成分的30%和60%，至於甘草萃取物則約占5%。甘草糖的質地密實、不透光，外觀和它的風味同樣朦朧。甘草糖往往用大茴香增補風味，斯堪地那維亞各國則有一種古怪的做法：拿氨和甘草搭配，在食品中，這種香味通常只會出現在過熟的乳酪！

豆軟糖和橡皮軟糖　這種熱門的糖果是由大約等重的蔗糖和玉米糖漿製成，另外還添加了明膠、果膠混合料。明膠份量是糖果總重的5~15%，而明膠本身就能產生一種彈性質地，明膠含量越多，彈性就越強，甚至像橡皮一樣。果膠含量約1%，能讓糖果產生一種複雜的顯微構造，使得質地更脆弱、更容易碎裂，此外還能讓糖果的滋味和香氣顯得更為強烈。明膠在高溫下會斷裂成較小片段，因此，食糖糖漿經過烹煮，大致冷卻之後，才在裡面添加濃縮的明膠溶液。這類糖果含水量相當高，約有15%是水分。

杏仁膏　杏仁膏基本上就是以食糖和杏仁調和製成的糖膏，這種糖果出現在中東和地中海區已經好幾個世紀，還是種特別受人青睞的雕塑材料；這種軟糖具有各種造型和色彩，如蔬果、動物、人物等許多物品。杏仁膏這類堅果糊中的固態相皆來自細粒食糖和堅果蛋白質、碳水化合物的粒子。把杏仁和糖漿調在一起熬煮，接著讓混合料冷卻、結晶即成。也可以預先做好翻糖，接著把杏仁磨碎連同糖粉一起加入混合。有時還會加添入蛋白或明膠來強化黏著效能。

口香糖

　　這種美式經典零嘴的歷史源遠流長。人類取多種植物分泌出的樹膠、樹脂和乳膠來咀嚼，已經有幾千年歷史。希臘人為一種開心果的樹脂取名為mastic（乳香脂），意思就是「牙齒咬合磨碎；咀嚼」（見第二冊352頁），這個字的字根也衍生出masticate（咀嚼）。歐洲和北美人士咀嚼較為粗糙的雲杉樹

| **嘶嘶冒泡和霹啪作響的糖果**
入口會起泡、爆裂的糖果在19世紀開發問世，製作時把食糖糖漿熬到僅剩極少水分，接著在冷卻、硬化階段調入相當於發粉的材料。別忘了，發粉是拿酸性物質和鹼性的小蘇打混合調成。兩種成分一起調入麵糊後，遇水就會反應產生二氧化碳氣體。同理，當糖果一入口，糖果中的檸檬酸（或蘋果酸乾燥晶體）以及碳酸氫鈉（小蘇打）便會在口中一起被口水沾溼，生成二氧化碳氣泡，帶來又酸又刺麻的氣泡。

脂；馬雅人則咀嚼人心果（*Achras sapote*）泌出的膠乳「糖膠樹膠」（chicle），過了10個世紀，這種產品才在紐約上市販售。拿樹膠混入食糖的想法，可以回溯至早期阿拉伯糖販，他們採集幾種金合歡樹滲出的材料，這種物質如今就稱為阿拉伯膠。金合歡和黃蓍的樹膠都略溶於水，咀嚼到最後就會溶解；這類樹膠能緩慢釋出所含成分，因此早期藥學界也用來作為藥物載體。如今，我們咀嚼樹膠依然帶有這項目的，也就是讓可口的風味能持續釋出一段時間，同時讓顎肌有點事情可做，還能刺激唾液分泌來清潔口腔。

美國的樹膠

現代的口香糖歷史從1869年開始，當時紐約的托馬斯·亞當斯（Thomas Adams）見識到中南美洲的糖膠樹膠之後發明出來的。糖膠樹膠是種乳白色的水基植物流質膠乳，含帶螺旋狀碳氫長鏈細小微滴。這種長鏈具有彈性，拉扯就會延展開來，一放手又彈回原狀。最著名的同類膠乳物質就是橡膠。亞當斯想出一個點子，以糖膠樹膠作為口香糖的底料，並在1871年申請到糖膠樹膠的口香糖專利。這種製品裡面摻了食糖和黃樟或甘草來調味，很快就流行開來。到了1900年，弗利爾（Fleer）、瑞格利（Wrigley）等企業家已經開發出帶有胡椒薄荷和綠薄荷等口味的口香糖球，接著在1928年，弗利爾的一位員工採用長鏈碳氫聚合物，開發出彈性非常好的膠乳混合料，製出理想的泡泡糖。

現代的合成樹膠

如今，口香糖大半以聚合物製成，特別是苯乙烯－丁二烯橡膠（這也是輪胎的成分）和聚乙烯乙酯（膠黏劑和油漆的成分），不過有些牌子依然含有糖膠樹膠或膠桐樹膠（產自遠東的天然膠乳）。生膠底料先經過濾、乾燥處理，接著加水烹煮成黏稠的糖漿。把糖粉和玉米糖漿拌入，再加入調味料和軟化劑（植物油衍生物，讓樹膠更容易咀嚼）。材料拌好後冷卻、揉捏出均勻、滑順的質地，這才裁切、擀薄，再切成長條、包裝上市。最後成品約60%是糖，20%是玉米糖漿，還有20%是樹膠材料。無糖口香糖採用糖醇和高度甜味劑增加甜味（見178頁）。

20世紀產業界採用這個點子，改造出「爆裂糖」（或稱「太空搖滾」），入口即刻爆裂、消融。「通用食品」公司的一位科學家發現，高濃度食糖糖漿可以大量塞入二氧化碳氣體，接著在高壓下急速冷凍，於是糖果凝固，氣體也困在裡面。當糖解壓，許多氣體就會逸出，不過仍有部分保留在裡面。接著，當糖入口受潮溶解，氣體就會猛然湧出，爆發出嚇人的聲響。有些廚師運用這類氣化糖果，帶來令人意外的感受。他們把這種糖加入乾式料理，由於含水量少，糖分不會過早溶解。

糖果儲藏法和腐壞現象

糖果含水量通常很低，糖分濃度則很高，能吸收活體細胞的水分，因此不易有細菌或黴菌滋長而造成腐敗。不過糖果仍會劣化變味，這是牛乳固形物或奶油添加料的脂肪成分氧化並進而酸敗所致。冷藏或冷凍可以延緩這種變質，不過低溫儲藏會助長另一種問題，稱為「糖斑」。溫度高低變化會讓空氣中的溼氣在糖果表面凝結，導致部分食糖溶入液相。當溼氣再度蒸發，或者溶入糖果較深層的部分，外表的糖分就會結晶形成粗糙的白色表層。糖果以氣密包裝就可以預防糖斑。

巧克力

巧克力是表現最非凡的食物。巧克力是以一種熱帶喬木的種子製成，原料除苦澀之外就沒什麼味道，然而經過發酵和烘焙處理，卻能製成風味異常濃郁、繁複，又變化多端的產品。巧克力的質地也是獨樹一幟，在室溫下又硬又乾，但在溫暖的口中卻能緩緩融化，變得像乳脂般軟綿。巧克力幾乎可以雕塑成各種造型，表面還能處理得像玻璃般光滑。此外，巧克力的潛力到工業化時代才首度徹底展現出來，這在食品界乃是罕見的實例。我們現在所知道、所喜愛的巧克力，是種味甜而質地密實、滑順的固形物，在巧克力長久的歷史中，這種面貌是一直到最近才出現的。

巧克力的歷史沿革

異國飲料

巧克力的故事從美洲的可可樹開始，這種喬木大概是在南美赤道一帶的流域演化出現。可可樹會結出堅韌的大型莢果，裡面的果肉味道甜也含有水分，早期住民把莢果當成可以攜帶的能量來源和水源，隨身帶往中美洲和墨西哥南部。最早栽植可可樹的民族，大概是墨西哥灣南岸的奧爾梅克

人。隨後他們在公元前600年之前的某個時期,把可可帶給馬雅人。馬雅人在猶加敦半島和中美洲熱帶地區生產可可,賣給乾冷北方的阿茲特克民族。阿茲特克人烘焙、研磨可可籽,製成一種令人聯想到人血的飲料用在宗教儀式中。早年可可籽非常有價值,還能當成貨幣來使用。最早見到可可豆的歐洲人,大概是1502年隨哥倫布第四次航向美洲的船員,他們還帶了一些可可回到西班牙。公元1519年,科爾蒂斯(Cortez)的副手伯納爾・卡斯蒂羅(Bernal Diaz del Castillo)曾親眼目睹阿茲特克皇帝蒙特祖瑪(Montezuma)進餐,後來還順道提及這種調理好的飲品:

> 該國生產的各種水果都擺在他面前。他吃得非常少,不過偶爾有種用可可調製的汁液,裝在金杯呈獻給他,聽說這種飲品含有催情的成分……我見到好多個罈子,50個以上,呈了進來,裡面裝滿了起泡的巧克力,他飲用了一些……

最早針對原始巧克力做詳細報導的文獻之一,出自米蘭人吉羅拉莫・班佐尼(Girolamo Benzoni)在1564年出版的《新世界歷史》(*History of the New World*)。班佐尼曾經前往中美洲,他在文中評論道,那個地區對世界做出兩項獨特貢獻:「印第安家禽」(火雞)和可可豆。

> 他們剔出種仁擺在席子上晾乾,想喝這種飲料時,就把種仁擺進土鍋生火烘烤,然後拿製作麵包用的石臼來研磨。最後,他們把豆糊放進杯子……接著就慢慢加水攪拌,有時還放一點他們的香料進去,然後就拿來喝,不過那看來還比較適合餵豬,不像是給人喝的。
> ……味道有點苦,卻能令人感到滿足,還能提神,而且喝了不會醉。凡是習慣喝的印第安人,都認為這是無上聖品。

根據班佐尼和其他訪客的描述,馬雅人和阿茲特克人用了幾種不同材料來為巧克力飲料調味,包括芳香的花朵、香莢蘭、紅椒、野生蜂蜜,以及

胭脂樹籽（見第二冊243頁）。後來歐洲人開始加入自己的調味品，像是食糖、肉桂、丁香、茴香籽、杏仁、榛果、香莢蘭、橙花純露和麝香。根據英國耶穌會托馬斯・凱吉（Thomas Gage）的說法，他們把乾燥的可可豆和香料研磨後混合在一起，然後加熱讓可可脂融化並形成豆糊。隨後把豆糊抹在大型葉片或紙張上讓它凝固，接著再整片剝下來。按凱吉所述，製作巧克力有好幾種方法，冷的熱的都有。

墨西哥最常見的作法是調入「阿托雷」（atole，一種玉米粥）趁熱喝。取一片巧克力溶入熱水，拿一根攪拌棒（molinillo，底部有多個扇片的長木棒）到杯中攪打，直到出現浮渣或起泡，然後在杯中倒入熱玉米粥，就這樣一口口啜飲。

歐洲最早添加香料的巧克力糊「工廠」出現在西班牙，設立於1580年左右，隨後70年間，巧克力傳入義大利、法國和英國。這幾個國家把飲料中的調味料大半去除，只留下食糖和香莢蘭。最初是由巴黎的檸檬汁小販販售，後來倫敦的咖啡館（本身也是種新發明）也開始供應。不過到了17世紀晚末，巧克力館已經在倫敦蓬勃發展，算是種特色咖啡館。以牛乳來調製熱巧克力的構想，似乎就是在這些地方出現。

早期的巧克力甜點

之後幾個世紀，巧克力在歐洲人認知中，幾乎就是一種飲料了。以可可豆來製作甜點的例子還十分有限。1662年，英國人亨利・史圖比（Henry Stubbe）在他的巧克力專書《印第安甘露》（The Indian Nectar）中指出，西班牙和西班牙殖民地「另有一種吃法，把它製成糖錠，也就是杏仁的形狀」。那時的人也見識到了一種作用，如今我們知道，這是巧克力的咖啡因造成的：「拿可可果製成點心，晚上吃了，會讓人清醒一整夜，所以對負責守衛的士兵很好用。」18世紀的烹飪書，通常都會有幾篇食譜得用上巧克力，包括彩糖、杏仁膏、比司吉、奶油糖、冰品還有慕思。義大利有幾篇出色的千層

說文解字：可可、巧克力

Cocoa（可可）來自西班牙文 cacao，而 cacao 又來自馬雅人和阿茲特克人，原來有可能是奧爾梅克人在3000年前造出的字彙 kakawa。Chocolate（巧克力）一字的歷史就比較複雜。阿茲特克語的分支納瓦特爾語中，可可水是 cacahuatl，而早期西班牙人卻自行創造出 chocolate 一字。按歷史學家麥可和蘇非・科（Michael and Sophie Coe）的說法，他們有可能是為了區分冷熱飲才自創新詞，因為他們喜愛馬雅的熱可可，而有別於阿茲特克的冷可可：猶加敦人稱「熱」為 chocol；阿茲特克人稱「水」為 atl。

麵醬料食譜，是以杏仁、胡桃、鰻魚和巧克力來調製，還有用巧克力調製的肝臟食譜和玉米粥食譜。我們在18世紀的法國《百科全書》(Encyclopédie)也發現，當時的「巧克力」通常都用某種香莢蘭和肉桂來調味，製成半是可可、半是甜蛋糕的樣式來販售。這不能算是甜點，還比較算是一種緊急用的食物——或許就是最早的速食早餐！

> 當我們在外趕著出門，或者旅居外地，沒有時間拿它來調製飲料，我們就可以吃上一盎司薄片，配一杯水喝下，讓肚子攪溶這頓臨時早餐。

甚至到了19世紀中期，英國烹飪概覽《甘特氏現代甜點》(Gunter's Modern Confectioner)也只從220頁的篇幅中撥出4頁來專門講述巧克力食譜。

荷蘭和英國的發明：可可粉和食用巧克力

固態巧克力之所以這麼不引人興趣，主因大概是巧克力糊粗糙、易碎的質地。如今巧克力點心變得如此滑潤、廣受歡迎，得歸功於幾項發明。第一項發明出現在1828年，康拉德・范・豪坦(Conrad van Houten)是阿姆斯特丹人，家裡經營巧克力企業，當時他想要製造出含油量較少的巧克力，這樣調出的飲料才不會那麼濃重不好消化。可可豆的重量大多得自脂肪，也就是「可可脂」。范・豪坦開發了一種螺旋壓搾機，能把豆粉的可可脂移除大半（這本身並非新發明），接著就把這種去脂的可可粉拿來賣，用來調製熱巧克力，而且可可粉的風味幾乎沒有受到破壞，可可粉因而成為熱門長銷商品。不過，近來民眾對滿含可可脂、比較濃郁的熱巧克力又重新燃起了興趣。

當初以范・豪坦氏螺旋壓搾機碾壓出的純可可脂不過是種副產品，結果卻成為開發出現代巧克力甜食的關鍵。我們以普通可可豆粉和食糖調製出可可豆糊，添加可可脂後，才能為乾燥的可可粗粒帶來遇熱即融的濃郁特質，同時也讓豆糊比較不會黏糊。1847年，英國佛萊父子商號(Fry and Sons)推出了最早的固態「食用巧克力」，很快就激發多人起而效尤，產品遍布歐美全境。

瑞士的發明：牛乳巧克力和細緻質地

愛麗絲・布蘭德里（Alice Bradley）的1917年著述《糖果食譜》（Candy Cook Book），以一整章專門介紹「各種巧克力」，裡面還指出「瀏覽部分製造廠的價目表，可以找到上百種巧克力。」南美洲這種豆子，已經正式獲得認可，成為甜點的主要原料。

這兩項技術發展也讓巧克力的吸引力大為提高。公元1876年，瑞士的甜點師傅丹尼爾・彼得（Daniel Peter），以亨利・奈斯勒（Henri Nestlé）生產的新式乾燥奶粉製作出最早的固態牛乳巧克力。牛乳和巧克力不只風味能相互搭配，奶粉還能稀釋巧克力的強烈風味，加上乳蛋白也能減輕可可的澀感，讓滋味較溫和。如今我們食用的巧克力，大半都製成牛乳巧克力食用。到了1878年，瑞士的製造業者魯道夫・林特（Rudolphe Lindt）發明了海螺機（conche），這種機器能以好幾個小時甚至好幾天慢慢研磨可可豆、食糖和奶粉，產生的質地比以往所有巧克力成品更細緻。我們現在習以為常的巧克力質地，就是這樣來的。

瑞士對現代巧克力的演變做出這等重大貢獻，自然成為全世界最會吃巧克力的國家，而且長久以來都穩坐這個冠軍寶座。瑞士每日人均消耗30公克，幾乎是美國人均用量的2倍。

製造巧克力

新鮮可可豆轉變為巧克力成品，是人與自然之間耐人尋味的合作結果，這必須結合自然界的龐大潛力，還有人類的巧思，協力從最沒有指望的材料中挖掘出營養和樂趣。剛從豆莢取出的可可豆味道苦澀，基本上也沒什麼香氣。可可農戶和巧克力製造業者以幾種特定的步驟，激發出其中隱藏的風味：

- 農戶讓可可豆和果肉漿的混合團塊發酵，發展出巧克力風味的前驅物。
- 製造業者烘焙發酵可可豆，把風味前驅物轉化成種種風味。
- 製造業者碾磨可可豆，加入糖，接著以物理作用精煉風味，產生柔滑質地。

可可豆

按照林奈分類法，可可樹的學名是 *Theobroma cacao*，其中 *theobroma* 是希臘字，意思是「眾神的食品」。可可樹是種闊葉常綠喬木，在赤道南北緯20°範圍內生長，高可達7公尺。可可結的果實是種纖維質莢果，莢長約15~25公分，直徑約7.5~10公分，內含20~40枚種子（也就是「豆」），豆長約2.5公分，夾雜在酸酸甜甜的果肉之中。

品種　可可豆有幾個不同品種，分屬三個植物類群：克里奧羅（*Criollo*）、佛里斯特羅（*Forastero*）和千里塔力奧（*Trinitario*）。克里奧羅樹種結出的豆子風味較為清淡，含帶幾種最細緻、優雅的風味，令人聯想起花香和茶香。不幸的是，這類樹種也比較容易受疾病侵染，產量較少，因此只占世界總收成的5%。佛里斯特羅樹種的體質強健，產量高，是風味完整的豆類，居全球可可收成之首。千里塔力奧是以克里奧羅和佛里斯特羅配種栽植出的品種，特質中庸。

西非（象牙海岸和迦納）是現今可可最大產地，產量超過全球總收成之半，印尼產量也凌駕可可原鄉的最大生產國巴西。

儲藏和防禦細胞　可可豆的組成主要是胚芽的儲藏葉，或稱為子葉（見第二冊278頁），另外還包括兩種不同的細胞。約80%的細胞都是蛋白質和脂肪的儲藏室，其脂肪成分就是可可脂，可作為苗木在熱帶森林陰暗林地發芽、成長的營養來源。另外20%是防禦細胞，負責威嚇森林眾多動物和微生物，遏止牠們取食種子、攝取營養成分。這類細胞肉眼可見，就是子葉上的淡紫色斑點，細胞內含有帶澀味的酚類化合物、其酚類構造的花青素，還有兩種苦味生物鹼（可可豆鹼和咖啡因）。可可豆的含水量高，約65%是水。乾燥的發酵豆成分，見220頁下方。

發酵和乾燥作業

發酵是巧克力發展風味的第一項重要步驟，控制程度最低，結果也最難

可可莢果（左頁）
可可莢果內含許多大型種子，外頭披覆一層甜甜的果肉。種子的組成主要是胚芽用來儲藏糧食的子葉，葉片緊密摺疊，葉面散布紫色斑點，這就是富含生物鹼和澀味酚類化合物的防禦細胞。

預料。發酵在可可栽植區進行,地點包括幾千處小型林場和較大的栽植場,實際作業有的很謹慎,有的則很隨性,甚至非常輕忽,這取決於林場資源和農戶的技術。因此,可可豆的品質差別很大,從沒有發酵的到發酵過頭甚至發黴的都有。巧克力製造業者的第一項挑戰,就是找出品質最好、發酵完全的可可豆。

可可豆莢採收之後,工人會立即打破莢殼,把豆子和含糖果肉堆在一起,擺放在熱帶高溫環境。微生物立刻攝食果肉的糖分等營養成分並開始滋長。妥善發酵需2~8天,通常分三個階段。第一階段的最優勢族群是酵母菌,能把糖轉化為酒精,並代謝果肉中的部分酸類成分。當酵母菌把截留在豆堆裡面的氧氣耗盡,就改由乳酸菌接手,其中有許多和發酵乳製品以及發酵蔬菜中的乳酸菌是同一個菌種。工人會翻攪豆子和果肉堆以補充氣體,此時乳酸菌就得讓位,醋酸菌(也就是釀醋的菌類)繼之而起,把酵母產生的酒精轉換成乙酸。

發酵轉化可可豆　可可發酵是果肉的發酵作用,不是豆子發酵,不過這也會改變豆子。醋酸菌產生的乙酸滲入豆中,一邊把細胞腐蝕出小孔,於是細胞內容物溢出,聚集在一起相互反應。帶澀味的酚類物質和蛋白質、氧氣夾雜相混,形成的複合物澀味降低很多。最重要的是,豆子本身的消化酶也和儲藏蛋白質以及蔗糖的糖分相混,於是這些成分瓦解,各自化為原始基礎材料(胺基酸和單醣),這些材料的反應能遠比分解前的長鏈分子更為敏銳,於是在烘焙過程中,就會產生更多芳香分子。最後,開孔的豆子就會從發酵中的果肉吸收一些風味分子,包括甜、酸、果香、花香和葡萄酒香。所以,發酵處理得當,就能把略帶澀味的清淡豆子轉化出令人喜愛的風味和風味前驅物。

乾燥　一旦發酵完成,可可農戶就動手乾燥豆子,通常只是在平坦處鋪開晾曬。乾燥作業可達數天,若是操作不當,還可能滋長有害細菌和黴菌,侵染豆子的內部和表面,使其沾染不良風味。

發酵乾燥可可豆的組成	重量百分比		重量百分比
水	5	糖	1
可可脂	54	酚類化合物	6
蛋白質和胺基酸	12	礦物質	3
澱粉	6	可可豆鹼	1.2
纖維	11	咖啡因	0.2

一旦乾燥至含水量7%左右，豆子就能耐受微生物，不會進一步腐敗。接著豆子會清洗、裝袋，輸送至全球各地加工廠。

烘烤

可可豆發酵、乾燥之後，澀味會減輕，比起未發酵的豆子，風味也更濃郁，但此時的風味依然不夠均衡，尚未發展完全，成分通常以帶有醋味的乙酸為主。乾豆經選豆、分豆、混合之後，巧克力製造業者便著手烘焙，烤出可可風味。烘焙的時間、溫度取決於豆子的狀況，例如完整全豆、薄殼豆、去殼種仁，還有以去殼種仁研磨而成的細小顆粒。採全豆需費時30~60分鐘，烘焙溫度120~160°C。這種處理方式比咖啡豆溫和得多，因為可可豆中含有大量高反應胺基酸，以及能參與梅納褐變反應並能產生風味的糖（見第一冊310頁）。事實上，溫和烘焙還有助於保存部分風味，包括豆子的固有風味和發酵期間發展出的風味。

碾磨和精製

烘焙完成之後把可可豆打破，去殼取得種仁。接著把去殼種仁送進機器，通過好幾組鋼製滾輪，把植物組織的固形碎塊碾成深色的濃稠流體「可可漿」。這道研磨步驟有兩項目的：打破豆子細胞，釋出裡面的可可脂；還有把細胞碎裂成細小的粒子，尺寸小得讓舌頭察覺不出顆粒的質地。由於可可豆的去殼種仁約有55%是可可脂，這些脂肪就會構成連續相，而細胞固形碎片（主要是蛋白質、纖維和澱粉）則懸浮在脂肪當中。最後一道研磨作業（精磨）能把顆粒尺寸縮小到0.02~0.03毫米。瑞士和德國的巧克力，傳統上都把可可豆研磨得比英美製品還細。可可漿還可以依廠商需求，進一步做各種處理。可可粉和可可脂的製作過程必須施壓過濾可可漿，以細篩網攔下可可粉粒，讓可可脂流過。去掉可可脂的可可粉粒就能製成密實的可可團塊，用來製成可可粉（見228頁），而可可脂則成為加工製造種種巧克力商品的重要成分。

加工製造巧克力和可可

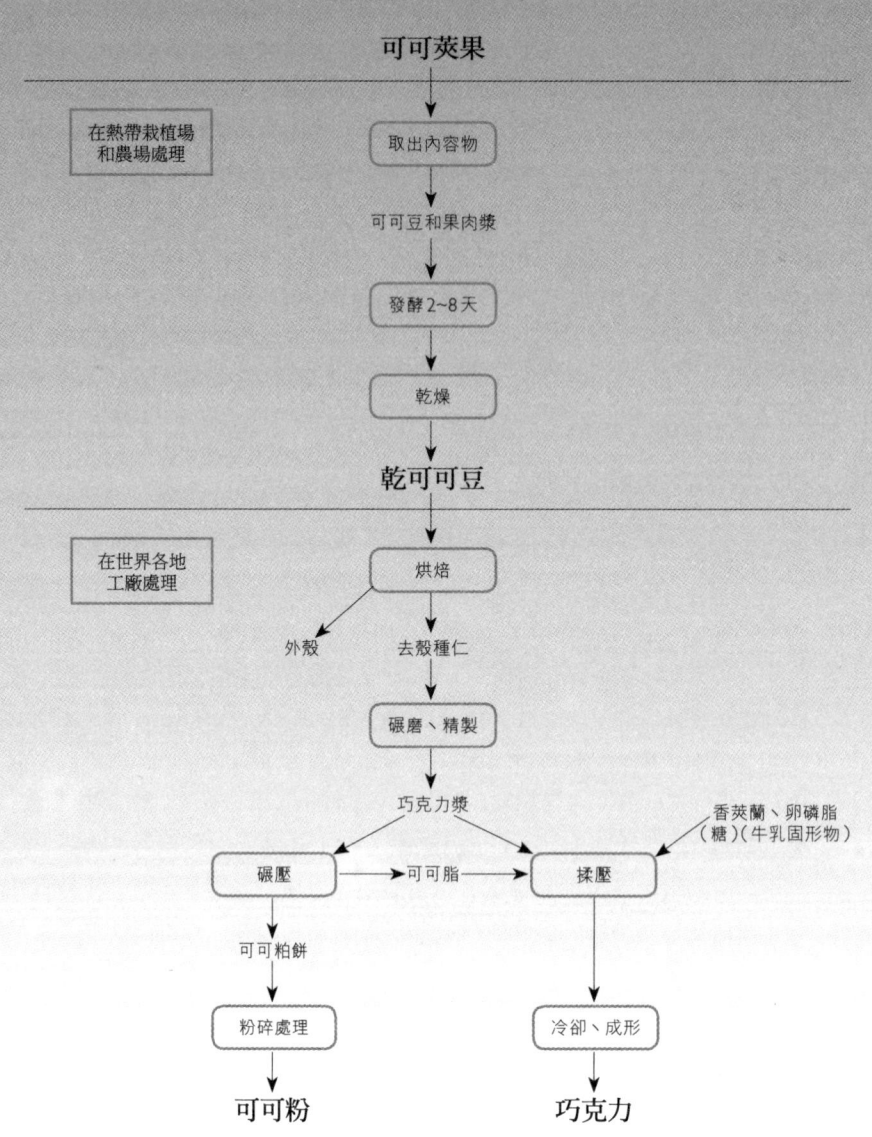

```
                    可可莢果
                       │
                       ▼
在熱帶栽植場         取出內容物
和農場處理              │
                       ▼
                  可可豆和果肉漿
                       │
                       ▼
                   發酵 2~8 天
                       │
                       ▼
                      乾燥
                       │
                       ▼
                    乾可可豆
                       │
                       ▼
在世界各地            烘焙
工廠處理          ┌────┴────┐
                 ▼         ▼
                外殼    去殼種仁
                           │
                           ▼
                        碾磨、精製
                           │
                           ▼
                        巧克力漿
                    ┌──────┴──────┐              香莢蘭、卵磷脂
                    ▼             ▼              （糖）（牛乳固形物）
                   碾壓 ──可可脂──▶ 揉壓 ◀────
                    │             │
                    ▼             ▼
                 可可粕餅       冷卻、成形
                    │             │
                    ▼             ▼
                 粉碎處理
                    │
                    ▼
                  可可粉          巧克力
```

製作巧克力

巧克力和甘蔗糖同樣採兩個步驟製成，第一階段在栽植可可樹的熱帶國家進行，第二階段在世界各地的加工廠完成。

揉壓　純可可漿帶有濃烈的巧克力滋味，可以用來調製烘焙食品，因此有時還會硬化處理後包裝。不過，可可漿的風味較為粗劣，苦、澀且酸。為了讓它不只能夠入口，還要變得好吃，製造廠商就必須加入其他幾種原料：糖（製成黑巧克力）、乾燥的牛乳固形物（牛乳巧克力），還可以添加一些香莢蘭（全豆或萃取物皆可，也可以是人工香草醛），並補充一份純可可脂。接著他們把混合原料送進「海螺機」，經長時間攪動，徹底揉壓，這道步驟英語稱為conching，直譯為「海螺加工」，因為這種機器最初造得就像海螺。這種精磨機會把可可漿、糖和牛乳固形物壓在一道堅固表面上，然後充分揉壓。摩擦作用加上外來熱量把團塊加溫到45~80°C（牛乳巧克力則保持在43~57°C）。揉壓時間長短不一，視機器和廠商而定，作業時間可持續8~36個小時。

精製質地和風味　最早的「海螺機」是種機械拌磨器，仿自馬雅研磨石板：以一件沉重的花崗岩滾筒，就著一塊花崗岩磨床前後移動，能同時發揮混合、研磨的功能，把略為粗糙的顆粒原料碾磨成較細小的粒子。現今的製作過程中，會先把各種固形物研磨到適當大小，再做揉壓碾磨，此時發揮的主要功能有二：首先，這能瓦解小型凝聚團塊，讓顆粒彼此分開，還能在所有微粒外表均勻塗敷可可脂。於是當巧克力成品融化時，脂肪就能滑順流動。其次，揉壓能大幅改進巧克力風味，不只是強化味道而已，還讓滋味更顯香醇。巧克力漿經過充氣和中溫加熱後，80%的揮發性芳香化合物（和多餘水分）都會蒸發。所幸，這些揮發掉的物質中，有許多都是不討喜的化合物，包括各式酸類和醛類物質，因此揉壓能讓酸度穩定下降。同時，有多種討喜的揮發物則在加熱和混合的過程中逐漸增多，特別是帶烘焙香、

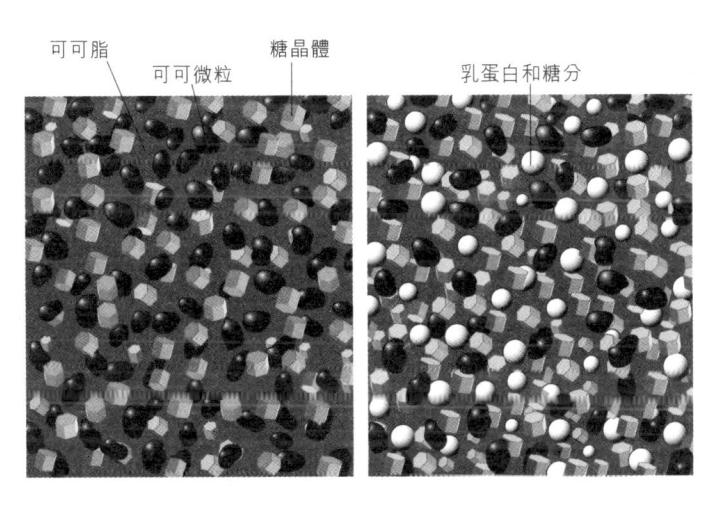

| **黑巧克力和牛乳巧克力的組成**
左：黑巧克力的成分含可可脂，裡面夾雜可可豆微粒和食糖晶體。右：就牛乳巧克力而言，相當比例的可可豆微粒已經被乾燥的乳蛋白質和糖粒子取代。

焦糖香和麥芽香氣的成分（吡嗪、呋喃酮、麥芽醇）。

可可脂和少量具乳化功能的卵磷脂（見第一冊340頁），都在揉壓快完成時加入巧克力團塊。一定要另外添加可可脂，因為混合料中還加了糖，所有糖分子都必須充分潤滑，這樣一來，巧克力融化時才能化為乳脂狀流體，不致變得黏糊。糖分對去殼種仁粉粒的比例越高，所需可可脂的數量也越多。巧克力添加卵磷脂的歷史可回溯至1930年代，卵磷脂可包覆糖粒，並讓親油端外露，使糖粒具潤滑性，還能減低可可脂的用量；一份卵磷脂可以取代10份奶油，含量通常占巧克力總重的0.3~0.5%。

冷卻和凝固

揉壓之後，黑巧克力基本上就是種溫潤的可可脂液態團塊，內含原始可可豆和糖的懸浮粒子。牛乳巧克力也含乳脂、乳蛋白質和乳糖，至於可可豆固形成分則相對較少。

巧克力的最後加工步驟是冷卻，讓液態巧克力降到室溫，形成常見的棒狀固體。事實證明，從流體變換成固體，就是個捉摸不定的步驟。為了得到安定的可可脂晶體，製作出外表光滑而且一掰就斷的巧克力，廠商必須小心冷卻、回溫，讓液態巧克力達到特定溫度，才能定量倒入模具，在模中冷卻至室溫，最後固化成形。

廚師往往把加工製成的巧克力融化，塑造成特殊形狀，或是用來塗敷在其他食品表面。有時他們想讓融化的巧克力重新凝固，並保有原來的光澤和一掰就斷的質地，這時就必須在廚房中重複這種加溫、冷卻循環，也就是「回火」作業（見233頁）。

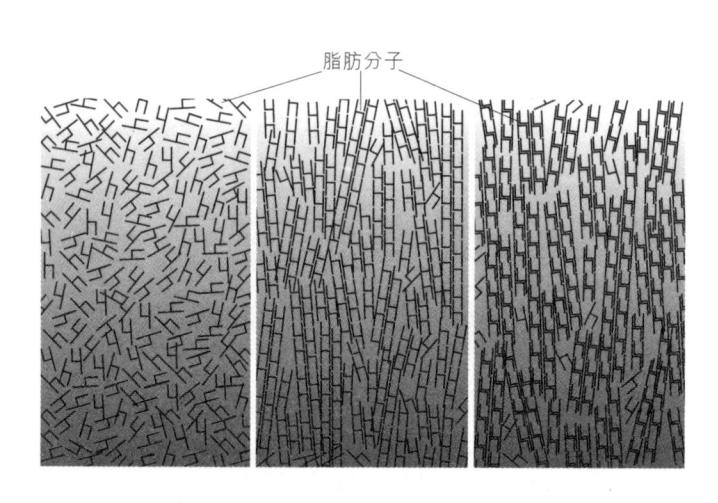

脂肪分子

巧克力的特殊性質

稠度和外觀：可可脂的產生方式

巧克力出色的外觀和稠度，直接展現出可可脂的物理特性。可可脂是巧克力的成分，包覆在可可豆固形物四周，把微粒凝聚在一起。巧克力經過小心調理，表面質地就會呈現柔滑或玻璃般的光澤，在室溫下質地堅硬而不黏膩，掰斷會發出清脆聲響，卻又入口即化，變得像乳脂般滑順。這些特性是別的食物所沒有的，乃得自可可脂分子結構。可可脂肪大多數都是飽和脂肪，排列十分規律（多半只由三種脂肪酸構成），這種結構讓脂肪分子有辦法凝結出緊緻的安定型晶體，共同組成細密的網絡，晶體間幾乎完全不會滲出殘存液相。

然而，這種特殊網絡很難形成，要小心控制脂肪結晶才能實現。可可脂會結成六種不同脂肪晶體！只有兩種是安定的形式，能產生光滑、乾燥、堅硬的巧克力；其他四種都不安定，產生的網絡比較鬆散又沒有規律，還含有較多液態脂肪，而且晶體的脂肪分子也很容易分離並滲透逸出。若是不加以控制，任憑巧克力融化（例如擺放位置太靠近高溫火爐，或者擺在高溫車廂）又重新凝固，結出的晶體多半會是不安定的類型，此時巧克力就會變得黏膩、綿軟又帶了斑點。這種巧克力必須回火處理，才能挽回原有的質地。

巧克力風味

巧克力絕對是風味最濃郁又最複雜的食物之一。除了本身的微酸和明顯苦澀味以及添加糖分的甜味之外，化學家還在巧克力當中發現了600種以上的揮發性分子。儘管烘焙過後所產生的基本特質人都出其中少數幾種而來，卻仍有多種分子能增加風味的深度和廣度。巧克力的濃郁風味出自兩項因素。首先是可可豆的固有風味潛能、這種潛能和糖及蛋白質的結合，還有能把這些成分分解為風味要素的酵素。第二項因素是巧克力的繁複製作過程，結合了微生物和高溫兩者的化學創造能力。

細細品味巧克力，可以嚐出幾種風味：

可可脂的結晶作用（左頁）

左：融化的巧克力，可可脂的脂肪分子（見第一冊336~337頁）不斷隨機運動。中：若不加控制任憑巧克力冷卻，脂肪分子的堆疊會鬆鬆垮垮的，形成的晶體不安定，巧克力也會顯得綿軟、黏膩。右：若小心控制冷卻過程，巧克力的脂肪分子會緊密堆疊，形成安定的晶體，於是巧克力的質地乾燥，而且一掰就斷。

- 可可豆本身的澀味和苦味（酚類化合物、可可豆鹼）。
- 發酵果肉的果香、葡萄酒和雪利酒味，還有醋味（酸類、脂類、醇類；乙醛；乙酸）。
- 「自消化」豆類的杏仁香、乳香與花香（苯甲醛；醋雙乙醯和甲基酮；芳香醇）。
- 烘烤、褐變反應的烘焙味、堅果味、甜味、泥土味、花香和香料味（吡嗪和噻唑；苯基；苯醛類；二烯醛），還有一種比較明顯的苦味（二酮哌嗪）。
- 添加的糖分和香莢蘭的甜味以及香料的溫潤特性。
- 添加的牛乳固形物、焦糖和奶油硬糖，以及煮過的牛乳和乳酪的香調。

若可可豆發酵不當或處理手法拙劣，製做出的巧克力就可能含帶種種不想要的氣味，包括橡膠味、燒焦味、煙燻味、火腿味、魚腥味、發黴味、硬紙板味和酸腐味等。

有些甜點師傅還會加一點點食鹽，特別是牛乳巧克力。單純加入糖來調味的巧克力含有各種基本味覺，卻獨缺鹹味，據說加鹽還可以讓整體風味顯得更為清晰。

巧克力的種類

食品廠商生產的巧克力樣式繁多，有些可以直接食用，有些則用來烹飪或調製甜點，有的則三種用途兼具。巧克力可以分成好幾大類：

- 量產的平價巧克力，以普通可可豆製成，產豆工廠製程大半已經自動化，產品所含可可固形物和可可脂都減到最少，還盡量多添加糖和牛乳固形物。這類製品風味平淡，並不出色。
- 「優質」高價位巧克力採用精選可可豆製成，這種豆子深具風味潛力，通常採小批處理，以讓風味發展到最極致，可可固形物和可可脂含量高。優質巧克力的風味較強，也比較複雜。
- 黑巧克力含可可固形物、可可脂和食糖，但不含牛乳固形物。這類產品有

牛乳巧克力的不同風味

歐洲、英國和美國生產的牛乳巧克力各有各的傳統風味。牛乳巧克力是歐洲大陸的發明，製作時採用乾燥的全脂奶粉，這能帶來較偏新鮮牛乳的風味。英國偏愛使用液體牛乳，加糖混合後，濃縮至固形物比例達90%，然後調入巧克力漿，最後才乾燥製成「巧克力碎片」。牛乳蛋白質和食糖在熬煮、乾燥時經過褐變反應，產生一種一般乾燥手法無法產生的焦糖化、熟乳的特殊風味。至於美國，長久以來大型加工廠都借助脂肪消化酶，讓乳脂局部分解。這道分解過程能發展出一種略顯酸敗的香調，這種香調的乳酪味和動物味餘韻能以特有方式和巧克力風味交融，讓風味更顯繁複。

各式組合，從無糖的苦巧克力到苦甜巧克力乃至甜巧克力都有。如今有些製造商為他們的高檔巧克力標示可可豆成分：「70%巧克力」的意思是，依重量計，70%是可可脂和可可固形物，約30%是糖；「62%巧克力」代表約38%是糖（還有少量卵磷脂和香莢蘭）。可可固形物比例越高，巧克力風味越強，包括苦味和澀味。濃郁的巧克力會有較多風味滲入鮮奶油、蛋和麵粉，這種混合料的蛋白質會與酚類物質黏合，能降低原有的澀感。

- 牛乳巧克力是最受歡迎的巧克力食品，滋味也最清淡，其成分包含牛乳固形物，還有很高比例的糖，兩種相加往往超過可可固形物和可可脂相加的重量。由於可可脂含量比較低，牛乳巧克力通常都比較軟，也不像苦甜巧克力那麼容易掰斷。
- 考維曲巧克力（名稱得自法語，意思是「覆蓋」）可以是黑巧克力或牛乳巧克力，經過特別配製，融化後很容易流動，因此能塗敷出精緻的巧克力薄層。這就代表加添的可可脂比平常多，粒子有充裕的移動空間，於是可可和糖分微粒才得以交錯通行。考維曲巧克力的脂肪比例多半為31~38%。
- 「白巧克力」是不含巧克力的巧克力，裡面完全不含可可微粒，因此巧克力風味微乎其微甚至全無。白巧克力在1930年左右發明，採精製可可脂（通常經脫臭處理）、牛乳固形物和食糖製成。白巧克力和普通巧克力黑白懸殊，是有用的裝飾食材。

如今有些製造商生產可可豆去殼種仁包裝販售，這種烘焙豆碎塊製品能帶來脆硬的顆粒和強勁風味。完整烘焙豆在拉丁市場偶爾可以見到。

儲存巧克力；油斑

巧克力的儲存溫度以15~18°C恆溫效果最好，溫度如果起伏不大，就不會導致可可脂的脂肪融化後再次結晶。巧克力儲存一陣之後，有時表面會泛白，看來就像粉末，稱為「油斑」（fat bloom），這就是可可脂的結晶。不安定的可可脂晶體融化並移動到表面，在那裡結出新的晶體，形成油斑。預防

幾種巧克力的成分

各種巧克力組成迥異，特別是「苦甜」和「半甜」樣式差別更大。下表數值代表巧克力中的重量占比，都是粗估的近似值，不過概略比較依然很有用。

	極少量可可固形物＋增添的可可脂，美國	可可漿	增添的可可脂	糖	牛乳固形物	脂肪總量	碳水化合物總量	蛋白質
加糖		99	0	0	0	53	30	13
苦甜／半甜	35	70~35	0~15	30~50	0	25~38	45~65	4~6
甜（黑）	15	15	20	60	0	32	72	2
牛奶	10	10	20	50	15	30	60	8
不增甜的可可粉						20	40	15

巧克力產生油斑，首先要謹慎地進行回火處理。把巧克力融化，添加一些澄清奶油可以延緩形成油斑，原因是奶油可以讓脂肪混合得更均勻，能延遲晶體的形成。

巧克力的抗氧化分子相當多，還富含化學性質安定的飽和脂肪，因此貨架壽命極長，在室溫環境可以儲藏多月。白巧克力不含可可固形物的抗氧化成分，在室溫下貨架壽命只有幾週；若是光照明亮，則期限過後（甚至期限之前）脂肪成分就會破壞並散發陳腐、酸敗的氣味。

可可粉

製造商生產可可粉的原料是可可粕餅，也就是烘焙過的可可豆，壓榨萃出可可脂後的殘渣（見221頁）。可可微粒依然包覆著一層可可脂；這種粉末的脂肪含量從 8~26% 不等。巧克力的風味和色澤都得自可可豆的固形微粒，因此可可是最濃縮的巧克力，本身也是種珍貴的成分。天然可可粉帶有濃烈的巧克力滋味，還有明顯的澀味和苦味，也較酸，pH值約為5。

「荷蘭化」或鹼化處理的可可　歐洲的可可粉都以經鹼性物質（碳酸鉀）處理的可可豆來製作，美國有時也是如此。這種鹼化處理的發明人是荷蘭的巧克力先驅范‧豪坦，因此這種工法有時也稱「荷蘭式加工」，可以把可可的酸鹼值提高到7（中性）或8（鹼性）。不論在烘焙前後，可可豆加入鹼性物質，對整體化學組成都有深切影響。除了會增加特有的鹼性滋味之外（就像小蘇打的味道），鹼化過的可可還會降低幾種成分的含量，包括帶烘焙味的焦糖狀分子（吡嗪、噻唑、吡喃酮、呋喃酮）以及帶澀味的酚類物質（這時酚類物還彼此鍵結，形成沒有味道的深色色素）。這樣製成的可可粉風味清淡、顏色較深。荷蘭化的可可產品顏色濃淡不一，從淺褐色到幾乎全黑的都有；顏色越深，風味就越淡。

可可的烘焙用途　烘焙師傅必須知道「天然」可可粉和鹼化處理可可粉的差別。有些食譜指定採用酸性的天然可可來和小蘇打反應，產生膨發用二氧

巧克力能冷卻口腔
製作精良的巧克力帶有一種清新特質，融化時能冷卻口腔，對這麼濃郁的食物來說實屬罕見。這是由於安定的脂肪晶體成分只能在非常狹窄的溫差範圍融化，這個溫度只略低於體溫。當固相轉變成液相，同時也把口腔的熱能吸收大半（只留些許來提高巧克力的溫度），因此能持續帶來清涼感受。

化碳。同一份食譜若是改用鹼化過的可可，就無法和小蘇打反應，也不會產生二氧化碳，於是製品就像肥皂，帶有鹼味。

速溶可可 所謂的「速溶」可可指含有卵磷脂、用來調製熱巧克力的可可。卵磷脂是種乳化劑，能幫助微粒分離，於是可可就很容易溶入水中。速溶可可混合料也常添加糖，比例可達總重的70%。

當巧克力和可可成為食材

巧克力和可可都是多用途原料，可以加入各種食材，製作成多種食品，而且不只限於甜食；墨西哥的綜合醬料，還有歐洲的幾種燉肉和醬料，也都由此引進微妙、複雜的特色。巧克力和可可能提供風味，讓食品更為濃郁，還能帶來特殊的質地和構造；它們的乾燥微粒兼含澱粉和蛋白質，能吸收水分，還能讓食品的質地更顯密實、堅固，包括烘焙食品、舒芙蕾、餡料和糖衣。不含麵粉的蛋糕可以添加巧克力或可可，發揮類似澱粉、脂肪成分的效果，還能替代蛋類以產生溼潤、定型作用。巧克力慕思霜的泡沫構造是以蛋汁攪打發泡而成，加入乾燥微粒和逐漸結晶的可可脂都能強化這種構造。

當然了，巧克力也可以依原本樣式呈現，例如作為酥皮的部分結構，或者融化塗上食品，然後硬化結成一層外皮。當我們把巧克力融掉，將之塗上食品表層或倒進模子冷卻成形時，需要格外小心（見232頁）。除此之外，只需牢記巧克力的幾點事項，那麼多數問題都可以防範。

處理巧克力

黑巧克力本身就是種經過徹底燒煮的成分，特色已完全彰顯，堅實又好處理。要記得，這種巧克力已經經過烘烤，還曾送進海螺機進行揉壓精磨，且以相當高溫再次加熱，它的物理構造相當單純，是溶有可可和糖分微粒的脂肪混合料。廚師（頂多）只需把它融化，大概加溫到50°C就行了，不過也可以加熱到93°C，或者再高出許多也沒關係，並不會釀出慘禍。除非擺

上火爐直接加熱或用微波爐加熱，又不去攪拌，否則巧克力並不會分離，也不會燒起來。若有必要，巧克力還可以反覆融化、凝固。由於牛乳巧克力和白「巧克力」含有較多牛奶固形物，而可可固形物含量就比較低，因此質地不如黑巧克力堅實，若需融化，最好採行溫和手法。

融化巧克力 巧克力有幾種合宜的融化手法：速融法以爐火直接加熱，需謹慎處理並不斷攪拌以免燒焦。以下溫和做法就比較不需照料：盛在碗中，擺進裝熱水的淺鍋，從38°C開始慢煮（水溫越高，融化越快）；擺進微波爐，不時暫停下來攪拌並測定溫度。由於巧克力的導熱性能很差，最好剁成小片或加工處理成團粒，可以加速融化，也能加快和高溫原料的相混。

巧克力和水分 巧克力有一個很難處理的地方：質地極乾，還有大量細粒食糖和可可，這些微粒的表面都會吸收溼氣。若在融化巧克力時攪入少量水分，那麼巧克力就會把水截住，凝成硬挺泥團。這似乎有點違背常理，一種液體裡面加入另一種液體，結果卻產生一種固體，然而，少量水分的作用卻像膠水，潤溼千千萬萬食糖、可可微粒，還剛好能形成一片片糖漿，把微粒黏合成團，結果就和液態的可可脂分離。所以，重點在於讓巧克力徹底保持乾燥，不然就要加入足夠的液體，不能只是潤溼食糖，還要把食糖溶解並形成糖漿。因此，最好的做法是把固態巧克力加入高溫液體，或者把全部的高溫液體快速淋上巧克力，而不是逐漸增添液體來融化巧克力。把水截住而凝成硬挺團狀的巧克力仍有挽回餘地：再多加點溫熱液體，直到巧克力轉變成濃稠的流體即可。

不同巧克力不能互換 食譜作者和廚師都必須盡可能精確指明他們使用的

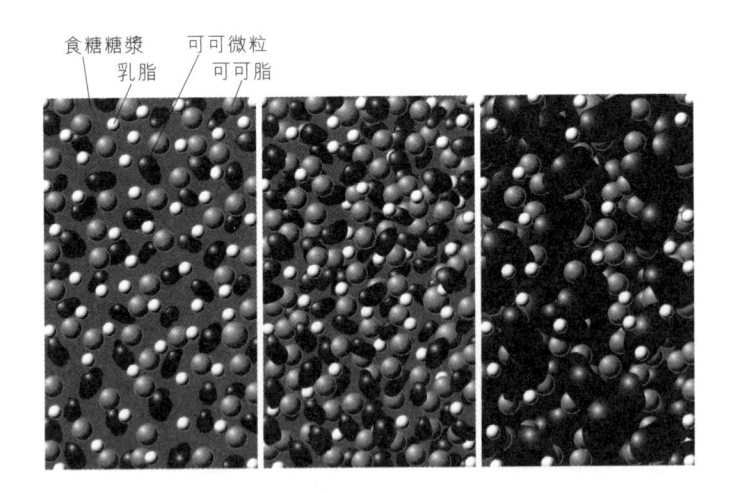

是哪種巧克力。不同巧克力的可可脂、可可微粒和食糖比例差別很大。倘若巧克力要和潮溼原料混合，這時可可微粒和食糖的比例尤其重要。食糖溶解就變成糖漿，能增加製品的液相體積，並能提增流動性。至於可可微粒則會吸水，減少液相體積並抑低流動性。為甜巧克力開發的食譜，若是烹調時改採用70%的高檔苦甜巧克力，由於可可微粒含量極高，乾燥作用大幅提升，加上能產生糖漿的糖分大減，最後就可能是慘敗收場。

甘納許

甘納許一度是最簡單又最常見的巧克力製品，以巧克力和鮮奶油混合製成，可融入(其他)多種風味，也可攪打發泡以降低濃郁程度，或調入奶油讓味道更濃郁。甘納許可以作為巧克力松露和酥皮的餡料，還可以當蛋糕的填料和頂飾。有一種甜點稱為「鮮奶油布丁盅」，製作時取一些巧克力融入約2倍重量的鮮奶油，基本上就是以甘納許的本來面貌上桌。

甘納許的結構 軟式甘納許以約略等重的鮮奶油和巧克力製成。硬式甘納許則是每份鮮奶油調入2份巧克力，較能維持造型，巧克力風味也比較強。製造甘納許時，先把鮮奶油加熱至接近沸騰，再把巧克力投入融化，形成乳化液和懸浮液的複雜組合（見第一冊359頁）。這種混合液的連續相是種糖漿，由鮮奶油的水分和巧克力的糖分組成。糖漿裡面的懸浮物部分，則包括鮮奶油的乳脂球以及巧克力的可可脂微滴和可可固形微粒。

等量鮮奶油和巧克力調成的混合料中有大量糖漿可以含納脂肪和微粒；然而，高巧克力比例的混合料中，糖漿成分較少，可可微粒則較多，會慢慢吸收糖漿所含水分，更進一步減少糖漿份量。富含可可固形物的巧克力，可可微粒會吸收相當多水分，最後就鼓脹並黏在一起。於是乳化液被吸乾水分，

甘納許的構造（左頁）

左：軟式甘納許採等比例巧克力和鮮奶油製成，含有可可微粒和得自可可、牛奶的脂肪微滴。
中：硬式甘納許，巧克力原料比鮮奶油多，乾燥的可可微粒含量較高，含水比例則較低。右：硬式甘納許擺放一陣子，裡面的可可微粒就會吸收糖漿水分並膨大，把脂肪微滴緊緊擠成一團，於是甘納許便會分離。

失去作用，只能任憑脂肪球和微滴凝結，脂肪也和腫脹的微粒分離。所以高巧克力甘納許通常都很不安定，過一陣子質地就會變粗。

甘納許熟成做法　許多甜點業者處理甘納許之前，都先把混合料擺在涼爽室溫環境過夜。這樣逐漸冷卻，可可脂便會結成晶體，往後塑造外型、取食的時候，甘納許通常就會融得比較慢。甘納許製成之後若馬上冷藏、硬化，就不會結出許多晶體，加溫時會變得柔軟、黏膩。

由於鮮奶油先做過熱處理，加上所含巧克力的糖類成分、能吸水的可可微粒以及大量酚類化合物都不利於微生物滋長，因此甘納許的貨架壽命比一般想像更長，室溫下可以擺放一週或更久。

回火巧克力的塗抹、模製用途

就像食糖，巧克力也可以做成悅目造型。糕點師傅和糖果點心業者把巧克力融化後刷上食品表面，形成巧克力薄層，讓巧克力徹底凝結之後，再壓印或切出造型。或也可塗刷上植物葉片，等巧克力硬化凝成葉片鏡像，再小心剝下。巧克力還可以裝進糕點擠花袋，從嘴口擠出種種線、點和填料造型。當然了，這也可以用來給模製食品畫線，還能製成空心球體或復活節兔寶寶等各式造型。

愛吃巧克力的人經常把巧克力融化掉，用來塗抹小甜餅、草莓或手工巧克力松露。製作手法簡單，也不太費神，只需加溫到巧克力融化，接著就馬上使用，有時塗好之後還擺進冰箱來加速凝固。這樣處理的巧克力滋味不錯，不過外觀顯得黯淡，還會長糖斑，而且質地柔軟，不能清脆掰斷。這是由於巧克力冷卻太快，可可脂凝固時無法結出安定的晶體進而組成緊緻、硬實的網絡，反而結出不安定的晶體，形成鬆軟的脆弱網絡。倘若外觀和硬實程度影響重大，例如廚師和糕點師傅的專業考量，那麼廚師就必須「回火」融化巧克力，或加入有利的可可脂安定型晶體來當作引子，這也正是製造商模製巧克力棒之前採行的步驟。

│說文解字：甘納許

Ganache（甘納許）其實是法文，原本用來指稱一種以巧克力和鮮奶油調成的混合液，本意為「緩衝墊」。甜點界所稱甘納許確實入口即化，形成柔軟、綿絨般的緩衝墊。甘納許在19世紀中期就已經發明，可能是源自法國或瑞士。松露巧克力就屬於甘納許，造型如粗糙的麥芽糖球，外覆可可粉或薄薄一層硬巧克力，原本是種簡單的自製甜食，進入20世紀之後才改頭換面，成為奢華時尚的甜品。

回火調溫巧克力

回火工法含三項基本步驟：加熱把巧克力的脂肪晶體徹底融化，稍做冷卻，重新結出一批晶種，接著再小心加熱，讓不安定晶體融化，於是最後就只剩下有利的安定結晶。接下來，最後當巧克力冷卻、凝固之時，安定的晶種就能引導結晶，發展成緊緻、硬實的晶體網絡。

不安定的可可脂晶體比其他晶體更容易融化，意思是融化溫度較低，約介於15~28°C之間。有利的安定型晶體（有時也稱為「beta晶型」或「Ⅴ型晶體」）必須在較暖和溫度才能融化，介於32~34°C。若一種晶體在某個溫度範圍內融化，則當巧克力冷卻時，這種晶體也會在相同溫度範圍凝結。所以，若融化的巧克力快速冷卻，就會結出不安定晶體，這樣一來，在較暖和溫度才會結成的安定型晶體，就沒有時間把脂肪分子凝聚過來，結果脂肪分子大半都被不安定晶體搶先占用。若廚師小心控溫，讓溫度一直高於不安定晶體的熔點，同時又低於安定型晶體的熔點，則巧克力融化之後，殘存晶體就以安定型為主。黑巧克力的回火溫度在31~32°C，而牛乳巧克力和白巧克力的溫度則略低，因為後兩種的成分都混合了可可脂和乳脂。

回火做法　要妥善製出回火的融化巧克力，有幾種做法。所有做法都必須使用精準的溫度計、文火熱源（通常是把巧克力裝碗，連碗擺進一鍋熱水，隔水加熱），加上廚師的全神貫注。所有步驟完成時，巧克力的溫度必須是不安定型晶體無法成形、而安定型晶體可以成形的溫度。

回火有兩種常用的作法，其中一種是從頭開始產生安定型晶體，另一種則使用少量回火調溫的巧克力，在融化的巧克力裡面「種下」安定型晶體。

- 若想從頭回火，可以加熱達50°C，讓晶體全部融化，接著冷卻至40°C左右。隨後或者一邊攪拌一邊讓巧克力繼續冷卻，直到明顯變稠為止（顯示晶體已經成形）；或也可把部分巧克力淋上低溫表面，刮拌至變稠再擺回碗中。接下來，由於攪拌或刮拌階段，都有可能結出不安定晶體，這時就要小心加熱，提高巧克力溫度至回火範圍（31~32°C）並一邊攪拌，讓不安定晶體全部融化。

回火調溫各類巧克力所需溫度

製備牛乳巧克力和白巧克力的理想溫度並不固定，要看產品配方來決定，最好是詢問製造廠商。本表列出的是巧克力產業的常用數值。

巧克力種類	融化溫度	冷卻溫度	回火溫度範圍
黑	45~50°C	28~29°C	31~32°C
牛奶	40~45°C	27~28°C	30~31°C
白	40°C	24~25°C	27~28°C

- 若想為融化的巧克力種下安定型晶體，可以取一份固態的回火巧克力剁切備好。將預定要回火的巧克力加熱，讓溫度提高到50°C，以融化所有晶體，接著冷卻到35~38°C，稍高於能結出安定型晶體的溫度範圍。接著把事先剁切備好、含有安定型晶體的固態回火巧克力攪拌進去，同時讓溫度保持在回火溫度範圍（31~32°C）。

不論採哪種回火手法，巧克力必須始終保持在回火溫度範圍內，直到取用為止。若是任其冷卻，巧克力就會過早開始凝固，無法順暢流動，而產生不均勻的稠度和外觀。

在回火溫度範圍內，融化回火調溫過的巧克力　即使不做回火處理，仍有可能得到回火調溫過的融化巧克力。製造商銷售的巧克力，幾乎都是回火調溫過的。倘若廚師使用的巧克力品質很好，就可以小心直接加熱至回火溫度範圍（31~32°C），這時巧克力會融化，但仍能保有若干安定型的脂肪晶體。這很容易辦到，只需把巧克力切碎擺進碗中，連碗置入鍋中隔水加溫，水溫32~34°C，一邊攪拌即可。倘若巧克力因故加熱過頭，脂肪晶體全部融化，或者廚師使用的是融化後重行凝固因此含有混合晶型的巧克力，這時就必須參照前述的做法來為巧克力回火。

回火技藝　即使精準的溫度計和謹慎控制溫度是成功回火的必要條件，但光憑這兩項卻仍嫌不夠充分。回火技藝端賴火候，要看準巧克力的安定型

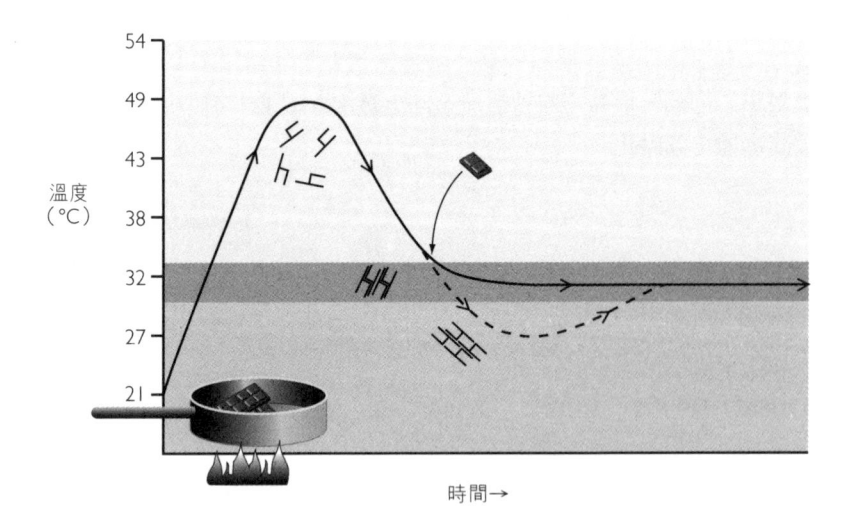

晶體何時累積到充分數量，冷卻之後才能構成緻密、硬實的網絡。回火時間不夠，或攪拌不充分，結出的安定型晶種就嫌太少，冷卻時便會結出若干不安定晶體。攪拌太甚或時間太久，結出的安定型晶體就會太多或太大，導致巧克力回火過度，結果所含晶體大半都屬個別結晶，而較少連結成網絡。若巧克力回火過甚，質地會很安定，卻顯得粗糙、鬆脆，不能清脆掰斷，而且外觀黯淡，還帶蠟質口感。

回火調溫測試 融化的巧克力可以拿來測試，看回火是否妥善，取少量倒在室溫表面（盤子或金屬箔面），塗成薄層。若巧克力回火妥當，幾分鐘之內就會凝固，結成表面如絲綢般平滑的片層，和冷涼表面接觸的邊緣則會閃現光澤。回火不當的巧克力要花許多分鐘才會變硬，外觀不平整，呈粉狀或顆粒狀。

處理回火調溫好的巧克力

　巧克力回火完成後仍須注意溫度，保持在回火範圍（31~32°C）。塑造形狀時，應該把巧克力倒進模子或淋上填料，而且模子、填料溫度必須合宜。若是太冷，可可脂會太快凝結，成品也不安定；若是太熱，巧克力的安定型晶種就會融化。甜點廠商建議的溫度在25°C左右。相同道理，室溫也應該保持不冷不熱。

　事實證明，回火調溫的巧克力凝固時，尺度會收縮約2%，這是由於安定型晶體的脂肪分子堆置得比液態脂肪分子還要緊緻。收縮現象利於模製巧克力，因為巧克力硬化時會脫離模子。然而，就塗布在糖果或松露巧克力表面的薄層材料來講，收縮卻可能產生裂痕，尤其若填料溫度很低，塗上溫暖巧克力時，填料就會略微膨脹，撐裂塗層。調溫過的巧克力很硬實又容易掰斷，這種特性必須好幾天才能完成，這段期間結晶網絡會持續增長，更顯強固。

模製巧克力 模製巧克力是特別為造型裝飾製作的食材。製作時在融化的

回火調溫巧克力（左頁）

要製出含安定型脂肪晶體的巧克力，廚師首先得加熱讓巧克力的晶體全部融化。依循第一種做法（見虛線），廚師讓融化的巧克力冷卻至低於安定型晶體溫度，形成混合晶體，接著加溫來融化不安定晶體，同時保有安定型晶體。若採第二種做法，要讓巧克力冷卻到只能結出安定型晶體的溫度範圍，加入一份回火調溫過的巧克力，提供安定的晶種，然後就讓混合料保持溫熱，直到用來模製或塗敷為止。

巧克力中調入 1/3~1/2 重量的玉米糖漿和食糖，混拌後捏揉成柔軟團塊。揉好之後，這團「巧克力」就含有高濃度食糖糖漿，裡面填滿可可微粒和可可脂微滴，讓質地更顯濃稠。糖漿相的水分部分散逸，有些則被乾燥可可微粒吸收，團塊也變得堅實。

巧克力和健康

脂肪和抗氧化物

可可豆和其他種子都富含養分，能維持植物胚芽發育至長出葉、根為止。種子的飽和脂肪特別豐富，這種成分素有惡名，會提高血膽固醇水平，進而提高心臟罹病風險。然而，可可脂的飽和脂肪大半屬於特定脂肪酸，進入體內會很快轉化成不飽和脂肪（硬脂酸轉化成油酸）。所以，大家認為巧克力並不會危害心臟，事實上還有可能帶來好處。可可微粒的酚類抗氧化物含量特別豐富，占了可可粉重量的8%。巧克力或糖果的可可固形物含量越高，抗氧化物的含量也越高。添入任何食糖、牛奶製品或可可脂，只會沖淡可可固形物和裡面的酚類含量。「荷蘭化」鹼質處理，也會降低可可粉的有益酚類物質水平，還有，牛乳巧克力的牛奶蛋白質，顯然能與這群酚類分子黏合，讓我們無法吸收。

咖啡因和可可豆鹼

巧克力含有可可豆鹼和咖啡因，這兩種生物鹼有連帶關係，含量約為10:1。可可豆鹼是效能遜於咖啡因的神經系統興奮劑（見第二冊256頁），其主要機能似乎在於利尿。（不過這種物質對狗有相當毒性，狗吃了巧克力糖會遭受嚴重毒害。）一塊30公克的不加糖巧克力，約含30毫克咖啡因，相當於一杯咖啡的1/3左右劑量；加糖巧克力和牛乳巧克力的含量明顯較少。每匙可可粉（10公克）約含20毫克咖啡因。

專用塗布食材

有些食品不太適合用普通巧克力來塗布表層，例如說，供酷暑或熱帶環境食用的冰淇淋及其他冷凍食材和糖果，這類食品必須使用別種食材來塗抹。製造商已經開發出幾種可可脂替代品，這類製品無需回火，看來依然美觀，而且一掰就會清脆斷裂，在高溫時也能保持硬實。有些產品很像可可脂，可以和巧克力混拌，另有些則很不相同，和巧克力並不相容，還必須用低脂可可來調味。前一類包括幾種純化脂肪，取自幾種熱帶堅果植物（棕櫚類、牛油樹、依利伯樹、娑羅樹）；後一類包括「月桂脂」，實際上是取自椰子和椰油。這類原料製成的塗材通常稱為「不回火」巧克力。

就是愛吃巧克力

許多人都愛吃巧克力，特別是女性，對巧克力嘴饞到幾近成癮。大家向來認為巧克力可能含有影響心理活動的化學物質，結果發現，巧克力確實含有兩種成分，一種是「類大麻」化學物質（也就是和大麻的活性成分相仿的化學成分），另一種是會促使腦細胞累積類大麻化學成分的其他分子。不過，這些成分含量都極少，實際作用恐怕並不明顯。

再者，巧克力還含有另一種天然產生的身體化學物質，稱為苯乙胺，作用類似安非他命，話說回來，香腸和其他發酵食品也都含有這種成分。事實上，有確切的實驗證據顯示，巧克力不含絲毫類藥物的物質，不會真正讓人上癮。心理學家證明，巧克力的口腹之慾可以用不含真正巧克力的仿製品來滿足，然而若是吞服裝了真正可可粉或巧克力的膠囊，卻沒有嚐到滋味，這種慾念就無法滿足。看來，吃巧克力的感官經驗，才是讓人嘴饞的真正原因。

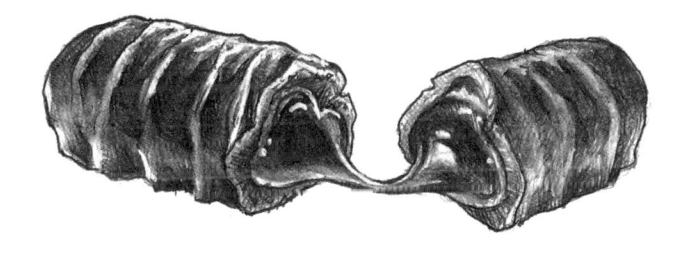

chapter 4
葡萄酒、啤酒和蒸餾酒

　　葡萄酒、啤酒和蒸餾的烈酒就跟其他美食一樣，能滋養身體、滿足口慾。酒類的特色鮮明、直通人心；它們含有酒精，而酒精是種能量，也是種藥物。若適量飲用，酒精能引發我們喜怒哀樂種種情緒，並自在地表達出來。若大量飲用，酒精就成為麻醉劑，會麻痺感覺、蒙蔽思維。因此酒精飲料能讓我們從日常的心理狀態，以各種不同的程度解放出來。難怪前人會認為酒是人間的瓊漿玉液，能讓凡人淺嚐即可當個宇宙主宰那種無憂無慮的滋味！

　　人類一向對酒精有深切的渴求，如今則有量產的酒品來滿足這份需求，只要稍微付出一些代價，就能暫時擺脫人世煩憂。不過，有些葡萄酒、啤酒和烈酒，可是人間美食中最精巧的藝品，是煩擾塵世能夠給予的極品。有些酒類風味濃郁、和諧、充滿活力又餘韻綿延，因此酒之觸動人心，不在於它能讓人從塵世脫逃，反而是更投入這個世界、牽絆更深。

　　葡萄酒、啤酒和烈酒都是微小酵母菌的產物，酵母能把食物中的糖分分解成酒精分子。酒精是種揮發性物質，本身的香氣相當具有擴散力。它能賦予葡萄和穀物嶄新的風味層面，它是一個開放的舞台，讓食物中的揮發性分子現身。酵母還是一群奇妙的風味化學家，能在發酵過程產生幾十種新鮮香氣，漫遊在舞台空間。於是葡萄酒業者或釀酒業者成了導演，讓這群隨性妄為的演員，成為一個均衡而和諧的團體。

　　儘管這些酒類具有同樣的基本特質，彼此差異依舊很大。葡萄酒是從香甜的果實而來，本身就是種現成的發酵食材，能化為芳香飲品——然而，一年當中也只有熟成時那幾天才能發酵。葡萄和葡萄酒是大自然的

禮贈，是一種恩典，釀酒業者只能在時機來臨時接住，接下來就任憑它們實現自身的潛能來生成風味。相形之下，啤酒和米酒展現的則是人類日常的成就和才智。這兩種酒的原料都是不含糖、無香氣的乾燥穀粒，是平淡無奇卻很可靠的生計食品。釀酒業者讓穀子發芽或生長特定黴菌數日（食品界用麴菌一字，屬於真菌，真菌包括黴菌、酵母菌、菇蕈類等），把它們轉化成可發酵的芳香事物。這個過程不受時間和地點的限制，世界各地一年到頭都可以進行。因此啤酒成為舉世共通的酒精飲料，是令人安心的在地日常製品，有時也會有出類拔萃的表現。蒸餾酒是葡萄酒和啤酒的精髓，它們凝聚了其中的揮發性的芳香成分，力道之強勁無可比擬。

　　品嚐佳釀的同時，若還能體認到酒中風味是自然、文化和個人特色的整體展現，會更饒富趣味：這口酒是某個地方發展出的傳統、某些土壤孕育出的植物、某個年份的氣候、經由某種發酵和熟成過程，再加上釀造者的品味和技巧，製作出的成品。酒具有濃厚的自然和人文淵源，因此酒的種類之多耐人尋味，也因此用心品嚐一口，就能讓我們即刻懷抱整個世界、歡欣滿盈。

歡樂的飲品

近4000年前，女神伊南娜吟唱出一首蘇美詩歌。伊南娜是天與地的主宰，喝了啤酒之後卻像個凡人一樣高興。詩中的寧卡西是啤酒女神。（詩中多處反覆的段落都刪掉了。）

願寧卡西和你同住！
讓她為你斟上啤酒和葡萄酒，
讓這杯甜酒為你歡欣共鳴！
蘆葦桶中裝的是甜美啤酒，
我將吩咐斟酒的、服侍的和釀酒的一旁待命，
此時我環繞著這豐富滿盈的啤酒，
感覺棒極了，棒極了，
喝著啤酒，滿心喜悅，
喝著酒液，心情昂揚，
帶著歡愉的心和快樂的肝（譯注：蘇美人認為肝是心智之所在）──
我的心充滿歡愉
而我給我快樂的肝披上一件女王的衣裳！
伊南娜的心又快樂了起來，
天上女王的心又快樂了起來！

──英文版譯者：米格・西維（Miguel Civil）

酒精的特性

酒精分子是生物細胞分解糖分子、產生化學能量之後所得副產品。大多數細胞還能進一步分解酒精分子，獲得能量。不過某些酵母菌例外，它們會把酒精排入周遭環境。葡萄酒和啤酒的酒精成分是種化學防禦武器（一如乳酪和醬菜的乳酸，或是香草和香料的強勁氣味），由酵母菌用來對抗其他微生物以求自保。酒精對活細胞來說是有毒的，就連為我們製造酒精的酵母菌，也只能耐受特定濃度。酒精帶給我們的愉快感受，正是它干擾我們腦細胞正常機能的具體展現。

酵母和酒精發酵

酵母是一類微小的單細胞黴菌，約160種，卻不是全都有益：有些會讓蔬果腐敗，有些讓人類生病（例如白色念珠菌引發的酵母傳染病）。用來製作麵包和酒精飲料的酵母，大半都是酵母屬（*Saccharomyces*），這個名稱的意思是「糖真菌」。我們培育這類酵母，和我們使用特定細菌來製作酸奶，用意是相同的：酵母讓食物能夠對抗其他微生物的侵襲，還製造出令大多數人喜愛的種種物質。酵母能夠製造酒精，基本上得靠它們在極低含氧環境存活的本領（其他多數生物都必須使用氧氣來燃燒燃料分子以產生能量，最後則只剩下二氧化碳和水）。沒有氧氣，燃料就只能局部分解。這是無氧環境中以葡萄糖產生能量的總方程式：

$$C_6H_{12}O_6 \rightarrow 2CH_3CH_2OH + 2CO_2 + 能量$$

葡萄糖 → 酒精＋二氧化碳＋能量

葡萄汁或穀物糊經過酵母菌的作用，會生成其他多種化合物，發展出種種特有風味。例如，它們能製造帶鮮味的琥珀酸，還把液體中的胺基酸轉化成「更高級」、更長鏈的酒精；它們讓酒精和酸結合，製造出帶果香的脂質；它們製出硫化物，因此會有煮過的蔬菜、咖啡和土司的氣味。此外，

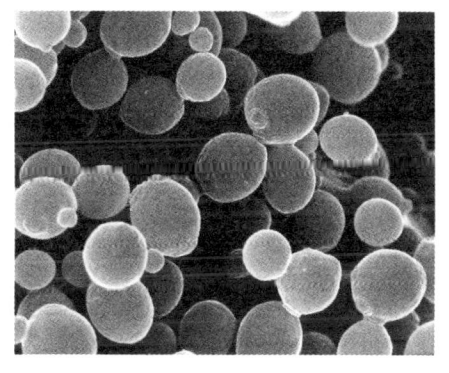

酵母菌
圖示為釀酒用酵母的電子顯微鏡照片，這種酵母稱為釀酒酵母（學名：*Saccharomyces cerevisiae*），直徑各約0.005毫米。右上角中央那個細胞正在增生繁殖，還帶有前一次出芽留下的疤痕。

酵母死亡之後，其酵素機制就會消化自身細胞，讓細胞內物質溶入液體，繼續產生風味。酵母生長時會合成蛋白質和維生素B群，因此，果汁或麥芽漿若含有活酵母，確實會比新鮮果汁更營養。

酒精的性質

在化學中，醇類（alcohol可指醇類或酒精，中文的酒精一字則專用於乙醇）指的是一個分子構造相似的大家族。我們日常所謂的酒精，只是這個家族中特定的一種，也就是化學家口中的「乙醇」或是「乙基醇」。本章我提到的酒精都採通俗定義，不過我也會提到「長鏈脂肪醇」（或稱高級醇），也就是醇類家族中，分子所含原子數比乙醇更多的長鏈分子。

物理和化學性質

純酒精是種無色澄澈液體。酒精分子很小，分子式為 CH_3CH_2OH，主幹只含2個碳原子。酒精分子的 CH_3 端為親脂性，另一端的OH基則相當於2/3個水分子。因此酒精是種具功能廣泛的液體，很容易和水性或油性物質（包括酒精能輕易滲過的細胞膜，還有酒精能輕易從細胞萃出的香氣分子及類胡蘿蔔素）混合。長鏈脂肪醇也是酵母菌的產物，不過數量很少，製成蒸餾酒則濃度提高，分子鏈上的親油端也較長（見296~297頁），因此行為特性較像脂肪。長鏈脂肪醇為威士忌等烈酒帶來一種油質黏性。這種分子較易聚集在我們的細胞膜，因此刺激性較高，也比單純酒精更具麻醉功效。

酒精的好幾種物理特性，對廚師和老饕來講都事關重大。
- 酒精比水更容易揮發，也更容易蒸發、沸騰。酒精的沸點很低（78°C），因此我們才能把酒精蒸餾成遠比葡萄酒或啤酒強勁的溶液。
- 酒精是可燃的，因此才能以白蘭地或蘭姆酒，製作出壯觀的火燒料理。由於烈酒中的水分蒸發時會把燃燒熱完全吸收，因此食物用酒精火燒時不會燒焦。

乙醇
就是一般所說的酒精。乙醇分子功能廣，一端像是親脂的脂肪酸碳鏈，另一端則親水。

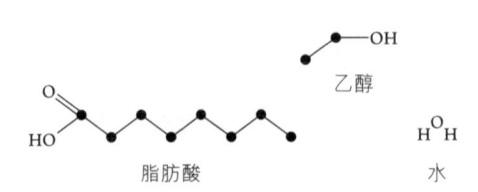

脂肪酸　　　乙醇　　　水

- 酒精的凝固點遠低於水（-114°C），我們也才能藉冬季酷寒或冷凍櫃內低溫來濃縮酒精（見295頁下方）。
- 相同體積下，酒精的重量為水的80%，因此酒精和水的混合液比純水輕。雞尾酒中的層次就是這樣來的（見307頁下方）。

酒精和風味

我們透過味覺、嗅覺和觸覺來感知食物中的酒精。酒精分子和糖分子有相似之處，而且確實也略帶甜味。若是濃度很高（像是蒸餾酒或更強勁的酒），酒精就帶刺激性，不論是嚐或聞，都會感到辛辣、灼熱。酒精是種揮發性化學物質，本身獨具香氣，不加味的穀物酒類或伏特加酒，最能聞出純粹的酒精香氣。這種氣味和其他香氣化合物的化學相容性很高，因此高濃度的酒精往往會和食物、飲料中的香氣結合，讓它們無法散逸到空氣中。不過，若是濃度非常低（1%左右或更低），酒精反而有助於帶果香的脂質和其他的香氣分子釋出，也因此葡萄酒、伏特加等酒精飲料，才會成為料理界常用的烹飪原料，不過比例必須低，否則就必須長時間烹煮以去除大半酒精。

對生物的作用

酒精的廣泛的化學特性造成一個結果：它很容易滲過生物細胞膜，因為這種薄膜部分是由親脂肪分子組成。酒精滲入細胞會干擾膜蛋白的機能，要是濃度高到一定程度，細胞和環境之間的這層界線就會喪失功能，導致細胞死亡。製造酒精的酵母菌能夠耐受的濃度約達20%，其他微生物的耐受能力多半遠低於此。倘若溶液還含酸或糖（例如葡萄酒），那麼酒精對微生物的毒害還會更強。所以蒸餾酒和加烈葡萄酒（如雪利酒、波特酒等），才不會像啤酒、葡萄酒那樣開瓶之後就迅速腐壞。

酒後那種醺醺然的感覺，部分是因為我們神經系統各處的細胞膜和蛋白質受了輕微擾動所致。

酒精發酵與現代生物學

發酵的奧祕，讓19世紀幾位最優秀、最堅持己見的科學家忍不住一探究竟，其中包括尤斯圖斯・馮・李比希（Justus von Liebig）和路易・巴斯德（Louis Pasteur），微生物學也因此興起。最早分離出的純菌種微生物是啤酒和葡萄酒酵母，於1880年左右在哥木哈根的嘉士伯（Carlsberg）釀酒廠實驗室中成功製造出來。科學家還創造出enzyme（酵素）一詞，指的是生物細胞用來轉化其他分子的蛋白質分子。Enzyme衍生自希臘文，意思是「在酵母中」，也就是糖轉變成酒精之處。

酒精的藥物作用：酒醉

酒精是種「藥物」，它能擴散到各種組織並改變其運作機能。酒精最討人喜愛的作用，是它能影響中樞神經，發揮致幻毒品的作用。酒精似乎能刺激我們表現出比平常更生動、更亢奮的舉止，但其實這是酒精壓抑作用的現象，這時腦部種種高等抑制機制受到了影響，平常受管制的行為就會表現出來。當更多酒精抵達腦部，記憶、專注和整體思考能力，以及肌肉協調、講話、視覺等更基本的程序都會受到干擾。酒精是種催情劑，談到這一點，現代研究人員依然繼續引用莎士比亞《馬克白》劇中守門人對酒的權威說法：「先生，它既會刺激，又會消減淫慾。它點燃慾火，卻又剝奪性能力。」

一個人的酒醉程度，取決於細胞中的酒精濃度。一旦酒精被消化道吸收，就由血液迅速輸送到全身各處的體液，輕輕鬆鬆滲過細胞膜，穿透所有細胞。所以體格高大的人，比體型嬌小的人更能喝酒，也比較不容易喝醉，因為他們的體液較多，細胞也較多，更能稀釋酒精。酒精還會引致協調障礙和衝動行為，通常血中酒精濃度達 0.02~0.03% 就會出現，酩酊醉倒則是在 0.15% 時出現，若達到 0.4% 就可能致命。

酒精若當作藥物使用，就沒甚麼藥效。需有數公克純酒精才能發揮可見作用，幾毫克是不夠的，於是我們才得以適度享用葡萄酒和啤酒，不致傷到自己。然而，就像其他麻醉藥物，酒精也會致癮，習慣性大量飲用會帶來毀滅性的後果。幾千年來，許多悲劇或早逝都是由酒精所引起，到現在還是一樣。酒精和其第一種代謝產物「乙醛」，都會破壞體內多種系統和器官。因此，若體內不時存有酒精，就有可能引起種種重症，甚至死亡。

身體如何代謝酒精

我們的身體能藉由一連串化學反應來分解酒精，還能運用這類反應釋出的能量。酒精的化學構造和糖與脂肪都有相似之處，營養價值則介於兩者之間，每公克約含 7 卡熱量（純糖每公克含 4 卡，脂肪為 9 卡）。美國人從飲

| 高濃度葡萄酒和烈酒的淚珠

經常喝高濃度葡萄酒和烈酒的人，大概都曾經注意到「淚珠」或「酒腳」這種奇特的現象，也就是玻璃杯內側的液膜，看起來像是不斷上下緩慢移動。這種移動的薄膜來自於酒水混合液的動力本質。酒精會降低葡萄酒或烈酒中水分子之間的相吸作用；然而，由於酒精會從液體表面的邊緣蒸發，於是該處的水和水、水和玻璃的鍵結都會比較強，隨著酒精含量漸減，水分就沿著玻璃杯緣向上攀升，直到重力大於攀升力，水分就會形成微滴下墜。酒精濃度越高，酒精就越容易蒸發（溫暖環境和廣口淺杯最有利蒸發），淚珠和酒腳現象也就越清楚。

食攝取的熱量，約有5%得自酒精。酗酒人士的比例則要高出許多。

酒精在胃和肝這兩個器官中分解並轉化成能量。部分酒精會在胃部經「首渡」代謝而消耗掉，剩餘的進入小腸，接著再進入血液。消耗的部分在男性約達30%，女性則只有10%。因此男性喝酒時，血中酒精含量上升較慢，而且要喝較多量才能察覺酒精的作用。遺傳也會大幅影響每個人對酒精的處理能力。

大致來說，身體每個小時約能代謝10~15公克酒精，相當於每60~90分鐘喝下一份標準酒量。飲酒之後30~60分鐘，血中酒精含量會達到最高。食物（特別是油脂）會延緩胃裡的東西進入小腸，這樣胃部酵素才有更多時間來工作，也延緩血中酒精含量的上升速度，還能降低酒精的高峰值，大概只會有空腹飲酒的一半。另一方面，阿斯匹靈會干擾胃部酒精代謝，使血中酒精含量加速上升。氣泡葡萄酒和啤酒的二氧化碳氣泡，同樣會加快血中酒精含量的上升速度，但原因不明。

宿醉

接著還有悽慘的宿醉。宿醉指喝了太多酒之後，隔天早上醒來那種全身不適的感受。有許多傳之久遠的民俗醒酒法對付這種折磨。中世紀義大利薩萊諾（Salerno）的醫事學校就已經有建議的醒酒法：

如果夜間飲酒讓你醉，藥方是隔晨繼續喝更多。

宿醉是輕微戒斷症候群的一環。前晚身體適應了高濃度酒精和相關麻醉化學物質，到了早上，藥物已經消失或降低。對聲光變得極為敏感，或許就是因為整個神經系統受到壓抑的後續補償作用。隔天早上再飲酒的邏輯很簡單，卻也很狡詐：這會讓身體回復到之前已經習慣的狀況，還帶有輕微的麻痺作用。不過，這只會延緩身體真正從酒醉中復原。

宿醉的各個症狀中，只有幾種能直接處理。口乾和頭痛可能是酒精造成的脫水所引起，喝點水也許能獲得舒緩。酒精會導致顱內血管擴張，這或許

快樂和不省人事的起因

長久以來，人們早已觀察到酒精是如何幫人面對自身處境。底下兩則最早也最簡單的表述，分別出自印度阿育吠陀傳統和《舊約聖經》。

酒是最能帶來歡樂的東西。酗酒是讓人失去理智、喪失記憶的最重大原因。
——印度藥書《揭羅迦本集》（Charaka Samhita），約公元前100年

可以把濃酒給將亡的人喝，把清酒給苦心的人喝。讓他喝了，就忘記他的貧窮，不再記念他的苦楚。
——《舊約聖經》〈箴言〉，約公元前500年

是頭痛的成因；咖啡和茶的咖啡因會帶來相反的作用，或可局部紓解頭痛。

以酒入菜

廚師以葡萄酒、啤酒和蒸餾酒為食材，用來料理形形色色的菜餚，從可口湯品、醬料和燉肉，到香甜的鮮奶油和蛋糕，乃至於舒芙蕾和冰沙等。食物中加入酒能帶來獨特風味，通常包括酸味、甜味和鮮味（得自麩胺酸和琥珀酸），還有酒精和其他揮發性物質帶來的芳香層面。酒液有些特質很難處理，對廚師是一大挑戰，包括紅酒的澀感（見267頁）和啤酒通常會有的苦味。酒精本身也是水和油之外的第三種液體，可用來萃取、溶解種種風味和顏色分子，並能與食物中其他物質結合，生成嶄新的香氣以及更具深度的風味。大量酒精往往能把其他揮發性分子留在食物裡，而微量酒精則可助長分子揮發，加強香氣。

酒精可以是廚師的好幫手，同時卻也可能是個不利因素。酒精本身帶有辛辣味，略具藥性，而且這些特性在熱食中還會增強，進而變得粗澀。因此，熬煮醬料的時間或許可以久一點，盡量讓酒精蒸發。有一種很炫的料理方法：flambé，法文是「火焰」的意思。食物中的烈酒或高酒精度葡萄酒會散發高熱蒸氣，於是廚師一點火就會閃現鬼魅般搖曳藍燄，不但能把酒精燒掉，還可帶來微焦風味。然而，不管是哪一種方式，都無法完全去除食物中的酒精。實驗顯示，經過長時間熬煮的燉品，原先加入的酒精還會殘留5%左右，短暫烹煮的菜餚則是從10~50%不等，火燒料理則高達75%。

酒液和木桶

葡萄酒和啤酒運氣好，因為微生物能讓果汁和穀物的糊「變質」，轉化為可口又能令人醺醺然的東西。幾個世紀以前，釀造、蒸餾酒液的人再度遇上好運，他們發現只要把葡萄酒、烈酒和醋汁儲藏在木桶裡，最後就能為他們帶來一種嶄新而相配的風味。

適度飲酒的好處

許多研究長達數十年的報告都一致指出，每天飲用1~2杯酒精飲料，比較不會死於心臟疾病和中風。（大量飲酒則和癌症與發生意外的死亡率有正相關。）酒本身能提高有益的高密度脂蛋白（HDL）膽固醇含量，降低會讓血液凝結進而導致血栓的血液因子含量。此外，紅酒和深色啤酒都是酚類抗氧化物的優良來源（見第二冊24頁）。葡萄酒的酚類物質還會擴張動脈管徑，讓紅血球較不容易凝結，其中有幾種化合物（特別是白藜蘆醇及其相近物質）還會抑止環氧酶的酵素功能，還氧酶和有害的發炎反應、關節炎和某些癌症的發展都有相關。

▍橡木和材質特色

長久以來，歐洲普遍使用栗木、雪松木，而美國則普遍使用紅杉。儘管如此，用來熟成葡萄酒和烈酒的木桶卻大多以橡木製成。橡木心材是樹幹內層的較老木料，由死亡細胞組成，可以支撐外側的活組織層。心材細胞飽含能遏阻鑽穴昆蟲的化合物，主要成分為單寧酸（鞣酸），不過還有種種芳香化合物，像是散發丁香氣味的丁香油酚、彷若香莢蘭的香草醛，還有帶橡木味的「橡內酯」（椰子和桃子所含典型芳香化合物相近）。

心材固形物有90~95%是細胞壁分子、纖維素、半纖維素和木質素。這些大半不可溶，不過木質素經由烈性酒精作用後會局部分解並萃出，還有，在製造木桶時，木料受熱後所有成分也都能轉化成新的芳香分子（第二冊275~276頁）。

桶匠使用的樹種主要為歐洲2種橡木：盧浮橡（*Quercus robur*）和夏橡（*Quercus sessilis*），以及北美洲的10種橡木，其中最主要的是白橡（*Quercus alba*）。歐洲橡木大半製成葡萄酒桶，美洲橡木製成的酒桶則多半用來熟成蒸餾酒。美洲橡木能萃得的單寧酸含量往往較低，橡內酯和香草醛含量則較高。

▍製桶：組裝成型和加熱

桶匠製桶時先把心材劈開，乾燥後裁切成長薄桶板，接著就大略箍在一起，以加熱來軟化材質，這樣才比較容易彎折出最後桶形。在歐洲，他們會在桶內擺放火盆，燃燒木屑達200°C。等桶板軟化並緊箍在最後的位置上，還需把桶內加熱到150~200°C，烘烤時間5~20分鐘不等，就視所需加熱程度而定：葡萄酒桶時間較短，烈酒酒桶需時較久。美國的威士忌酒桶加熱處理過程較為激烈：箍牢的桶板先蒸軟，接著用瓦斯噴槍把內側燒黑，時間15~45秒不等。

▍桶內發酵

某些葡萄酒和醋都在桶內發酵並熟成，因而醞釀出一種特別的酒桶發酵風味。這種風味有種罕見成分，來自酵母菌酵素與橡木烘烤後某種成分的反應產物，這種含硫化物質（糠基硫醇）會發出一種香氣，令人聯想起烘焙咖啡和烤肉的香氣。

桶子的風味

酒液儲放新桶期間會產生好幾項變化。首先，酒液萃出可溶物質，會帶顏色和風味，其中有單寧酸以及橡木、丁香和香莢蘭等香氣成分，還有木桶加熱時產生的焦糖等褐變反應物，以及帶煙燻味的揮發性物質。裝盛威士忌酒的美洲木桶內側經過灼燒，炭化表面的作用有點像是活性碳吸收劑，能移除威士忌的某些成分，加速風味熟成。木料上的裂縫和細孔，讓酒液得以吸收限量的氧氣。接著，這個由葡萄酒或烈酒、木材及氧氣結合成的豐富化學佳釀，就在經歷無數反應之後，緩慢演變出一種調和的平衡局面。

新製橡木桶賦予儲放的酒液一種特有的強勁風味，把精緻葡萄酒的先天特性完全蓋過。製酒業者可以減少酒液在新桶內的熟成時間，以此控制木料帶來的影響，也可以使用舊酒桶，因為酒桶的風味成分已大半被萃取掉。

不用酒桶的替代做法

橡木桶很貴，只有相當昂貴的葡萄酒和烈酒才用桶裝熟成。其他還有幾種做法，能讓橡木風味滲入沒有那麼昂貴的酒品。「林木香精」由水沸煮碎木屑萃取而得，這是法國白蘭地（包括干邑和雅馬邑）傳統上在最後加入的添加劑。近幾年來，大規模的釀酒商已經開始以鋼材等惰性材質製成酒桶來熟成葡萄酒，還把桶板、橡木碎片甚至碎屑擺進酒液。

葡萄酒

在各種可用來釀製酒精飲料的天然甜汁中，葡萄汁只是其中一種。中亞遊牧民族擠母馬乳汁來發酵釀造乳酒，而這種酒的歷史和葡萄酒恐怕同樣古老。希臘文的酒是 methu，源自發酵蜂蜜水的印歐字，這種蜜酒的英文則是 mead。羅馬人曾經以海棗和無花果來發酵。北歐人在喝到葡萄酒之前，已經在飲用以蘋果汁發酵釀製的蘋果酒。

不過葡萄的表現特別出色，非常適合用來釀造多樣的酒精飲品。葡萄是種產量很高的植物，能適應不同土壤和氣候。葡萄果實能大量保存一種罕見的酸（酒石酸），這種成分很少有微生物能夠代謝，卻有利於酵母菌生長。

說文解字：葡萄酒、藤蔓、葡萄

在很久以前，民眾並不認為葡萄可以作為食物，只認為那是用來釀酒的。英文可為這個事實作明證。英文 vine（藤蔓）和 wine（葡萄酒）出自同一個字根，本意指藤蔓果實發酵所得汁液。這個字根相當古老，歷史比印歐語從史前西亞語系分出來的年代更為久遠。另一方面，不同語言會以不同字彙來代表果實。英文 grape（葡萄）似乎是來自另一個印歐字根，意思是「彎曲的」或「扭曲的」，這或許是指用來採收葡萄串的彎刀，或者葡萄藤蔓的外形。相關單字還有 grapple（抓牢）和 crumpet（烤餅）。

葡萄熟成之後還含有大量糖分，能讓酵母菌產生足夠酒精，其他微生物也因此無法生存。葡萄還帶來絢麗色彩和多樣風味。

葡萄能成為全世界產量最多的水果作物（其中70%都用來釀酒），大部分都應該歸功於前述特質。法國、義大利和西班牙是全球最大的葡萄酒產地和輸出國。

葡萄酒歷史沿革

葡萄酒的演變源遠流長、引人入勝，而且還在進行。以下是幾項重點。

古代陳釀和品酒藝術

截至目前為止，我們手中最古老的葡萄酒證據出自伊朗西部，那裡挖掘出一樽約公元前6000年的酒甕，底部留有葡萄酒的殘跡。從公元前3000年開始，葡萄酒已經是西亞和埃及的重要貿易品項。野生葡萄和最早的葡萄酒都是紅的，埃及人卻擁有一種顏色突變的葡萄植株，並以此來釀造白酒。他們把葡萄汁裝進大土甕中發酵，甕中汁液經過品嚐、分級、標示後，就塞上塞子並以泥土密封。以氣密容器盛裝葡萄酒，可讓熟成時間長達數年。在法老陵墓發現的雙耳細頸葡萄酒瓶，許多都標示了釀造日期、產製地區，有時還有簡短描述，並附上釀酒人的名字。可見得品酒是一門古老的藝術！

希臘和羅馬 腓尼基和希臘貿易商把栽培種的葡萄傳遍地中海一帶，希臘人也就在此發展出一套酒神戴奧尼索斯（掌管種植和葡萄）的崇拜儀式，在此節慶，他們得以藉由葡萄酒暫時擺脫日常俗事。到了荷馬時代（約公元前700年），葡萄酒已經是希臘的標準飲料，那種酒很烈，飲用前必須加水稀釋，品質等級介於白由人用酒和奴隸用酒之間。義大利的葡萄酒文化要到公元前200年左右才確立，然而基礎卻十分穩固，於是希臘人開始把義大利南方稱為「葡萄之地」。

往後幾個世紀，羅馬的釀酒技術大幅進步。老普林尼的《自然史》用了一整卷篇幅專門討論葡萄。他寫道，當時的葡萄品種多不勝數，同一種葡萄在不同地方可以釀造出非常不同的葡萄酒。他還指出，義大利、希臘、埃

及和高盧（法國）都是令人稱羨的產地。羅馬人就跟埃及人一樣，也使用氣密雙耳瓶來裝酒，葡萄酒裝在裡面可以多年不壞，慢慢熟成。希臘人和羅馬人還以樹脂、鹽和香料來保存並為葡萄酒調味。

木桶在北歐發明問世，羅馬時代傳抵地中海，於是除了黏土雙耳細頸瓶之外，還多了另一項選擇。往後幾個世紀，木桶成為裝葡萄酒的標準容器，雙耳細頸瓶則消失無蹤。桶子的優點是重量較輕、不易破碎，但缺點是無法密封。這表示葡萄酒在桶中只能儲放幾年，再久就會氧化過度，變得不好喝。於是頂級陳釀也隨著雙耳瓶消失了，要到1000年之後，軟木塞酒瓶發明後才又出現（見右頁）。

葡萄酒釀造法在歐洲傳開；法國崛起

羅馬帝國在公元第5世紀左右衰亡後，歐洲的葡萄栽培術和釀酒技術的發展就由天主教修道院接手。各地君主贊助他們大片土地，由修士砍伐森林、開墾沼澤，在人煙稀少的地區進行有系統、有組織的農耕作業，也把葡萄引進法國和德國。葡萄酒是聖餐儀式必備品，而且和啤酒同為日常飲品，還可以拿來宴客、販售。勃艮第葡萄酒就是在中世紀開始出名的。

從中世紀晚期開始，法國逐漸變成歐洲葡萄酒的核心產地。到了1600年代，法國葡萄酒已經成為外銷英國、荷蘭的出口大宗，其中波爾多挾帶著港口位置的先天優勢，出產的酒品更為搶眼。同時，義大利則受到政治、經濟拖累，表現落後。義大利在19世紀中期之前還不是一個國家，只算是城邦的集合體，各邦都設有保護關稅，國際貿易少之又少，無法從法國各葡萄酒釀造區帶入競爭和進步。義大利的葡萄酒多半在當地消費，葡萄並不種在葡萄園，而是種植於佃農小塊土地的糧食作物之間，或者纏繞著樹生長。

新式葡萄酒和新式容器

現代早期出現了幾項精彩發明，使得平凡的發酵葡萄汁出現幾種美妙的變化，也為葡萄酒儲藏方式帶來幾項重大改進。公元1600年之前，西班牙釀酒業者已經發現，在葡萄酒中加添白蘭地，可以安定酒液並發展出嶄新

特性，於是出現了雪利酒。1650年左右，匈牙利釀酒業者努力有成，釀出濃醇又香甜的托凱甜白酒，原料是受了真菌侵染、本該毀棄的葡萄，後來這種甜酒還冠上「貴腐」稱號。這是法國索甸甜白酒和德國同類甜酒的前身。大約同時，英國進口商發現，他們從巴黎東邊的香檳區進口的白酒，若是在發酵尚未完成時，就從酒桶分裝到酒瓶，酒液就會起泡，更討人喜歡。又過了幾十年，英國人發明了波特葡萄酒。原本是希望能安定這種烈性紅葡萄酒，撐過從葡萄牙運送回國這段航程。貨主在桶中添了蒸餾酒精以防葡萄酒腐壞，結果製造出討人喜愛的加烈甜紅酒。

酒瓶和軟木塞 17~18世紀出現了兩項重大發明，於是葡萄酒可以再度擺放多年，慢慢熟成。盛裝葡萄酒的氣密雙耳細頸瓶消失之後，由木桶取而代之，陳年佳釀也隨之消失。這時出現的兩項劃時代產物，就是細瘦的瓶子和軟木塞！當年英國人得以發現氣泡香檳酒，是因為他們不再用布朵堵塞瓶頸，改用耐壓擠的氣密軟木塞，加上他們的瓶子又特別堅固，挺得住內壓（玻璃加工時不以燃木而以高熱炭火加熱，因此特別堅固）。到了18世紀，粗短的酒瓶逐漸演變成現在常見的長形酒瓶。當年笨重的酒瓶只是用來把桶中酒液送上餐桌，僅盛裝個1~2天而已。瓶子變得夠細瘦之後，就可以側躺擺放，讓裡面的酒液潤溼軟木，於是塞子就不會收縮使得空氣跑進去，裡面的葡萄酒也可以儲藏多年不會變質，有時風味還能大幅改進。

巴斯德和葡萄酒科學

1863年，法皇拿破崙三世敕令偉大化學家巴斯德研究葡萄酒的「疾病」。過了3年，巴斯德出版劃時代著作《葡萄酒研究》(*Etudes sur le vin*)。早先巴斯德等人已經證明，酵母菌是一種活的微生物，而且那時也有辦法辨識和控制哪些微生物能夠用來釀造葡萄酒或讓酒變質。不過，巴斯德是第一個動手分析葡萄酒釀造過程的人，他發現氧氣扮演了核心角色，還證明為什麼酒桶和酒瓶都是釀出葡萄美酒不可或缺的要件：酒桶能提供氧氣，幫助新酒熟成；酒瓶則能阻隔氧氣，幫助保存熟成的葡萄酒。

依我所見，釀造葡萄酒的是氧氣；葡萄酒能夠熟成也受氧氣影響；新酒拙劣的本性得靠氧氣來修飾，不好的滋味也得靠它去除⋯⋯

要讓葡萄酒熟成就必須慢慢讓酒液通氣，不過氧化不得過度，這會讓葡萄酒變得太薄，把烈性耗盡，還會讓紅酒的顏色全數褪去。到了某個時期⋯⋯就必須把葡萄酒從透氣容器（酒桶）取出，移到幾乎不透氣的容器（酒瓶）。

釀造葡萄酒的科學方法

巴斯德為釀酒的科學方法播下了種子，這顆種子很快就在法國和美國生根。到了1880年代，波爾多大學和加州大學都開設了葡萄酒釀造學研究機構。波爾多團隊專事研究、改進法國葡萄美酒的傳統製法，還發現了蘋果乳酸發酵的特性（見258頁）。加州大學研究機構於1928年從柏克萊遷移到戴維斯，研究的是如何在沒有葡萄酒傳統的環境下，打造出葡萄酒產業，其中包括如何判斷哪種葡萄品種最適合栽植於某種氣候環境。如今，美、法及其他國家的研究成果，加上整個釀酒業的現代化成就，使得世界更多地區都能釀造出數量超乎往昔的美酒。

傳統和工業葡萄酒產品

如今，釀酒業者以林林總總的造酒方式，製造出形形色色的葡萄酒供我們選擇。最傳統的方式也最為直截了當（傳統釀酒區的作法）：以最適合當地的做法來釀出品質最佳的葡萄酒；葡萄只經碾壓、發酵，新酒熟成一段時間就直接裝瓶。而最先進的加工製程，則把葡萄和葡萄酒當作一般工業原料來處理。這種非傳統的製作方式，目標是以較少勞力、較低成本，釀造出品質逼近傳統製法的葡萄酒。葡萄本身無需悉心照料達理想的成熟度，因為釀酒業者能使用各種分離技術，來調整水、糖、酸、醇等成分。木桶熟成和瓶內熟成的作用，也都可用廉價、快速的方法模擬出來：把葡萄酒儲放在巨大的儲酒鋼槽裡，加入橡木碎片或碎屑，並打進純氧氣泡即可。

工業製的葡萄酒是逆向工程的驚人成就，而且往往能夠產出不帶明顯缺陷的佳釀。至於用手法最簡單的小規模釀造酒，最後品質就比較難預料，

但這種酒也就因此更具特色，能表現出葡萄的栽植地區和年份，更表現出釀酒者轉化葡萄的成果。這種葡萄酒的價格比工業製葡萄酒還高，有時品質會好很多，而且通常更耐人尋味。

釀酒葡萄

葡萄為葡萄酒提供材料，因此也決定了酒液的許多特性。葡萄的最重要成分為：

- 糖，供酵母菌攝食並轉化成酒精。一般而言，釀酒葡萄收成時，20~30%的成分是糖，主要是葡萄糖和果糖。
- 酸，主要是酒石酸以及部分蘋果酸，在發酵階段能防止有害微生物滋長，也是葡萄酒風味的主要成分。
- 單寧酸和相關酚類化合物，會帶來澀感，從而讓酒體顯得濃稠、厚實（見267頁）。
- 色素分子，這是酒液顏色的來源，有時還會帶來澀感。紅葡萄含花青素色素（見第二冊40頁），主要見於果皮。「白」葡萄沒有花青素；淡黃色澤得自另一群酚類化合物「黃酮醇」。
- 香氣化合物，這有些是普通的葡萄味，有的則是特定品種的獨特氣味。許多芳香物質都和其他分子（通常是糖分子）以化學鍵束縛在一起，因此生鮮葡萄並不會特別香；到了釀酒期間，等果實和酵母菌酵素釋放出芳香成分，我們才聞得到香氣。

葡萄品種和純株繁殖系

葡萄植株具有重生的本領，逢春季就能蓬勃生長。葡萄藤插枝就可以繁殖，也很能適應環境，可以長出（或複製出）跟母株一模一樣的植株。葡萄有很多品種，而不同品種的葡萄，生長習性、水分和溫度條件以及果實成分也就不同。公元1800年之前，從西亞到中東，葡萄大部分都由各個居住在不同環境的孤立群體各自栽植、釀造成酒，數千年來都是如此。於是，

特定族群各依自身喜好選植，在各地栽培出了許多特有的葡萄品種。

如今，分布在歐亞大陸的歐洲葡萄（Vitis vinifera），估計約有1萬5000個品種。其中任一品種（例如黑皮諾或卡本內·蘇維翁品種）都可能有好幾百個變種。這些變種多少會有點不同，有些香氣獨特，有些則較幽微，甚而隱而不顯，讓發酵、熟成產生的香氣顯得更為強烈。有些品種冠上「noble」（高貴）一詞，表示這種葡萄釀出的酒在瓶中儲放多年後，還有可能醞釀出極其繁複的風味；這類品種包括法國的卡本內·蘇維翁（Cabernet Sauvignon）、黑皮諾（Pinot Noir）和夏多內（Chardonnay），義大利的內比歐羅（Nebbiolo）和山吉歐維榭（Sangiovese），還有德國的麗絲玲（Riesling）葡萄。

生長環境的影響；年份和風土

嬌生慣養的葡萄，產不出最好的葡萄酒　老普林尼在2000年前就曾表示，「相同葡萄種在不同地方，價值也不同。」葡萄本身和釀成的葡萄酒品質，和葡萄成長和成熟環境有關。要釀出好酒，葡萄必須成熟，孕育出足夠甜度，因此植株必須接受充分日照，還需要溫暖的溫度、礦物質和水。另一方面，水分過多會讓果實淡薄無味；土壤含氮過量則葉片生長過密，遮蔽果實，生成古怪風味；日照太盛、溫度過高，會讓果實甜度升高，酸度和香氣化合物卻降低，釀出風味強烈而單調的葡萄酒。

年份（vintage）　能釀出頂級佳釀的葡萄，成長環境似乎都十分窘迫：堪可維持生存的水、礦物質和陽光、溫度。這些條件足以促成果實完全成熟，但速度緩慢。這些條件並不是年年相同，因此，對許多葡萄酒而言，「年份」才顯得那麼重要，因為這標示出葡萄成長、收成的品質。有些年份出產的葡萄酒就是比較好。

風土（terroir）　近年來，人們開始高度重視水土對釀酒的重要性，也就是葡萄產區對葡萄酒的影響。法文 terroir 的含意包括葡萄園的整體自然環境：土壤、

混成種和美洲的釀酒葡萄

歐亞大陸的釀酒葡萄（歐洲葡萄）和北美洲的幾個姊妹種都能雜交，而且幾個世紀以來，植物育種人士也已經培育出好幾個歐美混成種。由於這些種類的風味偏離傳統，早年往往慘遭歐洲行家、官僚詆毀。時至今日，其中幾個較佳品種以及美洲種都已自成一格，也逐漸受到賞識。這類葡萄的親系主要有分布於美國東北的美洲葡萄（Vitis labrusca，品種有「康科特」、帶花香的「卡道巴」，還有草莓般的「艾芙斯」葡萄）、中西部的北美夏葡萄（Vitis aestivalis，品種有「諾頓」和「辛西亞納」），東南部的麝香葡萄（Vitis rotundifolia，品種包括帶花香和柑橘味的「斯卡珀農」），還有的親系則較為複雜（在法國羅亞爾河流域育成的「沙保仙」葡萄）。

土壤結構和礦物質成分；土壤的含水量；葡萄園的海拔高度、坡度和方位；還有微氣候、氣溫體系、陽光、溼度和降雨量。這些條件在不同地區可以有很大變化，而不同的變化就會影響葡萄植株的成長和果實發育，而且有時候作用是間接的。舉例來說，斜坡和某些類型的土壤會讓根部周圍水分流失，還會以不同方式來吸收、釋出陽光熱量給植株。南向斜坡能增強秋季陽光照射，與平地相比高出了50%，因此能延長成長季節，積聚更多風味化合物。

　　品酒家喜歡刻意品評風土對葡萄酒品質的影響，讚歎一下相鄰葡萄園出產的葡萄酒，風味竟是如此懸殊。另一方面，釀酒業者面對不盡理想的風土和年份，都會盡量克服，把負面影響減至最輕。他們一直以來都是這麼竭盡心力、力求完美。幾百年來，法國人都在葡萄發酵時加糖，以補償成熟度不足的缺憾。今日的新技術，則可在葡萄收成之後對成分進行不同程度的操控，因此與其說葡萄酒是某個年份某個產區的產物，還不如說是現代發酵技術的結果。

釀製葡萄酒

　　一般佐餐酒的釀造工法有三道步驟：第一道步驟，碾壓成熟葡萄榨出汁液。第二道，酵母發酵葡萄汁，消耗糖分產出酒精，最後製作出新葡萄酒。第三道步驟，新酒熟成。此時葡萄的化學成分和發酵產物彼此作用，加上氧化反應，形成相當安定的風味分子群。

葡萄碾壓出汁

　　葡萄碾壓出葡萄汁，再製成葡萄酒。因此，這道步驟相當重要，能決定葡萄酒成品的成分和潛在特質。

　　影響葡萄酒品質的要素，在葡萄中分布並不均勻。含苦味樹脂的莖，通常會在碾壓時去除。葡萄的酚類化合物（包括色素、單寧酸，以及賦予葡萄特有香氣的酸和多種化合物）則大多位於果皮。果實中央的種籽和莖柄同樣都滿含單寧酸、油脂和樹脂，壓榨過程必須小心，不要碾碎種籽。

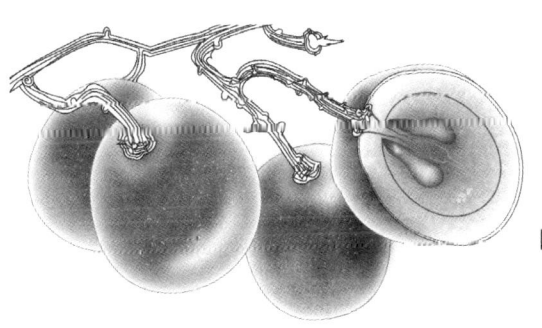

歐洲葡萄植株結出的果實
出自不同產區的葡萄，糖、酸等風味成分比例也會有差異。

葡萄酒釀製流程

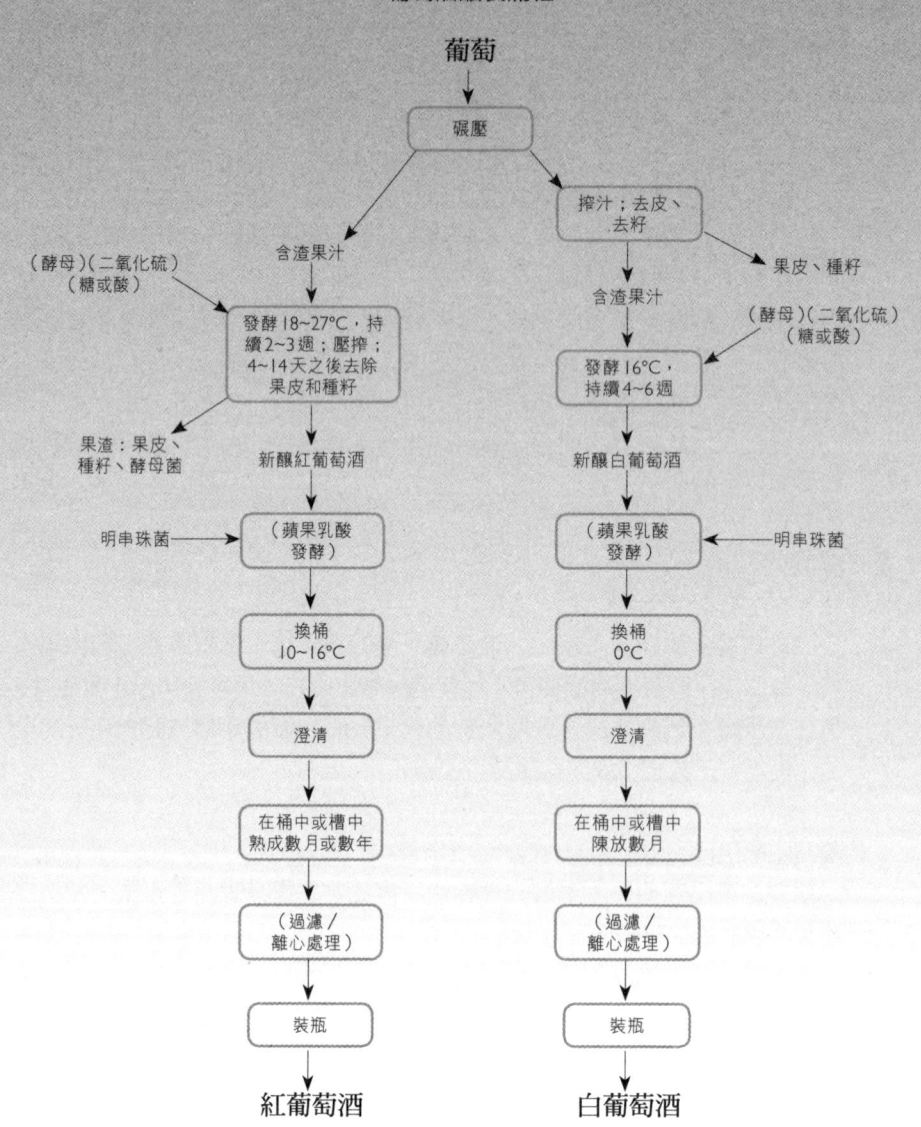

```
                           葡萄
                            ↓
                           碾壓
                          ↙    ↘
                    含渣果汁    榨汁；去皮、去籽
                        ↓         ↓        ↘ 果皮、種籽
(酵母)(二氧化硫)           含渣果汁
  (糖或酸)  →  發酵18~27°C，持        (酵母)(二氧化硫)
              續2~3週；壓榨；     →  發酵16°C，    ← (糖或酸)
              4~14天之後去除        持續4~6週
              果皮和種籽
  果渣：果皮、      ↓                 ↓
  種籽、酵母菌   新釀紅葡萄酒        新釀白葡萄酒
                    ↓                 ↓
   明串珠菌  →  (蘋果乳酸          (蘋果乳酸      ← 明串珠菌
                 發酵)              發酵)
                    ↓                 ↓
                  換桶              換桶
                10~16°C             0°C
                    ↓                 ↓
                  澄清              澄清
                    ↓                 ↓
              在桶中或槽中        在桶中或槽中
              熟成數月或數年       陳放數月
                    ↓                 ↓
                (過濾/              (過濾/
                 離心處理)          離心處理)
                    ↓                 ↓
                  裝瓶              裝瓶
                    ↓                 ↓
                 紅葡萄酒           白葡萄酒
```

┃紅酒和白酒的釀製做法

　　白酒的發酵溫度較低，發酵時汁液不含果皮和種籽；白酒的澄清溫度也較低，部分原因是希望冰鎮飲用時不會變得混濁。

葡萄經機械施壓碾碎之後，搾出的第一道汁液稱為「自流汁」，主要出自果肉，這是最清澈、純粹的葡萄精華，味甜且大致不含單寧酸。隨著機械繼續施壓，緊貼果皮下方和種籽週邊的部位也搾出汁液，這讓自流汁增添更多特色。施壓程度會大幅影響葡萄酒最後的特質。這時液體部分（稱為「含渣果汁」）有70~85%是水，12~27%是糖分（主要為葡萄糖和果糖），還有約1%是酸。

碾壓過後　若要釀製白酒，先讓含渣果汁接觸果皮幾個小時，接著和緩壓搾，並在發酵之前就移除果皮。如此一來，酒液只會吸收極微量單寧類或染色物質。玫瑰紅葡萄酒和紅酒的含渣果汁發酵階段，都有部分時間和紅色果皮接觸。汁液和果皮、種籽接觸時間越長，以及壓搾力道越強，顏色就越深（黃、紅皆然），滋味也越苦澀。

　　開始發酵之前，釀酒師通常先在果汁裡增添兩種物質。一種是二氧化硫，用來抑制有害的野生酵母和細菌滋長，還可以防止風味分子和色素分子氧化（許多乾果也採用這種處理方式，道理相同）。這儘管看來是現代處理手法，其實已經沿用了好幾百年。「亞硫酸鹽」是發酵的天然副產品，硫化處理還會增多這種產物，這種硫化物會引發過敏患者的過敏反應。

　　第二種添加物是糖或酸，用來矯正這兩類物質的平衡。在寒冷氣候中成熟的葡萄含糖量低，無法生成足夠的酒精，釀不出安定的葡萄酒；炎熱氣候成熟的葡萄則會代謝部分酸類物質，釀成的葡萄酒滋味平淡。法國釀酒師通常加糖；加州釀酒師則常添加酒石酸。

酒精發酵

發酵酵母　不管是否添加酵母麵種，果汁都會開始發酵。釀酒師可以從眾多酵母的品系中選擇合適的菌種，或讓「野生」酵母自行在葡萄皮上發酵，這些酵母包括克勒克酵母菌屬（*Kloeckera*）、念珠菌屬（*Candida*）、畢赤酵母菌屬（*Pichia*）和韓生氏菌屬（*Hansenula*）等。這群酵母最後全都會消失，由比較能夠耐受酒精的釀酒酵母取代，不過它們也的確為最後的葡萄酒成品貢獻了風味。

酵母的主要工作是把糖類轉化成酒精，不過，它還會生成各種揮發性物質，也就是葡萄本身不能帶來的芳香分子。其中最顯著的是長鏈脂肪醇以及脂類，脂是一個酸和一個醇或酚類分子結合而成的化合物。酵母菌和葡萄的酵素以及酸性環境，也都能促使非揮發性糖類複合物釋出芳香分子，這些糖分有些就儲藏在葡萄裡面，因此，發酵也能展現葡萄本身的風味潛力。

溫度和時間　釀酒師根據要釀造的葡萄酒類型來變更發酵條件。風味細緻的白酒，含渣果汁需發酵4~6週，溫度約為16°C。若是比較醇厚的紅酒，含渣果汁的發酵溫度則需介於18~27°C，而且要和果皮接觸，以萃出色素、單寧酸和風味。這個階段要持續4~14天（若採熱處理或二氧化碳處理，時間要更短）。接著將果汁和果皮分開並再次發酵，總計達2~3週。溫度是發酵期間最重要的關鍵變項之一。溫度越低發酵越慢，需時也越久，至於芳香分子則積聚越多。一旦含渣果汁的糖分全部轉化為酒精，主要發酵階段就算完成。不含殘糖的葡萄酒稱為「乾」葡萄酒，也就是「無甜度葡萄酒」。倘若糖分尚未耗盡就停止發酵，釀出的葡萄酒就是甜的，不過，較常見的做法是先釀成無甜度葡萄酒，去除酵母菌之後，再加入甜葡萄汁。

蘋果乳酸發酵

　　主要酵母發酵之後，釀酒師有時會讓（甚至誘發）新酒二度發酵。酒明串珠菌（*Leuconostoc oenos*）會消耗酒液所含蘋果酸，轉化成強度和酸度都較低的乳酸。因此，「蘋果乳酸」的發酵作用，可以減弱葡萄酒表現出的酸味，還能生成好幾種獨特的香氣化合物，其中包括帶奶油味的雙乙酸醯。（酒明串珠菌的近親腸膜狀明串珠菌同樣能為發酵奶油帶來同一種化合物！）有些釀酒師致力防止蘋果乳酸發酵，以保住葡萄酒的原味和口感。

熟成

　　一旦發酵完成，新酒就從發酵槽排出，進行澄清、熟成作業，把滋味粗糙的混濁液體，轉變成口感滑順的澄澈酒液。

換桶和澄清　葡萄酒中的葡萄固形微粒和酵母菌，都是在換桶作業時清除：讓酵母細胞和其他大型顆粒沉澱，小心把酒液抽出，裝進新的容器，而且每隔幾個月就重複這道步驟。不過有些葡萄酒的做法有所不同，會刻意「帶著酒渣」(sur lie，讓酒液接觸酵母渣)熟成數月甚至數年，而酵母細胞慢慢瓦解，也能為酒液帶來更多風味和成分。香檳和蜜斯卡岱兩種葡萄酒都是帶著酒渣熟成。

　　由於換桶作業要在低溫進行(紅酒低於16°C，白酒約0°C)，所有固形物的溶解度都降低了，於是各種蛋白質、碳水化合物和單寧酸都會形成小沉澱物，導致酒液混濁。酒液在換桶作業階段後期就可以澄清：在酒中添加一種物質，讓懸浮微粒吸附其上，然後一起沉澱在桶底。這種物質可以採用明膠、蛋白、皂土和幾種合成材料。換桶、澄清之後，酒液中殘留的微粒全都可用離心機或過濾器移除。釀酒師有時也會略過或減少澄清、濾除的步驟，因為那樣做雖然能去除討厭的微粒，但也會犧牲部分風味和成分。

木桶熟成　新釀葡萄酒帶有生味，還發出單一的強勁果香。葡萄酒發酵之後擺放靜置，就會緩慢發生許多化學反應，讓風味變得平衡又繁複。若是葡萄酒轉置新木桶，酒液還會從木料吸收多種物質。這類木料成分會直接提供風味(例如帶香莢蘭味的香草醛和帶椰木味的橡內酯)，或是修飾葡萄酒本身的風味分子。按照葡萄酒傳統做法，換桶階段的那幾個月，酒液會不時從一個容器轉移到另一個容器，這時葡萄酒的化學反應，就與接觸空氣的頻率有關。在有氧的情況中，單寧酸、花青色素和其他酚類化合物會彼此反應，生成大型複合物質，於是葡萄酒的澀感和苦味就會減少。另外有部分香氣分子會瓦解，或是與氧(或彼此)發生作用，形成新的香氣組合，於是果香、花香等單一香調就會淡去，形成一種較為溫順的整體「葡萄酒香」。白酒和玫瑰紅葡萄酒一般都在新釀約6~12個月之後就裝瓶，並帶著相當清新的果香，而帶澀感的暗紅葡萄酒則必須過1~2年才能醞釀出溫順口感。

　　多數葡萄酒都以兩種以上的酒液調成，並在裝瓶之前進行，這項調酒技術可以彰顯出釀酒師的功力。最後調出的葡萄酒有時還須過濾，把殘存的

| **酒香酵母：有爭議的酒桶酵母菌**

有些葡萄酒會發出驚人的非凡香氣，包括勃艮第的經典紅酒和波爾多葡萄酒，這種香調令人聯想起穀倉或馬廄。最近酒類學家已經發現，這種香氣主要是源自一種喜歡棲居於酒桶的酵母菌屬「酒香酵母」(Brettanomyces，暱稱 Brett)。酒香酵母含量低時，這種罕見香氣會讓人聯想到菸葉；此外還有煙燻味、藥味、丁香味和麝香味香調(穀倉香調得自乙苯酚、異戊酸及異丁酸)。有些愛酒人士認為，酒香酵母香氣是種缺陷，來自污染和酒廠衛生不良，另有些人則欣賞這種香氣，覺得這種香氣很有魅力，且能讓葡萄酒的風味更多變、更有層次。

微生物和雜質全都去除，然後再加入最後一劑二氧化硫，以免微生物在儲藏期間滋長。酒液也可以用巴氏殺菌法處理。這種做法並不限於平價酒款。路易・拉土爾（Louis Latour）酒廠釀製的勃艮第葡萄酒就是以快速加溫到72°C，持續2~3秒鐘，據說這道處理並不會妨礙酒液繼續發展風味。

瓶內熟成

酒液在桶中或槽中儲放數個月到2年，期間和氧氣的接觸都經過控管，隨後就把葡萄酒移到不透氣的玻璃瓶中。過去2個世紀以來，葡萄酒瓶的正規瓶塞都是軟木材質，以某種橡木的樹皮製成。由於軟木塞可能帶來異味，如今有些葡萄酒廠都改用金屬和塑膠瓶塞（見本頁下方）。

葡萄酒離開酒桶之後，很長一段時間之內還是會持續氧化。酒液裝瓶時會帶進若干空氣，然後封在軟木塞與酒液之間的狹小空間裡。因此，儘管裝瓶之後氧化作用大幅減緩，卻還是在進行，不過此時「還原」作用卻可能凌駕「氧化」作用。我們對這組化學變化還不夠了解，不過其中會有幾種非芳香複合物持續釋出芳香分子，還有單寧酸和種種色素的聚集反應，會進一步降低澀感、改變顏色，通常轉偏褐色。

白酒和淡紅色的玫瑰紅葡萄酒，裝瓶後最好能經過一年左右的熟成，因為香氣會在這段期間醞釀出來，而難聞的二氧化硫則會減少。許多紅酒在裝瓶1~2年後就有大幅改進，還有些則可能要等幾十年。所有葡萄酒的壽命都有限，最後都會敗壞：白酒會發展出種種餘味，包括蜂蜜味、乾草味、木頭味和化學溶劑氣味；紅酒的香氣則會大半散盡，滋味變得平淡，酒精味也變得更單調刺鼻。

特種葡萄酒

前面討論了無甜度葡萄酒的釀造方法，這種酒通常用來佐餐。氣泡酒、甜葡萄酒和加烈葡萄酒通常都單獨飲用。這裡簡短說明這類酒款的特色和製作方法。

軟木塞、軟木塞污染，以及帶木塞味的葡萄酒

軟木是栓皮橡樹（*Quercus suber*）的外側保護層，這種常綠橡木是地中海西區的原生樹種。一般喬木的樹皮都是纖維結構，但軟木卻是由細小的氣穴所組成。軟木細胞壁有將近60%是由軟木脂組成，這是種蠟質複合物質，類似許多果實外皮上的角質，因此軟木才能防水，使用壽命也很長。

軟木是種天然有機材料，同樣會被黴菌和細菌侵染。黴菌會生成黴味、土味、蘑菇味和煙燻味。某些細菌還和軟木的酚類化合物作用，並與微量含氯消毒劑反應，生成三氯苯甲醚。這種分子的氣味特別濃烈又難聞，就像潮溼地窖的氣味。根據估計，用軟木封瓶的葡萄酒，有1~5%被軟木塞污染。酒廠為了對付葡萄酒的「木塞味」，於是試用其他材質來作瓶塞，包括以金屬瓶蓋和泡沫塑膠製成的瓶塞。

氣泡葡萄酒：香檳和其他酒種

氣泡葡萄酒會冒出氣泡、捕捉光線，還會輕扎舌頭，相當討喜。氣泡來自溶解於酒中的大量二氧化碳，這是酵母代謝的副產物，通常都從發酵酒的表面散逸。若想製出氣泡酒，必須把酒液密封施壓（裝在瓶中，或是儲放在特製酒槽中），於是生成的二氧化碳就跑不出去，只好轉而溶入酒液。一瓶香檳封進的壓力，相當於3~4個大氣壓，略高於汽車胎壓，因此在常壓下放出的二氧化碳氣體可達酒液6倍體積！

當我們拔出軟木瓶塞，釋放壓力，原本因高於常壓而溶解的二氧化碳就會離開酒液成為氣泡。只要液體中出現小氣袋，溶液中的二氧化碳會滲入，形成氣泡。香檳倒進玻璃杯之後，只要杯面有刮痕或瑕疵，氣泡就會在那裡成形。氣泡酒入口後會產生提神刺痛的感受，因為氣泡含帶的大量碳酸重新溶入唾液中的不飽和層後，會刺激口腔。

許多國家都有其獨特的氣泡酒，從細心精製到量產的品質都有。最常見的氣泡酒是香檳——嚴格說來，是巴黎以東香檳區釀製的香檳酒，數量還不到全世界氣泡酒產量的1/10。從17世紀晚期到19世紀晚期，香檳演變成氣泡酒的最精緻典範。是法國人發明了這種方法，讓酒液在裝瓶後以氣泡進行二次發酵。這種「香檳釀製法」於是傳遍世界，成為釀製頂級氣泡酒的標準。

釀製香檳 釀製香檳的第一道步驟是釀製基酒，主要是以黑皮諾和（或）夏多內品種葡萄釀製。接著是進行二次發酵，這必須在密閉容器中進行，才能留住氣體。無甜度基酒需加糖作為酵母菌的食物。把葡萄酒、糖和酵母菌分裝瓶中，塞上軟木、箍中，溫度保持13°C左右。

儘管二次發酵通常進行2個月左右就能完成，葡萄酒仍需繼續接觸酵母沉澱物，靜置熟成，時間從數個月到數年不等。在這段期間，酵母細胞多半會死亡、分解，細胞內物質也釋入酒中，帶來烘烤味、燒烤味、堅果味、咖啡味甚至肉味（大半來自於複雜的硫化物）等特有的繁複風味。除此之外，酵母菌蛋白質和碳水化合物還有安定作用，讓氣泡在玻璃杯中形成時可以

享用氣泡酒

要享受酒中氣泡帶來的愉悅，氣泡酒最好保持在5°C低溫，以高、瘦的酒杯盛裝，看著氣泡冉冉上升，讚歎幾秒鐘。二氧化碳在低溫時較能溶於水，因此酒液保持沁涼，冒出的氣泡較小，也延續較久。肥皂、油脂都會讓氣泡破裂（見154頁），因此當我們的嘴唇碰觸酒杯而沾上唇膏或食物油漬，或者玻璃杯還殘留微量洗碗精，冒出的氣泡就會減少。

維持更久，也有助於生成香檳典型的細緻氣泡。帶有酵母的酒液熟成之後，把沉澱物移除，並在瓶中添加葡萄酒，最後加入少量熟成葡萄酒、糖和白蘭地，把酒瓶裝滿。接著就重新封瓶。

釀製其他氣泡酒 傳統香檳的製作相當費力、費時又費錢。其他地方也發展出幾種方法，製造出幾種價格較平實、沒有那麼複雜的氣泡酒。其中一種只是盡量縮短和酵母沉澱物一起熟成的階段，或者乾脆取消這個步驟。另有些則讓基酒直接在大型槽中進行二次發酵；或者乾脆不做二次發酵，而這就是最便宜的氣泡酒，直接對酒液進行二氧化碳加壓處理，就像一般汽水可樂的做法。

甜葡萄酒

普通佐餐酒多半發酵至甜度盡失為止，也就是說，直到酵母菌把葡萄所含糖分消耗殆盡、大致轉化成酒精為止。甜葡萄酒（又稱為餐後甜酒）則含10~20%的「殘留」糖分，釀製方法有幾種：

- 普通無甜度葡萄酒會添加未發酵葡萄汁來增甜，再加入一劑二氧化硫，或是完全濾除酵母和細菌，以防止進一步發酵。
- 葡萄乾燥後（可留在藤上乾燥或採收後乾燥），糖分可濃縮至葡萄總重的35%或更高。於是當酵母生成的酒精含量達到最高、發酵作用停止後，酒中依然留有殘餘糖分。德國的「逐粒精選貴腐酒」（TBA）和義大利的「麗秋朵」（recioto）都屬於這種酒。
- 把葡萄留在藤上度過初霜，讓果實凍結之後才採收（或以人工冷凍），接著趁冷輕輕榨汁，讓濃縮汁液與冰晶分離。濃縮汁帶有殘存糖分，發酵成安定的葡萄酒。德國「冰酒」屬於這種酒，歷史可以追溯至公元1800年左右。
- 葡萄受到灰黴菌（*Botrytis cinerea*）感染後會脫水，糖分濃縮，製造出別具風味和稠度的「貴腐酒」。這種方法最早出現在1650年左右匈牙利托凱地區，1750年於德國萊茵區開始採用，約1800年傳進法國波爾多的索甸區。

貴腐酒：托凱甜白酒、索甸甜白酒等　　讓葡萄得到「貴腐病」（法文 pourriture noble，德文 Edelfäule）或「房枯病」（bunch rot）的細菌是灰黴菌，主要是葡萄和其他果實的病害。唯有遇上合宜的氣候，這種病害才會變得「高貴」，就是最初感染時天候要潮溼，接著天候變乾，才能使感染的情況受到限制。在這種情況下，黴菌會做出幾件有用的事情：在果皮上穿孔，因此在後續乾燥期間，葡萄就會失水，濃度也跟著提高；消耗掉部分的糖分，同時也代謝掉一些酒石酸，於是甜度和酸度依然能保持協調，不致失衡；它製造的甘油讓葡萄酒成品變得無可比擬的厚實；它還合成幾種宜人的香氣化合物，特別是帶楓糖味的焦糖呋喃酮、帶蘑菇味的辛烯醇，此外還有幾種萜烯類成分。這類葡萄酒裝瓶醞釀幾十年後，還會發出蜂蜜的風味。

加烈葡萄酒

望文生義，加烈葡萄酒是把基酒加上蒸餾酒，把酒精含量提高到 18~20%，這麼高的酒精含量可以防止醋菌等微生物滋長、延緩酒液腐敗。加烈做法似乎是公元 1600 年之前從西班牙的雪利酒釀製區開始的。一般葡萄酒接觸空氣後很容易氧化變味，但加烈葡萄酒的性質穩定，酒液可以接觸空氣數月或數年而不變味，因此成為加烈葡萄酒的優勢。加烈葡萄酒開瓶之後，不論是留在瓶中或倒進玻璃瓶，多半仍能妥善保存數週。

馬德拉酒　　15 世紀開始，遠航西印度群島的葡萄牙商船，半途都會停泊在葡萄牙屬地馬德拉島，補給一桶桶普通葡萄酒。水手和釀酒師很快就發現，桶裝葡萄酒在不斷晃動的極高溫環境下長時間熟成，會變成一種罕見又可口的葡萄酒。到了 1700 年，甚至有船隻是為了讓桶裝的馬德拉酒熟成而往返於東印度群島；到了 1800 年，葡萄酒會以白蘭地加烈，並在東印度群島上高溫熟成。如今，基酒（白酒或紅酒都行）加烈（有時還加糖）後，會以人工加熱到 50°C 左右，保持 3 個月再慢慢冷卻，隨後就仿效雪利酒的「所雷亞混合式」熟成系統（見下文），讓酒液在木桶中熟成之後才分裝瓶中。馬德拉酒有幾種不同款式，從甜的到幾乎完全不甜的都有。

波特葡萄酒　Port（波特）原指葡萄牙（Portugual）所生產的各類葡萄酒。添加白蘭地的作法從18世紀開始出現，目的在於確保葡萄酒運往英國之後仍能飲用，而這作法原先是為了開發一種很罕見的甜紅酒。波特酒以紅酒為基酒，葡萄的糖分約剩半數時就停止發酵，並加入蒸餾酒加烈，酒精含量約達20%。酒液隨後在桶中和瓶中熟成，時間從2~50年不等。典型的波特老酒會有帶楓木香氣的「焦糖呋喃酮」和其他香甜化合物（很可能是褐變反應的產物），這些化合物在貴腐葡萄酒和雪利酒也會出現。

雪利酒　雪利酒是種氧化加烈白酒，由西班牙港都 Jerez de la Frontera 發展出來，到了1600年左右，該市市名出現英語唸法 sherry（雪利）。正宗雪利酒的獨殊風味是來自一種熟成葡萄酒的流程「所雷亞混合法」。這種方法是在19世紀早期發展出來，在一整排酒桶中，每一桶各自裝入特定年份的加烈新酒，不過並沒有裝滿，讓葡萄酒有廣大液面可以接觸空氣。於是葡萄酒發展出一種特有的氧化強勁風味。當桶中酒液逐漸蒸發，濃度就會提高，這時就各自從前一個桶子拿出年份較輕的葡萄酒加入。最後裝瓶的葡萄酒，是取自裝有最老葡萄酒的桶子，也就是混合了不同年份和不同釀造程度的葡萄酒。

有很多工業生產方式，都可以快速製作出類似雪利酒的酒品。加烈基酒可以加熱來醞釀風味，也可以藉由「酒底花」來發酵：把酒和酒花酵母（見本頁下方）一起儲放在大酒槽中攪動、通氣。

苦艾酒　現代的苦艾酒（或稱「味美思酒」）源自18世紀一種義大利藥酒，德語名 Vermut 的命名來自其主要原料苦艾（wormwood，見308頁下方）。今日的苦艾酒，基本上是種酒精度加烈至18%左右的加味葡萄酒，主要用來調配飲料並烹飪。義大利和法國的苦艾酒，是以一種中性白酒添加幾十種香草和香料來加味，有時還加糖（糖分含量可達16%）。法國苦艾酒通常以酒液本身來萃取調味成分，義大利苦艾酒則以加烈酒精來萃取或提煉。加烈之後，葡萄酒就要熟成數個月。

波特葡萄酒的款式

如今波特葡萄酒擁有幾種迥異款式，其中最常見的羅列如下：
- 年份波特，這是採特優年份的特選葡萄釀製的波特酒，在木桶中熟成2年，隨後不過濾裝瓶熟成至少10年，還往往再延長幾十年。酒色深暗散發果香，飲用時必須過酒（即倒進醒酒瓶）去除大量沉澱殘渣，而且一開瓶就必須在幾天之內喝完。
- 陳年波特，英文名Tawny得自（紅色色素沉澱造成的）紅褐色澤，典型做法須在木桶中熟成10年，隨後再過濾、裝瓶。茶紅波特的氧化程度，遠超過同年份釀製的年份波特，開瓶後不論是留在瓶中或倒進醒酒瓶，都可以保存數週。
- 寶石紅波特，這是種中間型酒款，在木桶中熟成3年之後過濾、裝瓶。

葡萄酒的儲藏和飲用

葡萄酒的儲藏
　　葡萄酒是種敏感的液體，要費點心思才能保存得好，甚至在儲藏期間還能改善品質。葡萄酒最好保存在傳統式酒窖，也就是溼度適中的陰涼處。酒瓶側放儲藏，讓酒液溼潤軟木塞，以免瓶塞變乾、收縮，導致空氣流入。適當溼度可以防止軟木塞外緣收縮，恆溫則可防止瓶中的酒液和空氣的體積、壓力出現變化，以免瓶身和軟木之間的空氣和酒液位置移動。陰黑的環境可減少高能量的光線穿透氣泡酒和其他種類的白酒，以免生成含硫異味，就像啤酒和牛乳受光後會產生的氣味（第一冊42頁）。介於10~15°C的低溫環境能延緩葡萄酒醞釀氣味，長保酒液複雜、引人入勝的特性。

飲用溫度
　　酒種不同，最佳的飲用溫度也就不同。酒液溫度越低，飲用時酸度、甜度和芳香程度也就越低。天生帶酸味和微香的葡萄酒（包括常見的淡色白酒和玫瑰紅葡萄酒），飲用時最好保持5~13°C低溫。酸度較低、香氣更濃的紅酒，16~20°C時風味會更為完整。至於香氣濃郁的烈性波特酒，一般認為18~22°C時風味最佳。風味繁複的白酒，飲用溫度可高於清淡的白酒；同理，許多淡色紅酒的最佳飲用溫度也較低。

醒酒
　　有時葡萄酒在飲用前「醒」一段時間，風味還能再改善。醒酒就是讓酒液「呼吸」，使酒中的揮發性物質散逸到空氣中，同時也讓空中的氧氣進入酒液，和揮發性分子以及其他分子反應，改變酒的香氣。葡萄酒開瓶之後若只是開蓋靜置，並不能大幅通氣。

　　最有效的醒酒做法是把酒液倒在開口廣而淺的醒酒瓶中，讓液面持續大幅與空氣接觸。醒酒可以增進葡萄酒的香氣，這是由於呼吸能加速某些異味散逸（例如某些白酒中會含有過量的二氧化硫），還能促使發展未全的新

雪利酒的款式
西班牙赫瑞茲區生產的正宗雪利酒有幾種不同款式，製作方法也不同。
- Fino 是顏色最淡、加烈和氧化程度都最輕的雪利酒。在所雷亞製程中，酒桶液面隔著一層不常見的「酒花」酵母，能隔開酒液與空氣。
- Amontillado 基本上就是 Fino 雪利，不過在所雷亞製程中並不會長出或是保留酒花酵母，因此氧化程度較強、顏色較深，也比較醇厚。
- Oloroso（名稱源自西班牙文，意思是芳香、芬芳）是以較濃的加烈葡萄酒為基酒，而且不會長出酒花酵母，酒精度可達24%，最後是深褐色，濃度很高。

釀紅酒加速熟成。不過，呼吸也會讓香氣一道散逸，還可能讓已在瓶中醞釀多年的陳酒喪失繁複的風味。

葡萄酒倒進酒杯和在杯中靜置期間都會吸收氧氣，而且從飲用第一口開始直到喝完，酒香還會逐步改變。細細品味這種過程，循序鑑賞其變化，也是飲酒的樂趣之一。

保存殘酒

保存殘酒品質的訣竅是盡量減少化學變化。降低酒溫能全面減緩化學活動，白酒直接冷藏效果就很好，蓋上瓶塞、擺進冰箱即可。然而，紅酒成分比較複雜，冷藏後，溶解物質會析出，形成固態微粒，導致風味改變，而且無法復原。喝剩的紅酒要盡量減少接觸氧氣，有幾種便宜裝置可以抽出半空酒瓶裡面的空氣，也可以惰性氮氣來取代空氣，或是把剩餘的酒緩緩倒進較小的酒瓶，把它完全裝滿（不過倒酒的過程也會把一些空氣帶進酒液）。

享用葡萄酒

在愛酒人士眼中，葡萄酒可說是迷人至極。葡萄品種、栽植地區、當年氣候、用來發酵的酵母、釀酒師的技術、酒液在橡木桶或酒瓶中的存放時間，這所有及其他因素，都會影響我們品嚐到的葡萄酒滋味。一口葡萄酒包含了許多滋味，因為在所有食物當中，葡萄酒的風味是最複雜的了。葡萄酒行家已經發展出一套精緻的語彙，設法掌握、描述這些難以捉摸的感受，不過這套語彙卻也繁複奇特得令人生畏。許多人通常都會覺得，800年前薩萊諾學派的五F保健養生法已經夠用：

Si bona vina cupis, quinque haec laudantur in illis:
Fortia, formosa, et fragrantia, frigida, frisca.
如果你渴望美酒，這裡有五個酒中值得稱許的優點：
烈、美、香、冽、鮮。

葡萄酒的酒精含量

美國的葡萄酒標籤上都有列出約略的酒精含量。總量可容許的偏差為3%，因此若標示的酒精體積占比為12%，則實際酒精含量可能介於10.5~13.5%不等。

就另一方面，如果我們能懂得酒中門道，了解到酒的哪些風味來自哪些物質，便能在一小口葡萄酒中品出更多東西，從中獲得更大樂趣（見269頁下方）。

▍澄清度和顏色

外觀是判定葡萄酒滋味的重要線索。倘若葡萄酒靜置幾個小時之後，微粒依然未沉澱、酒液依舊混濁，那麼這瓶酒大概已經出現意外的細菌發酵，因而變了味。細小晶體（這的確會沉澱）通常都是過量的酒石酸或草酸所含鹽分，不代表酒液已經變壞；事實上，結晶代表酸度已達到良好平衡。白酒的色澤其實有濃淡之別，從麥稈黃到深琥珀色都有。顏色越深代表酒齡越老（黃色色素氧化後會轉呈褐色），風味也越成熟。多數紅酒都能常年保持一種紅寶石般的深色色調，酒味則帶了果香。隨著酒的熟成度升高，花青素與部分單寧酸結合沉澱後，會讓更多單寧酸轉呈褐色。這種葡萄酒會呈現琥珀或黃褐色調，搭配較淡的果香以及較複雜的風味。

▍口感和滋味

葡萄酒入口後，就是觸覺和味覺一起發揮的時刻了。

澀感 葡萄酒的口感大半取決於酒液的澀感和黏稠感。Astringency（澀）來自拉丁文的「綁在一起」，這種感受的起因是，我們的唾液中的蛋白質具潤滑作用，而單寧酸會和蛋白質作用，就像鞣皮時那樣：單寧酸和這種蛋白質交叉聯結，形成細小的凝聚體，讓唾液顯得粗澀而不滑潤。這種乾澀、緊束感，加上酒精和其他萃取成分帶來的順暢、黏滯口感，還有甜酒所含糖分，共同創造出酒的稠度、質地和體積。濃烈的年輕紅酒的單寧酸勁道之強，幾乎可以用有「嚼勁」來形容。若是過量，則酒液就變得更澀、更烈。

滋味 葡萄酒的滋味大半視酸度而定，或是酸和甜的平衡度，另一項則是酒液的鮮味，這得自酵母代謝產生的琥珀酸等產物。酚類化合物偶爾會帶

來些微苦味。葡萄酒的酸性成分相當重要，如此滋味才不會顯得單調、平淡；酸味有時甚至構成葡萄酒整體風味的骨幹。一般而言，白酒的含酸量約0.85%，紅酒約0.55%。發酵後不殘留糖分的乾性葡萄酒有可能仍帶微甜，這得歸功於酒精和甘油（酵母製造的具甜味分子）。葡萄的最主要糖分是果糖和葡萄糖，若殘存糖分達1%左右，就會帶來明顯甜味。餐後甜葡萄酒的含糖量有可能超過10%。烈性葡萄酒的酒精本身帶有辛辣味，有可能蓋過其他口感。

葡萄酒的香氣

若說酸度是葡萄酒的骨幹，黏稠度和澀感就是酒液的肉體，那麼香氣就是酒的生命、酒的靈魂。儘管這種能從液體散逸、飄升進入鼻腔的揮發性分子，約只占酒液總重的1/1000，卻是讓葡萄酒風味飽滿的重要成分，讓它不再只是帶酸味的酒精水。

不斷變動的小宇宙　不管哪種葡萄酒都含有好幾百種揮發性分子，而且各具不同氣味；事實上，這些氣味種類分布之廣，跨越了我們整個嗅覺領域。其中有些分子同樣見於溫帶和熱帶的水果、花朵、樹葉、木料、香料、動物氣味、種種煮熟的食物，甚至燃料槽和指甲油去光水中。所以，葡萄酒才那麼容易引發想像又那麼難以捉摸：它的最高境界，就是提供一個感官的小宇宙。這個充滿分子的小宇宙還充滿動感，在瓶中經年累月地演變，在杯中上演數分鐘的興替，在口中更是瞬息萬變。於是，品酒語彙也多到足以涵括世上所有能夠嗅聞、能夠辨識的氣味，無論多麼倏忽短暫。

葡萄酒的芳香物質有些直接得自特定品種的葡萄，主要有帶花香味的萜烯類（得自幾種白葡萄），和幾種罕見的硫化物（得自卡本內・蘇維翁葡萄家族）。不過，釀出酒香的主要功臣卻是酵母菌，其揮發性分子顯然大半得自酵母代謝、生長的副產品。歷經400代的釀酒師發現了酵母菌及其無意間為人類帶來的歡愉，便與酵母菌合力把酸味的酒精液體釀製成更趣味盎然的東西。

葡萄酒的幾種香氣和分子
各類葡萄酒中的分子,以及它們帶來的香氣。

香氣特質	葡萄酒款	化學成分
果實:蘋果、梨子	多款葡萄酒	乙酯
香蕉、鳳梨	多款葡萄酒	乙酸酯
草莓	康科特葡萄酒	呋喃酮
芭樂、葡萄柚、百香果	白蘇維翁酒、香檳酒	硫化物
柑橘類	麗絲玲葡萄酒、蜜思嘉葡萄酒	萜烯類
蘋果	雪利酒	乙醛
花朵類:紫羅蘭	黑皮諾葡萄酒、卡本內‧蘇維翁葡萄酒	芝香酮
柑橘、薰衣草	蜜思嘉葡萄酒	芳香醇
玫瑰	格烏查曼尼葡萄酒	香葉醇
玫瑰	日本清酒	苯乙醇
玫瑰、柑橘類	麗絲玲葡萄酒	橙花醇
木料:橡木	木桶熟成的葡萄酒	內酯
堅果:杏仁	木桶熟成的葡萄酒	苯甲醛
蔬菜:燈籠椒、青豌豆	卡本內‧蘇維翁葡萄、白蘇維翁酒	甲氧基異丁氧基吡嗪
禾草、茶	多款葡萄酒	降異戊二烯類
蘆筍、熟蔬菜	多款葡萄酒	二甲硫
香料:香莢蘭	木桶熟成的葡萄酒	香草醛
丁香	木桶熟成的紅酒	乙基癒創木酚、乙烯癒創木酚
菸葉	木桶熟成的紅酒	乙基癒創木酚、乙烯癒創木酚
泥土味:蘑菇	貴腐葡萄酒	辛烯醇
石頭	卡本內‧蘇維翁葡萄酒、白蘇維翁酒	硫化物
煙燻、焦油	多款紅酒	乙苯酚、乙基癒創木酚、乙烯癒創木酚
甜、焦糖:楓糖漿、葫蘆巴	雪利酒、波特葡萄酒	焦糖呋喃酮
奶油	多款白酒	醋雙乙醯
烘烤:咖啡、烤法式奶油麵包	香檳酒	硫化物
燒烤肉類	白蘇維翁酒	硫化物
動物:皮革、馬、馬廄	多款紅酒	乙苯酚、乙基癒創木酚、乙烯癒創木酚
貓	白蘇維翁酒	硫化物
溶劑:煤油	麗絲玲葡萄酒	三甲基二氫化萘(TDN)
指甲油去光水	多款葡萄酒	乙酸乙酯

啤酒

葡萄酒和啤酒的釀製原料大不相同：葡萄酒以水果釀製，啤酒則用穀物（通常是大麥）。葡萄會存積糖分來吸引動物，穀物就不同了，穀粒充滿澱粉，以供應胚芽和苗芽成長所需能量。酵母菌無法直接利用澱粉，這表示穀粒必須先經過處理，把澱粉分解成糖分之後才能發酵。葡萄確實遠比穀物更容易發酵（甜汁裡面的酵母菌一旦出芽，馬上就開始滋長），但以穀物作為原料來生產酒精，也有幾項優點：穀子長得比葡萄快，也更容易栽植，相同栽植面積的產量也遠勝於葡萄，而且穀粒還可以儲藏數月再來發酵；此外，穀物一年到頭都能用來釀製啤酒，不限於收成時期。當然，穀物為啤酒帶來的風味，和葡萄為葡萄酒帶來的風味非常不同。啤酒的風味是青草、麵包和燒煮的風味，而這正也是啤酒釀製過程不可或缺的要素。

啤酒的演變

讓含澱粉穀粒變甜的三種做法

我們的史前祖先創造力十足，起碼發明了三種方法，可以讓穀物轉變成酒精！每種做法的關鍵都在於酵素，它能把穀粒澱粉轉化成可發酵的糖。由於每一顆酵素分子都可以一再分解澱粉，反覆或達100萬次，因此只需少量酵素，所以就能把大量澱粉分解成可發酵的糖類。印加婦女發現自己的唾液含有酵素：她們製作「奇恰酒」（chicha）時先把搗碎的玉米粒拿來咀嚼，嚼好之後再摻入煮熟的玉米。在遠東，釀酒者發現一種含酵素的黴菌「米麴菌」（*Aspergillus oryzae*），這種黴菌喜愛在煮熟的米飯上滋長（第288頁）。米麴菌的酵素製劑就稱為「麴」，可用來拌入新鮮熟米。在近東，釀酒者採用穀粒本身的酵素，把穀粒浸入水中靜置幾天發芽，接著把苗芽和未發芽穀粒混合碾碎後加熱。這項技巧稱為「發芽」，正是今日釀製啤酒最廣泛採用的手法。

古代的啤酒

培育麥芽很像是在製造豆芽以及其他芽種，剛開始讓穀粒發芽，或許只是想讓穀子更軟、更溼、更甜。證據清楚顯示，公元前2000~3000年間，埃及、

巴比倫和蘇美等地已經開始釀製大麥和小麥啤酒，而且美索不達米亞也儲藏了大量大麥作物，專門用來釀製啤酒，占總收成量的1/3~1/2。我們知道，當時釀酒師保存發芽穀粒（即麥芽）的方式，就是先烘焙成扁麵包，日後泡水就能用來釀造啤酒。

中東的啤酒釀造知識似乎先傳到西歐，然後才向北傳播，之後啤酒便在北方那片不適葡萄生長的寒冷地區成為日常飲料。（至於不栽種穀物的北歐和中亞的遊牧民族，則以乳類發酵製成「酸乳酒」和「乳酒」等飲料。）如今，啤酒依然是德國、比利時、荷蘭和英國的國民飲料。

凡是這兩種酒都有的地方，啤酒總是庶民喝的，而葡萄酒則是富人喝的。啤酒的穀物原料比葡萄便宜，發酵作業也比較不費工不耗時。希臘人和羅馬人始終認為，啤酒是不栽植葡萄的野蠻人釀製的仿冒品。普林尼形容啤酒是一種違反自然的奸巧發明：

> 西方各國也有他們自己的酒液，是用穀粒泡水釀製的。高盧和西班牙的鄉間也有各種不同的釀酒法……唉，邪惡掌握了何等高明的巧思啊！竟然發明這種用水灌醉人的做法。

德國：啤酒花和低溫保藏

羅馬帝國滅亡之後幾世紀期間，啤酒在歐洲大部分地區一直是重要飲料。修道院釀製啤酒自用，也供應鄰近居民飲用。到了第9世紀，麥酒酒館已經在英國普及，酒館主人各自釀酒販售。公元1200之前，英國政府始終認為麥酒是種食物，因此並不課稅。

到了中世紀，德國的兩大發明使啤酒得以展現出今日風貌：釀酒師以啤酒花保存並調味酒液，並以低溫慢速發酵，釀造出風味溫和的淡啤酒（lager）。

啤酒花 最早期的釀酒師或許曾在啤酒中添加種種香草和香料，一方面調

幾種類似啤酒的釀造飲料
本章的重點是以大麥麥芽釀製的標準啤酒，不過除此之外，運用含澱粉食物釀造酒精飲料的方法還有很多。這裡舉出幾種實例。

飲料名稱	地區	主成分
奇恰酒	南美洲	煮熟的玉米，咀嚼帶進唾液酵素
木薯啤酒	南美洲及其他地區	煮熟的木薯根，咀嚼帶進唾液酵素
小米酒、高粱酒、米酒	非洲、亞洲	小米（粟）、高粱、稻米
波薩淡啤酒	東南亞、北非	小米芽麵包、小麥麵包
香蕉啤酒	肯亞	香蕉和小米芽
克瓦斯淡啤酒	俄羅斯	黑麥麵包
黑麥啤酒	德國	黑麥麥芽

味，另一方面也延緩氧化和微生物滋長，以免酒液發出異味。歐洲早年以德文 gruit 來指稱這種啤酒調味用綜合香料，成分包括沼澤楊梅、迷迭香、蓍草和其他香草。他們有時也會用芫荽，挪威則使用杜松子，而歐洲楊梅（*Myrica gale*）則是在丹麥和斯堪地那維亞特別常見。啤酒花到公元900年左右才開始在巴伐利亞使用。啤酒花是蛇麻的樹脂狀花穗，這種藤本植物是大麻的近親，正式名稱為普通葎草（*Humulus lupulus*）。啤酒花滋味可口，又能延緩腐敗，於是到了14世紀末期人們便大量用在啤酒中，而不再以綜合香料和其他香草調味。公元1574年，雷金納德・斯科特（Reginald Scot）在《啤酒花庭園的理想礎石》（*A Perfite Platforme of a Hoppe Garden*）書中指出，啤酒花的種種優勢罕見敵手：「倘若你的麥酒能擺放兩週之久，那麼啤酒在啤酒花的協助之下，就能連續擺一個月，而且凡是有味覺的人，都能嚐出它讓滋味更上一層樓。」然而，英國卻是直到1700年左右，才固定在麥酒中添加啤酒花。

淡啤酒　　從埃及和蘇美時期到中世紀，啤酒師傅釀製啤酒時都不控制發酵溫度，還任憑酵母菌在液面滋長。當時啤酒發酵幾天就完成，而且也會在幾天或幾週內喝完。1400年左右，在巴伐利亞阿爾卑斯山麓丘陵地帶出現了一種新啤酒。這種啤酒在寒冷洞穴發酵一週以上，採用的酵母菌相當特別，能夠在液面下滋長。發酵時桶外以冰塊填實，靜置幾個月之後，才把酵母沉澱物上方的酒液抽出飲用。啤酒經過低溫緩慢發酵，醞釀出較清淡的獨特風味，而且經過長時間低溫沉澱，還能產生亮麗而澄澈的外觀。這種淡啤酒（lager，衍生自德文的 *lagern*，意思是儲存、放下）一直是巴伐利亞特產，直到1840年代，這種酵母菌和釀酒技術才傳進捷克斯拉夫的皮爾森（Pilsen）和丹麥的哥本哈根，接著傳入美國，成為現代多數啤酒的原型。時至今日，全球主要啤酒產國的大半啤酒都採新法釀造，只剩英國和比利時依然沿用原始釀法，以頂層酵母在較高發酵溫度釀製。

英國：酒瓶和氣泡，特種麥芽酒

英國很晚才開始以啤酒花釀酒，卻率先產製瓶裝啤酒。英國人原本稱啤

說文解字：麥芽

我們的祖先剛開始大概是拿穀粒泡水，讓它發芽，因為這樣做可以輕鬆軟化穀粒，讓它軟到可以就這樣下肚，加熱時也較快煮好。事實上，這種浸泡過、局部發酵的穀粒，其英文就來自印歐字的「柔軟」。英文 malt（麥芽）的相關單字有 melt（融）、mollusc（軟體動物，見第一冊286~287頁）和 mollify（安撫）。

酒為「普通麥酒」(ordinary ale)，早期在開放式槽中發酵，因此二氧化碳氣泡會全部浮上液面破掉，就像葡萄酒的狀況，會全部散逸。酒液儲放酒桶期間，或許還會殘留些許酵母繼續滋長，然而等酒桶一打開，原本的微量氣體很快就散逸了。1600年左右，有人發現把麥酒裝瓶，用軟木塞封好，酒液就會出現氣泡。這項發現最早是歸功於聖保羅主教座堂的亞歷山大・諾維爾(Alexander Nowell)總鐸。托馬斯・富勒(Thomas Fuller)在1662年出版的《英國名士列傳》(History of the Worthies of England)，中寫道：

> 無意冒犯，不過猶記當時情況是，諾維爾釣魚時把一瓶麥酒留在草叢中，幾天後他發現那瓶酒變成了一把槍，因為它一打開就發出此等聲響，據信這就是英國最早的瓶裝麥酒(意外比勤奮更有資格作為發明之母)。

到了1700年，用軟木和絲線封口的玻璃瓶裝麥酒已經開始流行，同時還有氣泡香檳酒(第251頁)。不過，這兩種酒都還只能算新奇。多數啤酒都還是直接從酒桶取用，因此不含氣體(或幾乎不含氣體)。過了幾個世紀，氣密式直立小酒桶(keg)和碳酸法都問世了，加上越來越多人不上小酒館，而改在家裡喝啤酒，於是氣泡啤酒成為正規酒。

特種麥芽酒　18、19世紀是不列顛創新發明的時代，我們現在熟悉的巴斯(Bass)和健力士(Guinness)等啤酒，都是在那時候發明的。到了1750年，由於焦炭和煤炭的加熱控溫效能更好，麥芽業者才有辦法製造出溫和乾燥的淺色麥芽，從而釀出淡色麥酒。1817年，「專利麥芽」開發問世，把大麥麥芽烘烤成深色之後，用一點來調節麥酒和啤酒的色澤和風味，而不是用在提供發酵用的糖分上。有了專利麥芽和淺色麥芽，釀酒時就能組合運用：以發酵用為主的淺色麥芽，搭配調色調味用的深色麥芽，生產出形形色色的深色啤酒。這就是我們今日所知的波特(porter)及司陶特(stout)這兩種黑啤酒的濫觴；今日黑啤酒的顏色比普通啤酒深，風味也更濃烈，然而和200年前的啤酒相比，還是淺得多、淡得多，熱量也少得多。

說文解字：麥酒和啤酒；釀造

英語最早用來指稱大麥發酵飲料的字是 ale(麥酒)，不是 beer(啤酒)。這個字顯然衍生自酒精的效應；ale 的印歐字根和酒醉、中毒、魔術和巫術有關，或許也和「流浪、流亡」的字根相關。另一個字 beer 的來源就比較平凡了，是從「飲用」這個字取道拉丁文而來。Brew(釀造)與 bread(麵包)、broil(炙烤)、braise(燜)和 ferment(發酵)都有關聯；這些字都出自「沸煮、冒泡、沸騰」的印歐字根。

美國啤酒

美國偏愛滋味清淡、甚至毫無特色的啤酒，這似乎與其氣候和歷史因素有關。在美國這樣酷熱的天候下，烈啤酒比較不具提神效果。最早的英國移民似乎比較喜歡製作威士忌，對釀造啤酒興趣不高（第295頁）。當年美國還沒有強大的啤酒傳統，這對後來的德國移民來說，不啻為一條康莊大道，因為啤酒該有什麼風味，就由他們決定：1840年左右，有個人（或許是費城附近一個叫做約翰·華格納的人）引進新問世的淡啤酒酵母菌和釀造技術，於是那種獨特的啤酒就這樣傳承下來。

威斯康辛州的密爾瓦基市和密蘇里州的聖路易市，很快就成為淡啤酒的釀造中心：密爾瓦基的品牌有 Pabst、Miller 和 Schlitz；聖路易有 Anheuser-Busch；還有密西根州底特律市的 Stroh，全都是在1850和1860年代起步，還有科羅拉多州丹佛市的 Coors 則是在1870年代創始。其中好幾個品牌名及其皮爾森式淡啤酒，迄今仍占有主要市場，而濃烈英、德傳統啤酒的愛好者則不多。美國唯一的本土啤酒類型是「蒸氣啤酒」，這是加州淘金熱留下的殘跡。當年舊金山啤酒廠在缺乏大量冰塊的情況下，把適用於低溫底層發酵形式的酵母菌和釀造技術應用在頂層發酵的溫度，結果釀出風味醇厚的氣泡啤酒，所以啤酒一從啤酒桶流出，就會冒出許多泡沫。

今日的啤酒

如今啤酒人均消耗量最高的國家，主要都是傳統歐洲啤酒生產國：德國、捷克、比利時和英國，還有前英國殖民地澳大利亞。而美國的啤酒用量則超過全國酒精飲料總消耗量的3/4。美國啤酒多半由幾家大公司生產，釀造廠就像工廠，大致都採自動化生產，滋味平淡而單一。烈啤酒在1970年代又重新獲得注意，因為出現風味更好的選擇，而專事釀造小量特種啤酒的「微型釀酒廠」、釀酒兼賣酒的釀酒酒吧，還有家庭釀酒坊，也都如雨後春筍般湧現。這種小型企業有些經營得當，因此有些大型釀酒廠也開始仿效微型釀酒廠的模式。如今，世界各地的酒行和超級市場都能買到啤酒，因此正是探索各式啤酒和麥酒的大好時機。

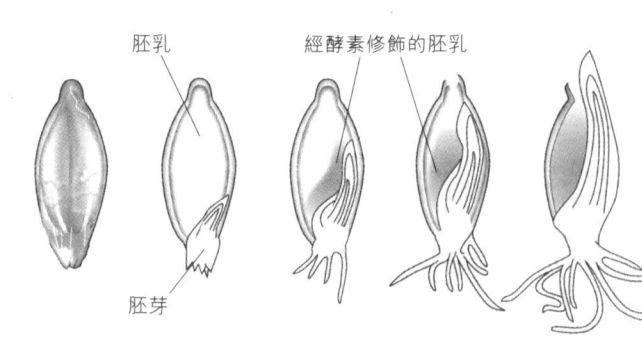

啤酒的演變

胚乳　　　經酵素修飾的胚乳

胚芽

釀造原料：麥芽

大麥是啤酒最早的原料，後來也採用其他穀物來釀製：燕麥、小麥、玉米、小米和高粱等。不過最能生成澱粉消化酶的還是大麥，因此是穀物的上選原料。

麥芽

要讓大麥穀粒發芽，第一道步驟是把乾燥穀粒泡進冷水，然後在18°C的環境下靜置幾天讓它發芽。胚芽會重新啟動生化機制，製造出種種酵素，來分解大麥細胞壁以及胚乳（細胞中負責儲藏食物的組織）中的澱粉和蛋白質。接著這類酵素就從胚芽擴散到胚乳，協力溶解細胞壁，穿透細胞，把細胞中部分澱粉粒和蛋白質消化掉。胚芽還會分泌「激勃素」，刺激糊粉細胞開始生產消化酶。

麥芽業者的目標是盡量瓦解胚乳細胞壁，也把穀粒的澱粉（和蛋白質）消化酶產量提到最高。當穀粒在水中浸泡了5~9天，細胞壁強度便變得到夠弱，胚芽芽尖也觸及種仁末端。倘若麥芽業者想製造淺色麥芽，就必須盡量減少澱粉的分解程度，並縮短發芽時間；若想發出比較深色的麥芽，由於高含糖量有利於促成褐變反應，因此就要拉長發芽時間，最後並讓潮溼大麥保持在60~80°C，讓負責消化澱粉、製造糖類的酵素發揮最大效用。

入窯烘焙

一旦大麥的酵素和糖分達到想要的比例，麥芽業者就會把麥芽送入窯中乾燥、加熱，以固定這種比例。脫水和高熱會殺死胚芽，還能生成顏色和風味。若想提高麥芽酵素的活性，麥芽業者就得慢慢烘乾大麥，讓溫度在24小時內慢慢達到80°C左右。這樣製成的麥芽顏色很淡，能釀出顏色淺、風味清淡的啤酒。若想製作出酵素活性低但顏色和風味都很重的啤酒，就要讓大麥在150~180°C高溫窯中，以促成褐變反應。深色麥芽醞釀的風味從烘烤味到焦糖味，乃至於辛辣、澀，以及煙燻味都有。釀酒業者有多種麥芽可以選擇（包括淺色、淡啤酒、麥酒、水晶、琥珀、褐色、焦糖、巧克力

讓大麥發芽的四道步驟（左頁）
大麥穀粒發芽時會產生消化酶，減弱細胞壁強度，並開始把澱粉轉化成可發酵糖類。圖示暗色部分表示細胞壁強度減弱和澱粉消化進程。一旦幼芽長至觸及種仁尖端，就必須制止麥芽繼續生長。

和黑⋯⋯這些麥芽名稱），還往往混合兩種或多種麥芽，以調配出特定的風味、顏色和酵素效能。

　　一旦麥芽烘焙完成，乾燥的種仁就可以儲放數個月，等需要時再取出磨成粗粉。麥芽也可以製成麥芽精，供商用和家用釀酒：以熱水浸泡大麥麥芽，萃取出碳水化合物、酵素、顏色和風味，再把液體濃縮成糖漿或乾粉（第198頁）。

▎釀造原料：啤酒花

　　啤酒花是歐亞洲暨美洲藤本植物普通葎草（*Humulus lupulus*）的雌花（亦即花穗），其花葉（即苞片）基部附近有細小的樹脂腺和芳香油腺。啤酒花是啤酒不可或缺的調味成分，目前釀酒用啤酒花已經發展出幾十個品種，其中多數屬於歐洲或歐美雜交種。啤酒花成熟後從植株採下、乾燥，有時磨粉並製成小球，然後儲藏備用。釀酒時添加啤酒花的比例為每公升液體約0.5~5公克，風味平淡的市售啤酒用量較低，別具風味的小產量啤酒和傳統皮爾森啤酒的用量則較高。

▎苦味和香氣

　　啤酒花會提供啤酒兩種不同成分：苦味得自樹脂所含酚類「α酸」，香氣則得自啤酒花精油。有些啤酒花品種的貢獻在於提供含量穩定的苦味，有些的價值則在於香氣。重要的苦味化合物有蛇麻草酮和蛇麻蘆酮兩種α酸。這兩種酸的天然形式並不是很能溶於水，不過經長時間沸煮則可轉化為可溶構造，能有效為啤酒調味。（釀酒師有時使用啤酒花萃取液，這是預先處理過的製劑，能生成溶水性較高的α酸。）由於沸煮會蒸發多種揮發性香氣化合物，因此啤酒沸煮完成之後，有時還要特別添加一劑啤酒花以增強香氣。普通啤酒花的香氣主要來自萜烯類香葉烯（也存在於月桂葉和馬鞭草），帶

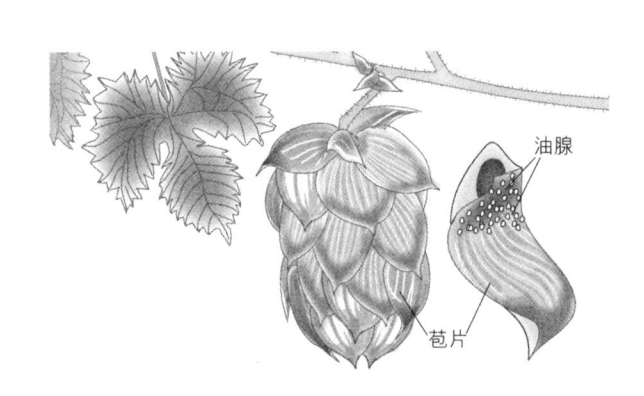

有木頭味和樹脂味。「貴族」啤酒花的香氣以蛇麻葫烯為主，氣味比較細緻，往往含有其他萜烯類（漲烯、檸檬油精和檸檬醛）帶來的松香和柑橘香。美國的「喀斯喀特」啤酒花帶有一種獨特的花香（得自芳香醇和香葉醇）。

釀造啤酒

啤酒釀造作業分成幾個步驟。

- 製醪（泡製麥芽汁）：把碾碎的大麥麥芽浸入熱水。這可以讓大麥酵素恢復活性，把澱粉分解為糖鏈和糖，把蛋白質分解為胺基酸。結果就生成褐色甜味的「麥芽汁」。
- 沸煮：把啤酒花加入麥芽汁，兩種成分一起沸煮。這樣處理能萃出調味用的啤酒花樹脂、讓酵素失去活性、殺死微生物，同時加深麥芽汁色澤並提高濃度。
- 發酵：麥芽汁冷卻後添入酵母菌，靜置，讓酵母菌消耗糖分並製造酒精，直到兩種成分各自達到要求水平。
- 釀製：新釀啤酒靜置一段時間讓異味消散，並濾除酵母和其他物質，這樣酒液才不顯得混濁，並讓酒液碳酸化。

以下說明各個步驟：

製醪

在製醪的階段，會把粗磨麥芽會浸泡在 54~70°C 的水中數小時。典型比例約為每一份麥芽對 8 份水，泡好之後濾除麥芽殘渣，收集麥芽汁，這時製醪步驟就算完成。之後再以熱水噴洗麥渣（「洗槽」），洗出殘存的可萃取物質之後才丟棄。

製醪可達到幾項目的。它主要是讓澱粉粒糊化，讓大麥酵素把長鏈澱粉分子分解為較短糖鏈和可發酵的小糖分子，並把蛋白質分解成能安定泡沫

啤酒花的藤蔓（普通葎草）和雌花組織（花穗）
左頁圖中，最右方是花穗葉簇（苞片）抽出一片的放大特寫。

釀造啤酒

```
                    釀造啤酒
                       ↓
                      大麥
                       ↓
                 發芽，5~9天  ←— 水
                       ↓
                      入窯
                       ↓
                      麥芽
                       ↓
                   麥芽糊；
     （穀粒輔料）→  加熱到54~70°C， ←— 水
                  2個小時
                       ↓
                      過濾 ——→ 穀渣
                       ↓
                    甜麥芽汁
                       ↓
         啤酒花 ——→   沸煮
                       ↓
                 冷卻、離心處理
                       ↓
                    苦麥芽汁
        釀酒酵母 ↓              ↓ 葡萄汁酵母
                                 
      發酵2~7天，            發酵6~10天，
      溫度21°C               溫度8°C
          ↓                      ↓
       熟成數日               熟成數週
          ↓                      ↓
         麥酒 — 澄清/過濾 — 淡啤酒
                ↓      ↓
          裝瓶或裝罐  （巴氏殺菌）
                ↓           ↓
            巴氏殺菌      分裝小桶
                ↓           ↓
             瓶裝啤酒    桶裝啤酒
```

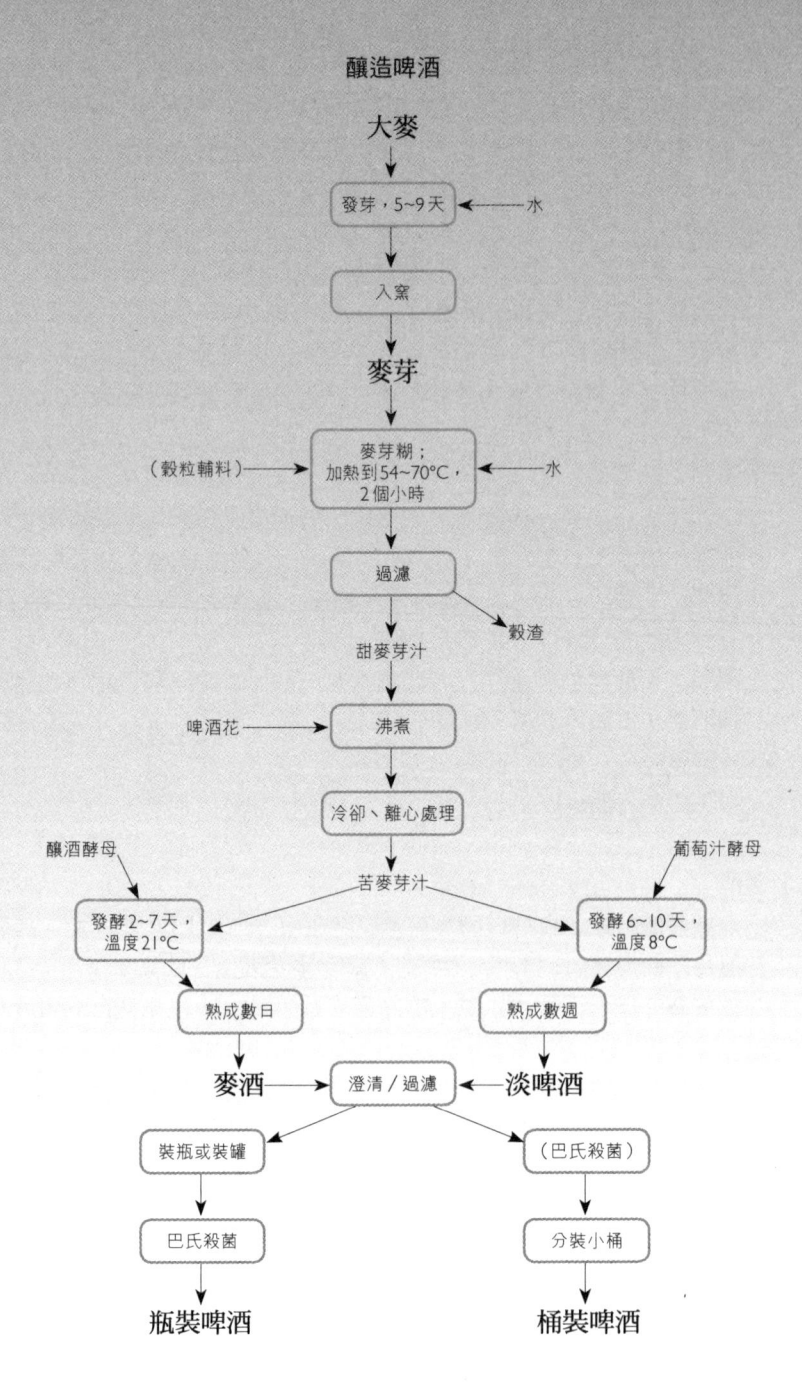

釀造啤酒

啤酒有兩種基本釀造法。麥酒發酵溫度較高，持續時間不到1週，並需熟成數日，淡啤酒則採低溫發酵，持續超過1週，熟成作業則為期數週。

的胺基酸鏈以及可發酵的游離胺基酸。所以製醪就是從穀物粒子萃取出所有物質（包括顏色和風味成分）然後溶入水中。

　　由於不同酵素的最佳作用溫度互異，因此釀酒師得以變更製醪溫度和時間，以調節可發酵糖對糖鏈的比例，以及胺基酸對胺基酸鏈的比例，如此便能控制最後啤酒的稠度和泡沫安定程度。麥芽中的碳水化合物有整整85%是澱粉；而麥芽汁起碼有70%是醣類（主要是由兩個葡萄糖分子組成的麥芽糖）；其他碳水化合物（占溶解固形物的5~25%）就是所謂的「糊精」。糊精由四到好幾百單位的糖鏈組成，這些糖鏈會交纏在一起，阻礙水分流動，為麥芽汁和啤酒帶來濃稠質地。糊精和胺基酸鏈還會減緩泡沫壁的液體流失速度，能安定杯中啤酒的泡沫。

外加穀物　在德國以及美國許多微型釀酒廠，麥芽汁的標準作法是只用大麥麥芽和熱水，其他什麼都不加。至於美國和其他地區的大型啤酒廠，則會在麥醪中添加未發芽的原料（磨成粉或壓成片的稻米、玉米、小麥、大麥，甚至糖）來補充碳水化合物，這樣可以減少麥芽用量，從而降低啤酒廠生產成本。這些輔料不如麥芽，本身只帶些微風味，甚至完全沒有，因此多半只會用在色淺味淡的啤酒，例如標準的美國淡啤酒，這種啤酒在一開始所用的輔料就幾乎和麥芽一樣多。

水　水是啤酒的主要成分，因此水質對啤酒的品質有決定性影響。現代啤酒廠可以依照生產的啤酒類別來調整用水的礦物質成分，而早期的啤酒廠則是依照本地水源特質來調整所產啤酒，充分利用水質優點。英格蘭的柏頓市就是利用特倫特河含帶的豐富硫酸鹽，釀造出帶苦味的英國淡麥酒，因而可以減少啤酒花的用量。捷克皮爾森的水質清淡，因此捷克的啤酒廠都會添加大量帶苦味和香氣的啤酒花。德國慕尼黑、英格蘭南部還有都柏林的水質都富含碳酸鹽，呈鹼性，因此能夠平衡深色麥芽（通常會從大麥稃殼萃出太多澀感物質）的酸度，還因此發展出德國黑啤酒和波特啤酒及司陶特啤酒。

沸煮麥芽汁

製醪完成便把麥芽汁和穀粒固形物分開，讓麥芽汁流入大型金屬槽，添入啤酒花，猛火沸煮90分鐘。沸煮把啤酒花不可溶的 α 酸轉化成可溶形式，讓啤酒出現苦味，同時讓大麥酵素喪失活性，從而使碳水化合物的混合比例固定下來（其中一部分是糖類，供酵母菌轉化成酒精；還有一部分是糊精，提供啤酒稠度）。沸煮還能殺滅麥芽汁中的微生物（這樣酵母菌在發酵階段便不會有競爭對手），並且讓水分蒸發、濃縮麥芽汁。此外，沸煮也能加深麥芽汁色澤，因為高熱能助長麥芽糖（糖類）和脯胺酸（胺基酸）之間的褐變反應。最後，沸煮還能澄清酒液，因為加熱能讓大型蛋白質凝結，並使它們和大麥稃殼釋出的單寧酸鍵結，形成一大團後沉澱並從溶液析出。沸煮完成之後，麥芽汁還經過濾清、冷卻處理並注入氣體。

發酵

啤酒廠經由沸煮，把味道平淡的大麥穀粒轉變成香濃的汁液。此時就由酵母菌來把這種液體轉化成啤酒，雖然甜度會大減，風味卻變得更為繁複。

啤酒發酵有兩套基本做法，製作出的結果則大不相同。第一種是高溫快速發酵，發酵時麥酒酵母（釀酒酵母家族）會聚成一團，且截留住自己生成的二氧化碳，接著就浮上麥芽汁液面。另一種是低溫慢速發酵，以葡萄汁酵母（*Saccharomyces uvarum*）或嘉斯伯酵母（*S. carlsbergensis*）進行發酵，這種淡啤酒酵母會下沉，發酵結束時依然留在麥芽汁底層。兩種做法通常分別稱為「頂層」和「底層」發酵。

頂層發酵一般在18~25°C進行，持續2~7天，期間須數次撇除酵母泡沫。由於酵母浮在頂層，會接觸到大量氧氣，而且難免受到乳酸菌等空氣中微生物的侵染，因此頂層發酵啤酒通常較酸，風味也較強勁。底層發酵是在特定的低溫環境下進行，介於6~10°C之間，釀成的酒液風味比較清淡；這種發酵法是美國正規技術。由於較暖的溫度會助長酵母菌生成特定香氣化合物（酯類、揮發性酚類），因此頂層發酵能釀出果香和香料味；低溫慢速發酵釀出的啤酒清爽有勁，甜度低，帶麵包風味。

釀製

啤酒發酵後還需做其他處理，做法則因發酵類型而異：快速頂層發酵的處理時間短，慢速底層發酵的處理時間則必須延長。

頂層發酵啤酒須清除酵母，接著導入槽中或桶中進行釀製。「嫩啤酒」指剛完成發酵的啤酒，這時二氧化碳含量極低，含有硫磺味，口感粗澀，而且酒液含酵母細胞殘骸，酒色混濁。釀製嫩啤酒時，在酒液中添加少量酵母和若干糖分（或新鮮麥芽汁），可以引發二次發酵，或是添入一些具發酵活性的麥芽汁（稱為 Kräusening）也可以。密閉酒桶或酒槽裡的酒液會截留、吸收生成的二氧化碳，而只要暫時開啟酒桶或酒槽，讓部分氣體釋出，異味就會散逸。有時候也會直接灌入純二氧化碳來取代這些傳統技術，就是讓啤酒碳酸化。這時還可以加入一些啤酒花或啤酒花萃取液，以增加香氣或（和）苦味。接著持續冷卻數日，並加入「澄清劑」（魚鰾膠、黏土和植物膠），讓懸浮的蛋白質和單寧酸沉澱析出，以免日後啤酒冷藏時才沉澱出來把酒液弄濁；這道作業稱為「低溫安定法」。接著以離心處理，把殘留酵母和沉澱物全部去除，然後過濾、分裝，通常還會以巴氏殺菌法處理。

窖藏

底層發酵啤酒的釀製法稍有不同。正宗巴伐利亞淡啤酒是在桶外以冰塊填實，讓酒液和酵母沉澱物接觸，靜置數個月。酵母會慢慢生成二氧化碳，這有助於淨化啤酒，去除含硫異味。如今，有些傳統淡啤酒依然會陳放好幾個月；不過，由於長期儲藏會綁住資金和物料，對財務不利，目前的趨勢便朝向以略高於冰點的溫度來儲藏嫩啤酒，為期只達2~3週。儲藏時可以打入二氧化碳來清除不快氣味，還可以離心、過濾，或是添加劑來澄清啤酒。木製酒桶調理法也出現替代作法：把山毛櫸木或榛木塊投進槽中調味。

添加劑

美國啤酒允許使用的添加劑超過50種，包括防腐劑、發泡劑（通常是植物膠）和酵素。酵素作用類似肉類嫩精，可以把蛋白質分解成較小分子，讓

酒液比較不會變得混濁。不含防腐劑的啤酒通常都會特別標示在標籤上。

啤酒成品

釀酒作業進入尾聲，乾燥無味的大麥穀粒也已經轉化成冒著泡沫、苦中帶酸的液體（酸鹼值約為4），其中90%是水，1~6%是酒精，加上2~10%不等的碳水化合物（主要是能帶來稠度的長鏈糊精）。

儲藏、飲用啤酒

葡萄酒含有長鏈脂肪醇和抗氧化成分，越陳越香；相較而言，啤酒通常久放無益，剛出廠時趁鮮飲用滋味最好。氧化作用會逐漸生成硬紙板般的陳腐氣味（得自一種脂肪酸碎片，壬烯醛）導致酒液滋味粗劣（得自啤酒花的酚類物質）。褐變反應還會引發其他不好的變化。頂層發酵的麥酒會發出溶劑般的氣味。低溫可以延緩走味，因此啤酒應該盡量低溫儲放。英國倒真的製出「平放式啤酒」，比利時則釀出「儲放式啤酒」，這種啤酒一開始就以高溶水性的碳水化合物來發酵，而且裝瓶後還會繼續緩慢發酵，持續生成二氧化碳和其他物質，如此有助於防止酒液氧化、走味。這種啤酒最後的酒精度為8%或更高，存放個1~2年風味還會更好。

把啤酒儲放於陰涼處

啤酒還應該避開亮光，特別是陽光，這點對綠色透明的玻璃瓶裝啤酒特別重要，否則酒液就會發展出強烈的含硫臭味。野餐時倒一杯啤酒，過幾分鐘就會發出臭鼬氣味；瓶裝啤酒擺進日光燈照明的陳列箱中，幾天過後就會變質。事實上，從藍、綠到紫外波段的光線會和其中一種啤酒花苦味酸產生反應，形成一種不安定的自由基。接著自由基就和硫化物反應，形成的化學物質和臭鼬的自衛武器十分相近。褐色玻璃能吸收藍綠光，阻絕這個波段的光線，但綠色玻璃就辦不到了。如此一來，以綠瓶盛裝的德國、荷蘭啤酒，往往會出現硫味，但如今許多消費者反而期盼這種味道！美國

一種啤酒多種風味

啤酒和麥酒不管是瓶裝或罐裝，通常都得經低溫安定和巴氏殺菌法處理（60~70°C），這樣才能熬過運輸和儲藏過程中的極端溫度；至於桶裝生啤酒（keg）則始終都採冷藏保存，因此可以不做這類處理。所以即使屬於同一種啤酒，瓶裝和桶裝的滋味有可能非常不一樣。然而，即使是桶裝啤酒，和在傳統木桶（cask）中調理的啤酒仍有天壤之別。桶裝啤酒在裝進酒液之前，會先把酵母菌清乾淨，而木桶調理的啤酒，則會把新釀啤酒和有助於熟成的酵母一起封進木桶。所以木桶調理的啤酒在分裝前都能持續和酵母菌接觸，因而會展現出不同風味。木桶調理的啤酒也很容易變味，飲用壽命約1個月；相對而言，不鏽鋼桶裝生啤酒則能保存3個月。

某家啤酒廠擁有一種專利的透明啤酒瓶，他們開發出一種改良的啤酒花萃取液，裡面不含易變質的啤酒花苦味酸，如此便可防止他們的啤酒發出臭鼬氣味。

飲用啤酒

美國人喝啤酒通常是把冰涼的易開罐或酒瓶直接對著口飲用。若是解渴用的淡啤酒，這樣喝還可以，若是別具特色的啤酒，這種喝法就大為不敬了。食物通常都是溫度越低，風味就越單薄。淡啤酒通常在略高於冷藏溫度（約10°C）時飲用滋味最好，而頂層發酵的麥酒，最合宜的飲用溫度是涼爽室溫（10~15°C）。值得細細品味的啤酒可以倒入玻璃杯，不但能讓二氧化碳稍微散逸、緩和一下氣泡的刺激程度，還可以品賞杯中酒液的色彩和泡沫。

啤酒泡沫

我們享用的飲品中，不是只有啤酒會冒出迷人的泡沫，但只有啤酒冒出的泡沫能如我們所願地維持一段時間，在玻璃杯上結出一團泡沫「頭」。某些愛酒人士還很重視酒沫的沾附能力，也就是當液面下降，酒沫還能附著杯子內壁，這種特質稱為「鑲花邊」（英文是lacing，德文字就很可觀了：*Schaumhaftvermögen*）。影響起沫的因素很多，包括啤酒中二氧化碳的溶解量，乃至於啤酒從桶中或罐中倒出的手法。這裡提出其中最有趣的幾種。

穀物蛋白質能安定酒沫　泡沫的安定性取決於氣泡壁是否含帶乳化劑，這種分子一端親水、一端疏水（第一冊304~341頁）；疏水端伸入氣體，親水端則留在液體裡，讓液氣界面更為鞏固。啤酒所含這種分子大半是中等大小的蛋白質，有的得自麥芽，還有些出自穀類輔料（這部分蛋白質成分比麥芽的完整，能明顯提高酒沫的安定性）。啤酒花苦味酸也能安定酒沫，而且在泡沫中濃度更高，因此酒沫的苦味會明顯超過底下的酒液。低溫發酵淡啤酒的酒沫，一般都比高溫發酵的麥酒酒沫持續更久，因為麥酒含有較多泡沫非安定型長鏈脂肪醇（得自酵母代謝作用，見296~297頁）。

氮氣讓酒沫更綿密 過去10年，許多啤酒都改頭換面，酒沫變得特別細緻、綿密；這在之前只有司陶特黑啤酒才會有這種酒沫。綿密酒沫得自人為添加的氮氣，可以在啤酒廠就直接注入；酒吧或酒館中則可在桶裝啤酒的供酒閥出酒時注氣，或者將小型注氣裝置放在啤酒瓶內。氮氣的溶水性低於二氧化碳，因此氣泡中的氣體就不會那麼快流失到四周液體，酒沫也較慢破滅消散。氮氣氣泡始終很小，很能持久。氮氣還有一種特色，當二氧化碳溶入啤酒或觸及我們的舌面，就會變成碳酸，帶來刺刺麻麻的酸味，而氮氣不會產生這種滋味。

杯中酒沫 在最開始猛烈倒入杯中的啤酒會成為啤酒杯上方的泡沫，這部分的液量少又好控制。等泡沫到達理想厚度，就可以讓剩下的啤酒沿著杯緣倒入，動作要輕柔，以免攪進空氣並產生更多泡沫。玻璃杯要乾淨，不得有絲毫油脂、肥皂殘留，以免影響起沫。（這類分子也有疏水端，因此會排擠同樣具有疏水端的蛋白質分子，因而把這種具安定功能的蛋白質從泡沫壁拉出。）相同道理，若是新倒入啤酒的酒沫即將溢出，只要用手指或嘴唇輕沾杯緣，上面的微量油脂通常就可以讓它不再起泡。

啤酒的類別和特質

　　啤酒是一種變化多端的飲料，好啤酒細細品味能帶來醇厚飽滿的口感。啤酒有幾種值得玩味的特質：
- 色澤，從淺黃到不透光的褐黑色都有，就看使用的麥芽種類。
- 稠度，也就是在口中感受到的份量，得自麥芽中分解後的長鏈澱粉分子。
- 澀感，得自麥芽酚類化合物。
- 刺麻的提神感受，來自溶解的二氧化碳。
- 滋味，包括水分帶來的鹹味、未發酵麥芽糖分帶來的甜味、烘烤麥芽和發酵微生物帶來的酸味、啤酒花和深焙麥芽帶來的苦味，以及麥芽胺基酸帶來的鮮味。

熱量少、酒精含量低、風味清淡的啤酒

當今的啤酒種類繁多，能滿足各種需求，包括喜歡喝啤酒卻又不想攝取酒精或是想攝取酒精卻又不想攝取熱量的人。美式淡啤酒的360毫升標準容量中，約有14公克酒精和11公克碳水化合物，總計約140卡。低熱量「淡」啤酒或無糖「乾」啤酒含熱量100~110卡，能減少熱量是因為麥芽和輔料的用量較少，還有後續又添加酵素，能消化較多碳水化合物，轉化成可發酵糖。這樣發酵釀成的啤酒，酒精含量只略微降低，糖鏈卻能減至一半左右（同時幾乎沒有稠度）。

- 香氣，得自帶木頭味、花香味和柑橘味的啤酒花；帶麥芽味、焦糖味甚至煙燻味的麥芽；有些香味得自酵母菌等微生物，生成水果（蘋果、梨子、香蕉、柑橘）、花朵（玫瑰）、奶油、香料（丁香）甚至還有馬或馬廄般的氣味（見269頁）。

麥酒會由各種發酵微生物醞釀出一種特有的酸味和果香。淡啤酒的香氣比較柔和，其香氣背景有部分是氣味類似熟玉米的二甲基硫（DMS），這種成分的前驅物來自輕度烘烤的麥芽，然後在麥芽汁沸煮、冷卻期間生成。然而這些基本款的啤酒風味卻是大不相同。其中味道濃厚、帶點甜味的款式（波特啤酒、司陶特啤酒以及大麥酒）還相當能和甜點搭配。

啤酒和麥酒除了上述這些類型，還有兩種相當特別的啤酒，值得專門提出來討論。

小麥啤酒

德國小麥啤酒和一般巴伐利亞啤酒有四項差別。首先，以小麥麥芽取代大部分的大麥麥芽。小麥麥芽的蛋白質含量較高，釀成的啤酒泡沫較多，酒液也較濁，還會沖淡典型的麥芽風味。其次，小麥啤酒和麥酒同樣都以頂層發酵，因此味道較酸、果味較濃。第三，小麥啤酒的菌種通常包括一種罕見的孢圓酵母（*Torulaspora*），能生成幾種在啤酒中通常找不到的罕見香氣化合物。這類揮發性酚類物質（乙烯癒創木酚類，見269頁）或許會令人想起香料的氣味（丁香）、醫藥味（塑膠繃帶的味道），或是動物般的氣味（穀倉或馬廄）。最後，有些小麥啤酒沒有徹底濾清，部分酵素保留下來，因此酒液會顯得混濁，還帶有酵母風味。德國小麥啤酒有幾種稱呼：*Weizen*（小麥）、*Hefe-weizen*（酵母 小麥），或是 *Weissen*（白，指的是酒液的混濁外觀）。

如今，有些美國啤酒廠也仿效德國模式生產小麥啤酒，不過通常不添加會生成酚類物質的酵母菌；這種啤酒味酸、清淡，酒液混濁。

比利時蘭比克啤酒

比利時啤酒廠的創新能力一向領先群倫。他們讓不同的微生物同時參與

要釀製「無酒精啤酒」，可以改動發酵條件，讓酵母幾乎無法生成酒精（保持在非常低溫、高氧氣的環境中），或是釀製出正常發酵的啤酒後，再運用分子「逆滲透」去除酒精成分。酒精成分最低的麥芽製品是「馬爾他」（malta），這種飲料盛行於加勒比海一帶，以充分熟成、完全不發酵的麥芽汁裝瓶製成。這種飲料香甜濃稠。

接著還有「麥芽飲料」，酒精和熱量都與啤酒相當，滋味卻完全不同，比較像是軟性飲料。這類產品添加麥芽的唯一目的是產生糖分，供發酵釀成酒精；麥芽和酵母菌都不帶來絲毫風味。

發酵作用。有些啤酒是發酵多年（持續發酵，或是暫停再重新啟動）。他們用香料和香草來為啤酒調味，甚至加入新鮮果實讓酒液重新發酵，釀製出啤酒和水果酒的混合酒。他們使用熟成的啤酒花，這樣比較不會損傷罕見的釀酒微生物、味道比較不苦、甜度較低，而類似葡萄酒成分的帶澀感單寧酸含量則較高。

最獨特的比利時啤酒是蘭比克啤酒。這種傳統蘭比克啤酒在釀造方法上

啤酒類型和特性

本章的重點是以大麥麥芽釀製的標準啤酒，不過除此之外，運用含澱粉食物釀造酒精飲料的方法還有很多。這裡舉出幾種實例。

啤酒類型	酒精含量（體積占比）	特殊成分	特性
淺色淡啤酒（lager）：歐洲啤酒	4~6%		麥芽味、苦味和香料味/花香，得自啤酒花
美國啤酒/國際型啤酒	3.5~5%	未發芽穀粒	些微麥芽香或啤酒花香或苦味；煮熟的玉米香、青蘋果香
深色淡啤酒：歐洲啤酒	4.3~5.6%		麥芽味、略甜
美國啤酒	4~5%	未發芽穀粒、焦糖色	些微麥芽香或啤酒花香；煮熟的玉米香；略甜
巴克啤酒（Bock）	6~12%		麥芽味、焦糖、略甜
淡色麥酒（ale）：英國啤酒	3~6.2%		麥芽和啤酒花勻稱香氣、果香、中等苦味
比利時啤酒	4~5.6%	香料	香料味、果香、中等苦味
美國啤酒	4~5.7%		
印度啤酒	5~7.8%		強烈啤酒花香和苦味
褐色麥酒	3.5~6%		略甜、堅果香、果香
波特啤酒（Porter）	3.8~6%	深色麥芽	麥芽味、烘烤咖啡豆/巧克力豆香調、略甜
司陶特啤酒（Stout）	3~6%	深色麥芽、未發芽烘烤大麥	同波特啤酒啤酒，但較不甜、更苦
皇室司陶特啤酒	8~12%	深色麥芽、未發芽烘烤大麥	同司陶特啤酒黑啤酒，但更濃烈（原本為外銷俄羅斯）
小麥啤酒：巴伐利亞啤酒	2.8~5.6%	小麥麥芽、特殊酵母菌	小麥味、穀粒味、酸味、香蕉和丁香味
柏林啤酒	2.8~3.6%	培育種乳酸桿菌	小麥味、略帶果香、酸味
比利時啤酒	4.2~5.5%	未發芽小麥、香料、苦橙皮、特殊酵母菌、培育種乳酸桿菌	小麥味、香料味、柑橘味、酸味
美國啤酒	3.7~5.5%	普通酵母菌	小麥味、穀粒味、清淡啤酒花香、稍苦
比利時蘭比克啤酒		未發芽小麥、熟成啤酒花、野生酵母和細菌	
法羅啤酒（Faro）	4.7~5.8%	香料、糖	香料味、甜味
香檳啤酒（Gueuze）	4.7~5.8%	不同熟成度的基酒調和而成	酸味、果香、複合滋味
水果啤酒	4.7~5.8%	櫻桃、覆盆子和其他果實	酸味、果香、複合滋味
大麥酒	8~12+%		麥芽味、果香、稠度高

引自「啤酒類型指南」（Guide to Beer Styles），2001年啤酒評酒員認證計畫等資料。

的特色，是讓麥芽汁在木桶中自行發酵數月。麥芽汁經過沸煮之後，馬上放在開放而寬廣的槽中冷卻，同時從周遭空氣獲取微生物。麥芽汁放涼之後就倒進木製酒桶，其中包括前一批殘留桶中的微生物，接著就在桶中發酵6~24個月。發酵作業分四個階段：一開始，讓克勒克酵母菌（*Kloeckera*）等野生酵母菌種以及腸桿菌（*Enterobacter*）等細菌生長，這個階段持續10~15天，產出乙酸和植物香氣；在接下來幾個月，生產酒精的酵母菌繁殖成主要菌群；第6~8個月，以生產酸類的菌群占了優勢，包括小球菌（*Pediococcus*）和醋酸桿菌（*Acetobacter*）；最後上場的優勢菌群是酒香酵母（*Brettanomyces*），這群酵母能生成各種水果、香料、煙燻和動物氣味（見259頁下方）。如此釀出的啤酒還可以和其他蘭比克啤酒調合，熟成後釀出香檳啤酒，其酒液酸度類似葡萄酒，風味也同樣繁複；還可和幾種頂層發酵釀成的一般麥酒調合，再以糖和芫荽調味，釀造出法羅啤酒；或是在木桶中重新發酵4~6個月，釀製出櫻桃啤酒（kriek）和覆盆子啤酒（framboise）。

亞洲的米酒：中國酒和日本清酒

■ 甜的發黴穀物：甜酒麴

　　東亞民族也開發出獨門酒精飲料，如今全球其他地區也越來越懂得欣賞這種酒。精確來說，這種「酒」不能譯為「wine」（編注：英文中的wine指的是以水果發酵製成且未經蒸餾的酒），因為它是以澱粉質穀粒（主要是稻米）發酵釀製。然而，這種酒也不盡然是啤酒，因為將穀物澱粉消化分解為可發酵糖類的，並不是穀物酵素。事實上，亞洲的釀酒廠是以一種黴菌來供應澱粉消化酶，於是在酵母菌將糖轉化成酒精的期間，那種黴菌也一邊消化穀物澱粉。最後產生的液體，酒精濃度可達到20%，遠比西方的啤酒和葡萄酒都高。中國酒和日本清酒（譯注：廣義指稱日本的各類米酒，下同）都沒有葡萄酒那種葡萄果香和酸度，也沒有啤酒的麥芽、啤酒花特性。清酒只採稻米的澱粉質核心來釀造，這或許最純粹展現了發酵風味的本色，而且即便周遭並沒有花、果，清酒卻帶著令人驚奇的果香和花香。

亞洲人為什麼不採發芽穀粒，卻另外想出這種釀法？釀法又為何？史學家黃興宗（編注：曾任李約瑟助理，著有〈發酵與食品科學〉(Fermentations and Food Science)，收錄在李約瑟編著之《中國科學與文明》卷六《生物學與生物科技・第一部生物學》(Science and Civilisation in China: Volume 6, Biology and Biological Technology; Part 1, Botany)）指出，關鍵或在於亞洲只有細小、脆弱的小米（粟）和稻米，兩種米都很容易煮熟，通常整粒下鍋，這點和大麥、小麥不同。黃興宗推測，熟米吃剩後往往都擺在外面，時間久了就會發黴；還有，一團米粒中總是有間隙，需氧黴菌可以長得很好，把米團裡外的澱粉都消化掉。最後民眾總會注意到，發黴的米帶有甜味，而且聞起來有酒精味。約公元前第3世紀，這幾項簡單的觀察結果促成一種釀酒常規技術。到了公元500年，一份中國文獻列出9種黴菌製劑和37種酒精製品。

如今，華語的「酒」字發音只通行華人國家，外界很少人聽得懂，卻有千百萬西方人知道 sake 就是日語的「酒」。約公元前300年，稻米耕種法從亞洲大陸傳進日本，或許連同釀酒製法也傳了過去。往後幾個世紀期間，日本釀酒師把酒改良，淬鍊出獨門酒款。

分解澱粉的黴菌

現代工業製程已經發展出好幾項常見的快捷、簡化做法，儘管如此，中國和日本的酒廠則始終採用非常不同的製備方式來將稻米澱粉分解成可發酵糖類。

中國的麴：數種黴菌，加上數種酵母

麴是古老中國的製劑，通常採小麥或稻米製成，包括好幾類黴菌，以及最後用來釀出酒精的幾種酵母。小麥或許有一部分會先烘過，或者用生小麥，不過多半都經過蒸煮、粗磨、捏揉成餅，放在溫暖室內靜置幾週，讓黴菌滋長。外側長出的是麴菌屬的各種菌，裡面則滋生根黴菌屬（Rhizopus）和毛黴菌屬（Mucor）的各種菌。外側的麴菌和用來分解大豆、釀造醬油的麴菌是同一類，而根黴菌就是用來製作大豆食品「丹貝」的主要黴菌（見第二

冊334、338頁），至於毛黴菌則是幾類熟成乳酪的重要成分。這些菌全都會累積澱粉及蛋白質消化酵素，還產生微量副產品，為酒帶來風味。等微生物充分滲入，麴餅就可以乾燥備用。需要酒麴釀酒時，就取麴餅泡水幾天，讓微生物和酵素活化。

日本的麴和酛：一種黴菌，分別引進酵母

相較而言，日本則是為個別清酒製造新鮮的麴，釀酒基底只用未磨過的精白米，接種時也只用選種培育出的米麴菌，不用其他黴菌。因此清酒的黴菌製劑釀出的酒，風味比較單純，而中國的酒麴則含有烘過的小麥和多種微生物，還經過乾燥，故風味複雜。

由於日本麴不含酵母，因此日本系統必須從其他源頭取得酵母。日本的傳統酒母製劑俗稱「酛」，製作時把麴和熟米粥混合，拌入幾種酵母，任其自行變酸。酵母以能夠製造乳酸的種類為主，包括清酒乳酸桿菌（*Lactobacillus sake*）、腸膜狀明串珠菌（*Leuconostoc mesenteroides*）等等，帶來了酸味、美味，以及一些香氣。接下來再添入一種純酵母菌群，任其繁殖。這種以微生物發酵的酛，要花一個多月才能熟成，因此現在大致上都另採新法，在酛醪中添加有機酸，或者在主要發酵階段直接添入酸類和濃縮酵母。這種省時做法釀出的清酒，味道往往比較單薄。

用米來釀酒

同步作用，分段發酵

中日釀酒法各有重要細節，卻也具有幾點共同特色。將分解澱粉的黴菌和生產酒精的酵母一起添入熟泡飯（熟米用水沖開以利發酵），同時作用。這種做法和啤酒釀法不同，釀製啤酒時需從穀粒萃出液體，讓液體單獨發酵，而熟泡飯釀酒則是全部發酵，而且發酵時需逐次添米：發酵時要分批、分段把熟米和水加入酒缸中，持續兩週到好幾個月不等，而非一次全部添入。這些作法顯然能提升酵母的功用──不斷生產酒精，達到很高的濃度。

巴斯德之前的「巴氏」殺菌法

中國酒及日本酒常溫熱或高熱飲用，不同於歐洲的葡萄酒和啤酒。這或許是由於當地人注意到，未喝完的酒加熱後比原有的酒液更能久藏。到了公元 1000 年，華人已經發展出燒酒法，把剛發酵好的酒放在酒器中蒸餾，可以延緩變質。16 世紀，日本釀酒師改進這種做法，把加熱溫度降低到 60~65℃，這樣依然足以殺滅大半酵素和微生物，但比較不會破壞酒味。因此，亞洲釀酒師早就採用「巴氏」殺菌法來處理酒，隨後又過了好幾百年，巴斯德才提議採溫熱處理葡萄酒和牛乳，以殺滅造成腐敗的微生物。

釀造清酒

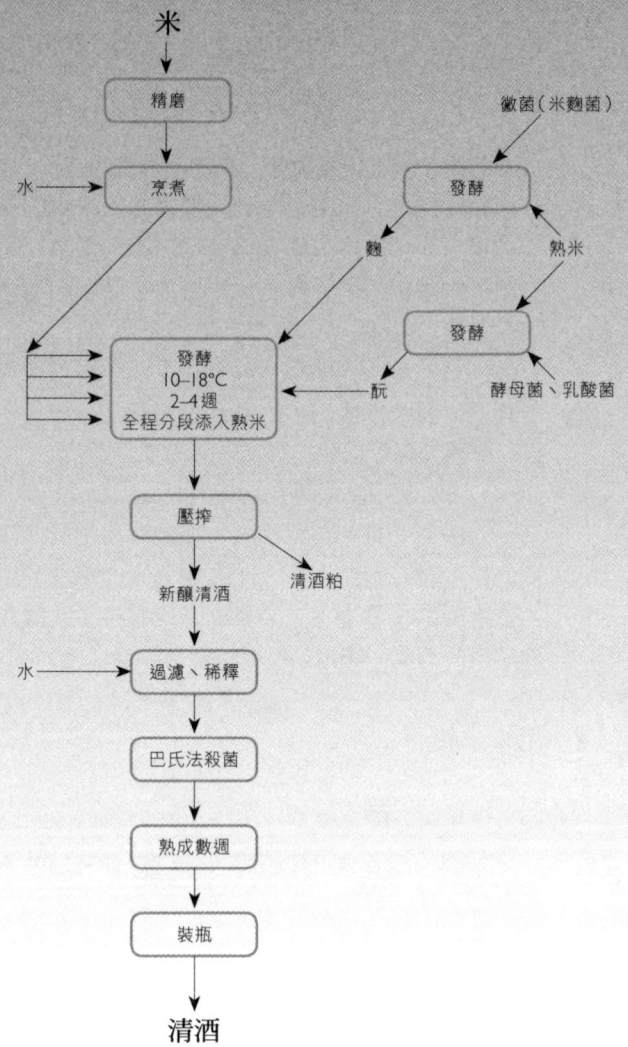

```
              米
              ↓
            精磨
              ↓
      水 →  烹煮                    黴菌（米麴菌）
              ↓                         ↓
              ↓                       發酵 ← 熟米
              ↓                         ↓
              ↓              麴 ←──────┤
              ↓                         ↓
              ↓                       發酵 ← 酵母菌、乳酸菌
              ↓                         ↓
           發酵  ← ──────────────  酛
         10–18°C
          2–4 週
       全程分段添入熟米
              ↓
            壓搾 ──→ 清酒粕
              ↓
           新釀清酒
              ↓
      水 →  過濾、稀釋
              ↓
          巴氏法殺菌
              ↓
          熟成數週
              ↓
            裝瓶
              ↓
          **清酒**
```

清酒的釀造程序

清酒的發酵過程有一種極罕見的特色，那就是在數週發酵期間，反覆把熟米添進發酵糊狀物。

發酵進入尾聲，最終添入的米中仍有部分糖類還未經酵母代謝，結果酒液就帶了甜味。

中式釀法：普通米和高溫發酵

中國傳統釀法，一開始先把黴菌製劑泡水幾天，接著定期添入普通熟米，若溫度約為30°C，則這初步發酵可能會持續1~2週。這個階段結束之時，酒醪往往分裝到較小容器，擺在較低溫環境數週或數月。隨後就施壓，從固形物榨出液體，接著過濾，加水調節酒精濃度，並以焦糖上色（某些黃酒），加熱至85~90°C殺菌5~10分鐘，熟成數月之後再過濾、包裝。採高溫殺菌法有助於釀出最終的風味。

日式釀法：精白米和低溫發酵

中國釀酒師傅使用的米，已經碾除10%的穀粒成分，碾除的比例只略高於煮飯用的普通白米（第二冊303頁）。而在日本，凡是標準等級以上的清酒，使用的米起碼都碾除了30%的穀粒成分。以頂級清酒而言，釀酒用米經碾製後，最多只剩原有重量的50%。米粒的核心是澱粉含量最高、蛋白質和油脂含量最低的部位，因此米粒的外層碾除越多，殘存穀粒的成分就越簡單、純粹，酒液中的禾穀風味也就越淡。

和中國的米酒相比，清酒的發酵溫度也明顯較低。自18世紀開始，清酒多半只在冬季釀造，至今情況依然大致如此。清酒的釀製溫度上限是18°C左右，而頂級佳釀都嚴格控制在冰涼的10°C低溫。在這些條件下，發酵約需一個月，而非2~3週，這時酒醪積聚的香氣化合物可達正常狀態的2~5倍，其中最特出的是酯類，能帶來蘋果味、香蕉味和其他果味香調。

清酒一經發酵完成，便施壓從固形物榨出液體，接著過濾、加水稀釋，把酒精濃度調到15~16%，靜置擺放數週，醞釀出香醇風味。清酒在過濾後及裝瓶前都會以巴氏殺菌法各處理一次（溫度為60~65°C），讓殘存酵素全部

幾種清酒

為品酒而釀的清酒通常屬於「吟釀」等級（「特定名稱」酒），釀製時唯一准許使用的添加物是純酒精，且米粒要碾除40%以上。「純米酒」也是特定名稱酒，指只用米和水釀製的酒。底下列出幾種有趣的特種清酒：

玄米酒	用糙米釀製
原酒	不稀釋，酒精濃度約達20%
生酛	酒母製劑在菌類作用下緩慢變酸，而非以純酸加速酸化
生酒	「生」清酒，不經巴氏殺菌處理，含有活性酵素，需冷藏保存並盡快喝完
滓酒和濁酒	含酒渣、酵母細胞和酒醪的其他細小微粒，酒液混濁
雫酒	「水滴」酒，不壓榨酒醪，讓液體在重力作用下流出
樽酒	「直桶」清酒，儲放在雪松木桶中熟成

失去活性，否則其中的某種酵素會慢慢產生特別難聞的揮發性物質（帶汗水味的異戊醛）。

▍清酒的類別

　　清酒有形形色色的等級和類別。最低廉等級和標準等級都在壓搾酒醪前加入大量乙醇（純酒精）。這種做法可在有限的稻米用量下，大幅增加清酒產量，因此在戰時成為標準的工業釀造法。這兩級清酒釀造時還可以添加糖類和多種有機酸。另一方面，最高檔的幾款清酒都是只用米、水和微生物來釀製，菌種也以傳統古法苦心培養。前頁下方列舉幾種值得一探究竟詳加品嚐的清酒。

　　儘管清酒多半都像中國米酒那般溫熱飲用，品酒行家鑑賞佳釀時卻偏愛冰涼飲用。和葡萄酒相比，清酒一般就沒那麼酸，風味則更為細膩。美味的胺基酸是其中要素。釀法不同，胺基酸香氣也大相逕庭，展現出酵母菌特有的生化本領。較突出的香氣通常是帶果味的酯類和帶花香味的複雜醇類。

▍清酒很容易變質

　　清酒接觸光線、高溫都很容易變質，風味也會受影響，最好盡量趁鮮飲用。清酒的酒瓶通常是透明或藍色，幾乎沒有保護作用，所以清酒應該擺進冰箱，儲放在低溫、黑暗環境中，一旦開瓶就該盡快喝完。

蒸餾酒

　　蒸餾酒是葡萄酒和啤酒的濃縮精華，也是一種基本化學現象的產物：不同物質在不同溫度下沸騰。水的沸點為100°C左右，酒精的沸點則遠低於此，約為78°C。這就表示，拿水和酒精調成混合液，加熱時水蒸氣中的酒精會比水還多。接著讓蒸氣冷卻下來，重新凝結成液體，液體的酒精含量便高於原本的啤酒或葡萄酒。

　　蒸餾酒從問世之初就以高酒精含量受人青睞，至今依然如此。不過，蒸餾酒的本領遠遠不止於能夠讓人醉倒。葡萄酒和啤酒的香氣物質就如同酒

日本的料理用酒：味醂和清酒粕

味醂是種甜味的日本料理用酒，結合多種原料釀成，包括熟糯米、麴和以低等級清酒蒸餾而成的燒酎。酒精能抑制任何進一步的酒精發酵，於是麴黴和酵素在25~30°C溫暖環境下，在兩個月間只會慢慢把稻米澱粉轉化成葡萄糖。將濃郁的酒抽出、瀝清之後，最終含有14%左右的酒精，以及10~45%不等的糖分。工業仿製品採取物酒精、糖和調味料製成。

清酒酒醪經壓搾、過濾，留下的固形物稱為清酒粕。粕含澱粉、蛋白質、稻米細胞壁、酵母和黴菌，還有一些酸、酒精和酵素。日本料理大量運用清酒粕，特別常用來醃製醬菜、魚，還用來煮湯。

精，很容易揮發，因此同一道製程會把酒精和香氣都濃縮起來。在我們的飲食中，蒸餾酒精飲料的風味是數一數二的濃郁。

蒸餾酒的歷史

蒸餾法發現沿革

高濃度酒精對一切生物都有毒性，包括製造出酒精的酵母。釀酒用酵母能耐受的酒精濃度不超過20%，因此要製出更烈的酒，唯一的做法就是在液體發酵之後以物理手段來濃縮酒精。人類發現蒸餾酒，關鍵應該是兩項觀察成果：利用低溫表面可以把液體受熱散發的蒸氣凝結起來並回收；受熱的葡萄酒或啤酒散出的蒸氣內，酒精會比原始液體還濃。

蒸餾本身顯然是非常古老的做法。證據顯示，美索不達米亞人在5000多年前已經懂得從芳香植物濃縮精油。他們使用一種簡單的加熱鍋，還有個蓋子可以冷凝蒸氣，收集凝出的液體。公元前4世紀，亞里斯多德也曾在他的《天象論》(Meteorology)中寫道，「海水轉化成蒸氣後就可以喝，再次凝結也不會變成海水。」最早的高濃度酒精或許出現在古中國。考古發現和文獻顯示，約2000年前，中國煉丹術士或許已經懂得從穀物製品蒸餾出少量高濃度酒精。公元10世紀之前，已經有少數權貴享用這種飲料，到了13世紀則已成為商業製品。

烈酒和生命之水

在歐洲，公元1100年左右，義大利薩萊諾的醫藥學校已經製出相當數量的蒸餾酒，並以獨門的珍貴藥物打響名號。200年後，西班牙加泰隆尼亞學者維拉諾瓦的阿諾（Arnaud of Villanova）把葡萄酒的活性成分命名為「aqua vitae」，意思是「生命之水」，這個詞彙傳承下來，轉化成斯堪地那維亞地區的 aquavit（露酒）和法文的 eau de vie（水果白蘭地），而 wisky（威士忌）則是蓋爾語 uisge beatha 或 usquebaugh（生命之水）的英文版，愛爾蘭和蘇格蘭修道士就是以這個字彙來稱呼他們的蒸餾大麥啤酒。歐洲各地的煉金術士普遍認為蒸餾而得的酒精是具有獨特力量的物質，即第五元素，和土、水、風、火一樣重要。最早專

說文解字：蒸餾

Distill（蒸餾）源自拉丁文的 destillare，意思是「滴落」。因此，蒸餾一詞掌握了蒸氣凝結瞬間的景象，說明高熱液體散出的無形蒸氣如何在低溫表面回復有形樣態。

門討論蒸餾法的印刷書本是希羅尼姆・布倫契威格（Hieronymus Brunschwygk）出版的《論蒸餾技法》（*Liber de arte distillandi*，1500年），書中說明這道製程使得：

> 粗劣的離開細微的，細微的離開粗劣的，可瓦解破滅的離開不可破滅，有形的離開無形的，從而讓實體變得更具靈性，讓不可愛的變得可愛，讓靈性由其細微妙處更顯輕靈，帶著潛藏的效能和力量滲入人體，以盡其療癒功能。

這段文字把蒸餾法和純淨、靈氣連在一起，給了我們spirit（靈、精神等，亦指烈酒）這個英文字。

從治病到享樂和忘憂藥

生命之水自問世之後的幾個世紀都在藥劑界和修道院產製，納入藥方中，作為刺激循環的「強心劑」藥材（cordial，源出拉丁文中的「心臟」一詞）。到了15世紀，這種藥劑似乎已經走出藥界，成為享樂飲品，同時德國法律有關民眾醉酒舉止的條文，也出現bernewyn和brannten wein等詞彙，這就是英文單字brandy（白蘭地）的前身，分別代表「燃燒的」和「燒製的」葡萄酒。也就是在這個時期，法國西南部阿馬涅克區（雅馬邑白蘭地原產地）釀酒師開始拿葡萄酒來蒸餾，製成能抗腐壞的白蘭地酒，外銷輸往北歐地區。琴酒是在16世紀由荷蘭率先調製，原本是類似威士忌的黑麥混合藥液，裡面還添加刺柏（即「杜松」）成分，用來調味並具利尿作用。法國著名的干邑白蘭地酒，約1620年在波爾多正北方的科涅克區出現。以糖蜜釀製的蘭姆酒最早於1630年左右在英屬西印度群島問世，至於修道院釀的「班尼狄克汀」（Benedictine）和「夏特勒斯」（Chartreuse）等款香甜酒，則最早在1650年左右就已經出現。

往後幾個世紀期間，蒸餾酒業者逐漸學會如何改良成分，烈酒變得越來越好入喉。首先是「二次蒸餾法」問世，先把葡萄酒或啤酒蒸餾一遍，取得蒸餾液再做二度蒸餾。接著在18世紀晚期和19世紀早期，法國和英國都出

說文解字：酒精

酒精的英語單詞alcohol源自中世紀阿拉伯煉金術語彙。煉金術對西方科學有深遠影響，除酒精之外，還帶來好幾個重要名詞，包括chemistry（化學）、alkali（鹼）和algebra（代數）。阿拉伯人口中的 *al kohl* 是深色的銻金屬粉末，婦女用這種粉末來染黑眼瞼。這個字彙普及之後，用來指一切細粉，後來則代表萬物的精華。16世紀日耳曼煉金學家帕拉塞爾蘇斯（Paracelsus）率先使用alcohol一詞，指葡萄酒本身的精華。

現精巧的柱式蒸餾器,能連續作業,產出較純的酒精。蒸餾酒產量漸高,也越來越好喝,於是酒癮也變成嚴重問題,其中尤以工業革命時代的市民受害最甚。英國最主要的禍首是廉價的琴酒,這是18世紀晚期倫敦平民的日常飲料,平均每人每天消耗近400毫升,如後來狄更斯在《博茲札記》書中所述,以「借酒澆愁,求一時的解脫」。後來政府開始管制生產,加上社會進步,酒癮問題才趨於緩和,不過迄今仍未能根絕。

美國的威士忌

蒸餾酒在北美相當普及,因此給美國留下永遠的遺物:國稅局!在殖民早期和後來的合眾國時代,糖蜜供量都比大麥更充分,蘭姆酒也比啤酒更常見。北方各殖民地在1700年已經開始把黑麥酒和大麥酒蒸餾成烈酒,肯塔基玉米威士忌則是在1780年問世。革命戰爭之後,新成立的美國政府試行徵收蒸餾稅,希望提高歲入以清償戰爭債務。接著在1794年,主要為蘇格蘭人和愛爾蘭人移民區的賓州西部掀起短命的威士忌反抗活動,華盛頓總統派遣聯邦部隊鎮壓,反叛活動轉入地下,從此「月光私釀」禁之不絕,南方貧困丘陵區尤其嚴重,那裡僅有少量玉米作物,沒什麼收入,用來釀酒蒸餾才更值錢。為應付這種違禁私酒,聯邦政府乃在1862年籌設「國家稅收部」。60年後,美國出現節制飲酒運動,最終轉變成了禁酒令,便是肇因於舉國對烈酒的愛好。

近代時期:雞尾酒崛起

雞尾酒是在19世紀開始風行歐美,這種酒以蒸餾酒和其他酒精飲料調製,在晚餐前飲用。這項發展的成果是令人發狂的發明熱潮,如今名列酒保調酒手冊的雞尾酒名就有幾百種。熱門雞尾酒馬丁尼(琴酒和苦艾酒)源出何方仍有爭議,可能有好幾個不同地方不約而同地發明了這道酒。琴湯尼源自英屬印度,當地人服食抗瘧疾奎寧水時會搭配琴酒,如此會比較容易入口。在美國,初期最著名的調酒飲料是紐奧良的「薩瑟拉克」(sazerac)雞尾酒(白蘭地和苦精)。相傳曼哈頓雞尾酒(威士忌、苦艾酒和苦精)是溫斯頓·邱吉爾的母親煽動紐約一家俱樂部發明的。1920~1934年間,美國頒行禁酒

冷凍濃縮法

要製作濃縮酒精,蒸餾是最普遍的做法,但不是唯一的方法。冷凍也能提高發酵液體的酒精濃度:冷凍讓水凝固,結成冰晶團塊,讓富含酒精的液體流出來。(酒精在-114°C凝固,遠低於水的冰點0°C。)17世紀弗蘭西斯·培根引述帕拉塞爾蘇斯的說法:「遇嚴寒天候,若把一杯葡萄酒擺置露台,杯心就會留下些許未凝結酒漿,質地勝過用火萃得的烈酒。」中亞遊牧民族顯然也應用「凍析法」來處理他們的乳酒(含酒精的馬乳),北美早年歐洲移民也採相同做法來釀製蘋果白蘭地。凍析法能產生另一種濃縮酒精。凍析和蒸餾不同,處理時不需加熱,因此不會改變香氣,於是糖分、甘鮮的胺基酸和其他非揮發性物質都得以保留、濃縮,為原有酒液帶來各種滋味,釀出醇厚稠度。

令，加上粗劣的「澡盆琴酒」（指家釀私酒），雞尾酒的進展慢了下來。1950年代，調酒師發現伏特加這種無味酒的價值以及甜酸果汁和香甜酒的誘人特色。往後數十年間，調酒師調製出邁泰、椰林春光、螺絲起子、黛克瑞、瑪格麗特和龍舌蘭日出等種種廣受歡迎的飲料。到了1970年代，伏特加逼退威士忌，成為美國最暢銷的烈酒。

20世紀晚期，較為簡樸的經典雞尾酒捲起小小的復興風潮，而只攙水飲用的種種蒸餾佳釀也重獲青睞。

製作蒸餾酒精

所有蒸餾酒類基本上都以相同做法製成。
- 果實、穀物或其他碳水化合物原料都經酵母發酵，釀出中等酒精濃度的液體，其酒精體積比為5~12%。
- 液體在容器中受熱，酒精散出，富含香氣的蒸氣也從沸騰液體釋出，全都聚集在容器裡面，隨後飄過較低溫的金屬表面，重新凝結為液體後收集起來。
- 凝結的酒精液體以各種方式調整味道，之後就可以飲用。做法包括用香草或香料調味，或擺進木桶陳化。酒液裝瓶銷售前，通常會添水調節酒精含量。

蒸餾處理

蒸餾基本原理很簡單：水中的酒精和芳香物質都比水更容易揮發，於是葡萄酒和啤酒在蒸餾時，酒精和芳香物質揮發的數量遠多於水，化為蒸氣時濃度也會提高。然而，實際作業並不簡單，蒸餾酒很難做得可口，甚至會難以入喉。酵母發酵產生幾千種揮發性物質，不見得全都令人喜愛。有些令人不快，還有些（特別是甲醇）則帶有危險毒性。

分餾出想要的揮發性物質　因此蒸餾酒業者必須控制蒸餾出的液體成分。他們採分餾法，把蒸氣分成小份，每份的揮發度高低不等，要收集的主要是酒精成分最高的那份。揮發度超過酒精的那份通常稱為「酒頭」，因為這

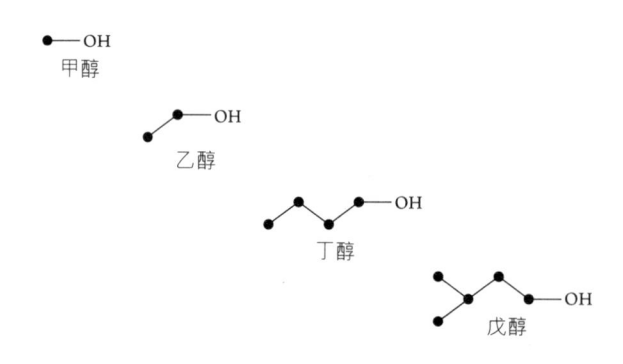

部分比酒精更早蒸發，成分包括有毒的甲醇（亦即木精或工業用酒精）和丙酮。揮發度低於酒精的部分稱為「酒尾」，含大批令人滿意的芳香物質成分。這些「附帶產物」（伴隨酒精出現的物質）還包括酯類、萜烯類和揮發性酚類物質，此外也包括不怎麼令人滿意的物質，最明顯的是「長鏈脂肪醇」（高級醇），這種醇類的親油長鏈能使烈酒的稠度變得幾乎像油脂那般厚，卻也帶來強烈的粗劣風味，還有令人不舒服的後勁。這類酒液往往冠上「雜醇油」之名（原文 fusel oils，*fusel* 是德語，意思是「劣酒」）。小量雜醇油能展現蒸餾酒特色，太多就讓酒變得低劣。

純度和風味　當蒸餾酒初步完成蒸餾，其風味強弱的最佳指標就是酒精比例，隨後酒液還需經過進一步陳化和／或摻水稀釋，才能調出最終強度（見301頁下方）。蒸餾所得的酒精含量越高，酒精和水的混合液純度也就越高，雜醇油和其他芳香物質的比例則越低，風味就更偏中性（審定注：指僅有酒精的風味）。伏特加通常都蒸餾到90%的酒精濃度或更高；而白蘭地和風味濃郁的麥芽威士忌和玉米威士忌則可達60~80%。以粗陋手法蒸餾的月光私釀，酒精濃度只達20~30%，因此酒質低劣，甚至有礙健康。

用罐子或批次蒸餾：依時段分餾揮發性物質　蒸餾酒師傅有兩種做法來分餾出不受歡迎的酒頭、差強人意的酒尾，還有令人滿意的酒心。最早的做法是用簡單的罐式蒸餾器，依時間不同將蒸氣分離開來，如今許多頂級佳釀依然沿用這種作法。處理一批啤酒或葡萄酒，起碼需12小時才能加熱至接近沸點並開始蒸餾。揮發度非常高的酒頭最早散出，隨後是富含酒精的主體蒸餾液，接下來就是揮發度較低的酒尾。於是蒸餾業者就能引開最初的蒸氣，用不同容器來收集想要的主體蒸餾液，接著又把後續幾道蒸氣引開。實際作業時，蒸餾酒業者會反覆運用罐式蒸餾法，第一次產出的烈酒酒精含量為20~30%，經再度蒸餾則可達50~70%。

連續蒸餾法：依位置分餾揮發性物質　蒸餾酒業者還有第二種做法：用一種

幾種酒精的構造（左頁）
甲醇有毒，因為經人體代謝之後會變成甲酸，而甲酸會累積並損傷雙眼和腦部。酵母製造出來的酒精中，乙醇是主體。丁醇和戊醇都屬於「高級醇」，也就是長鏈脂肪醇。這類成分經蒸餾濃縮之後，會讓烈酒濃稠有如油脂，起因就在於碳氫化合物的親油端。

柱式蒸餾器，依各成分所處位置，把想要的揮發性物質和其他成分分離開來。柱式蒸餾器是工業革命時期英法兩國蒸餾業者的發明。蒸餾時，葡萄酒或啤酒從柱頂倒入，並在柱管底部灌注蒸氣加熱，因此，柱底溫度最高，頂部最低。於是柱內的甲醇和其他低沸點物質，除了位於柱頂的部分之外，全都化為蒸氣，而雜醇油和其他高沸點芳香成分，就在靠近柱底較高溫部位的集液板上凝結，至於酒精則在中段位置凝結（並可收集起來）。柱式蒸餾器的優點是能連續作業，而且無需嚴密監看；缺點則是蒸餾師傅比較沒有機會控制產出的蒸餾液成分，這是不如罐式蒸餾器之處。若把兩具或多具柱式蒸餾器串聯起來一道運轉，這套機具就有辦法產出酒精濃度達90~95%的中性蒸餾液。

熟成和陳化

蒸餾初成的蒸餾酒和水同樣沒有顏色，或稱為「原酒」。這時的酒味還很粗糙、拙劣，因此都要經過熟成處理數週或數月，讓多種成分彼此作用，形成嶄新的組合，讓味道不那麼刺激。到了這個階段，就要依最終要釀成什麼酒來分採不同做法。烈性「白酒」包括伏特加和用果實釀製的水果白蘭地，都不經陳化處理，可加以調味，接著加水調出合宜的酒精濃度，隨後裝瓶上市。棕色烈酒包括白蘭地和威士忌，由於酒液都在木桶中陳化，染上特有的黃褐色澤和繁複風味，故有此名（有些棕色烈酒是改以焦糖染色）。烈酒在酒桶內陳化的時間從數月至數十年不等，期間風味有大幅改變。

酒在桶內陳化，會歷經萃取、吸收和氧化作用，醞釀出醇厚、濃郁的風味（見247頁）。木桶讓水和酒精從烈酒中蒸發，從而提高其餘物質的濃度。酒儲放在木桶內，每年都會散失若干百分比，稱為「天使之份」（the angels' share）。一桶酒儲藏15年，蒸散的酒量有可能逼近一半。

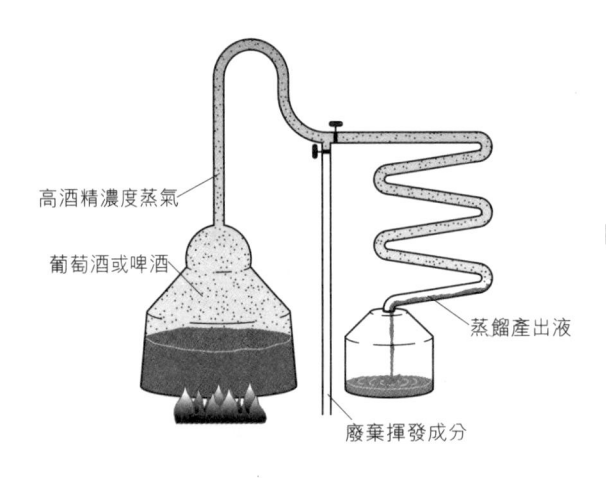

罐式蒸餾法

葡萄酒或啤酒逐步受熱，蒸氣成分漸次改變，非常容易揮發的物質先蒸發，較不容易揮發的物質隨後才蒸發。蒸餾業者把酒頭和最後散發的蒸氣，連同不想要的揮發性成分一併引開，並收集富含酒精和誘人香氣的「酒心」。

最後調整

烈酒經評斷可以裝瓶的時候，通常還會加以混合，以保有穩定的風味，並加水稀釋調出最終想要的酒精濃度，這都在40%左右。有時還添加一點其他原料，針對風味和色澤做細緻的調整；這類成分包括焦糖著色劑、糖，還有一種藉沸煮木屑製成的水萃物（如干邑和雅馬邑白蘭地使用的碎木香調 boisé），以及葡萄酒或雪利酒（如美、加兩國的調和威士忌）。

冷過濾 許多烈酒都採冷過濾處理：冷卻至低於水的凝結點，接著以過濾去除低溫凝出的混濁雜質。構成濁霧的物質是不容易溶解的雜醇油和揮發性脂肪酸，都來自原始的酒，此外還有從木桶萃得的多種相仿物質。先濾除這類物質，在冷卻飲用或摻水稀釋的時候，酒才不會變得混濁，然而這也會去除部分風味，降低稠度，所以有些釀酒廠不採冷過濾。烈酒的酒精含量超過46%左右，酒液就不會混濁，因此這類不稀釋、保持出桶時強度的烈酒通常不經過冷過濾（有些烈酒的混濁情況嚴重，見308頁）。

上酒、享用烈酒

水晶醒酒瓶可能有害健康

酒精濃度高的烈酒，生物、化學屬性都很安定，能保藏多年不會變質。有種傳統做法是把酒儲放在醒酒瓶中，這種美麗的瓶子是以水晶玻璃製成，重量和外觀都得自鉛元素。不幸的是，鉛是有害神經系統的劇毒物質，而且很容易從水晶中溶出，溶入酒和其他酸性液體中。舊的醒酒瓶已經使用多次，成分早已溶出，使用安全無虞；新瓶就必須預先處理，去除瓶子內側的鉛，或者只用來上酒，別當成儲酒容器。

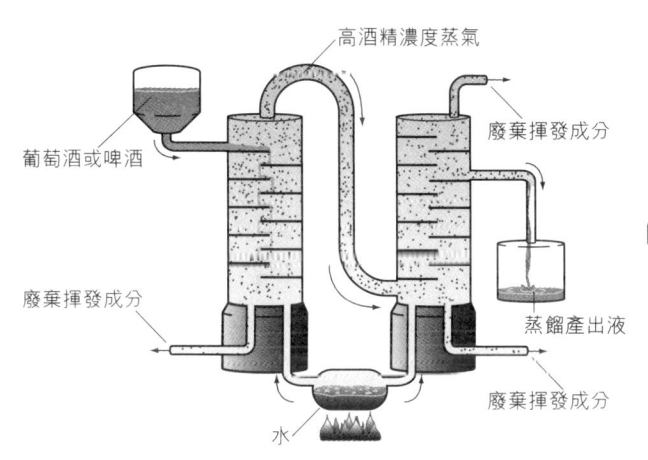

柱式蒸餾器的連續蒸餾法
柱內集液板的溫度高低不等，最靠近蒸氣入口的溫度最高，靠近另一端的溫度最低。低沸點物質（包括酒精）聚集在蒸氣中，隨著蒸氣離開第一柱，並在第二柱中向上流動，高酒精濃度分餾液在第二柱內的特定位置收集取得。

烈酒的風味

烈酒的上酒溫度高低不等，從冰冷（瑞典露酒。編注：一種以香草、香料或水果調味的烈酒，通常在用餐時飲用）到蒸騰滾燙（卡巴度斯蘋果酒）都有。要品味風味的微妙之處，最好以室溫上酒，必要時用雙手溫熱。烈酒的香氣濃烈，嗅聞所得之樂並不亞於啜飲，喜愛蘇格蘭威士忌的人士稱之為「聞香」（nosing）。若酒精濃度維持蒸餾強度，則聞起來就帶有刺激感，接著還會麻痺嗅覺，高溫時情況會更嚴重。為減輕酒精干擾，並帶出更細緻的香氣，品酒行家常在威士忌中加入優質水，把酒精稀釋至30%或20%。不同烈酒各具迥異風味，來自原始成分（葡萄或穀粒）的酵母和發酵、長時間的加熱和蒸餾，還有和木料的接觸以及時光的作用。含高比例雜醇油的烈酒帶油膩口感，較偏中性的烈酒則給人清澄、無甜味之感。烈酒入喉許久後，香氣還往往縈繞不絕。

烈酒的類別

蒸餾酒是種世界性產品，原料包括種種含酒精的液體。這裡舉其中犖犖大者簡要說明。

白蘭地

白蘭地是取葡萄酒蒸餾而成的烈酒。兩大經典為干邑和雅馬邑白蘭地，名字分別得自法國西南部的一座城鎮和一個地區，兩地都離波爾多不遠。兩款烈酒的原始材料都是中性的白葡萄（主要是白玉霓種），先小心發酵釀成葡萄酒，接著從秋收開始到春分時節取酒蒸餾（最好的白蘭地最先蒸餾，因葡萄酒放久會失去酯類成分，產生揮發酸並發出異味）。干邑是把葡萄酒連同酵母菌酒粕一起蒸餾二次，酒精含量約達70%。雅馬邑大多用不含酵母的酒，以傳統柱式蒸餾器蒸餾一次即成，酒精含量約達55%。接著兩種都需裝桶陳化，採用法國新橡木桶，為期最少6個月。有些干邑會陳放60年甚或更久。兩種白蘭地裝瓶之前都加水稀釋，最終酒精含量約為40%，還可添加糖、橡木萃取液和焦糖來調節酒質。干邑具有果香、花香，這特性來自酯

濃縮酒精：酒度

「酒度」指蒸餾酒的酒精強度。美國的酒度值（proof）約相當於酒精體積百分比值的兩倍，舉例來說，酒度值100代表酒精體積占了酒液的50%。（酒度值略高於百分比值的兩倍，因為水中加入酒精，體積就會縮小。）酒度的英文名proof得自17世紀一種烈酒品質檢測做法，以烈酒浸溼火藥，接著舉火把靠近。倘若火藥緩慢燃燒，顯示這烈酒經「證明」為合乎標準；倘若火藥只是冒氣或爆出火焰，則表示酒精含量分別為低於標準或者過烈。

類成分，是從葡萄酒酵母蒸餾得出。雅馬邑較烈，且由於揮發酸含量較高，風味也比較複雜，一般認為帶有乾果李香。兩種酒經長期陳化都能發出珍貴的熟釀（「酸敗」）韻味，那得自脂肪酸轉化而成的甲基酮，藍紋乳酪的特有香氣也是由此而來（見第一冊83~84頁）。

其他較不著名的白蘭地酒散見法國其他地區和全球各地，蒸餾手法繁多，從工業生產到師傅手製都有。其中有些特別有趣，不使用特定的中性白玉霓葡萄，卻改用比較特殊的葡萄品種。

「生命之水」、烈性水果酒、烈性白酒

這些不是用葡萄做成的酒名卻有容易讓人混淆的同義字「水果白蘭地」，因為白蘭地是指葡萄製成的酒。純正的「燒製的葡萄酒」（burn wine：指白蘭地，其英文 Brandy 來自荷語 brandewijn，指燃燒，也就是蒸餾的葡萄酒，於17世紀普遍用於英文）曾散發一種葡萄酒轉化而成的複雜酒香，「生命之水」卻能捕捉、濃縮各種果實原料的本質，於是我們無需攝食果肉，也能品嚐幾乎完全純正的果實精髓。法、德、義和瑞士都以優質烈性水果酒聞名於世。其中很受歡迎的種類有蘋果酒（卡巴度斯蘋果酒）、梨子酒（威廉梨酒）、櫻桃酒（Kirsch）、李子酒（Slivovitz、Mirabelle 和 Quetsch）和覆盆子酒（Framboise）；比較少人知道的有山杏酒（French Abricot）、無花果酒（北非和中東的 Boukha）和

幾種很受歡迎的蒸餾酒

從蒸餾後的酒精含量可以看出基酒（葡萄酒或啤酒）留下了多少風味。酒精含量越高，其他芳香物質的含量就越低，風味也越偏中性。

烈酒	原料	蒸餾後的酒精含量（百分比）	陳化
白蘭地	葡萄	達95	橡木桶
雅馬邑		52~65	橡木桶
干邑		70	橡木桶
渣釀白蘭地	葡萄果渣	70	無
卡巴度斯蘋果酒	蘋果	70	橡木桶
水果白蘭地	多種果實	70	無
威士忌			
蘇格蘭麥芽	大麥麥芽	70	舊橡木桶
穀物	穀物、大麥麥芽	95	舊橡木桶
愛爾蘭	穀物、大麥麥芽	80	舊橡木桶
波本	玉米、大麥麥芽	62~65	新烘烤橡木桶
加拿大	穀物、大麥麥芽	90	舊橡木桶
琴酒	穀物、大麥麥芽	95	無
伏特加	穀物、馬鈴薯、大麥麥芽	95	無
蘭姆	糖蜜	70~90	無／橡木桶
龍舌蘭酒	龍舌蘭	55	無／橡木桶

西瓜酒（俄羅斯的Kislav）。一瓶生命之水可能相當於4.5~13.5公斤的果實。烈性水果酒通常需經二次蒸餾，使酒精含量達70%左右，而且不經桶內陳化（因此酒液不帶顏色），這是由於這類酒的重點在於濃縮果實本身的風味，蒸餾出強烈、濃郁又純正的精髓。不經桶內陳化的準則也有例外，那就是卡巴度斯蘋果酒，這是布列塔尼的蘋果生命之水，混合眾多蘋果品種，經釀造蒸餾而成，其中有些是太酸或太苦而不適於食用的蘋果。蘋果原料在涼爽秋季緩慢發酵，歷經幾週釀成蘋果酒，接著再取酒液進行蒸餾，隨後依地區別分採罐式或柱式蒸餾器加工。取得蒸餾液後裝進舊桶熟成，儲藏至少兩年。Slivovitz產自巴爾幹區，這種烈性李酒也需放在桶內陳化。

威士忌

英國稱威士忌為whiskies，美國與愛爾蘭則寫成whiskeys，這是以發酵穀物蒸餾而成的烈酒，原料主要為大麥、玉米、黑麥和小麥，蒸餾液需裝桶陳化。威士忌的英文名得自中世紀英國一種大麥蒸餾酒，然而，如今美、加兩國提到這個名詞，大體都指玉米蒸餾酒，此外許多國家則指的是混和的穀物蒸餾酒。

蘇格蘭和愛爾蘭的威士忌　蘇格蘭威士忌有三大類。一類是麥芽威士忌，在蘇格蘭高地和群島地區只用大麥麥芽蒸餾製作，以罐式蒸餾器經二次蒸餾，酒精濃度約達70%，風味強烈而獨特。另一類是穀物威士忌，風味較淡，成本也較低，以低地多種穀物蒸餾，大麥麥芽只占少量（10~15%），其澱粉會轉化成糖類，接著再以連續蒸餾法蒸餾出95%的酒精濃度。第三種最常見，混合麥芽威士忌和穀物威士忌而成，其中穀物威士忌占了40~70%。因為經濟因素，1860年代出現了這種調配法，最後就製成一種比較清淡，也更廣受青睞的調配型威士忌，還趕上1870和1880年代根瘤蚜病蟲害肆虐、歐洲葡萄園災情慘重的時機，因而取代了白蘭地。蘇格蘭威士忌就在這時對外拓展，揚名國際。如今仍有少數小型蒸餾酒廠產製全麥芽威士忌，而蘇格蘭品酒行家也推崇這種獨特的「單一麥芽」是威士忌酒中珍品。

威士忌酒廠先釀造啤酒，不放啤酒花，將所有成分連同酵母一道蒸餾。蒸餾酒裝進舊橡木桶陳化至少3年，接著加水稀釋酒精至40%左右，通常還以冷卻過濾處理。蘇格蘭威士忌的特殊風味大半得自大麥麥芽。蘇格蘭西岸的麥芽威士忌獨具特殊煙燻風味，這來自乾燥麥芽用的泥煤煙燻以及發酵前用來泡大麥製醪的泥煤水。泥煤是局部腐敗或完全腐敗的植物所堆積構成的泥層，昔日英國沼澤區最便宜的燃料，能為啤酒帶來揮發性有機分子，並帶入蒸餾酒液中。愛爾蘭威士忌多半採用大麥麥芽（約40%）和未發芽大麥（約60%）混合原料，加上製作時以罐式蒸餾器二次蒸餾，隨後又以柱式蒸餾器再蒸餾一次，因此愛爾蘭威士忌比蘇格蘭麥芽甚至蘇格蘭調和威士忌還清淡。

美加兩國的威士忌 北美威士忌主要都以美洲本土穀物玉米製成。最著名的玉米威士忌是波本，名稱出自肯塔基州波本郡，殖民時期那裡的玉米就長得很好，供水又很充沛，可用來泡穀製醪和冷卻蒸餾液。

波本的酒醪通常含70~80%玉米、10~15%大麥麥芽（用來分解澱粉），其餘成分則為黑麥或小麥。發酵2~4天之後，把全部的酒醪連同穀渣和酵母一起放入柱式蒸餾器，接著再以一種連續式的罐式蒸餾器蒸餾，最終酒精濃度為60~80%。蒸餾液裝入新製烘烤過的美洲橡木桶陳化至少兩年，為波本酒帶來比蘇格蘭威士忌更深的色澤和更強烈的香草（香莢蘭）香調。酒窖溫度在夏季可達53°C，這種高熱會改變、加速陳化的化學反應。波本通常都採冷過濾，事實上，這項技術是田納西州威士忌酒商喬治·迪克爾（George Dickel）在1870年左右發明的。波本不同於法國白蘭地和加拿大威士忌，不能染色、加糖，也不能調味，只能摻入一種東西，那就是水。

加拿大威士忌是最清淡、最細緻的穀物烈酒。這類威士忌都是調和酒，混和了柱式蒸餾後略做調味的穀物威士忌還有少量較烈的威士忌，此外還可以加入葡萄酒、蘭姆酒和白蘭地，加入的量最高可達9%。加拿大威士忌使用舊橡木桶陳化，儲藏最短3年。

說文解字：開胃酒、餐後酒

開胃酒一詞的法文為 *aperitif*，餐後酒則是 *digestif*，兩個字彙都反映出中世紀的觀點：濃縮酒精所具的兩種作用，而這觀點至今仍活在字彙和飲酒習慣中。*aperitif* 源自印歐字根，原意為「揭露、開啟」，也指一種餐前飲料，這種飲料能開啟我們的系統，以迎接滋養品。*digestif* 源自一個古老字根，原意為「行動、開始做」，也指在餐後飲用、能刺激我們的系統去吸收滋養品的飲料。研究發現，酒精確實能刺激胃分泌消化激素。

琴酒

蒸餾琴酒主要分英式和荷式兩大類，另外還有不能稱之為蒸餾酒的平價琴酒，因為這是直接把調味料加入中性酒精製成的。

荷式傳統製法是取麥芽、玉米和黑麥調成混合料，發酵後再以罐式蒸餾器蒸餾2~3次，此時酒精濃度很低，也就是說，蒸餾液中含有相當數量的附帶產物，還很像是種淡威士忌。接著這種蒸餾液還要做最後一次蒸餾，讓酒精含量起碼達到37.5%，同時也添入杜松子和其他香料、香草，最終製成的琴酒便含有這類食材的芳香分子。

英式琴酒（dry gin，指不帶甜味的烈性琴酒）的原料是其他蒸餾酒廠以穀物或糖蜜蒸餾製成的中性酒，酒精濃度為96%。隨後加水稀釋這種沒有味道的液體，添入杜松子和其他調味料，再次以罐式法蒸餾。要添加杜松子，酒才算數，多數琴酒還含芫荽。此外柑橘皮和形形色色的香料也都可添入作為原料。這種蒸餾液裝瓶前還需稀釋，成品酒精度從37.5~47%不等。

琴酒的主要香氣得自香料和香草的萜烯類芳香分子（見第一冊198頁），特別是杜松味、柑橘味、花香味和本香（蒎烯、檸檬油精、芳香醇、香葉烯）等香調。荷蘭琴酒通常單純享用，而英國烈性琴酒則從1890年代開始激發出許多雞尾酒和「長飲」型調酒（tall mixed drinks，審定注：指加入較多果汁或蘇打而降低酒精濃度的大杯調酒），包括馬丁尼、琴蕾和琴湯尼。

蘭姆酒

蘭姆酒在17世紀早期問世，原本是西印度群島製糖作業的副產品。酵母菌和其他微生物在糖蜜殘渣和洗槽水中大量滋長，酵母菌製造出酒精，細菌則產生各式各樣的芳香物質，其中許多並不好聞。當時就是利用這種混合材料，以簡陋的蒸餾設備和做法，製出一種粗劣的烈酒，主要供奴隸和

水手飲用，還銷往非洲，換來了更多奴隸。18世紀和19世紀發展出發酵作業的管理方法，加上蒸餾技術進步，生產出更多適宜飲用的蘭姆酒。

如今蘭姆酒分為兩大類。現代淡酒以糖蜜溶液和一種純酵母菌種發酵12~20個小時，接著以連續式蒸餾器蒸餾出酒精濃度約95%的酒，陳化幾個月以去除粗劣風味，最後將酒精含量稀釋至約43%，然後裝瓶。有些淡蘭姆會裝桶放置一小段時間，隨後以木炭過濾去除顏色和部分風味。

傳統蘭姆酒　傳統蘭姆酒的製法迥異，風味濃烈得多，顏色也更為深暗。這類酒多半來自牙買加和加勒比海法語區（馬丁尼克島、瓜達羅普省）。昔日蘭姆酒是以自然生長的微生物群進行發酵，最多發酵兩週，發酵後還往往把風味強勁的酒粕取出，放入下一個酒桶。如今，傳統蘭姆酒發酵時多半混用幾種微生物菌種，為期1~2天，優勢菌種是罕見的裂殖酵母屬（*Schizosaccharomyces*），具有高強的產酯能力。酒液隨後經罐式蒸餾處理，酒精含量很低，香氣化合物含量因此可達淡蘭姆酒的4~5倍。最後是陳化階段，酒液裝舊的美式波本威士忌酒桶，顏色也大半在這個階段形成。蘭姆酒還可以添加焦糖，把顏色染深，也讓風味更濃，這道作業看來非常適切，因為蘭姆酒原本就是用糖釀製的。

以蘭姆酒為食材　蘭姆酒本身就很可口，然而蘭姆酒之所以大受歡迎，主要卻是由於它很能搭配其他食品。淡蘭姆酒很能搭配酸甜果實，也是好幾種熱帶雞尾酒的基酒，包括椰林春光和黛克瑞。中度蘭姆和深濃蘭姆含有濃郁的焦糖風味，在製作甜食時很好用。

伏特加

伏特加是俄羅斯的蒸餾酒，最早在中世紀出現，原本是藥物，到16世紀才成為大眾飲料。這個名字的本意是「少水」。傳統製法都以最便宜的澱粉為原料，通常是穀物，不過有時也用馬鈴薯和甜菜。澱粉從哪裡來並不重要，因為發酵酒醪還需經蒸餾，以去除大半芳香物質，接著再用炭粉濾除

殘餘香氣，最後得到順口的中性風味。這基本上純粹就是水和酒精的混合液，接著加水稀釋出想要的強度，最低約38%，之後無需陳化就可裝瓶。

伏特加在美國一向罕為人知，直到1950年代有人發現伏特加是調酒的理想基酒，和雞尾酒與長飲型調酒的果味以及其他風味都很相配。近年還出現用柑橘等水果以及紅椒調味的伏特加，有些還放在桶內陳化。

渣釀白蘭地

渣釀白蘭地的義大利文和法文分別為grappa或marc，都指以果渣蒸餾的烈酒，包括葡萄搾汁殘留的葡萄皮和果肉漿、種籽和莖梗。這類飲料是節儉作風的產物，目的是盡量善用葡萄的所有材料。固體殘渣仍然含有果汁、糖分和風味成分，只需些許水分，再多一段時間發酵，就能釀出酒精和風味，隨後再經蒸餾濃縮，最後只剩下粗劣的苦澀殘渣。當時這種果渣蒸餾液就是種副產物，往往只經過一次蒸餾，通常也不講究酒頭、酒尾，就這樣裝瓶，因此這種酒既烈又嗆，是給葡萄園工人取暖、振奮精神之用，而非品嚐。過去幾十年來，酒廠都以比較講究的作法來蒸餾，有時還會經過陳化，製出佳釀。

龍舌蘭酒和馬茲凱爾酒

兩款烈酒都以墨西哥幾種龍舌蘭為原料，龍舌蘭是石蒜科（Amaryllis）類似仙人掌的肉質植物，株心富含碳水化合物，製酒原料就取自這裡。龍舌蘭酒的主要產地在墨西哥哈利斯科州北方城市鐵奇拉一帶的大型蒸餾酒廠，原料則是「藍色龍舌蘭」（正式名稱為「塔吉拉龍舌蘭」，*Agave tequilana*），比較簡樸的馬茲凱爾酒則產自瓦哈卡州中部一帶的小型酒廠的製品，原料是狹葉龍舌蘭（*Agave angustifolia*）。

龍舌蘭把能量儲藏在果糖和名為菊糖的長鏈果糖分子（見第一冊344頁）中。由於人類體內沒有菊芋多醣消化酶，於是當地百姓學會以文火長時間熬煮這種富含菊芋多醣的食品，如此便可將長鏈分解開來，還能產生一種特有的強烈褐變風味。龍舌蘭酒廠以蒸煮處理富含菊芋多醣的龍舌蘭心（重可達9~45公斤）。馬茲凱爾酒廠則以大型炭爐燃燒炭火烘焙原料，並將製造

幾種加味酒

花卉：杉布卡酒（接骨木花）、古爾玫瑰酒（薔薇）
香料：茴香香甜酒（茴香籽）、多香果香甜酒（多香果）
堅果：杏仁香甜酒（杏仁）、富蘭葛利榛果香甜酒（榛子）；諾西諾香甜酒（青胡桃）
咖啡：卡魯瓦、牙買加咖啡酒
巧克力：可可香甜酒
果實：君度、古拉索酒、柑曼怡香橙干邑甜酒、不甜橙皮香甜酒（柳橙，經3次蒸餾）；蜜多麗蜜瓜甜酒（厚皮甜瓜）、黑醋栗香甜酒（黑醋栗）；檸檬香甜酒（檸檬）；野莓琴酒（李子）
香草：班尼狄克汀香甜酒、夏特勒斯香甜酒、鹿伯酒、薄荷香甜酒、薄荷斯內普香甜酒

出的煙燻香氣納入烈酒中。加熱後的甜龍舌蘭心加水搗泥並開始發酵出酒精，釀出的液體還需經蒸餾。龍舌蘭酒以工業蒸餾法製成；馬茲凱爾酒經二次蒸餾，第一次用小型陶罐，接著再以較大型的金屬罐式蒸餾器處理。龍舌蘭酒和馬茲凱爾酒多半不經過陳化就裝瓶。

龍舌蘭酒和馬茲凱爾酒都具有特殊風味，包括爐烤香氣，不過還帶了花香氣味（芳香醇、大馬酮、苯乙醇）和香莢蘭味（香草醛）。

加味酒類：苦精和香甜酒

酒精具兩性化學特色，又像脂肪又像水，因此是其他揮發性芳香分子的絕佳溶劑。酒精非常適合用來萃取、保存固體原料所含的風味。香草、香料、堅果、花朵和果實……這些食材等都可以泡在酒精中，或隨酒精蒸餾，產生各式各樣的調味液體。琴酒是其中最著名的一款。其他多數都畫歸兩大類：一類是苦精，就是保留原樣的酒液；還有一類是加糖調製出不同甜度的香甜酒。

苦精類 現代苦精的先祖是草藥酒，最早是以葡萄酒製成。純苦味原料包括安古斯圖臘樹（*Galipea cusparia*，柑橘科的南美近親）、大黃根和龍膽屬（*Gentiana*）的龍膽；兼具苦味和芳香成分的植物原料包括苦艾、黃金菊、苦橙皮、番紅花、苦杏仁和沒藥（*Commifera molmol*）。苦精多半成分複雜，釀製時，植物材料有些會先泡軟，也有些會隨發酵原料一道蒸餾。如今最普遍的苦精是 Angostura 和 Peychaud's Bitters，這兩種酒很像調味料，是19世紀的發明，用來加入飲料或食品中，以突出風味。另外就是適於飲用的開胃酒和餐後酒，即 Campari（通常是甜的）和 Fernet Branca。

香甜酒 香甜酒屬於加糖增甜的蒸餾酒，還添入香草、香料、堅果或果實來調味。調味材料可以浸入蒸餾酒中萃取，或單獨隨酒精一道蒸餾。香甜酒多半以中性的穀物酒精為基底，不過也有幾種採用白蘭地或威士忌，實例包括柑曼怡香橙干邑甜酒，以干邑加上橙皮；吉寶則是蘇格蘭威士忌加

調出分層的香甜酒

香甜酒加糖，不但是為了增甜，也是為了讓酒更稠、更濃。由於不同香甜酒所含低密度酒精和緻密食糖的比例互異，落差夠高，調酒師因此得以把酒調出截然分別的層次，其中稠密的香甜酒位於底層（紅色的石榴糖漿、棕色的卡魯瓦），最輕的酒則浮在頂層（琥珀色的君度、綠色的夏特勒斯香甜酒）。若是香甜酒的色澤互異，風味又能搭配，就能調出令人喜愛的新巧飲料。果汁和糖漿也可以在這種作品中扮演要角。相鄰液體最後總會相互交融，層次也會消失不見。

蜂蜜及各式香草；還有「南方安逸」，以波本威士忌加上桃子白蘭地和桃子。有些香甜酒還添了經安定處理的鮮奶油。

茴香酒和葛縷子酒　兩類烈酒的主要風味都得自胡蘿蔔家族的種籽，可分為甜的和不甜。茴香酒特別受歡迎，包括法國、希臘、土耳其和黎巴嫩等不同版本（保樂和茴香香甜酒，還有烏佐酒、拉基酒和阿拉克酒。不甜的斯堪地那維亞露酒和甜的德國欽美香甜酒是以葛縷子的種籽調味。茴香酒很清澈，然而若加入清澈的水或融化的冰塊，結果卻令人訝異，酒會變得非常混濁。這是由於萜烯類芳香分子不溶於水，只溶於酒精，而且酒精濃度還必須很高。當酒精稀釋後，萜烯類就從連續液相分離出來，形成細小的避水微滴，然後就像牛乳脂肪球那樣散射光線。

苦艾酒

苦艾酒是最為惡名遠播的香料酒，帶點綠色，用茴香籽調味，主要原料取自苦艾植株的一些部位。苦艾的正式名稱是中亞苦蒿（*Artemisia absinthium*），帶嗆刺苦味並含苦艾腦，這種芳香化合物劑量高時帶有毒性，不但能驅除腸道寄生蟲和昆蟲（苦艾的英語名為 wormwood，「蠕蟲木」，即由此而來），還會影響人體神經系統、肌肉和腎臟。19 世紀晚期，苦艾酒在法國大行其道，到了午後「綠色時間」，民眾把方糖放在酒杯上的鏤空平湯匙，讓水流經方糖溶入苦艾酒中，讓酒液轉呈混濁，這一幕也被幾位印象派畫家和年輕的畢卡索畫入作品中。據說苦艾酒會引發抽搐，導致瘋狂，1910 年有許多國家都因此立法禁飲，比較單純的茴香調味烈酒則代之而起。不論苦艾所帶毒性為何，高濃度酒精都助紂為虐，對酗酒人士的毒害更為嚴重，苦艾酒的酒精含量約達 68%，幾乎是多數烈酒的兩倍。苦艾酒在幾個國家境內仍屬合法飲料，近來還出現小小的復甦趨勢。

醋

醋是酒精的宿命，酒精發酵無可避色的結局。多數微生物都無法抵禦酒精，所以含酒精的液體比較不會腐壞。然而這也有幾項重大例外：有些細菌能利用氧氣來代謝酒精，藉此取得能量。酒精在這個過程中會轉化成乙酸，而乙酸的抗微生物效能還遠勝酒精，從古至今這都是最強大的防腐劑之一。於是含酒精的葡萄酒就變成很嗆的酸酒（法文為 *vin aigre*）。

古老的食材

植物汁液發酵後都會因乙酸而自然變酸，因此我們的祖先也同時發現葡萄酒和醋。事實上，釀酒的主要難題就是要限制葡萄酒與空氣的接觸，好延緩這種酸化作用。公元前4000年左右，巴比倫人就懂得用海棗酒、葡萄乾酒和啤酒來釀醋。他們用香草和香料來為醋調味，用醋來醃漬醬菜和醃肉，還在水中加醋以確保飲用安全。羅馬人將醋和水混合起來，製作一種日常飲料，稱為波斯卡（posca）醋汁，還用醋和鹵水醃漬醬菜，同時依羅馬晚期阿比鳩斯的一部食譜研判，當年民眾常用蜂蜜調醋來喝。老普林尼曾說，「沒有其他醬料這麼適合用來給食物調味，或用來加強風味。」菲律賓發展出一項飲食傳統：以棕櫚樹汁和熱帶水果釀醋，用這種醋汁浸漬多種生魚、肉和蔬菜料理。中國則發展出用米、小麥和其他穀物釀醋的技法，有時發酵前還先烘烤原料，製出種種風味繁複的深色醋汁。

幾千年來，製醋手法都只是用容器裝著半滿的葡萄酒或其他酒精液體，然後靜置令其發酸。這種做法費時幾週或數月，結果卻很難預料。第一套省時釀醋系統在17世紀出現，當時法國人把葡萄嫩藤鋪開，然後定時淋上葡萄酒，使空氣流動。18世紀，荷蘭科學家赫爾曼·波哈夫（Hermann Boerhaave）率先採用連續式澆法，把葡萄酒淋上通風的枝層。到了19世紀，巴斯德證實微生物和氧化作用都是傳統奧爾良釀醋工法不可或缺的要素（見311頁）。第二次世界大戰之後，釀醋廠引用烘焙用酵母培育法和盤尼西林製造法，以現代方法在1~2天內就能釀出成品。

說文解字：醋、酸、酸的

雖然Vinegar（醋）這個字不管是看起來或唸起來，跟acid（酸）和acetic（酸的）似乎都沒有關聯，不過它們卻源於同一個印歐字根：*ak-*，意思是「鋒利的」（醋的法文是 *vinaigre*，其中的「aigre」源自拉丁文的 *acer*）。相關字彙還包括edge（邊緣）、acute（尖銳、激烈）、acrid（刺激、辛辣）、ester（酯）和oxygen（氧）；會有氧氣是因為過去認為製酸必須用上氧。

醋酸的價值

醋酸（即乙酸）為食品帶來兩種風味元素。一種是舌頭感受到的酸味，另一種是聞起來很特殊的香氣，這種氣味可以嗆到令人難以忍受，醋加熱後更是如此。醋分子可以分為兩種形式：一種是完整的分子，另一種則解離成主要部分和一個游離氫離子。我們感受到的酸，主要來自氫離子，然而只有完整的分子才具揮發性，才能從醋汁或食品中逸出，散到空中並飄進鼻腔。完整分子和「解離」分子比肩共存，比例高低不等，端視化學環境而定。倘若食品本身已經很酸（好比葡萄酒醋所含的酒石酸），就不會有那麼多乙酸解離，能揮發的完整分子也比較多，於是醋汁的香味就比較強。

乙酸是種極其有效的防腐劑。區區0.1%乙酸溶液（相當於一匙標準強度的醋調入250毫升水中）就能抑制多種微生物滋長。

乙酸的沸點比水高，達118°C。這就表示沸煮可以把醋變濃。由於醋分子有一半親脂而另一半親水，因此以醋為溶劑，效果比水更好，更能溶解多種親脂物，包括香草和香料的香氣化合物。所以廚師才把香草和香料泡進醋汁來為醋調味，也因此當各種表面染上油污，沾醋擦拭會更容易去污。

醋酸發酵

釀醋需要三種原料：一種含酒精的液體、氧氣和幾種細菌，包括醋酸桿菌屬和葡萄桿菌屬（*Gluconobacter*），主要菌種為巴氏醋酸桿菌（*Acetobacter pasteurianus*）和醋酸醋桿菌（*Acetobacter aceti*）。這幾種細菌是少數能把酒精化為能源的罕見微生物，能代謝酒精，留下乙酸和水兩種副產品。

$$CH_3CH_2OH + O_2 \rightarrow CH_3COOH + H_2O$$
$$酒精 + 氧 \rightarrow 乙酸 + 水$$

醋酸菌需要氧氣，並棲居在發酵液表層，在那裡和其他微生物結成薄膜，

完整的乙酸分子，以及解離成醋酸鹽和氫離子的乙酸 只有完整分子才能揮發，進入鼻子後讓我們聞出那種獨特氣味。在醋中加入鹼性原料（好比蛋白或小蘇打），會令乙酸分子解離，香氣也隨之減弱。

乙酸

這層薄膜有時稱為「醋母」。木醋桿菌（*Acetobacter xylinum*）能分泌一種纖維素，結出的薄膜特別厚。（有些人採集這種膜層單獨食用；見第二冊348頁下方。）醋酸桿菌在溫暖環境生長茂盛，因此醋酸發酵通常在較高溫度進行，範圍為28~40°C。

液體原料的酒精濃度會左右醋酸發酵作用，也影響醋汁成品的安定度。酒精濃度5%左右最合宜，釀出的醋約含4%乙酸，足以預防醋汁腐敗。若酒精含量高於5%，則釀好的醋汁乙酸含量較高，因此也比較安定，不過由於酒精含量高會抑制細菌活性，因此發酵也比較緩慢。基於這項原因，加上我們希望釀出的醋汁盡量不要殘留酒精成分，因此採用酒精度10~12%的葡萄酒來釀醋，通常必須先加水稀釋，接著才進行醋酸發酵。然而，稀釋也會沖淡葡萄酒的風味成分，因此有些具有耐心的釀醋業者仍會選擇直接以葡萄酒發酵。

釀醋工法

西方有三種標準釀醋做法。

奧爾良釀法

這是最簡單、最古老也最緩慢的釀醋工法，在法國奧爾良城進一步改良，到中世紀時代已經臻於完善。當時輸往巴黎的木桶裝波爾多和勃艮第葡萄酒，有些在途中腐敗，經人們挑出來搶救後變成了醋。以奧爾良工法釀醋，需在木桶中裝入半滿的稀釋葡萄酒，然後取前一批醋汁的醋母來接種，接著就靜置發酵。期間需定期抽出若干醋汁，倒進新的葡萄酒。這種做法很費時，因為葡萄酒只有液面部分能接觸空氣，也唯有那裡的酒精才能轉化成乙酸。不過，發酵緩慢，酒精、乙酸和其他分子才有時間發揮作用，釀出最醇美的風味。採這種釀法，在最佳情況下，過兩個月就能釀成滿滿一桶醋。

高效率淋注法和浸沉培養法

第二種釀法是「淋注」法，需反覆把葡萄酒淋到母體上，這種母體以木屑或合成材料製成，帶有細孔，供氣充量，可供醋酸菌附著。採這種釀法，葡萄酒的作用表面積大幅擴增，而且所有酒液都能不時接觸到氧氣和細菌，如此便能加速發酵，只需幾天就能釀成。最後還有「浸沉培養」法，在槽中注入氣泡，為自由游動的細菌供應氧氣。這種工業釀法能在24~48小時內把液體所含酒精轉化成乙酸。

發酵後續作業

發酵之後接著進行巴氏殺菌處理。發酵釀好的醋，幾乎全都加熱至65~70°C，目的在於殺死一切殘存細菌，特別是醋酸桿菌本身，因為酒精逐漸消失後，醋酸桿菌會開始代謝乙酸，將之轉化成水和二氧化碳，從而降低醋酸濃度。醋類製品多半需要陳化數個月，在這段期間，風味會變得香醇，不再那麼嗆，這點部分得歸功於乙酸和其他酸以及多種化合物結合，形成不那麼刺激且通常散發香氣的嶄新成分。

幾種常見的醋

醋有好幾種類別可供廚師選用。雖說所有的醋都具有基本香氣以及乙酸的刺激性，卻也各具特色，因為採用的原料本就不同，此外有些還經過木桶陳化處理，有些則沒有。

葡萄酒醋

葡萄酒醋的原料是經過酵母發酵的葡萄汁，帶有酵母發酵的芳香、美味副產品，表現出類似葡萄酒的特色。葡萄酒醋和蘋果醋有個很有趣、很強烈的特色：都含有奶油香氣化合物（醋雙乙醯、丁酸）。義大利黑醋和西班牙雪利酒醋都是特種葡萄酒醋（見314~316頁）。

在廚房釀醋

喝剩的葡萄酒和好幾種水果都能用來釀醋，廚師可以輕鬆製出私房醋。遵循幾項訣竅，可以提高釀出好醋的機率。甜味液體同時轉化為酒精和酸液，「野生」微生物卻可能製造異味。若是一開始就採用人工培養的酵母，還從使用中的醋甕取得「醋母」，或購買市售商品來使用，就能把產生異味的機率降到最低。溫度越高（約達30°C），接觸空氣的表面積越大，液體就越快變酸。若所用水果的汁液含糖比例約低於10%，最終成品所含酒精比例就不到5%，結果乙酸含量比例也會低於4%，這樣釀成的醋很容易腐壞。採用這種水果必須加入食糖，好提高之後的酒精和乙酸含量。

蘋果醋

蘋果醋的原料是經酵母發酵的蘋果汁，因此這種醋含有若干典型的蘋果香氣化合物，還有在蘋果發酵時變得格外突出的其他成分，包括酚類揮發性物質，也就是讓葡萄酒染上動物、馬廄香氣的成分（乙基癒創木酚和乙苯酚，見269頁）。蘋果含有大量蘋果酸，因此蘋果醋釀製時會經歷蘋果乳酸發酵（見258頁），於是香氣變濃，酸味也變得柔和。蘋果醋含果肉漿和單寧酸，醋汁往往顯得混濁，禍首是單寧酸–蛋白質複合物。

水果醋

水果醋有的只是拿普通醋浸泡蘋果等新鮮水果調味而成，不過也有些是以新鮮果汁發酵釀成。鳳梨汁和椰子汁都是常用材料。水果醋很有趣，能藉酒精發酵和醋酸發酵來展現水果的風味。

麥芽醋

基本上，麥芽醋就是以未添啤酒花釀成的啤酒所製成的醋，也就是說，基本原料就是穀粒和發芽的大麥。麥芽醋含有大麥麥芽的韻味。愛喝麥芽啤酒的英國人認定的標準醋就是本名「麥酒醋」（alegar）的麥芽醋。

亞洲的醋

亞洲以稻米和穀粒釀醋，分解穀粒澱粉的工作交由培養黴菌來進行，將澱粉轉化為糖，而不採用發芽的穀粒（見287頁）。華人可以釀出風味特別濃郁、鮮美的醋，因為他們使用完整穀粒，有時會先烘過；醋汁在發酵階段不斷接觸到固體穀粒，陳化時還往往持續接觸到黴菌、酵母和細菌，這所有做法都能釋出胺基酸和其他有機酸以及各種風味化合物，並納入醋汁中。

白醋

白醋是最純的乙酸源。白醋以純酒精（乙醇）經醋酸發酵釀成，所用的乙醇可以是蒸餾液或天然氣合成製品，釀製時不裝桶陳化，也不和木料接觸，

所以酸味沒那麼圓潤。白醋幾乎不含酒精發酵的芳香、甘鮮副產品。美國產量最大的醋是白醋。白醋主要用來製造醃漬食品、沙拉醬和芥末。

▌蒸餾醋

美國的蒸餾醋就是以蒸餾酒精釀成的白醋；英國的蒸餾醋則以不含啤酒花的啤酒為原料，經醋酸發酵釀成醋汁，接著再蒸餾以濃縮乙酸。

▌醋汁強度

廚師在編寫食譜或遵照食譜做菜時，若醋是重要食材，廚師就不只要注意使用哪種醋，還要講究醋汁的強度，這個數值通常可以在商品標示上找到。美國的工業製醋多半把乙酸含量調節到5%，不過也有許多可達7%甚至更高。相較而言，清淡的日本米醋則可能是4%（相當於美國醋的最低值），中國的黑醋更低，僅達2%。因此，加一匙醋汁所帶來的乙酸量，有可能僅達預期數量的一半，也可能是兩倍，結果就取決於指定使用及實際使用的是哪種醋。

▌義大利黑醋

正宗的義大利黑醋名為「巴薩米克紅酒醋」（aceto balsamico），這種黑醋獨一無二，顏色幾乎全黑，又香又濃有如糖漿，風味複雜之極，價格也昂貴無比，這所有特色全都由於釀製時必須耗費幾十年來發酵、陳化和裝桶濃縮。這種黑醋自中世紀起就一直在義大利北方艾米利亞─羅馬涅區釀製。當地人會釀造私房醋，用途廣泛，也可用在滋補或芳香調味上。直到1980年代，世界其他地區才發現義大利有這種黑醋，因此促成幾種沒有那麼精巧也沒有那麼昂貴的仿製品。唯有正宗的黑醋才能在商標上標示「tradizionale」（傳統）字樣。

釀製傳統義大利黑醋

　　傳統義大利黑醋的原料是釀酒用葡萄，種類包括 Trebbiano 白葡萄、Lambrusco 紅葡萄等。葡萄汁原料經沸煮濃縮，熬掉約1/3的液體。沸煮能去除水分，將果汁濃縮至糖、酸含量為40%左右，接著糖類和蛋白質間會產生褐變反應，製造出濃郁風味和深沉顏色（見第一冊310頁）。接下來把果汁裝進木桶，這是第一個桶子，往後還要接連換桶，越換越小。桶子通常以木材製成（橡木、栗木、刺柏木），裝桶後放在閣樓之類的地方，暴露在當地多變且極端的氣候中。夏季暑熱時分，濃縮糖分和胺基酸彼此作用，產生較常見於烘烤、褐變食品的香氣分子；同時間，發酵產物和副產品也相互反應，釀出令人陶醉的混合液。水分經蒸發作用不斷減少，含渣果汁濃度提高（木桶成分每年約逸失10%）時，每一桶都會從年份較低的桶子中補充含渣葡萄汁。最後釀成的醋，是取自年份最老的木桶，平均醋齡達12年或更久。根據一項估計，要釀出250毫升的傳統義大利黑醋，約需用掉36公斤葡萄。

　　請注意，黑醋在釀造初期還未展開醋化作用之前，也尚未開始酒精發酵。事實上，兩種發酵作用是同時進行，酵母菌和細菌同時將葡萄的一部分豐富糖分轉化成酒精，也將酒精轉化成乙酸。這種轉變很緩慢，為期好幾年，因為葡萄的糖、酸含量都很高，能抑制所有微生物滋長。酒精發酵由幾種罕見的酵母菌來執行，包括拜耳接合酵母（Zygosaccharomyces bailii）或二孢接合酵母（Zygosaccharomyces bisporus），這類酵母都能適應高糖環境，在乙酸環境也能生存。兩種發酵作用期間，熟成和陳化也同時進行。

　　最後，傳統義大利黑醋含有未發酵糖分，比例從20~70%不等，此外還有約8%的乙酸，以及4%的酒石酸、蘋果酸和其他非揮發酸，加上能強化香氣的1%酒精，和可高達12%的甘油。甘油是酵母發酵產物，能為醋汁帶來綿滑的黏性。

　　「調味」等級的黑醋，釀製速度遠比傳統等級要快得多，濃度和風味則都遠不如傳統等級那般細緻。在大量生產的黑醋中，品質較佳的產品含有若干濃縮的含渣葡萄汁和年份較輕的黑醋，需陳化1年左右。平價黑醋只不過是用焦糖調味並以食糖增甜的尋常葡萄酒醋。

義大利黑醋用法

　　傳統義大利黑醋都用來滴灑調味，適用菜式繁多，從沙拉和烤肉、烤魚到水果和乳酪都有。大量生產的黑醋可大量添加，讓湯品和燉品的風味更具深度。若用黑醋取代尋常葡萄酒醋，用來調製油醋沙拉醬，結果會更香醇。

西班牙雪利酒醋

有一種醋介於尋常葡萄酒醋和義大利黑醋之間，那就是採用多層木桶陳釀（Solera-aged）的西班牙雪利酒醋。這種醋的原料是年份較輕的雪利酒，酒液中沒有殘留糖分。就像雪利酒和義大利黑醋，雪利酒醋也會混入幾批年份較老的基酒，然後放在一連串半滿木桶中經歷幾年或幾十年的熟成。釀製雪利酒醋時，會以蒸發提高濃度，並讓酒醋長期接觸微生物和木料，因此甘鮮味胺基酸、有機酸以及黏稠甘油的含量都很高。採用老式多層木桶陳釀法處理，可以把乙酸濃度提升到10%或更高。西班牙雪利酒醋的顏色和甘鮮滋味都不如義大利黑醋那麼濃醇，不過和其他葡萄酒醋相比，風味和堅果味都明顯更為濃烈。

審定後記

　　一般人常認為，學校教的東西太理論，以致無法應用到實務上。甚至在職場上，許多前輩還會要你忘了學校教的那一套。但事實上，許多實務上的做法都有學術理論可循，只是較精簡的教科書常未提及兩者的關聯，或是老師沒時間詳盡講解某個實例所應用的理論基礎。當然也有可能是，有些老前輩並未想到，他多年來摸索出的經驗是可以用理論來說明的，甚至還能因此而舉一反三，創造更多有利的實務作法。

　　食品科學相關科系，是把食材看成研究對象，不斷用各種工具或理論來分析、測定或組合，最後放到別人的口中，但不太會想到把研究對象放進自己的嘴裡。至於餐飲科系，則想盡辦法讓食材成為可口的餐點，只要按步驟做得好吃，就不用太在意好吃的原理是什麼。

　　食品科學相關科系學生所修習的學分，除了食物學，若再加上普通化學、普通生物學等，全部可能高達40個學分以上，但就是沒有教授如何把這些知識用到廚藝上。餐飲科系學生也必修食物學（或／和食材認識），但就僅有這3（+2）學分，至於化學或生物學等基礎科目則不在修習範圍內（或僅要修2學分的數理通識），因此在教學上自然受限，且不受學生重視。同樣都是在研究食材，這兩個學術群體的差距卻是如此之大。

　　而《食物與廚藝》一書應可拉近兩者的距離，補充學術上彼此的不足。

　　這本書可以看成是食物學或食品科學的非傳統式教科書。原本食物學或食品科學就涵蓋了食品化學、生物化學、植物學（包括農藝和園藝）、畜產學、微生物學等學門，而作者馬基還加入了文化、英文字源與廚藝。不過因為涵蓋的範圍比傳統教科書更大，並花更多篇幅來討論廚藝的相關原理，所以作者也只能挑選廚師較會遇到的主題來詳細說明。

　　而為了讓一般人對書中用語有親切感，作者有時會捨棄冷冰冰的學術用語，例如作者幾乎都以糖（sugar）來取代碳水化合物（carbohydrate）一詞，以胺基酸鏈（amino acid chain）來取代多胜肽（polypeptide）。學術用語有其特定指稱對象，較不易造成誤解，在此，我們可以明白作者為什麼這麼做，但希望讀者能了解兩種用詞還是有差異的。

這本書的中文版是由不同譯者翻譯而成，經編輯潤飾後，再由我按照原文來校訂中文。本書處理的範圍很廣、文字多而龐雜，翻譯起來的確工程浩大，查證功夫更是繁瑣；而現在的電腦檔案可以追蹤每個修訂過程，我也得以看到編輯在中文稿上的確花了很多心思，也下了很大的工夫。由於書中所討論的範圍甚為廣泛，作者還描述了許多西方文化上的餐飲傳統，餐飲用語又常用英文以外的文字（如法、義等外文），且英文文體自由揮灑，這些都是翻譯上艱難的挑戰。另外，作者在描述原理時，因為刻意避開學術名詞，因此翻譯成中文時，難免會拗口難懂，或是太過精簡反而難辨句義，這些都得整段重新調整。但由於出版時程已定，有些部分雖仍覺得可以修得更好，卻也不得不擱筆。另外，有許多外文名詞尚無產學界公認的中文譯名，書中所用譯名尚祈產學各界賜教斧正。

　　本書描述了許多西方的廚藝技巧與傳統，可讓我們一窺西方幾百年來的精華，也會引發我們進一步了解相關訊息的好奇心。專業的外文術語是與國際溝通或查閱資料的重要工具，但考量一般讀者在看到外文時，會當成是枯燥的教科書，所以本書僅在重要名詞出現的第一次加附外文，或在索引中以中文排序列出中外文名詞對照。對於以廚藝為志業者，如此的作法可能就少了熟悉專業外文名詞的機會，因此建議再增購英文版來對照閱讀，定會有更多收穫。

陳聖明

台大農化系博士，社區大學講師，開設廚房化學實作等課程

參考資料

烹飪書籍之多，真是族繁不及備載，而關於食物的科學和歷史著作，也同樣是卷帙浩繁。我把撰寫本書時參閱的資料來源，選出幾本列在下方，許多重要事實和觀念都來自於此，從中還可以挖掘到更多更詳細資訊，提高研究和翻譯的可信度。我首先列出整本書都有用到的參考書籍，再列出各章的參考書籍和文章，並細分為兩部分：前半部適合一般讀者閱讀，後半部適合專業讀者和研究。

一般參考資料

關於食物與烹飪

Behr, E. *The Artful Eater*. New York: Atlantic Monthly, 1992.

Child, J., and S. Beck. *Mastering the Art of French Cooking*. 2 vols. New York: Knopf, 1961, 1970.

Davidson, A. *The Oxford Companion to Food*. Oxford: Oxford Univ. Press, 1999.

Kamman, M. *The New Making of a Cook*. New York: Morrow, 1997.

Keller, T., S. Heller, and M. Ruhlman. *The French Laundry Cookbook*. New York: Artisan, 1999.

Mariani, J. *The Dictionary of American Food and Drink*. New York: Hearst, 1994.

Robuchon, J. et al., eds. *Larousse gastronomique*. Paris: Larousse, 1996.

Steingarten, J. *It Must've Been Something I Ate*. New York: Knopf, 2002.

———. *The Man Who Ate Everything*. New York: Knopf, 1998.

Stobart, T. *The Cook's Encyclopedia*. London: Papermac, 1982.

Weinzweig, A. *Zingerman's Guide to Good Eating*. Boston: Houghton Mifflin, 2003.

Willan, A. *La Varenne Pratique*. New York: Crown, 1989.

字的意義和來源

Battaglia, S., ed. *Grande dizionario della lingua italiana*. 21 vols. Turin: Unione tipografico-coeditrice torinese, 1961–2002.

Bloch, O. *Dictionnaire étymologique de la langue française*. 5th ed. Paris: Presses universitaires, 1968.

Oxford English Dictionary. 2nd ed. 20 vols. Oxford: Clarendon, 1989.

Watkins, C. *The American Heritage Dictionary of Indo-European Roots*. 2nd ed. Boston: Houghton Mifflin, 2000.

關於食物料學（適合一般讀者）

Barham, P. *The Science of Cooking*. Berlin: Springer-Verlag, 2001.

Corriher, S. *CookWise*. New York: Morrow, 1997.

Kurti, N. The physicist in the kitchen. *Proceedings of the Royal Institution* 42 (1969): 451–67.

McGee, H. *The Curious Cook*. San Francisco: North Point, 1990.

This, H. *Révélations gastronomiques*. Paris: Belin, 1995.

This, H. *Les Secrets de la casserole*. Paris: Belin, 1993.

地方風味烹調

Achaya, K.T. *A Historical Dictionary of Indian Food*. New Delhi: Oxford Univ. Press, 1998.

———. *Indian Food: A Historical Companion*. Delhi: Oxford Univ. Press, 1994.

Anderson, E.N. *The Food of China*. New Haven: Yale Univ. Press, 1988.

Artusi, P. *La Scienza in cucina e l'arte di mangiar bene*. 1891 and later eds. Florence: Giunti Marzocco, 1960.

Bertolli, P. *Cooking by Hand*. New York: Clarkson Potter, 2003.

Bugialli, G. *The Fine Art of Italian Cooking*. New York: Times Books, 1977.

Chang, K.C., ed. *Food in Chinese Culture*. New Haven: Yale Univ. Press, 1977.

Cost, B. *Bruce Cost's Asian Ingredients*. New York: Morrow, 1988.

Ellison, J.A., ed. and trans. *The Great Scandinavian Cook Book*. New York: Crown, 1967.

Escoffier, A. *Guide Culinaire*, 1903 and later editions. Translated by H.L. Cracknell and R.J. Kaufmann as *Escoffier: The Complete Guide to the Art of Modern Cooking*. New York: Wiley, 1983.

Hazan, M. *Essentials of Classic Italian Cooking*. New York: Knopf, 1992.

Hosking, R. *A Dictionary of Japanese Food*. Boston: Tuttle, 1997.

Kennedy, D. *The Cuisines of Mexico*. New York: Harper and Row, 1972.

Lo, K. *The Encyclopedia of Chinese Cooking*. New York: Bristol Park Books, 1990.

Mesfin, D.J. *Exotic Ethiopian Cooking*. Falls Church, VA: Ethiopian Cookbook Enterprises, 1993.

Roden, C. *The New Book of Middle Eastern Food*. New York: Knopf, 2000.

St-Ange, E. *La Bonne cuisine de Mme E. Saint-Ange*. Paris: Larousse, 1927.

Shaida, M. *The Legendary Cuisine of Persia*. Henley-on-Thames: Lieuse, 1992.

Simoons, F.J. *Food in China*. Boca Raton: CRC, 1991.

Toomre, J., trans. and ed. *Classic Russian Cooking: Elena Molokhovets' A Gift to Young Housewives*. Bloomington: Indiana Univ. Press, 1992.

Tsuji, S. *Japanese Cooking: A Simple Art*. Tokyo: Kodansha, 1980.

食物的歷史

Benporat, C. *Storia della gastronomia italiana*. Milan: Mursia, 1990.

Coe, S. *America's First Cuisines*. Austin: Univ. of Texas Press, 1994.

Dalby, A. *Siren Feasts: A History of Food and Gastronomy in Greece*. London: Routledge, 1996.

Darby, W.J. et al. *Food: The Gift of Osiris*. 2 vols. New York: Academic, 1977. Food in ancient Egypt.

Flandrin, J.L. *Chronique de Platine*. Paris: Odile Jacob, 1992.

Grigg, D.B. *The Agricultural Systems of the World: An Evolutionary Approach*. Cambridge: Cambridge Univ. Press, 1974.

Huang, H.T., and J. Needham. *Science and Civilisation in China*. Vol. 6, part V: Fermentations and Food Science. Cambridge: Cambridge Univ. Press, 2000.

Kiple, K.F., and K.C. Ornelas, eds. *The Cambridge World History of Food*. 2 vols. Cambridge: Cambridge Univ. Press, 2000.

Peterson, T.S. *Acquired Taste: The French Origins of Modern Cooking*. Ithaca: Cornell Univ. Press, 1994.

Redon, O. et al. *The Medieval Kitchen*. Trans. E. Schneider. Chicago: Univ. of Chicago Press, 1998.

Rodinson, M., A.J. Arberry, and C. Perry. *Medieval Arab Cookery*. Totnes, Devon: Prospect Books, 2001.

Scully, T. *The Art of Cookery in the Middle Ages*. Rochester, NY: Boydell, 1995.

Singer, C.E. et al. *A History of Technology*. 7 vols. Oxford: Clarendon, 1954–78.

Thibaut-Comelade, E. *La table médiévale des Catalans*. Montpellier: Presses du Languedoc, 2001.

Toussaint-Samat, M. *History of Food*. Trans. Anthea Bell. Oxford: Blackwell, 1992.

Trager, J. *The Food Chronology*. New York: Holt, 1995.

Wheaton, B.K. *Savoring the Past: The French Kitchen and Table from 1300 to 1789*. Philadelphia: Univ. of Penn. Press, 1983.

Wilson, C.A. *Food and Drink in Britain*. Harmondsworth: Penguin, 1984.

歷史性資料

Anthimus. *On the Observation of Foods*. Trans. M. Grant. Totnes, Devon: Prospect Books, 1996.

Apicius, M.G. *De re coquinaria: L'Art culinaire*. J. André, ed. Paris: C. Klincksieck, 1965. Edited and translated by B. Flower and E. Rosenbaum as *The Roman Cookery Book*. London: Harrap, 1958.

Brillat-Savarin, J. A. *La Physiologie du goût*. Paris, 1825. Translated by M.F.K. Fisher as *The Physiology of Taste*. New York: Harcourt Brace Jovanovich, 1978.

Cato, M.P. *On Agriculture*. Trans. W.D. Hooper. Cambridge, MA: Harvard Univ. Press, 1934.

Columella, L.J.M. *On Agriculture*. 3 vols. Trans. H.B. Ash. Cambridge, MA: Harvard Univ. Press, 1941–55.

Grewe, R. and C.B. Hieatt, eds. *Libellus De Arte Coquinaria*. Tempe, AZ: Arizona Center for Medieval and Renaissance Studies, 2001.

Hieatt, C.B. and S. Butler. *Curye on Inglysch*. London: Oxford Univ. Press, 1985.

La Varenne, F.P. de. *Le Cuisinier françois*. 1651. Reprint, Paris: Montalba, 1983.

Platina. *De honesta voluptate et valetudine*. Ed. and trans. by M.E. Milham as *On Right Pleasure and Good Health*. Tempe, AZ: Renaissance Soc. America, 1998.

Pliny the Elder. *Natural History*. 10 vols. Trans. H Rackham et al. Cambridge, MA: Harvard Univ. Press, 1938–62.

Scully, T, ed. and trans. *The Neapolitan Recipe Collection*. Ann Arbor: Univ. of Michigan Press, 2000.

———, ed. and trans. *The Viandier of Taillevent*. Ottawa: Univ. of Ottawa Press, 1988.

———, ed. and trans. *The Vivendier*. Totnes, Devon: Prospect Books, 1997.

Warner, R. *Antiquitates culinariae*. London: 1791; Reprint, London: Prospect Books, n.d.

食物科學和科技百科

Caballero, B. et al., eds. *Encyclopedia of Food Sciences and Nutrition*. 10 vols. Amsterdam: Academic, 2003. [2nd ed. of Macrae et al.]

Macrae, R. et al., eds. *Encyclopaedia of Food Science, Food Technology, and Nutrition*. 8 vols. London: Academic, 1993.

關於食物化學、微生物學、植物學和生理學

Ang, C.Y.W. et al., eds. *Asian Foods: Science and Technology*. Lancaster, PA: Technomic, 1999.

Ashurst, P.R. *Food Flavorings*. Gaithersburg, MD: Aspen, 1999.

Belitz, H.D., and W. Grosch. *Food Chemistry*. 2nd English ed. Berlin: Springer, 1999.

Campbell-Platt, G. *Fermented Foods of the World*. London: Butterworth, 1987.

Charley, H. *Food Science*. 2nd ed. New York: Wiley, 1982.

Coultate, T.P. *Food: The Chemistry of Its Components*. 2nd ed. Cambridge: Royal Society of Chemistry, 1989.

Doyle, M.P. et al., eds. *Food Microbiology*. 2nd ed. Washington, DC: American Society of Microbiology, 2001.

Facciola, S. *Cornucopia II: A Source Book of Edible Plants*. Vista, CA: Kampong, 1998.

Fennema, O., ed. *Food Chemistry*. 3rd ed. New York: Dekker, 1996.

Ho, C.T. et al. Flavor chemistry of Chinese foods. *Food Reviews International* 5 (1989): 253–87.

Maarse, H., ed. *Volatile Compounds in Foods and Beverages*. New York: Dekker, 1991.

Maincent, M. *Technologie culinaire*. Paris: BPI, 1995.

Paul, P.C., and H.H. Palmer, eds. *Food Theory and Applications*. New York: Wiley, 1972.

Penfield, M.P., and A.M. Campbell. *Experimental Food Science*. 3rd ed. San Diego, CA: Academic, 1990.

Silverthorn, D.U. et al. *Human Physiology*. Upper Saddle River, NJ: Prentice Hall, 2001.

Smartt, J., and N. W. Simmonds, eds. *Evolution of Crop Plants*. 2nd ed. Harlow, Essex: Longman, 1995.

Steinkraus, K.H., ed. *Handbook of Indigenous Fermented Foods*. 2nd ed. New York: Dekker, 1996.

第1章 麵團和麵糊：麵包、蛋糕、酥皮和麵食

Beranbaum, R.L. *The Cake Bible*. New York: Morrow, 1988.

———. *The Pie and Pastry Bible*. New York: Scribner, 1998.

David, E. *English Bread and Yeast Cookery*. London: Penguin 1977.

Friberg, B. *The Professional Pastry Chef*. 3rd ed. New York: Van Nostrand Reinhold, 1996.

Glezer, M. *Artisan Baking*. New York: Artisan, 2000.

Healy, B., and P. Bugat. *The Art of the Cake*. New York: Morrow, 1999.

———. *The French Cookie Book*. New York: Morrow, 1994.

Perry, C. "Couscous and its cousins." In *Medieval Arab Cookery*, edited by M. Rodinson et al., 233–38. Totnes, UK: Prospect Books, 2001.

———. Puff Paste Is Spanish. *Petits propos culinaires* 17 (1984): 57–61.

———. "The taste for layered bread among the nomadic Turks and the Central Asian origins of baklava." In *Culinary Cultures of the Middle East*, edited by R. Tapper and S. Zubaida, 87–92. London: I.B. Tauris, 1994.

Serventi, S., and F. Sabban. *Pasta: The Story of a Universal Food*. Trans. A. Shugaar. New York: Columbia Univ. Press, 2002.

Siesby, B. The Turkish crescent and the Danish pastry. *Petits propos culinaires* 30 (1988): 7–10.

Udesky, J. *The Book of Soba*. Tokyo: Kodansha, 1995.

Wolfert, P. *Couscous and Other Good Food from Morocco*. New York: Harper and Row, 1973.

Barsby, T.L. et al., eds. *Starch: Advances in Structure and Function*. Cambridge: Royal Society of Chemistry, 2001.

Bath, D.E., and R.C. Hoseney. A laboratory-scale bagel-making procedure. *Cereal Chemistry* 71 (1994): 403–8.

Bernardin, J.E., and D.D. Kasarda. The microstructure of wheat protein fibrils. *Cereal Chemistry* 50 (1973): 735–45.

Bhattacharya, M. et al. Physicochemical properties related to quality of rice noodles. *Cereal Chemistry*. 76 (1999): 861–67.

Blanshard, J.M.V. et al., eds. *Chemistry and Physics of Baking*. London: Royal Society of Chemistry, 1986.

Brooker, B.E. The stabilisation of air in cake batters—the role of fat. *Food Microstructure* 12 (1993): 285–96.

Calvel, R. *The Taste of Bread*. Trans. R.L. Wirtz. Gaithersburg, MD: Aspen, 2001.

Czerny, M., and P. Schieberle. Important aroma compounds in freshly ground wholemeal and white wheat flour: Identification and quantitative changes during sourdough fermentation. *J Agric Food Chem.* 50 (2002): 6835–40.

Dexter, J.E. et al. Scanning electron microscopy of cooked spaghetti. *Cereal Chemistry* 55 (1978): 23–30.

Eliasson, A.C., and K. Larsson. *Cereals in Breadmaking: A Molecular Colloidal Approach.* New York: Dekker, 1993.

Fabriani, G., and C. Lintas, eds. *Durum Wheat: Chemistry and Technology.* St. Paul, MN: Am. Assoc. Cereal Chemists, 1988.

Fik, M., and K. Surowka. Effect of prebaking and frozen storage on the sensory quality and instrumental texture of bread. *J Sci Food Agric.* 82 (2002): 1268–75.

Frazier, P.J. et al., eds. *Starch: Structure and Functionality.* Cambridge: Royal Society of Chemistry, 1997.

Heidolph, B.B. Designing chemical leavening systems. *Cereal Foods World* 41 (1996): 118–26. Hoseney, R.C. "Physical chemistry of bread dough." In *Physical Chemistry of Foods,* edited by H.G. Schwartzberg and R.W. Hartel. New York: Dekker, 1992.

Hoseney, R.C., and P.A. Seib. Structural differences in hard and soft wheats. *Bakers Digest* 47 (1973): 26–28.

Kruger, J.E. et al. *Pasta and Noodle Technology.* St. Paul, MN: Am. Assoc. Cereal Chemists, 1996.

Loewe, R. Role of ingredients in batter systems. *Cereal Foods World* 38 (1993): 673–77. Matsunaga, K. et al. Influence of physicochemical properties of starch on crispness of tempura fried batter. *Cereal Chemistry* 80 (2003): 339–45.

O'Brien, R.D. *Fats and Oils: Formulating and Processing for Applications.* Lancaster, PA: Technomic, 1998.

Pomeranz, Y., ed. *Wheat: Chemistry and Technology.* 2 vols. St. Paul, MN: Am. Assoc. Cereal Chemists, 1988.

Schieberle, P., and W. Grosch. Potent odorants of rye bread crust—differences from the crumb and from wheat bread crust. *Zeitschrift für Lebensmittel-Untersuchung und-Forschung* 198 (1994): 292–96.

Sluimer, I.P. Principles of dough retarding. *Bakers Digest* 55, no. 4 (1981): 6–10.

Stear, C.A. *Handbook of Breadmaking Technology.* London: Elsevier, 1990.

Tester, R.F., and S.J.J. Debon. Annealing of starch—a review. *Int J Biological Macromolecules* 27 (2000): 1–12.

Thiele, C. et al. Contribution of sourdough lactobacilli, yeast, and cereal enzymes to the generation of amino acids in dough relevant for bread flavor. *Cereal Chemistry* 79 (2002): 45–51.

Weiss, T.J. *Food Oils and Their Uses.* 2nd ed. Westport, CT: AVI, 1983.

Zweifel, C. et al. Influence of high-temperature drying on structural and textural properties of durum wheat pasta. *Cereal Chemistry* 80 (2003): 159–67.

第2章 調味醬料

Armstrong, V., trans. *Cookbook of Sabina Welserin.* 1553. www.daviddfriedman.com/Medieval/Cookbooks/Sabrina_Welserin.html

Brears, P. Transparent pleasures—the story of the jelly. *Petits propos culinaires* 53: 8–19 and 54 (1996): 25–37.

Harper, D. Gastronomy in ancient China—cooking for the Sage King. *Parabola* 9, no. 4 (1984): 38–47.

Kenney, E.J., trans. *The Ploughman's Lunch: Moretum.* Bristol: Bristol Classical Press, 1984.

Kurlansky, M. *Salt: A World History.* New York: Walker, 2002.

Mennell, S. *Lettre d'un pâtissier anglois, et autres contributions à une polémique gastronomique du XVIIIème siècle.* Exeter: Univ. of Exeter Press, 1981.

Mortimer, P. Koch's colonies and the culinary contribution of Fanny Hesse. *Microbiology Today* 28 (2001): 136–37.

Peterson, J. *Sauces: Classical and Contemporary Sauce Making.* New York: Van Nostrand Reinhold, 1991.

Rao, H. et al. Institutional change in Toque Ville: Nouvelle cuisine as an identity movement in French gastronomy. *American Journal of Sociology* 108 (2003): 795–843.

Sokolov, R. *The Saucier's Apprentice.* New York: Knopf, 1983.

Augustin, J. et al. Alcohol retention in food preparation. *J Am Dietetic Assoc.* 92 (1992): 486–88.

Chang, C.M. et al. Electron microscopy of mayonnaise. *Canadian Institute of Food Science and Technology Journal* 5 (1972): 134–37.

Cook, D.J. et al. Effect of hydrocolloid thickeners on the perception of savory flavors. *J Agric Food Chem.* 51 (2003): 3067–72.

Dickinson, E., and J.M. Rodriguez Patino, eds. *Food Emulsions and Foams.* Cambridge: Royal Society of Chemistry, 1999.

Frazier, P.J. et al., eds. *Starch: Structure and Functionality.* Cambridge: Royal Society of Chemistry, 1997.

Gudmundsson, M. Rheological properties of fish gelatins. *J Food Science* 67 (2002): 2172–76.

Harris, P., ed. *Food Gels.* London: Elsevier, 1990.

Hoover, R. Composition, molecular structure, and physicochemical properties of tuber and root starches: A review. *Carbohydrate Polymers* 45 (2001): 253–67.

Leuenberger, B.H. Investigation of viscosity and gelation properties of different mammalian and fish gelatins. *Food Hydrocolloids* 5 (1991): 353–62.

Martinez Padilla, L., and J. Hardy. "Rheological study of interactions among wheat flour milk proteins and lipids of bechamel sauce." In *Food Colloids,* edited by R.D. Bee et al., 395–99. Cambridge: Royal Society of Chemistry, 1989.

Miller, B.S. et al. A pictorial explanation for the increase in viscosity of a heated wheat starchwater suspension. *Cereal Chemistry* 50 (1973): 271–80.

Niman, S. Using one of the oldest food ingredients—salt. *Cereal Foods World* 41 (1996): 729–31.

Oda, M. et al. Study on food components: The structure of N-linked asialo carbohydrate from the edible bird's nest built by *Collocalia fuciphaga. J Agric Food Chem.* 46 (1998): 3047–53.

Pearson, A.M., and T.R. Dutson. *Edible Meat Byproducts.* London: Elsevier, 1988.

Sayaslan, A. et al. Volatile compounds in five starches. *Cereal Chemistry* 77 (2000): 248–53.

Solyakov, A. et al. Heterocyclic amines in process flavors, process flavor ingredients, bouillon concentrates and a pan residue. *Food and Chemical Toxicology* 37 (1999): 1–11.

Thebaudin, J.Y. et al. Rheology of starch pastes from starches of different origins: Applications to starch-based sauces. *Lebensmittel-Wissenschaft und Technologie* 31 (1998): 354–60.

Walstra, P., and I. Smulders. Making emulsions and foams: An overview. In *Food Colloids,* edited by E. Dickinson and B. Bergenstahl, 367–81. Cambridge, UK: Royal Society of Chemistry, 1997.

Ward, A.G., and A. Courts, eds. *Science and Technology of Gelatin.* New York: Academic, 1977.

Weel, K.G.C. et al. Flavor release and perception of flavored whey protein gels: Perception is determined by texture rather than release. *J Agric Food Chem.* 50 (2002): 5149–55.

Westphal, G. et al. "Sodium chloride." In *Ullmann's Encyclopedia of Industrial Chemistry,* A24: 317–39. Weinheim: VCH, 1993.

Whistler, R.L., and J.N. BeMiller, eds. *Industrial Gums.* 3rd ed. San Diego, CA: Academic, 1993.

Whistler, R.L. et al., eds. *Starch: Chemistry and Technology.* 2nd ed. Orlando, FL: Academic, 1984.

第3章 糖、巧克力和甜點

Alper, J. Crazy candies. *ChemMatters.* October 11, 1993.

Benzoni, G. *History of the New World* (1565). Trans. W.H. Smyth. London: Hakluyt Society, 1857.

Beranbaum, R.L. Rose's sugar bible. *Food Arts* (April 2000).

Coe, S.D., and M.D. Coe. *The True History of Chocolate*. London: Thames and Hudson, 1996.

Gage, T. *The English-American: His Travail by Sea and Land*, 1648. Ed. J.E.S. Thompson. Norman: Univ. of Oklahoma Press, 1958.

Presilla, M. *The New Taste of Chocolate*. Berkeley, CA: Ten Speed, 2001.

Richardson, T. *Sweets: A History of Candy*. New York: Bloomsbury, 2002.

Teubner, C. *The Chocolate Bible*. New York: Penguin Studio, 1997.

Alexander, R.J. *Sweeteners: Nutritive*. St. Paul, MN: Eagan, 1997.

Baikow, V.E. *Manufacture and Refining of Raw Cane Sugar*. Amsterdam: Elsevier, 1982.

Beckett, S.T. *The Science of Chocolate*. Cambridge: Royal Society of Chemistry, 2000.

Beckett, S.T., ed. *Industrial Chocolate Manufacture and Use*. 3rd ed. Oxford: Blackwell, 1999.

Birch, G.G., and K.J. Parker. *Sugar: Science and Technology*. London: Applied Science, 1979.

Blackburn, F. *Sugar-cane*. London: Longman, 1984.

Clarke, M.A. "Syrups." In Macrae, 5711–16.

Edwards, W.P. *Science of Sugar Confectionery*. Cambridge: Royal Society of Chemistry, 2000.

Galloway, J.H. *The Sugar Cane Industry: An Historical Geography From Its Origins to 1914*. Cambridge: Cambridge Univ. Press, 1989.

Godshall, M.A. et al. Sensory properties of white beet sugars. *International Sugar J* 97 (1995): 296–300.

Harris, N. et al. *A Formulary of Candy Products*. New York: Chemical Publishing Co, 1991.

Harris, P., ed. *Food Gels*. London: Elsevier, 1990.

Hickenbottom, J.W. Processing, types, and uses of barley malt extracts and syrups. *Cereal Foods World* 41 (1996): 788–90.

Hurst, W.J. et al. Cacao usage by the earliest Maya civilization. *Nature* 418 (2002): 289.

Jackson, E.B., ed. *Sugar Confectionery Manufacture*. New York: Van Nostrand Reinhold, 1990.

Kroh, L.W. Caramelisation in food and beverages. *Food Chemistry* 51 (1994): 373–79.

Michener, W., and P. Rozin. Pharmacological versus sensory factors in the satiation of chocolate craving. *Physiology and Behavior* 56 (1994): 419–22.

Minifie, B. *Chocolate, Cocoa, and Confectionery:*
Science and Technology. 3rd ed. New York: Van Nostrand Reinhold, 1989.

Nabors, L.O., ed. *Alternative Sweeteners*. 3rd ed. New York: Dekker, 2001.

Pennington, N.L., and C.W. Baker. *Sugar: A User's Guide to Sucrose*. New York: Van Nostrand Reinhold, 1990.

Sweeting, L.M. Experiments at home: Wintergreen candy and other triboluminescent materials. 1998, http://www.towson.edu/~sweeting/wg/candywww.htm.

Taylor, C.N. Truffles and pralines. *The Manufacturing Confectioner* (May 1997), 90–94.

Vinson, J.A. et al. Phenol antioxidant quantity and quality in foods: Cocoa, dark chocolate, and milk chocolate. *J Agric Food Chem.* 47 (1999): 4821–24.

Whistler, R.L., and J.N. BeMiller, eds. *Industrial Gums*. 3rd ed. San Diego, CA: Academic, 1993.

Whistler, R.L. et al., eds. *Starch: Chemistry and Technology*. 2nd ed. Orlando: Academic, 1984.

Winston, M. *The Biology of the Honey Bee*. Cambridge, MA: Harvard Univ. Press, 1987.

第4章 葡萄酒、啤酒和蒸餾酒

Brode, B. et al. *Beer Judge Certification Program: Guide to Beer Styles for Home Brew Beer Competitions*. Hayward, CA: BJCP, 2001.

Civil, M. Modern brewers re-create an ancient beer. http://oi.uchicago.edu/OI/IS/CIVIL/NN_FAL91/NN_Fal91.html

Harper, P. *The Insider's Guide to Saké*. Tokyo: Kodansha, 1998.

Jackson, M. *Great Beer Guide*. New York: Dorling Kindersley, 2000.

Johnson, H. *Vintage: The Story of Wine*. New York: Simon and Schuster, 1989.

Johnson, H., and J. Robinson. *The World Atlas of Wine*. 5th ed. London: Mitchell Beazley, 2001.

Kramer, M. *Making Sense of Wine*. 2nd ed. Philadelphia: Running Press, 2003.

McGovern, P.E. et al., eds. *The Origins and Ancient History of Wine*. Amsterdam: Gordon and Breach, 1996.

Papazian, C. *The Home Brewer's Companion*. New York: Avon, 1994.

Robinson, J. *The Oxford Companion to Wine*. Oxford: Oxford Univ. Press, 1994.

Waymack, M.H., and J.F. Harris. *The Book of Classic American Whiskeys*. Chicago: Open Court, 1995.

Wilson, J.E. *Terroir: The Role of Geology, Climate, and Culture in the Making of French Wines*. Berkeley: Univ. of California Press, 1998.

Adams, M.R. "Vinegar." In *Microbiology of Fermented Foods*, edited by B.J.B. Wood, 2 vols. Vol. 1, 1–45. New York: Elsevier, 1985.

Augustin, J. et al. Alcohol retention in food preparation. *J American Dietetic Assoc.* 92 (1992): 486–88.

Aylott, R.I., and E.G. Hernandez. "Gin." In Caballero, 2889–98.

Bakalinsky, A.T., and M.H. Penner. "Alcohol." In Caballero, 107–28.

Bertrand, A., and R. Cantagrel. "Brandy and Cognac." In Caballero, 584–605.

Blanchard, L. et al. Formation of furfurylthiol exhibiting a strong coffee aroma during oak barrel fermentation from furfural released by toasted staves. *J Agric Food Chem.* 49 (2001): 4833–35.

Cocchi, M. et al. Determination of carboxylic acids in vinegars and in aceto balsamico tradizionale di Modena by HPLC and GC methods. *J Agric Food Chem.* 50 (2002): 5255–61.

Conner, H.A., and R.J. Allgeier. Vinegar: Its History and Development. *Advances in Applied Microbiology* 20 (1976): 81–133.

Conner, J.M. et al. Release of distillate flavor compounds in Scotch malt whisky. *J Sci Food Agric.* 79 (1999): 1015–20.

De Keersmaecker, J. The mystery of lambic beer. *Scientific American* (August 1996), 74–74.

Ebeler, S. Analytical chemistry: Unlocking the secrets of wine flavor. *Food Reviews International* 17 (2001): 45–64.

Fahrasmane, L., and A. Parfait. "Rum." In Caballero, 5021–27.

Fix, G. *Principles of Brewing Science*. Boulder, CO: Brewers Publications, 1999.

Fleming, M. et al. "Ethanol." In *Goodman and Gilman's The Pharmacological Basis of Therapeutics*, edited by L.S. Goodman et al., 10th ed. 429–45. New York: McGraw-Hill, 2001.

Harris, R., and D.H. West. "Caribbean rum: Its manufacture and quality." In *Chemistry and Processing of Sugarbeet and Sugarcane*, edited by M.A. Clarke and M.A. Godshall, 313–40. Amsterdam: Elsevier, 1988.

Hayman, C.F. "Vodka." In Caballero, 6068–69. Jackson, R.J. *Wine Tasting: A Professional Handbook*. San Diego, CA: Academic, 2002.

Jackson. R.S. *Wine Science*. 2nd ed. San Diego, CA: Academic, 2000.

Lavigne, V. et al. Identification and determination of sulfur compounds responsible for "grilled" aroma in wines. *Science des Aliments* 18 (1998): 175–91.

Ledauphin, J. et al. Chemical and sensorial aroma characterization of freshly distilled Calvados. *J Agric Food Chem.* 51 (2003): 433–42.

Licker, J.L. et al. "What is 'Brett'

(*Brettanomyces*) flavor? A preliminary investigation." In *Chemistry of Wine Flavor*, edited by A.L. Waterhouse and S.E. Ebeler, 96–115. Washington, DC: American Chemical Society, 1998.

Mosedale, J.R., and J.L. Puech. "Barrels: wine, spirits, and other beverages." In Caballero, 393–402.

Neve, R.A. *Hops*. London: Chapman and Hall, 1991.

Noble, A.C., and G.F. Bursick. The contribution of glycerol to perceived viscosity and sweetness in white wine. *Am J Enology and Viticulture* 35 (1984): 110–12.

Olson, R.W. et al. Absinthe and ©-aminobutyric acid receptors. *Proceedings of the National Academy of Sciences* 97 (2000): 4417–18.

Peynaud, E. *The Taste of Wine*. London: Macdonald, 1987.

Piggott, J.R., and Conner, J.M. "Whisky, whiskey, and bourbon." In Caballero, 6171–83.

Swings, J. "The genera *Acetobacter* and *Gluconobacter*." In *The Prokaryotes*, edited by A. Balows et al., 2nd ed. Vol. 3, 2268–86. New York: Springer, 1992.

Verachtert, H., and R. De Mot, eds. *Yeast: Biotechnology and Biocatalysis*. New York: Dekker, 1990.

Wiese, J.G. et al. The alcohol hangover. *Annals of Internal Medicine* 132 (2000): 897–902.

索引

1~5劃

乙基癒創木酚 ethyl guaiacol 269, 313
丁香 cloves 88, 91, 128, 182, 216, 247, 248, 259, 269, 285, 286
丁香油酚 eugenol 247
丁醇 butanol 296, 297
二甲基硫 dimethyl sulfide, dms 285
二次蒸餾法 double distillation 294, 302, 303, 307
二孢接合酵母 zygosaccharomyces bisporus 315
二烯醛 dienal 226
二酮哌嗪 diketopiperazine 226
人心果 achras sapote 213
人造奶油 margarine 63, 69, 70, 343
入窯烘焙 kilning 275
三仙膠 xanthan 43
三氯苯甲醚 trichloroanisole 260
勺子果 spoon fruits 171
千層派 millefeuille 67
千層蛋糕 layer cake 22
千層酥皮 laminated pastry 2, 61, 62, 63, 66, 67, 71
千層麵包 laminated bread 61, 63
土耳其歡樂軟糖 Turkish Delight 118
大庫斯庫斯 large couscous 81
大麥 barley 11, 12, 24, 45, 62, 166, 196, 198, 270, 271, 273, 275, 276, 277, 278, 279, 280, 282, 285, 286, 288, 293, 295, 301-303, 313
大黃根 chinese rhubarb root 307
子葉 cotyledons 219
小米 millet 271, 274, 288
小麥麩蛋白 glutenin 15, 121, 123, 128, 129
小圓煎餅 crumpet 50
山吉歐維榭葡萄 sangiovese 254
山核桃果 hickory nuts 195, 207, 209
山梨糖醇 sorbitol 178, 179
干邑 cognac 248, 294, 299, 300, 301, 306, 307
不甜橙皮香甜酒 triple sec 306
中亞苦蒿 Artemisia absinthium 308
中東鹹脆餅 lavash 45
丹麥奶酥 Danish pastry 2, 60, 61, 64, 68, 69, 70
內比歐羅葡萄 nebbiolo 254
分子增稠法 thickening with molecules 100
分散相 dispersed phase 98, 99, 102, 138, 140, 141, 142, 149, 152, 183
分散液 dispersions 140
升糖指數 glycemic index 178
反丁烯二酸 fumaric acid 205
壬烯醛 nonenal 42, 282
天使蛋糕 angel cake 22, 56, 57, 59
太妃糖 168, 169, 201, 205, 206, 207, 208
太妃糖（乳脂型）toffees 168, 201, 207-208
太妃糖（鬆軟型）taffy 168, 199, 201, 206~208
太空搖滾／爆裂糖 Space Rocks (Pop Rocks) 213
巴氏殺菌法 pasteurization 148, 260, 281, 282, 291

巴氏醋酸桿菌 Acetobacter pasteurianus 310
巴克啤酒 bock 286
手指小甜餅 ladyfinger 72, 73
支鏈澱粉 amylopectin 38, 82, 100, 119, 120, 121, 125
日本玄米酒 genmaishu 291
日本生酒 namazake 291
日本生酛 kimoto 291
日本吟釀 ginjo 291
日本原酒 genshu 291, 298
日本純米酒 junmaishu 291
日本淬酒 orizake 291
日本樽酒 taruzake 291
日本濁酒 nigorizake 291
日本酛酒 moto 289
日本零酒 shizuku 291
月光私釀 Moonshining 295, 297
月桂葉 bay laurel 88, 276
木桶調理 cask-conditioning 281, 282
木質素 lignin 247
木醋桿菌 Acetobacter xylinum 311
木糖醇 Xylitol 179
木薯／樹薯 tapioca (Manihot esculenta) 84, 124, 125, 217
木藜蘆毒素 grayanotoxin 182
比司吉／英式甜餅／義式脆餅 biscuit 22, 46-47, 56, 71~72, 216
水包油 fat-in-water 137, 138, 144, 145, 146, 152
水果白蘭地／「生命之水」Eaux de vie 293, 294, 298, 301-302
牙買加咖啡酒 Tia Maria 306
牛奶糖 caramel 201, 205, 206, 207, 208, 209
牛肉凍 boeuf à la mode 116
牛油樹 shea 236
牛軋糖 nougat 168, 171, 184, 201, 206, 210, 211
加烈葡萄酒 fortified wine 243, 260, 263, 265
加隆魚醬 Garum 87
包餅 baobing 10, 45
北美夏葡萄 Vitis aestivalis 254
半纖維素 hemicellulose 57, 132, 134, 135, 171, 247
卡士達 custards 39, 54, 60, 116, 163
卡巴多斯蘋果酒 calvados 300, 301, 302
卡本內‧蘇維翁葡萄 cabernet sauvignon 268, 269
卡魯瓦 kahlúa 306, 307
去氫抗壞血酸 dehydroascorbic acid 24
去渣 deglaze 130
可可豆去殼種仁 nibs, of cacao beans 227
可可鹼 theobromine 219, 220, 226, 236
可可脂 cocoa butter 56, 216, 217, 219-233, 235, 236
可可香甜酒 crème de cacao 306
可可漿 cocoa liquor 221, 223, 227
可可樹 Theobroma cacao 214, 219, 222
古拉索酒 curaçao 306

古爾玫瑰酒 gul 306
右旋糖 dextrose 171, 176, 179
司康餅（英國茶餅）scones 46, 47
司陶特啤酒 stout 279, 285, 286
四個四分之一蛋糕 Quatre quarts 54, 57
奶油白醬 beurre blanc 90, 128, 129, 137, 143, 145
奶油蛋糕 butter cake 56, 57, 59
奶油硬糖 butterscotch 195, 201, 205, 206, 226
奶油小甜餅 butter cookie 73
奶油麵糊 beurre manié 72, 127
巧克力脆片甜餅 chocolate chip cookie 72, 73
左旋糖 levulose 172, 176
布倫（明膠品質指標）bloom 117, 294
平放式啤酒 laying down beer 282
打發 whipping 29, 46, 50, 144, 211, 229, 231
玉米粥 polenta 216, 217
玉米糖漿 corn syrup 5, 72, 171, 172, 173, 176, 179, 194, 195, 196, 197, 198, 199, 203, 204, 206, 207, 208, 210, 212, 213, 236
瓦片餅 tuiles 50, 72
甘松 spikenard 88
甘油 glycerol 263, 268, 315, 316
甘納許 ganache 231, 232
甘草 licorice 167, 171, 177, 179, 180, 193, 195, 211, 212, 213
甘草素 glycyrrhizin 179, 180
甘草酸 glycyrrhizic acid 180
甘藷 sweet potatoes 86, 125
甘露醇 mannitol 165, 178, 179
甲氧基異丁基吡嗪 methoxyisobutylpyrazines 269
甲基水楊酸甲酯 methyl salicylate 210
甲醇 methanol 296, 297, 298
白玉霓 ugni blanc 300, 301
白色念珠菌 Candida albicans 241
白脫乳 buttermilk 18, 29, 38, 40, 47, 48, 56
白醬 béchamel 87, 90, 91, 93, 94, 95, 98, 112, 128, 129, 137, 143, 145, 146, 149, 152
白藜蘆醇 resveratrol 246
石榴糖漿 Grenadine 307

6~10劃

伊尹 I Yin 86, 89, 96
伊朗小石麵餅 sangak 45
伊崔亞麵條 itriya 76
伊德里西 idrisi 76
冰沙 Sorbets 246
冰酒 eiswein 262
冰凍甜餅 icebox cookie 74
印巴黑糖 gur (jaggery) 165, 188, 193
印度全麥煎餅 phulka 45
印度全麥麵包餅 chapati 45
印度咖哩角 samosas 60
印度拋餅（印度甩餅）paratha 45
印度甜酸醬 chutney 94
印度酥油 ghee 45

印度麵包餅 roti 10
吉寶香甜酒 drambuie 185, 307
因傑拉餅 injera 45
回火（調溫）tempering 5, 224, 225, 228, 232, 233, 234, 235, 236
多元醇 polyols 178
多香果 allspice 306
多香果香甜酒 pimento 306
安古斯圖臘苦酒 angostura bitters 307
安古斯圖臘樹 angostura 307
安賽蜜（乙醯磺胺酸鉀）acesulfame k 179
年份 vintage 253~255, 264, 315, 316
托凱甜白酒 tokaji 251, 263
灰黴菌 botrytis cinerea 262, 263
灰鹽 sel gris 159
百里香 thyme 91, 184
竹芋 arrowroot 56, 122, 124, 125, 130
竹芋粉 arrowroot 56, 122, 130
米粉 rice noodle 52, 83, 84, 120, 122
米紙 rice wrapper 84
米麴菌 aspergillus oryzae 196, 270, 289, 290
米酒 rice alcohols 287~292
羊皮紙餅 parchment bread 45
老化 stale 37-39
老熟、熟釀 rancio 301
考維曲巧克力 couverture 227
肉汁醬 gravy 3, 26, 92, 94, 119, 129, 130, 136
肉豆蔻乾皮 mace 88, 89
肉毒桿菌 botulism bacteria (Clostridium Botulinum) 185
肉凍 aspics 88, 89, 94, 100, 106, 108, 116
肉湯釉汁 glace de viande 108~109
肉類嫩精 meat tenderizers 281
自流汁 free run 257
自解拌和法 autolyse mixing method 31
艾米利亞—羅馬涅區 emilia-romagna 314
艾克力泡芙 éclairs 51
艾芙斯葡萄 ives 254
艾香脂 mastic 212
西方蜜蜂 Apis mellifera 181
西米粉 sago starch 122
西班牙式蜂蜜杏仁牛軋糖 turron 211
西班牙雪利酒醋 sherry vinegar 312, 316
西班牙酥皮餃 empanadas 60
西班牙醬汁 espagnole 91
佛卡夏麵包 focaccia 45
低脂鮮奶油 light cream 137, 138, 143, 145
低溫保藏 lagering 271
克瓦斯淡啤酒／麵包啤酒 kvass 271
克希何夫 Kirchof, K. S. 195
克里奧爾語 creole 168
吡喃酮 pyrone 228
冷水試驗 cold-water test 200, 201
冷濾過 chill-filtering 299, 303
冷熱凍 chaud-froid 116
利口鯷魚醬 liquamen 167
利特須酥皮 retes 68
即發乾酵母 instant dry yeast 28
卵黃高磷蛋白 phosvitin 101, 139, 142, 150, 153, 222, 224, 227, 229
卵磷脂 lecithin 101, 139, 142, 150, 153, 222, 224, 227, 229

君度 cointreau 306, 307
含渣果汁 must 256~258, 315
均質機／乳化機 homogenizer 139
孜然 cumin 167
希貝什香醬 hilbeh
希臘袋餅 pita
希臘菠菜餡餅 spanakopita 69
希臘蒜泥濃醬 skorthaliá
抗壞血酸 ascorbic acid 24, 26
批次蒸餾法 297
杏仁奶油餡 remonce 70
杏仁膏 marzipan 166, 170, 171, 211, 212, 216
杜松子 juniper berries 272, 296, 304
杉布卡酒 sambuca 306
沙巴雍醬 Sabayon (Zabaglione) 112, 150, 153, 154, 155
沙拉醬 Dressings 97, 149, 152, 176, 314, 315
沙保仙葡萄 Chambourcin 254
沙磨糖 Sanding sugar 191
沒藥 myrrh 307
皂土（膨土）bentonite clay 259
豆軟糖 jelly bean 205, 210, 212
貝亞恩蛋黃醬 béarnaise sauce 149, 150
貝奈特餅 beignets 51
黑糖蜜 blackstrap 194
赤藻糖醇 erythritol 179
辛西亞納葡萄 Cynthiana 254
辛烯酮 octenone 42
辛辣醬 piquante 93
里昂醬 lyonnaise 93
乳化奶油醬 beurre monté 146
乳化液 emulsions 3, 4, 89, 96, 101, 102, 107, 118, 125, 133, 134, 137~148, 151~154, 195, 231, 232
乳化劑 emulsifiers 18, 38, 43, 55, 57, 60, 73, 101, 105, 117, 139~142, 145~148, 150, 151, 153, 154, 229, 283
乳香脂 mastic 212
乳脂小球 globule 147
乳脂軟糖 fudge 168, 171, 199, 201, 203~205, 207, 209, 210
乳酒 koumiss 248, 271, 295
乳酪泡芙 gougères 51
乳酸 lactic acid 28, 40, 144, 205, 220, 241, 252, 256, 258, 280, 286, 289, 290, 313
乳酸菌 lactic acid bacteria 40, 144, 220, 280, 290
乳糖 lactose 169, 171, 173, 176, 179, 224
乳糖醇 lactitol 179
亞硫酸鹽 sulfite 257
依利伯樹 Illipe 236
佩里格松露醬 Périgueux 93
兩面煎餡餅 turnovers 68
刺山柑 capers 93~94
咪醂 mirin 292
咖哩 curries 60, 136
奇恰酒 chicha 270, 271
帕拉塞爾蘇斯 Philippus Aureolus Paracelsus 294~295
延遲發酵 retarding fermentation 34
延遲室 retarder 34

所雷亞混合式系統 solera system 263~265
拉克替醇（商品名：Cypha）lactisole (cypha) 180
拉美黑糖 panela (piloncillo) 193
拉基酒 raki 308
拌切和集法 pastry-blend method 57
拋光糖果 panned candy 209, 210
易洛魁聯盟部族 iroquois 186
明膠 gelatin 3, 27, 86, 100, 103~111, 113~119, 121, 126, 128, 129, 131, 132, 142, 145, 151, 152, 180, 205, 210~212, 258
果仁蜜餅巴克拉瓦 baklava 184
果仁糖 pralines 184, 207, 209
果渣 pomace 256, 301, 306
果菜醬汁 coulis 90
果糊 fruit paste 135, 206, 212
果膠 pectins 57, 100, 118, 132, 133~136, 140, 154, 171, 195, 205, 211, 212
松子 pine nuts 87, 167, 272, 296, 304
松露 truffle 93, 231, 232, 235
沼澤楊梅 bogmyrtle 272
波本威士忌酒 bourbon 305
波特啤酒 porter 279, 285, 286
波特葡萄酒 port 251, 264, 269
波斯卡醋汁 Posca 309
波爾多醬 bordelaise 93
波薩淡啤酒皮 boza (bouza) 271
法式千層酥皮 pâte feuilleté 66~67
法式牛角麵包 croissants 2, 60, 61, 64, 68, 69, 70
法式奶油酥餅 sablés 72
法式奶油麵包 brioche 22, 42, 43, 269
法式白醬燉小牛肉 blanquette 112
法式肉派 pâté 2, 60, 62, 70
法式紅酒燜雞 coq au vin 112
法式高湯 bouillon 90, 95
法式清湯 consommé 90, 92, 108, 116
法式魚高湯 fumet 110
法式魚鮫 quenelles 51
法式酸奶油 crème fraîche 63, 143, 144
法式濃湯 potage 89
法式燉肉 fricassee 111-112
法式鬆餅 gaufres 50
法式鹹派 quiche 60, 65
法國土司 pain perdu 39
法魯哈吉糕 faludhaj 166
法羅啤酒 faro 286, 287
油包水 water-in-fat 137, 138, 144, 151, 152
油炸空心餅 lucchi 45
油炸餡餅 fritters 47
油斑 fat bloom 227, 228
油滴增稠法 thickening with droplets 101, 103
油醋醬 vinaigrettes 4, 95, 98, 137, 151, 152, 155
泡芙 pâte à choux (choux pastry) 12, 22, 40, 51, 60
玫瑰紅葡萄酒 rosé 257, 259, 260, 265
盲烤 blind bake 64
直鏈澱粉 amylose 36, 38, 48, 84, 100, 102, 119~125
芝麻果仁糖 pasteli 184
芹菜籽鹽 celery salt 159

花青素 anthocyanins 53, 219, 253, 267
金黃糖漿 golden syrup 195
長條形甜餅 bar cookie 73~74
阿力甜 alitame 179
阿托雷玉米粥 atole
阿拉克酒 araq 308
阿特密斯 Artemis 165
阿斯巴甜 aspartame 179~180
阿爾袞琴族 algonquins 186
附帶產物 congeners 297, 304
青醬 pesto 87, 133, 151
芫荽 coriander 15, 87, 136, 165, 167, 272, 287, 304
俄羅斯布林餅 blinis 50
俄羅斯炸肉包 piroshki 60
勃艮第紅酒醬 meurette sauce 113
南方安逸香甜酒 Southern Comfort 308
哇哇醬 Wow Wow Sauce 94
哈瓦糖 halvah 165, 166, 171, 184
威士忌 whiskey 242, 247, 248, 274, 293~308
威士忌反抗活動 Whiskey Rebellion 295
威化餅 wafers 2, 50, 71, 72, 74
威廉梨酒 poire williams 301
威靈頓牛肉派 wellington 70
拜耳接合酵母 Zygosaccharomyces bailii 315
柱式蒸餾器 column still 295, 298~300, 302~303
柑曼怡香橙香甜酒 grand marnier 306, 307
柏柏爾族 Berberis
活性乾酵母 active dry yeast 27~28
珍珠灰 pearlash 13, 15
秋葵湯 gumbos 136
紅醬 sauce meurette 93, 113
約克夏布丁 Yorkshire pudding 49
美乃滋 mayonnaise 90, 93, 97, 98, 137~139, 142, 147~152
美洲山核桃 pecans 195, 207, 209
美洲葡萄 Vitis labrusca 254
胚乳 endosperm 21, 23, 78, 123, 274, 275
胡椒薄荷 peppermint 213
胡椒醬 poivrade 93
苦艾 wormwood 264, 295, 307, 308
苦艾酒 absinthe 264, 295, 308
苦艾酒／味美思酒 vermouth 264
苦精 bitters 295, 307
英式奶油酥餅 shortbread 71-73
英式鬆餅 muffins 47
苯乙胺 phenyl ethylamine 237
苯乙烯－丁二烯橡膠 styrene-butadiene rubber 213
苯乙酸 phenylacetic acid 39
苯乙醇 phenylethyl alcohol 269, 307
苯甲醛（香醛）benzaldehyde 226, 269
苯醛類 phenylalkanal 226
迪米特 Demeter 165
風土 terroir 254~255
香料蛋糕 spice cake 57
香料麵包 pain d' épices 57
香草奶油酥糖 penuche 171, 209
香草醛 vanillin 39, 187, 188, 223, 247, 269, 307

香甜酒 liqueurs 54, 184, 185, 294, 296, 304~308
香莢蘭 vanilla 187, 215, 216, 217, 222, 223, 226, 227, 247, 248, 259, 269, 303, 307
香酥鮭魚派 coulibiac 70
香葉烯 myrcene 276, 304
香蕉啤酒 pombe ya ndizi 271
香檳啤酒 Gueuze 286, 287
胜肽 peptide 109
修飾澱粉 modified starch 125
倫內的皮耶 Pierre de Lune 90~91
凍析法 freezing-out 295
凍膠 jelly 3, 86, 88, 100, 114~119, 121, 205, 210, 211
埃及原鄉麵包 Baladi 45
夏多內葡萄 chardonnay 254
夏特勒斯香甜酒 chartreuse 306-307
庫斯庫斯（蒸粗麥粉）couscous 80~81
桑托留斯 sanctorius 200
格子鬆餅 waffles 50~51
格烏查曼尼葡萄 Gewürztraminer 269
格蘭諾拉什錦燕麥棒 granola 171
氣泡增稠法 thickening with bubbles 101, 103
浸沈培養釀醋法 submerged cultures 312
海棗果甜餅條 date bar cookie 74
海螺機／可抹壓機 conche 218, 223, 229
海藻糖 trehalose 179
烤模 iron 50-51, 59
烈酒 spirits 116, 176, 239, 242, 244, 246~248, 264, 293~308
烈啤酒 heavy beer 274, 286
烏佐酒 ouzo 308
烏龍麵 udon 82, 83
特瓦思格霍 Troisgro 95
狹葉龍舌蘭 Agave angustifolia 306
班尼狄克汀香甜酒 Benedictine 294, 306
班諾克薄麥餅 bannocks 45
粉絲 starch noodle 151
粉碎 pulverizing 61, 99, 222
粉糖 powdered sugar 191, 195
素麵 so-men 81
索甸白酒 Sauternes 251, 263
索馬甜 thaumatin 179
紐甜 neotame 179
納瓦特爾語 nahuatl 216
脂蛋白 lipoproteins 147, 246
脂質 lipids 18, 24, 122~124, 139, 142, 145, 159, 184, 241, 243
胭脂樹／啊娜多樹 achiote 216
脆皮酥皮 pâte brisée 61, 65
茴香籽 anise 11, 216, 306, 308
茴香甜酒 anisette 306, 308
起酥皮 puff pastry 12, 18, 20, 48, 51, 60~63, 66, 67, 68~70, 72
迷迭香 rosemary 272
酒尾 tails (feints) 297, 306
酒底花 submerged flor 264
酒明串珠菌 Leuconostoc oenos 258
酒花酵母 flor 264, 265
酒度 proof 300
酒粕 lees 290, 292, 300, 305

酒頭 heads (foreshots) 296, 297, 298, 306
配料 condiments 50, 54, 56, 57, 68, 85, 90, 155
馬格農白醬 Magnonnaise blanche 151
馬茲凱爾酒 mezcal 306~307
馬鈴薯薄餅 lefse 45
馬德拉酒 madeira 93, 263
馬德拉醬 madeira 93
馬德蓮甜餅 madeleine 72~73
馬賽魚湯 bouillabaisse 142
馬黛茶 maté tea 180
高良薑 galangal 88
高級糖蜜 high test molasses 195
高脂鮮奶油 heavy cream 137, 138, 143, 144
高湯、肉湯 broth 75, 76, 88~95, 105~116, 126, 128~130, 146, 147, 152~154
高粱 Sorghum (Sorghum bicolor) 195, 198, 271, 275
高爾伽耙 golgappa 45
胺基甲酸酯鹽 carbamate 27

11~15 劃

淋注釀醋法 streamlined trickling 312
帶著酒渣 sur lie 259
乾式麵食 pastasciutta 76
乾果李 prunes 57, 301
啤酒花 hop 271, 272, 276~287, 303, 313, 314
堅果甜餅條 nut bar cookie 74
基本義式肉醬汁 sugo 92
宿醉 hangover 245
密穗小麥 club wheat 21~22
康瓦爾肉餡餅 pasty 60
彩糖 dragées 171, 210, 216
桶裝生啤酒 keg 282
梅納反應 maillard reaction 107, 208, 209
氫化作用 hydrogenation 54
液相 liquid phase 199, 214, 225, 228, 231, 308
淡啤酒 lager 271, 272, 274, 275, 278~286
清酒乳酸桿菌 Lactobacillus sake 289
清酒粕 sake lees 290, 292
淑女威化餅 lady wafer 72
球糖 drop 170, 206
甜化麵包 sweet bread 19
甜瓜 Melon 115, 133, 306
甜椒粉 pimenton 136
甜菊 Stevia rebaudiana 179-180
甜菊糖 stevioside 179-180
甜酥皮 pâte sucrée 65
甜梅／歐洲楊梅 sweet gale 272
異麥芽酮（商品名：Palatinit）isomalt (Palatinit) 179
疏水性 hydrophobic 17, 19
粒子增稠法 thickening with particles 99
粒狀酥皮 pâte sablée 65
粗小麥粉 semolina 45, 76, 78, 81, 171
細葉香芹 chervil 91
脯胺酸 proline 280
莎莎辣醬 salsas 87, 89, 97, 131, 135
莫奈醬 mornay 93
荷蘭醬 hollandaise sauce 90, 93, 137, 149, 150
蛇麻草酮 humulone 276
蛇麻葫烯 humulene 277

蛇麻蘆酮 lupulone 276
蛋白杏仁糕 macaroons 72
蛋白霜 meringue 57, 71, 211
軟木脂 suberin 260
軟白小麥 soft white wheat 22
軟紅小麥 soft red wheat 22
通心麵 macaroni 76
連續蒸餾法 continuous distillation 297, 302
速成高湯 court-bouillon 90, 91, 110
逐粒精選貴腐酒 Trockenbeerenauslese, TBA 262
野莓琴酒 sloe gin 306
陳化 aging 38, 296~298, 300, 301~303, 305~307, 312~315
雪利酒 Sherry 174, 226, 243, 251, 263~ 265, 269, 299, 312, 316
頂飾 topping 72, 231
魚膠 isinglass 110, 116
魚露 fish sauce 85, 87, 94, 96
鹿伯酒 jaegermeister 306
鹿角菜膠 carrageenans 118~119
鹿角精 hartshorn 27
麥芽三糖 maltotriose 198
麥芽汁 wort 198, 277~281, 285, 287
麥芽精 malt extract 276
麥芽糊精 maltodextrins 197
麥芽醋 malt vinegar 313
麥芽糖 maltose 27, 171, 173, 178, 179, 195, 197, 198, 204, 208, 232, 279, 280, 344
麥芽糖醇 maltitol 179
麥酒醋 Alegar 313
單吊高湯 single stock 107
單寧酸 tannins 113, 115, 247, 248, 253, 255, 257~260, 267, 280, 281, 286, 313
單醣 monosaccharides 170, 173, 174, 183, 197, 220
富蘭葛利榛果香甜酒 Frangelico 306
換桶 racking 256, 259, 315
斯內普吞甜酒 schnapps 306
斯卡珀農河葡萄 scuppernong 254
斯拉夫餃子 pierogi 60
普里空心餅 puri 45
普通麥酒 ordinary ale 273
普通葎草 Humulus lupulus 272, 276~277
棕櫚糖蜜 palm honey 188
植物皂素 saponins 191
椒鹽捲餅 pretzels 42, 44, 45
棉花糖 cotton candy 201, 207-208
棉花糖 marshmallows 210, 211
欽美香甜酒 kümmel 308
渥斯特郡辣醬油 Worcestershire sauce 94
渣釀白蘭地 grappa (marc) 301, 306
渦輪粗糖 turbinado sugar 193
焦糖化反應 caramelization 171, 172, 174, 175, 204, 205, 208, 209
無花果酒 boukha 301
無酵餅 flatbread 9, 10, 11, 12, 30, 43, 44, 45
無鹽卡士達奶油餡 panade 39
琥珀酸 succinic acid 113, 241, 246, 267
琴湯尼 gin and tonic 295, 304
琴蕾 gimlet 304

畫眉草 teff 45
番紅花 saffron 89, 166, 307
茄紅素 lycopene 135
發泡奶油 whipped butter 144
發泡鮮奶油 whipped cream 57, 93, 116, 143, 147, 153
硬白小麥 hard white wheat 22
硬紅冬小麥 hard red winter wheat 22
硬紅春小麥 hard red spring wheat 22
硬粒小麥／杜蘭小麥 Durum 11, 17, 18, 21, 22, 25, 30, 74, 76~79
結冷膠 gellan 119
紫樹 tupelo 182
絲絨濃醬 velouté 91, 93, 128, 151
舒芙蕾 soufflé 129, 229, 246
萃取物、萃取液 extracts 109, 110, 117, 177, 180, 211, 223, 276~277, 283, 300
菠菜泥 florentine 66
萊茵區 rheingau 262
菲雷粉 filé powder 136
菊芋多醣 inulin 306
貴族啤酒花 noble hop 277
貴腐 noble rot (edelfäule) 251, 262, 263, 264, 269
酥脆酥皮 crumbly pastry 61, 65
酥糖 brittles 166, 201, 206, 207
鈉碳酸氫鈉／小蘇打 sodium bicarbonate 13, 28, 29, 44, 45, 47, 53, 73, 185, 195, 197, 205, 207, 212, 228, 229, 310
開胃酒 aperitif 303, 307
雅馬邑 armagnac 248, 294, 299, 300, 301
雅馬邑白蘭地 armagnac 294, 299, 300
黃金菊 chamomile 307
黃酮醇 flavonol 253
黃蓍樹膠 gum tragacanth 205, 210
黃興宗 Huang, H. T. 288
黑牛油醬 beurre noir 144
黑皮諾葡萄 pinot noir 269
黑砂糖 muscovado sugar 193
黑麥啤酒 roggenbier 271
黑醋栗香甜酒 cassis 306
黑麴菌 Aspergillus niger 196
嗎哪 manna 165
塑膠吸濾片 plastic blotter 107
塔格糖 tagatose 179
塔吉拉龍舌蘭／藍色龍舌蘭 Agave tequilana 306
微型釀酒廠 microbrewery 274
愛爾蘭香甜酒 Irish Mist 185
新式烹調 nouvelle cuisine 95
新橙皮甙二氫查爾酮（NHDC）neohesperidin dihydrochalcone 179
椰林春光 piña colada 296, 305
椰糖 palm sugar 188, 189
椰糖漿 palm syrup 188
楓糖醬 maple cream 188
溴酸鉀 potassium bromate 24
煎烤 griddle 10, 49
煎餅 griddle cakes 18, 22, 26, 45, 48, 49, 50, 51
碎木香調 boisés 299
碘化 iodized 158, 160

稠化 thickening 86, 120, 121, 122, 123, 124, 134, 137, 143, 149, 154
義大利式蜂蜜杏仁牛軋糖 torrone 211
義大利乳清乳酪 ricotta cheese 82
義大利拖鞋麵包 ciabatta 31
義大利黃金麵包 pandoro 42
義大利黑醋／巴薩米克紅酒醋 Aceto balsamico 312, 314, 315, 316
義式肉醬汁 sugo 92
義式脆餅 biscotti 46, 72
義式蕃茄膏 estratto 135
義式餃子和餛飩 ravioli 75
義式麵疙瘩 gnocchi 35, 80, 81, 82
腸膜狀明串珠菌 Leuconostoc mesenteroides 258, 289
葫蘆巴 fenugreek 136, 269
葉黃素 xanthophylls 24, 79
葛縷子 caraway 54, 308
萵苣 lettuce 151~152, 155, 182
葡萄汁酵母 Saccharomyces uvarum 278, 280
葡萄酒釀造學 oenology 252
蜀葵 hollyhock 211
蜂蜜酒 mead 181, 185
達克瓦滋杏仁糕 dacquoise 57
逾越節無酵餅 matzoh 45
酪蛋白 casein proteins 113, 139, 142~144, 205, 207
釉汁 glace au beurre 108~109
鉀鹽 potash 28
飴細工 amezaiku 208
鼠尾草 sage 182
嫩啤酒 green beer 281
榛子奶油醬 beurre noisette 144
榛果 hazelnuts 40, 167, 216, 306
滷汁醃醬 marinade 185
瑪格麗特雞尾酒 Margarita 296
碳酸化 carbonation 277, 281
碳酸鉀 potassium carbonate 13, 28, 83, 228
精白砂糖 caster sugar 191
精油 essential oils 210, 211, 276, 293
綠番茄 tomatillos 131
綠薄荷 spearmint 213
維也納麵包 Wienerbrod 69
維拉諾瓦的阿諾 Arnaud of Villanova 293
聚乙烯乙酯 polyvinyl acetate 213
聚右旋糖（商品名 Litesse）polydextrose (litesse) 179
聚戊醣 pentosans 42
蒸餾酒 distilled spirits 38, 239, 240, 242, 243, 246, 247, 251, 263, 264, 292, 293~298, 300~307, 314, 320
蒸餾醋 distilled vinegar 314
蜜汁 glaze 185, 187
蜜多麗蜜瓜甜酒 Midori 306
蜜思嘉葡萄酒 Muscat 269
裸麥酸麵包 pumpernickel 42
製醪 mashing 277, 279, 280, 303
輔料 adjunct 278, 279, 283, 284
酸奶油 sour cream 56, 63, 143, 144
酸乳酒／克弗酒 kefir 271
酸敗 rancidity 191, 214, 226, 228, 301

酸葡萄汁 verjus 88~89
酸麵糰 sour dough 19, 28, 29, 40~43
餃子 pot sticker 60, 74, 75, 76, 80, 81, 82, 83
蓍草 yarrow 272
增稠劑 thickening agents 88, 96, 97, 98, 100, 102, 103, 108, 111~114, 119, 122, 126, 128, 131, 132, 145
彈牙嚼勁 Al dente 77
德式麵疙瘩 Spätzle 80~81
德國聖誕麵餅 Lebkuchen 184
德國醬／淡黃醬 Allemande sauce 91, 93
德麥雷拉粗糖／圭亞那粗糖 Demerara sugar 193
模切甜餅 cut-out cookie 73
樂譜餅皮 carta di musica 45
歐吉布威族 Ojibways 186
歐洲楊梅／甜梅 Myrica gale 272
歐洲葡萄 Vitis vinifera 250, 254, 255, 302
歐洲蜀葵 Althaea officinalis 211
澄清（葡萄酒釀製步驟）fining, of wine 256, 259
潮解性 hygroscopic 193, 196
熟化 maturation 23, 115, 194
熟醬 boiled dressing 89, 129
熱那亞青醬 pesto genovese 87, 133
糊粉層 aleurone layer 25
糊精／葡聚糖 dextrin 128, 197, 279, 280, 282
糊精化 dextrinization 128
膠原蛋白 collagen 104, 105, 110, 114, 115, 117
膠桐樹膠／節路頓樹膠 jelutong 213
蔗糖 sucrose 72, 165, 170~183, 185~198, 201, 203~208, 210, 212, 220, 222
蔗糖素／三氯蔗糖 sucralose 179
蓮藕 lotus root 125
蔬果泥 puree 92, 96, 102, 105, 131~134, 136, 147, 152, 154
蔓越莓 cranberry 131
蝴蝶酥 palmiers 72
褐藻膠 alginate 118, 119
調和奶油 compound butter 144
醋酸發酵 acetic fermentation 310, 311, 313, 314
醋酸乙醯 diacetyl 174, 175, 184, 193, 208, 226, 269, 312
醃漬用小黃瓜 gherkin 93
麩胱甘肽 glutathione 28
墨西哥什錦醬 mole sauces 87, 136
墨西哥薄圓餅 tortillas 10, 45
糌粑 tsampa 45

16~20劃

燉肉醬汁 ragout 89
凝膠 gel 100, 104, 110, 114~121, 124, 125, 205, 206
凝劑 gelling agents 118
樺木 birch (Betula) 165, 185, 186, 188
樺樹糖漿 birch syrup 188
橙花純露 orange-flower water 216
橘皮果醬 marmalade 186

橡內酯 oak lactone 247, 259
橡皮軟糖 gummy candy 205, 207, 212
澱粉酵素 amylase 25
澡盆琴酒 bathtub gin 296
激勃素 gibberellin 275
燒酎 shochu 292
燕麥甜餅 oatmeal cooky 73
糖衣 icings 167, 168, 171, 191, 199, 209, 210, 229
糖玻璃 sugar glass 203, 204, 206, 207
糖斑 sugar bloom 214, 232
糖絲糖球開裂標度 thread-ball-crack scale 168
糖楓 Acer saccharum 186
糖精 saccharin 179~180, 193
糖蜜 molasses 27, 29, 72, 168, 171, 180, 186, 188~190, 192~195, 211, 294, 295, 301, 304, 305
糖膠樹膠 chicle 212~213
糖錠 lozenges 167, 209, 210, 216
糖霜 frosting 54, 73, 191, 199
諾西諾香甜酒 nocino 306
諾斯特拉達穆斯 nostradamus 195
諾頓葡萄 norton 254
醒麵 proofing 34, 40, 46
霍貝赫芥醬 robert 93
餐後酒 digestif 303, 307
餐桌的歡愉 Dons de Comus 92
龍舌蘭 agave 165, 188, 189, 296, 301, 306, 307
龍舌蘭日出雞尾酒 tequila sunrise 296
龍舌蘭酒 tequila 301, 306, 307
龍蒿 tarragon 93, 149, 184
蕎麥細麵 soba 83
優酪乳 yogurt 29, 40, 45, 48, 113, 126, 149
儲放式啤酒 bière de garde 282
壓縮酵母 compressed yeast 27
環己基（代）磺醯胺酸鹽／甜蜜素／甜精 cyclamate 179
環加氧酶 cyclooxygenase
磷脂 phospholipids 24, 101, 122, 139, 142, 145~147, 150, 153, 154, 222, 224, 227, 229
薄酥皮 phyllo 61, 62, 68
薄化 thinning 121
薄片酥皮 flaky pastry 61, 63, 65, 67
薄烙蛋捲 palaschinki 49
薄烙餡餅 blintzes 49
薄荷香甜酒 crème de menthe 306
薄瑞克（土耳其奶酪酥餅）boreks 68
薑黃 turmeric 136
薯蕷 yam 125
薊類植物 thistles 182
螺絲起子雞尾酒 screwdriver 296
噻唑 thiazole 226, 228
還原湯汁 restaurant 90
邁泰雞尾酒 mai tai 296
鮮奶油布丁 pot de crème 231
鮮奶油泡芙 cream puff pastry 51
黏蛋白 mucin 118
黛克瑞雞尾酒 daiquiri 296
檸檬油精 limonene 277, 304
檸檬香甜酒 limoncello 306

濾網 strainer (étamine, tamis) 88, 107
翻糖／方旦糖 fondant 168, 191, 199, 201, 203, 207, 209, 210, 212
薩巴汁 saba 195
薩瑟拉克雞尾酒 sazerac 295
藍紋乳酪 blue cheese 301
薰衣草 lavender 182, 184, 269
覆盆子 raspberry 133, 153, 286, 287, 301
覆盆子啤酒 framboise 287
轉化糖 invert sugar 173, 194, 195, 204
雜醇油 fusel 297, 298~300
雜環胺 heterocyclic amines (HCAs) 112
雙吊高湯 double stock 107~108
雙醣 disaccharides 170, 173, 185, 197
雞蛋泡泡芙 popover 22, 48~51
鬆脆酥皮 short pastry 61, 65, 72
瓊脂膠／洋菜／寒天 agar 86, 118, 119, 171, 295
羅勒 basil 92, 133
類大麻化學成分 cannabinoid chemicals 237
類胡蘿蔔素 carotenoids 242
麗秋朵／葡萄乾酒 recioto 262, 309
麗絲玲葡萄 riesling 269
麴 chhü (koji) 39, 196, 240, 270, 287~290, 292
寶石飯 Jeweled rice 166
懸浮液 suspensions 96, 99~102, 107, 120, 136, 231
爐內膨脹 oven spring 36
蘆筍 asparagus 90, 153, 269
蘋果白蘭地 applejack 295
蘋果乳酸 malolactic 252, 256, 258, 313
蘋果醋 cider vinegar 312~313
鹹水 kansui 83, 161
麵種 starters 11, 31, 32, 39~41
麵糊 batter 9, 13, 15, 16, 18~22, 24, 26, 28, 29, 32, 45, 46, 48~60, 64, 66, 71~73, 81, 101, 127, 130, 171, 211, 212, 213
麵糊軟糖 paste candy 211
鯷魚 anchovy 88, 94, 217

21劃以上

麝香葡萄 Vitis rotundifolia 254
櫻桃酒 kirsch 301
櫻桃啤酒 kriek 287
蘭比克啤酒 lambic 285~287
霹靂糖 flashy candy 210
露酒 aquavit 293, 300, 308
魔鬼醬 diable 93
纖維素 cellulose 57, 132, 134, 135, 171, 247, 311
變性、變質 denaturation 74, 110, 134, 135, 174, 195, 214, 246, 251~283, 289, 292, 299
罐式蒸餾法 pot distillation 297~298
罐式蒸餾器 pot still 297, 298, 302~304, 307
釀酒酵母 Saccharomyces cerevisiae 26, 27, 241, 257, 278, 280
鹼化處理 dutched 29, 56, 228
鹼液 lye 44
鹽花 fleur de sel 159